"十四五"全国统计规划教材

中国—东盟统计系列教材

本教材出版得到新一轮广西一流学科统计学建设项目、广西高校人文社科
重点研究基地广西教育绩效评价研究协同创新中心支持和资助

概率论与数理统计

黎协锐◎主编　　刘常彪　何利萍◎副主编

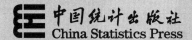

中国统计出版社
China Statistics Press

图书在版编目(CIP)数据

概率论与数理统计 / 黎协锐主编；刘常彪，何利萍
副主编. —— 北京 ：中国统计出版社，2024. 6. —— （中
国—东盟统计系列教材 / 何庆光主编)("十四五"全国
统计规划教材). —— ISBN 978－7－5230－0449－4

Ⅰ. 021

中国国家版本馆 CIP 数据核字第 2024VK8455 号

概率论与数理统计

作　　者/黎协锐　刘常彪　何利萍
责任编辑/宋怡璇
装帧设计/黄　晨
出版发行/中国统计出版社
通信地址/北京市丰台区西三环南路甲 6 号号　邮政编码/100073
电　　话/邮购(010)63376909　书店(010)68783171
网　　址/http://www.zgtjcbs.com
印　　刷/河北鑫兆源印刷有限公司
经　　销/新华书店
开　　本/787×1092mm　1/16
字　　数/350 千字
印　　张/18
版　　别/2024 年 6 月第 1 版
版　　次/2024 年 6 月第 1 次印刷
定　　价/52.00 元

出版说明

教材之于教育,如行水之舟楫。统计教材建设是统计教育事业的重要基础工程,是统计教育的重要载体,起着传授统计知识、培育统计理念、涵养统计思维、指导统计实践的重要作用。

全国统计教材编审委员会(以下简称编委会)成立于1988年,是国家统计局领导下的全国统计教材建设工作的最高指导机构和咨询机构,承担着为建设中国统计教育大厦打桩架梁、布设龙骨的光荣而神圣的职责与使命。自编委会成立以来,共组织编写和出版了"七五"至"十三五"七轮全国统计规划教材,这些规划教材被全国各院校师生广泛使用,对中国统计教育事业作出了积极贡献。

党的十九届五中全会审议通过的《中共中央关于制定国民经济和社会发展第十四个五年规划和二〇三五年远景目标的建议》,为推进统计现代化改革指明了方向,提供了重要遵循。实现统计现代化,首先要提升统计专业素养,包括统计知识、统计观念和统计技能等方面要适应统计现代化建设需要,从而提出了统计教育和统计教材建设现代化的新任务新课题。编委会深入学习贯彻党的十九届五中全会精神,准确理解其精神内涵,围绕国家重大现实问题、基础问题和长远问题,加强顶层设计,扎实推进"十四五"全国统计规划教材建设。本轮规划教材组织编写和出版中重点把握以下方向:

1. 面向高等教育、职业教育、继续教育分层次着力打造全系列、成体系的统计教材优秀品牌。

2. 围绕统计教育事业新特点,组织编写适应新时代特色的高质量高水平的优秀统计规划教材。

3. 积极利用数据科学和互联网发展成果,推进统计教育教材融媒体发展,实现统计规划教材的立体化建设。

4. 组织优秀统计教材的版权引进和输出工作,推动编委会工作迈上新台阶。

5. 积极组织规划教材的编写、审查、修订、宣传评介和推广使用。

"十四五"期间,本着植根统计、服务统计的理念,编委会将不忘初心,牢记使命,充分利用优质资源,继续集中优势资源,大力支持统计教材发展,进一步推动统计教育、统计教学、统计教材建设,进一步加强理论联系实际,有序有效形成合力,继续创新性开展统计教材特别是规划教材的编写研究,为培养新一代统计人才献智献策、尽心尽力。

同时,编委会也诚邀广大统计专家学者和读者参与本轮规划教材的编写和评审,认真听取统计专家学者和读者的建议,组织编写出版好规划教材,使规划教材能够在以往的基础上,百尺竿头,更进一步,为我国统计教育事业作出更大贡献。

国家统计局

全国统计教材编审委员会

序　言

2020 年 5 月，国家教育部发布了《高等学校课程思政建设指导纲要》，要求高校将思想政治教育贯穿于人才培养体系，全面推进课程思政建设，指出专业课程是课程思政建设的基本载体。其实，长期以来，我们一直致力于在教学过程中融入思政元素，以实现课程的育人目标和铸魂使命。在本教材编写中，我们主要尝试在每一章的应用案例等内容中，从政治认同、家国情怀、文化素养、科学精神、时代担当、法治精神以及社会责任感、价值观培养、创新精神、人文关怀、国际视野等多个维度将课程思政元素有机融入。通过对案例的理性分析，我们将自然地得出相关的思政结论，以落实我们作为教师的"立德树人"主体责任。

根据国家新一轮高校分类办学和建设应用型高校的需要，编写一部适合应用型高校使用的《概率论与数理统计》教材一直是我们这类应用型高校教师积极探究的课题。我们的教师在教学过程中一直在探索应用型《概率论与数理统计》教材的实现形式，总感觉目前的教材在使用中存在一些问题，如数学推理过多、理论过于深奥而应用方面讲述不够透彻、教学资源单一等。在高等教育大众化的背景下，学生的数学能力相对不足，有些数学理论相当复杂，但在学生今后的专业学习或实际工作中的作用又不大；而学生在以后的专业学习或实际工作中所需要的解决本学科问题的应用统计方法讲述得很少，应用实例也不够具体，更没有案例引导学生如何应用所学知识去解决实际问题。在学习的过程中，学生往往不知道概率统计的理论从何而来，有何用，如何在后续的课程中应用概率统计的理论和方法解决本学科的问题。学生听不懂，教师不知如何教。这些都是很多教师在概率论与数理统计课程教学中经常碰到的困惑。

本教材编写的指导思想是淡化理论，强化应用，对接专业，融入思政。研究型高校培养的是学术型人才，着重知识的创新，而应用型高校培养的是应用型人才，重视的是技术创新，人才的能力结构应由知识体系向技术体系转变。本书的编写融合了编者从事概率论与数理统计课程教学三十多年实践经验，以及承担国家级、省部级科研课题的研究过程中对一些应用问题的心得体会。同时，编者根据这门课程的基本特点和在理、工、经、管等学科教学及实际应用中的需求，对教材内容进行了精选和合理安排。首先，对于每个主要的理论问题或概念，尽量尝试说明引入的背景，讲清该问题的来源（说明为什么要学习）、可应用的领域（回答有什么用），以方便学生理解概念。其次，对于一些比较复杂的数学理论的证明问题，有些通过引例引入定义、定理，代替定理证明，尽量使学生学起来更容易。当然，作为一门数学课程，如果一点数学理论都不涉及，也就称不上是一门数学课了，如何处理这个问题是教学实践中需要注意的。

为了使学生了解每一章的学习目的和要求，我们在每章的开头列出了导学内容，说明必须了解和掌握的基本内容，以便学生按要求掌握。在每章的最后，通过一两个应用案例介绍本章知识的具体应用方法。在每章的结束部分，还提供了本章的一个知识网络图，方便读者了解本章各基本概念、基本理论和方法之间的内在联系，形成知识体系，以便牢固掌握所学知识。

本教材主要针对普通高等院校非数学类专业编写，也可供各类提高数学素养和能力的工程技术和管理人员使用。教材主要内容包括：随机事件与概率、随机变量及其分布、多维随机变量及其分布、随机变量的数字特征、大数定律与中心极限定理、样本及抽样理论、参数估计、假设检验、方差分析、回归分析等。

今后，我们还将聘请全国统计学、数据科学方面的著名专家教授和我们教学一线的高级职称教师，根据教学实际需要出版系列统计类教材。系列教材由何庆光教授任总主编，周勇、曾凡平教授教授担任主审。本教材由黎协锐、刘常彪、何利萍担任主编。黎协锐教授负责组织编写和统稿，其他参与编写的人员有黄玲花、涂火年、唐沧新、吉建华、韦秋凤。

全书内容的讲授大约需要 68 学时，教师可以根据实际情况进行适当调整，缩减为 48 学时。例如，第三章多维随机向量及其分布可只做简单介绍，第九章方差分析与第十章回归分析这两章可以只选择其中一章进行讲授。公式与定理的推导证明，也可以不全部讲授，以适应数学类课程学时数不断缩短的现实。

由于编者业务水平有限，加之时间仓促，可能存在疏漏或不当之处，恳请使用本教材的读者提出宝贵意见，以便今后改正。

编　者

中国—东盟统计学院

2024 年 7 月

目　录

第一章　随机事件与概率

本章导学

概率论研究的对象是随机现象. 随机事件和概率是概率论的两个最基本的概念. 通过本章的学习要达到以下目的:1. 理解随机现象的统计规律性, 概率的定义和基本性质. 2. 掌握事件的运算法则和概率的加法、乘法公式. 3. 理解条件概率及独立性概念, 会用全概率公式、贝叶斯公式. 4. 掌握古典概型及伯努利试验概型的有关的概率计算方法.

自然界和社会上发生的现象是多种多样的, 概括起来可分为两类现象:确定性的和不确定性的(或随机性的). 例如:向上抛一石子必然下落;同性电荷相互排斥, 异性电荷相互吸引;太阳必然从东方升起;水在通常条件下温度达到 100℃ 时必然沸腾等这类现象称为确定性现象, 它们在一定的条件下一定会发生. 另有一类现象, 在一定条件下, 有多种可能的结果, 但事先又不能预测是哪一种结果会出现, 此类现象称为随机现象. 例如:在相同条件下抛同一枚硬币, 落地时面的朝向;用同一门炮向同一目标射击, 弹着点的确切位置;测量一个物体的长度, 其测量误差的大小;股票市场将来某时刻的指数;从一批电视机中随便取一台, 电视机的寿命长短等都是随机现象. 人们在长期的生产和生活实践中, 发现随机现象在一次试验或观察之前虽然不能预知确定的结果, 但大量的重复试验或观察下, 其结果却呈现出某种规律性. 例如, 多次重复抛一枚硬币得到正面朝上大致有一半;同一门炮射击同一目标的弹着点按照一定规律分布等. 这种在大量重复试验或观察中所呈现出的固有规律称之为统计规律性. 概率论与数理统计是研究和揭示随机现象统计规律性的一门数学学科.

随机现象总是与一定的条件密切联系的. 例如:某超市某柜台的营业额, 指定的一天内, 营业额多少是一个随机现象, 而"指定的一天内"就是条件, 若换成 5 天内或一个月内, 营业额就会不同. 如将营业额换成顾客流量, 差别就会更大, 故随机现象与一定的条件是有密切联系的.

第一节　样本空间、随机事件

我们对客观世界现象的认识一般都是通过一定的观察或试验来实现的. 有一类试验在非常接近的确定条件下基本上会得到相同的结果, 比如一般意义下的物理、化学试验等. 另一类试验即使大多数的条件是相同的, 但每一次试验的结果都可能会不相同, 这种试验称为是随机的. 分析概率论的创始人法国数学家拉普拉斯(Pierre-Simon Laplace, 1749−1827)说:"生活中最主要的问题, 其中绝大多数在本质上只是随机问题."正是因为这种现象的普遍性, 为概率论的研究提供了广阔空间.

一、随机试验

人们是通过试验去研究随机现象的,在这里,我们把试验看作是一个广泛的术语,具体来说,若一个试验具有下列 3 个特点:

(1)可以在相同的条件下重复地进行;

(2)每次试验的可能结果不止一个,并且事先可以明确试验所有可能出现的结果;

(3)进行一次试验之前不能确定哪一个结果会出现.

则这一试验称为随机试验,简称试验,记为 E. 简单地说对随机现象加以研究所进行的观察或试验都是随机试验.

例 1.1 试验的一些例子.

E_1:抛一枚硬币,观察正面 H 和反面 T 出现的情况;

E_2:掷两颗骰子,观察出现的点数;

E_3:在一批电视机中任意抽取一台,测试它的寿命;

E_4:城市某一交通路口,指定一小时内的汽车流量;

E_5:记录某一地区一昼夜的最高温度和最低温度;

E_6:检查生产流水线上的一件产品是否合格;

E_7:统计某商店某柜台一天的营业额.

二、样本空间与随机事件

对于一个随机试验,尽管在每次试验之前不能预知试验的结果,但事先可以明确试验所有可能出现的基本结果,这些结果满足:

(1)每进行一次试验,必然出现且只能出现其中的一个基本结果;

(2)任何结果,都是由其中的一些基本结果所组成.

样本空间:随机试验 E 的所有基本结果组成的集合称为样本空间,记为 Ω. 样本空间的元素,即 E 的每个基本结果,称为样本点.

下面写出例 1.1 中试验 $E_k(k=1,2,3,4,5,6,7)$ 的样本空间 Ω_k:

Ω_1:$\{H,T\}$;

Ω_2:$\{(i,j)\mid i,j=1,2,3,4,5,6\}$;

Ω_3:$\{t\mid t\geqslant 0\}$;

Ω_4:$\{0,1,2,3,\cdots\}$;

Ω_5:$\{(x,y)\mid T_0\leqslant x\leqslant y\leqslant T_1\}$,这里 x 表示最低温度,y 表示最高温度,并设这一地区温度不会小于 T_0 也不会大于 T_1;

Ω_6:$\{Y,N\}$,其中 Y 表示合格,N 表示不合格;

Ω_7:$\{q\mid q\geqslant 0\}$.

了解一个随机现象首先应知道其样本空间. 如果一个样本空间仅有有限个样本点,如 Ω_2,则称为有限样本空间. 如果有如 Ω_4 这样无限多的样本点,则称为可列的无限样本空间. 如果有一条数轴上一个区间这样多的样本点,比如 $1<x<2$,则称为非可列的无限样本空间. 当一个样本空间是有限的或可列的无限空间时,一般称为离散样本空间,而一个非可列的无限样本空间称为非离散样本空间.

随机事件:随机试验 E 的样本空间 Ω 的子集称为 E 的随机事件,简称事件,一般用大写字母 A,B,C,…… 表示. 简单地说随机事件就是随机试验的每一个可能出现的结果.

事件发生:在每次试验中,当且仅当一个事件 A 中的一个样本点出现时,称这一事件 A 发生.

例如,在掷骰子的试验中,可以用 A 表示"出现点数为奇数$(=\{1,3,5\})$"这个事件,若试验结果是"出现 3 点",就称事件 A 发生. 同样,"出现 5 点"事件 A 也发生.

特别地,由一个样本点(亦即基本结果)组成的单点集,称为基本事件. 例如,试验 E_1 有两个基本事件 $\{H\}$,$\{T\}$;试验 E_2 有 36 个基本事件 $\{(1,1)\}$,$\{(1,2)\}$,…,$\{(6,6)\}$.

每次试验中都必然发生的事件,称为必然事件. 样本空间 Ω 包含所有的样本点,它是 Ω 自身的子集,每次试验中都必然发生,故它就是一个必然事件. 因而必然事件也用 Ω 表示. 在每次试验中不可能发生的事件称为不可能事件. 空集 Φ 不包含任何样本点,它作为样本空间的子集,在每次试验中都不可能发生,故它就是一个不可能事件. 因而不可能事件也用 φ 表示.

例 1.2

1. 设试验 E_1:将一枚硬币抛两次,观察正反面出现的情况,用"0"表示反面,用"1"表示正面,样本空间为 $\Omega=\{(0,0),(0,1),(1,0),(1,1)\}$,可绘成图 1—1 中的点,如 $(1,0)$ 表示第一次正面第二次反面. 用 A_1 表示事件"恰出现一次正面",则 $A_1=\{(0,1),(1,0)\}$,见图 1—1 中阴影部分的两个点.

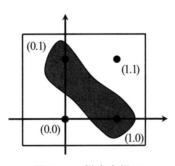

图 1—1 样本空间 Ω

2. 设试验 E_2:在一批灯泡中任意抽取一只,测试它的寿命. A_2 表示"寿命小于 1000 小时",即

$$A_2=\{t \mid 0 \leqslant t < 1000\}.$$

3. 设试验 E_3:记录某地一昼夜的最低温度和最高温度. 事件 A_3 表示"最高温度与最低温度相差 10 摄氏度",即

$$A_3=\{(x,y) \mid y-x=10, T_0 \leqslant x \leqslant y \leqslant T_1\}.$$

三、事件之间的关系与运算

事件是一个集合,因而事件间的关系与事件的运算,可以用集合之间的关系与集合的运算来处理,但在这里要注意事件的概率论意义.

下面给出这些关系和运算在概率论中的提法,并根据事件发生的含义给出它们在概率论中的含义.

1. 包含关系:如果事件 A 发生必然导致事件 B 发生,则称事件 A 包含于事件 B(或称

事件 B 包含事件 A），记作 $A \subset B$（或 $B \supset A$）. 见图 1—2.

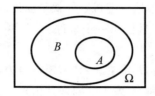

图 1—2　$A \subset B$

若 $A \subset B$ 且 $B \subset A$，则称事件 A 与 B 相等（或等价），记为 $A = B$.

与集合论相似，规定对于任一事件 A，有 $\Phi \subset A$. 显然，对于任一事件 A，有 $A \subset \Omega$.

2. 和事件："事件 A 与 B 中至少有一个发生"的事件称为 A 与 B 的和事件，简称和，记为 $A \bigcup B$ 或 $A + B$. 是"A 或 B 或两者同时出现"的事件，从集合论的角度就是 A 和 B 样本点的并集. 见图 1—3.

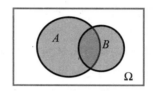

图 1—3　$A \bigcup B$

由事件和的定义，立即得到：

对任一事件 A，有

$$A \bigcup \Omega = \Omega, A \bigcup \Phi = A.$$

对 n 个事件 $A_1, A_2, \cdots, A_n$，用 $A = \bigcup_{i=1}^{n} A_i$ 表示"$A_1, A_2, \cdots, A_n$ 中至少有一个事件发生"这一事件.

对可列无穷多个事件 $A_1, A_2, \cdots, A_n, \cdots$，用 $A = \bigcup_{i=1}^{\infty} A_i$ 表示"可列无穷多个事件 A_i 中至少有一个发生"这一事件.

3. 积事件："事件 A 与 B 同时发生"的事件称为 A 与 B 的积事件，简称积，记为 $A \bigcap B$ 或 AB. 从集合论的角度就是 A 和 B 样本点的交集. 见图 1—4。

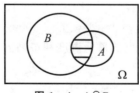

图 1—4　$A \bigcap B$

由事件积的定义，即得到：

对任一事件 A，有

$$A \bigcap \Omega = A, A \bigcap \Phi = \Phi.$$

对 n 个事件 $B_1, B_2, \cdots, B_n$，用 $B = \bigcap_{i=1}^{n} B_i$ 表示"n 个事件 $B_1, B_2, \cdots, B_n$ 同时发生"这一事件.

对可列无穷多个事件 $B_1,B_2,\cdots,B_n,\cdots$，用 $B=\bigcap\limits_{i=1}^{\infty}B_i$ 表示"可列无穷多个事件 B_1，$B_2,\cdots,B_n,\cdots$ 同时发生"这一事件.

4. 差事件："事件 A 发生而 B 不发生"的事件称为 A 与 B 的差事件，简称差，记为 $A-B$. 见图 1-5.

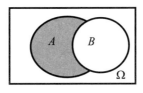

图 1-5 **A-B**

由事件差的定义，立即得到：

对任一事件 A，有

$$A-A=\Phi\,;\,A-\Phi=A\,;\,A-\Omega=\Phi.$$

5. 互不相容：如果两个事件 A 与 B 不可能同时发生，则称事件 A 与 B 为互不相容(互斥)，记作 $A\bigcap B=\Phi$. 见图 1-6.

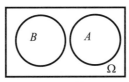

图 1-6 **A∪B=Φ**

基本事件是两两互不相容的.

6. 对立事件：若 $A\bigcup B=\Omega$ 且 $A\bigcap B=\Phi$，则称事件 A 与事件 B 互为对立事件(逆事件).

A 的对立事件记为 $\bar{A}$，$\bar{A}$ 是由 Ω 中所有不属于 A 的样本点组成的事件，它表示" A 不发生"这样一个事件. 显然 $\bar{A}=\Omega-A$. 见图 1-7.

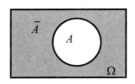

图 1-7 $\bar{A}$

在一次试验中，若 A 发生，则 $\bar{A}$ 必不发生，反之亦然.

即在一次试验中，A 与 $\bar{A}$ 二者只能发生其中之一，并且也必然发生其中之一. 显然有 $\bar{\bar{A}}=A$. 对立事件必为互不相容事件，反之，互不相容事件未必为对立事件.

与集合运算的规律一样，一般事件的运算满足如下关系：

(1)交换律 $A\bigcup B=B\bigcup A$，$A\bigcap B=B\bigcap A$；　　　　　　　　　　(1.1)

(2)结合律 $A\bigcup(B\bigcup C)=(A\bigcup B)\bigcup C$　　　　　　　　　　　(1.2)

$$A \bigcap (B \bigcap C) = (A \bigcap B) \bigcap C; \tag{1.3}$$

(3)分配律$A \bigcup (B \bigcap C) = (A \bigcup B) \bigcap (A \bigcup C)$, $\tag{1.4}$

$$A \bigcap (B \bigcup C) = (A \bigcap B) \bigcup (A \bigcap C); \tag{1.5}$$

(4) $A - B = A\bar{B} = A - AB$; $\tag{1.6}$

(5)德·摩根(De Morgan)律 $\overline{A \bigcup B} = \bar{A} \bigcap \bar{B}$; $\overline{A \bigcap B} = \bar{A} \bigcup \bar{B}$. $\tag{1.7}$

例 1.3 设 A, B, C 为三个事件,用 A, B, C 的运算关系表示下列事件:

(1) A 发生而 B 与 C 都不发生: $A\bar{B}\bar{C}$ 或 $A - B - C$.

(2) A, B 都发生而 C 不发生: $AB\bar{C}$ 或 $AB - C$.

(3) A, B, C 至少有一个事件发生: $A \bigcup B \bigcup C$.

(4) A, B, C 至少有两个事件发生: $(AB) \bigcup (AC) \bigcup (BC)$.

(5) A, B, C 恰好有两个事件发生: $(AB\bar{C}) \bigcup (A\bar{B}C) \bigcup (\bar{A}BC)$.

(6) A, B, C 恰好有一个事件发生: $(A\bar{B}\bar{C}) \bigcup (\bar{A}B\bar{C}) \bigcup (\bar{A}\bar{B}C)$.

(7) A, B 至少有一个发生而 C 不发生: $(A \bigcup B)\bar{C}$.

(8) A, B, C 都不发生: $\overline{A \bigcup B \bigcup C}$ 或 $\bar{A}\bar{B}\bar{C}$.

例 1.4 设事件 A 表示"甲种产品畅销,乙种产品滞销",求其对立事件 $\bar{A}$.

解 设 $B =$ "甲种产品畅销", $C =$ "乙种产品滞销",则 $A = BC$,故 $\bar{A} = \overline{BC} = \bar{B} \bigcup \bar{C}$ = "甲种产品滞销或乙种产品畅销".

有些复杂的事件是可以由一些简单的事件的运算来表示的,以后经常需要用这些运算进行概率的计算.

第二节　频率与概率

任一随机事件(除必然事件与不可能事件外)在一次试验中都有可能发生,也有可能不发生. 我们常常希望了解某些事件在一次试验中发生的可能性的大小,一般来说,总是希望用一个合适的数来度量事件在一次试验中发生的可能性大小. 为此,我们将首先引入频率的概念,它描述了事件发生的频繁程度,进而我们再引出度量事件在一次试验中发生的可能性大小的数——概率.

一、频率

某一次试验或观察中出现结果的偶然性并不等于说随机现象是毫无规律的,当我们对随机现象进行大量重复的试验或观察时,就会呈现出明显的规律性——频率的稳定性.

定义 1.1 设在相同的条件下,进行了 n 次试验. 若随机事件 A 在 n 次试验中发生了 k 次,则比值 $\dfrac{k}{n}$ 称为事件 A 在这 n 次试验中发生的频率,记为 $f_n(A) = \dfrac{k}{n}$.

由定义 1.1 容易知,频率具有以下性质:

(1) 对任一事件 A,有 $0 \leqslant f_n(A) \leqslant 1$;

(2) 对必然事件 Ω,有 $f_n(\Omega) = 1$;

(3) 若事件 A，B 互不相容，则
$$f_n(A \bigcup B) = f_n(A) + f_n(B).$$
一般地，若事件 $A_1, A_2, \cdots, A_m$ 两两互不相容，则
$$f_n(\bigcup_{i=1}^{m} A_i) = \sum_{i=1}^{m} f_n(A_i)$$

事件 A 发生的频率 $f_n(A)$ 表示 A 发生的频繁程度，频率大，事件 A 发生就频繁，在一次试验中，A 发生的可能性也就大，反之亦然．因而，直观的想法是用 $f_n(A)$ 表示 A 在一次试验中发生可能性的大小．但是，由于试验的随机性，即使同样是进行 n 次试验，$f_n(A)$ 的值也不一定相同．大量试验证实，随着重复试验次数 n 的增加，频率 $f_n(A)$ 会逐渐稳定于某个常数附近，而偏离的可能性很小——称之为"频率稳定性"，这就是我们所说的统计规律性．正所谓"万物看似随机，却总有其统计的宿命"．这一事实说明了刻画事件 A 发生可能性大小的数——概率具有一定的客观存在性．严格来说，这是一个理想化的模型，因为我们在实际中并不能绝对保证在每次试验时，条件都保持完全一样，这只是一个理想的假设．

历史上有一些统计学家做过大量"抛硬币"试验，如德·摩根（De Morgan）、蒲丰（Buffon）和皮尔逊（Pearson），所得结果如表 1-1 所示．

表 1-1　"抛硬币"试验结果

试验者	掷硬币次数	出现正面次数	出现正面的频率
德·摩根	2048	1061	0.5181
蒲丰	4040	2048	0.5069
皮尔逊	12000	6019	0.5016
皮尔逊	24000	12012	0.5005

可见出现正面的频率总在 0.5 附近摆动，随着试验次数增加，它逐渐稳定于 0.5. 这个 0.5 就反映正面出现的可能性的大小（同样反映反面出现的可能性大小）．

每个事件都存在一个这样的常数与之对应，因而可将频率 $f_n(A)$ 在 n 无限增大时逐渐趋向稳定的这个常数定义为事件 A 发生的概率．这就是概率的统计定义．

定义 1.2　设事件 A 在 n 次重复试验中发生的次数为 k，当 n 很大时，频率 $\dfrac{k}{n}$ 在某一数值 p 的附近波动，而随着试验次数 n 的增加，发生较大波动的可能性越来越小，则称数 p 为事件 A 的概率，记为 $P(A)$.

一般地，当 n 充分大时，$P(A) \approx f_n(A)$，这个概率称为事件的经验概率．

例 1.5　抛一枚硬币 1000 次，观察到出现正面 523 次，则可估计出现正面的概率为
$$P = \frac{523}{1000} = 0.523$$

要注意的是，上述定义并没有提供确切计算概率的方法，因为我们永远不可能依据它确切地定出任何一个事件的概率．在实际中，我们不可能对每一个事件都做大量的试验，况且我们不知道 n 取多大才行；如果 n 取很大，不一定能保证每次试验的条件都完全相同．而且也没有理由认为，取试验次数为 $n+1$ 来计算频率，总会比取试验次数为 n 来计算

频率将会更准确、更逼近所求的概率.

二、概率的公理化定义

前面给出的概率的统计定义很直观, 但它在数学上是不严密的. 因为它是借助于频率的稳定性来定义的, 而在频率的稳定性中, 诸如"波动"和"常数"等都没有确切的含义. 例如, 在抛硬币的随机试验中, 我们无法确定出现正面的频率是在 0.5 还是 0.51 或 0.49 附近波动. 为了理论研究的需要, 我们从频率的稳定性和频率的性质得到启发, 给出概率的公理化定义.

定义 1.3 设 E 是随机试验, Ω 为其样本空间, A 为事件, 对于每一个事件 A 赋予一个实数, 记作 $P(A)$, 如果 $P(A)$ 满足以下条件:

(1)非负性: $P(A) \geqslant 0$;

(2)规范性: $P(\Omega) = 1$;

(3)可列可加性:对于两两互不相容的可列无穷多个事件 $A_1, A_2, \cdots, A_n, \cdots$, 有

$$P(\bigcup_{n=1}^{\infty} A_n) = \sum_{n=1}^{\infty} P(A_n) \tag{1.8}$$

则称实数 $P(A)$ 为事件 A 的概率(Probability).

在第五章中将证明, 当 $n \to \infty$ 时, 频率 $f_n(A)$ 在一定意义上接近于概率 $P(A)$. 基于这一事实, 我们往往用 n 大到"一定程度"的频率 $f_n(A)$ 作为 $P(A)$ 的近似值. 并有理由用概率 $P(A)$ 来表示事件 A 在一次试验中发生的可能性的大小.

由概率公理化定义, 可以推出概率的一些性质.

性质 1 $P(\Phi) = 0$.

证令 $A_n = \Phi(n = 1, 2, \cdots)$, 则

$$A = \bigcup_{n=1}^{\infty} A_n = \Phi, 且 A_i A_j = \Phi, (i \neq j, \quad i, j = 1, 2, \cdots, n).$$

由概率的可列可加性得

$$P(\Phi) = P(\bigcup_{n=1}^{\infty} A_n) = \sum_{n=1}^{\infty} P(A_n) = \sum_{n=1}^{\infty} P(\Phi),$$

而由 $P(\Phi) \geqslant 0$ 及上式知 $P(\Phi) = 0$.

这个性质说明:不可能事件的概率为 0. 但其逆命题不一定成立,我们将在第二章加以说明.

性质 2(有限可加性) 若 $A_1, A_2, \cdots, A_n$ 为两两互不相容事件,则有

$$P(\bigcup_{k=1}^{n} A_k) = \sum_{k=1}^{n} P(A_k) \tag{1.9}$$

证 令 $A_{n+1} = A_{n+2} = \cdots = \varphi$,则 $A_i A_j = \varphi$,当 $i \neq j$,且 $i, j = 1, 2, \cdots$ 时,由可列可加性,得

$$P(\bigcup_{k=1}^{n} A_k) = P(\bigcup_{k=1}^{\infty} A_k) = \sum_{k=1}^{\infty} P(A_k) = \sum_{k=1}^{n} P(A_k).$$

性质 3 设 A, B 是两个事件,若 $A \subset B$,则有

$$P(B - A) = P(B) - P(A); \tag{1.10}$$
$$P(A) \leqslant P(B).$$

证 由 $A \subset B$,知 $B = A \cup (B - A)$ 且 $A(B - A) = \Phi$.

再由概率的有限可加性有

$$P(B) = P(A \cup (B - A)) = P(A) + P(B - A)$$

即 $P(B - A) = P(B) - P(A)$.

又由 $P(B - A) \geqslant 0$,得 $P(A) \leqslant P(B)$.

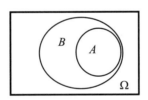

图 1-8 $P(A) \leqslant P(B)$

性质 4 对任一事件 A, $P(A) \leqslant 1$.

证 因为 $A \subset \Omega$ 由性质 3 得 $P(A) \leqslant P(\Omega) = 1$.

性质 5 对于任一事件 A,有

$$P(\bar{A}) = 1 - P(A). \tag{1.11}$$

证 因为 $\bar{A} \cup A = \Omega$,$\bar{A} A = \varphi$,由有限可加性,得

$$1 = P(\Omega) = P(\bar{A} \cup A) = P(\bar{A}) + P(A)$$

即 $P(\bar{A}) = 1 - P(A)$.

性质 6(加法公式) 对于任意两个事件 A,B 有

$$P(A \cup B) = P(A) + P(B) - P(AB). \tag{1.12}$$

证 因为 $A \cup B = A \cup (B - AB)$ 且 $A(B - AB) = \varphi$,由性质 2 和性质 3 得

$$P(A \cup B) = P(A \cup (B - AB)) = P(A) + P(B - AB)$$
$$= P(A) + P(B) - P(AB).$$

性质 6 还可推广到三个事件的情形. 例如,设 A_1, A_2, A_3 为任意三个事件,则有

$$P(A_1 \bigcup A_2 \bigcup A_3) = P(A_1) + P(A_2) + P(A_3) - P(A_1 A_2) - P(A_1 A_3) - P(A_2 A_3)$$
$$+ P(A_1 A_2 A_3)$$

一般地,设 $A_1, A_2, \cdots, A_n$ 为任意 n 个事件,可由归纳法证得

$$P(A_1 \bigcup A_2 \bigcup \cdots \bigcup A_n)$$
$$= \sum_{i=1}^{n} P(A_i) - \sum_{1 \leqslant i < j \leqslant n} P(A_i A_j) + \sum_{1 \leqslant i < j < k \leqslant n} P(A_i A_j A_k) - \cdots$$
$$+ (-1)^{n-1} P(A_1 A_2 \cdots A_n)$$

例 1.6 设 A, B 为两事件, $P(A) = 0.5, P(B) = 0.3, (AB) = 0.1$, 求:

(1) A 发生但 B 不发生的概率;

(2) A 不发生但 B 发生的概率;

(3) 至少有一个事件发生的概率;

(4) A, B 都不发生的概率;

(5) 至少有一个事件不发生的概率.

解

(1) $P(A\bar{B}) = P(A - B) = P(A - AB) = P(A) - P(AB) = 0.4$;

(2) $P(\bar{A}B) = P(B - AB) = P(B) - P(AB) = 0.2$;

(3) $P(A \bigcup B) = 0.5 + 0.3 - 0.1 = 0.7$;

(4) $P(\bar{A}\bar{B}) = P(\overline{A \bigcup B}) = 1 - P(A \bigcup B) = 1 - 0.7 = 0.3$;

(5) $P(\bar{A} \bigcup \bar{B}) = P(\overline{AB}) = 1 - P(AB) = 1 - 0.1 = 0.9$.

整个概率论与数理统计的大厦,就是建立在概率论三条公理基础上的严谨逻辑体系,正是因为公理化结构的建立,成为概率论与数理统计学科的基石,概率统计其他所有的理论和方法可以说都来源于这三条公理,都可由其推导出来. 概率统计从此走向成熟,得到不断发展.

第三节　古典概率与几何概率

概率论的一个基本任务是计算各种随机事件发生的可能性大小——概率. 古典概型是概率论的发展史上人们最初主要研究的对象,许多最初的概率论的概念和结果也都是对它作出的,直到现在,古典概型在概率论中仍有一定地位. 这一方面是因为它简单而且直观,对它的讨论有助于理解概率论中的许多概念;另一方面,许多实际问题都可以归结为这一模型,古典概型有着较广泛的应用.

一、古典概型

现有装有两种颜色球(如红球和白球)的一个袋子,假如你相信每一个球都和别的球出现的可能性一样,从袋子中随机取出一个球,你不确定取出的球的颜色,有理由说你对取出的球是红色的概率为红球在袋中的比例 p. 如袋子中有 2 个红球 3 个白球,则随机取出红球的概率可以认为是 $\frac{2}{5}$,这就是古典概率.

定义 1.4 若随机试验 E 满足以下条件:

（1）试验的样本空间 Ω 只有有限个样本点，即
$$\Omega = \{\omega_1, \omega_2, \cdots, \omega_n\};$$

（2）试验中每个基本事件的发生是等可能的，即
$$P(\{\omega_1\}) = P(\{\omega_2\}) = \cdots = P(\{\omega_n\})$$

则称此试验为古典概型，或称为等可能概型．

由定义可知 $\{\omega_1\}, \{\omega_2\}, \cdots, \{\omega_n\}$ 是两两互不相容的，故有
$$1 = P(\Omega) = P(\{\omega_1\} \bigcup \{\omega_2\} \bigcup \cdots \bigcup \{\omega_n\})$$
$$= P(\{\omega_1\}) + P(\{\omega_2\}) + \cdots + P(\{\omega_n\}),$$

又每个基本事件发生的可能性相同，即
$$P(\{\omega_1\}) = P(\{\omega_2\}) = \cdots = P(\{\omega_n\}),$$

故
$$1 = nP(\{\omega_i\}),$$

从而
$$P(\{\omega_i\}) = \frac{1}{n}, \quad i = 1, 2, \cdots, n.$$

设事件 A 包含 k 个基本事件，即
$$A = \{\omega_{i_1}\} \bigcup \{\omega_{i_2}\} \bigcup \cdots \bigcup \{\omega_{i_k}\},$$

则有
$$P(A) = P\left(\{\omega_{i_1}\} \bigcup \{\omega_{i_2}\} \bigcup \cdots \bigcup \{\omega_{i_k}\}\right) = P\left(\{\omega_{i_1}\}\right) + P\left(\{\omega_{i_2}\}\right) + \cdots + P\left(\{\omega_{i_k}\}\right)$$
$$= \underbrace{\frac{1}{n} + \frac{1}{n} + \cdots + \frac{1}{n}}_{k\uparrow} = \frac{k}{n}.$$

由此，得到古典概型中事件 A 的概率计算公式为

$$P(A) = \frac{k}{n} = \frac{A \text{ 所包含的样本点数}}{\Omega \text{ 中样本点总数}} \tag{1.13}$$

称古典概型中事件 A 的概率为古典概率．可以验证，古典概率符合概率的公理化定义．一般地，可利用排列、组合及乘法原理、加法原理的知识计算 k 和 n，进而求得相应的概率．

古典概率也有其严重缺陷，条件"每个基本事件的发生是等可能的"是含糊不清的，只能作为一种理想化的模型．

例 1.7 从 $0, 1, 2, \cdots, 9$ 这十个数字中任取一个，求取得奇数数字的概率．

解 将从 $0, 1, 2, \cdots, 9$ 这十个数字中任取一个的所有可能的结果取作样本空间，样本点总数 $n = 10$，以 A 记为取得奇数数字的事件，A 所包含的样本点数 $k = 5$，所以

$$P(A) = \frac{k}{n} = \frac{5}{10} = 0.5.$$

例 1.8 某批产品共 N 件，其中有 M 件次品，无放回任取 n 件产品，求恰好有 k 件次品的概率是多少？

解 将从 N 件产品中任意抽取 n 件产品的所有可能的结果作为样本空间，总的抽法有 C_N^n 种．以 A 记抽取的 n 件产品中恰有 k 件次品的事件，A 所包含的样本点数的计算先要从 M 件次品中抽取 k 件，可能的抽法有 C_M^k 种，又要从 $N-M$ 件正品中抽取 $n-k$ 件，同理有 C_{N-M}^{n-k} 种取法，从而随机地抽取 n 件，恰好有 k 件次品的取法共有 $C_M^k \cdot C_{N-M}^{n-k}$ 种，因此所求概率为

$$P(A) = \frac{C_M^k C_{N-M}^{n-k}}{C_N^n}, \quad k = 0, 1, \cdots, \min(M, N).$$

这一例子可以说明古典概型在产品抽样检查中的应用. 在实际产品检查中,可以采用普查和抽查两种方式. 但许多大工厂产量很高,每天生产的产品数以万计,对这些产品进行全面的普查通常是不可能的也是不经济的;另外,有的产品检验带有破坏性,如灯泡寿命的检验、棉纱断裂强度的检验等. 因此,经常采用的检验方法是抽样检验,根据抽出来的若干件产品的情况去推断整批产品的质量情况.

例 1.9 一口袋装有 6 个球,其中 4 个白球,2 个红球. 从袋中取球两次,每次随机地取一只. 考虑两种取球方式:

(a)第一次取一个球,观察其颜色后放回袋中,搅匀后再任取一球. 这种取球方式叫作有放回抽取.

(b)第一次取一球后不放回袋中,第二次从剩余的球中再取一球. 这种取球方式叫作不放回抽取.

试分别就上面两种情形,求:

(1)取到的两个球都是白球的概率;

(2)取到的两个球颜色相同的概率;

(3)取到的两个球中至少有一个是白球的概率.

解 (a)有放回抽取的情形

设 A 表示事件"取到的两个球都是白球", B 表示事件"取到的两个球都是红球", C 表示事件"取到的两个球中至少有一个是白球". 则 $A \bigcup B$ 表示事件"取到的两个球颜色相同",而 $C = \bar{B}$.

在袋中依次取两个球,每一种取法为一个基本事件,显然此时样本空间中仅包含有限个元素,且由对称性知每个基本事件发生的可能性相同,因而可利用(1.13)式来计算事件的概率.

第一次从袋中取球有 6 个球可供抽取,第二次也有 6 个球可供抽取. 由乘法原理知共有 6×6 种取法,即基本事件总数为 6×6. 对于事件 A 而言,由于第一次有 4 个白球可供抽取,第二次也有 4 个白球可供抽取,由乘法原理知共有 4×4 种取法,即 A 中包含 4×4 个元素. 同理, B 中包含 2×2 个元素,于是

$$P(A) = \frac{4 \times 4}{6 \times 6} = \frac{4}{9},$$

$$P(B) = \frac{2 \times 2}{6 \times 6} = \frac{1}{9}.$$

由于 $AB = \Phi$,故

$$P(A \bigcup B) = P(A) + P(B) = \frac{5}{9},$$

$$P(C) = P(\bar{B}) = 1 - P(B) = \frac{8}{9}.$$

(b)不放回抽取的情形

第一次从 6 个球中抽取,第二次只能从剩下的 5 个球中抽取,故共有 6×5 种取法,即

样本点总数为 6×5. 对于事件 A 而言,第一次从 4 个白球中抽取,第二次从剩下的 3 个白球中抽取,故共有 4×3 种取法,即 A 中包含 4×3 个元素,同理 B 包含 2×1 个元素,于是

$$P(A) = \frac{4 \times 3}{6 \times 5} = \frac{A_4^2}{A_6^2} = \frac{2}{5},$$

$$P(B) = \frac{2 \times 1}{6 \times 5} = \frac{A_2^2}{A_6^2} = \frac{1}{15}.$$

由于 $AB = \varphi$,故

$$P(A \bigcup B) = P(A) + P(B) = \frac{7}{15},$$

$$P(C) = P(\bar{B}) = 1 - P(B) = \frac{14}{15}.$$

在不放回抽取中,一次取一个,一共取 m 次也可看作一次取出 m 个,故本例中也可用组合的方法,得

$$P(A) = \frac{C_4^2}{C_6^2} = \frac{2}{5},$$

$$P(B) = \frac{C_2^2}{C_6^2} = \frac{1}{15}.$$

例 1.10　箱中装有 a 个白球,b 个黑球,现进行不放回抽取,每次抽取一个,求

(1) 任取 $m + n$ 个中恰有 m 个白球,n 个黑球的概率$(m \leqslant a, n \leqslant b)$;

(2) 第 k 次才取到白球的概率$(k \leqslant b + 1)$;

(3) 第 k 次恰取到白球的概率.

解　(1)可看作一次取出 $m + n$ 个球,与次序无关,是组合问题. 从 $a + b$ 个球中任取 $m + n$ 个,所有可能的取法共有 C_{a+b}^{m+n} 种,每一种取法为一基本事件,且由于对称性知每个基本事件发生的可能性相同. 从 a 个白球中取 m 个,共有 C_a^m 种不同的取法,从 b 个黑球中取 n 个,共有 C_b^n 种不同的取法. 由乘法原理知,取到 m 个白球,n 个黑球的取法共有 $C_a^m C_b^n$ 种,于是所求概率为

$$P_1 = \frac{C_a^m C_b^n}{C_{a+b}^{m+n}}.$$

(2) 抽取与次序有关. 每次取一个,取后不放回,一共取 k 次,每种取法即是从 $a + b$ 个不同元素中任取 k 个不同元素的一个排列,每种取法是一个基本事件,共有 A_{a+b}^k 个基本事件,且由于对称性知每个基本事件发生的可能性相同. 前 $k - 1$ 次都取到黑球,从 b 个黑球中任取 $k - 1$ 个的排法种数,有 A_b^{k-1} 种,第 k 次抽取的白球可为 a 个白球中任一只,有 A_a^1 种不同的取法. 由乘法原理知,前 $k - 1$ 次都取到黑球,第 k 次取到白球的取法共有 $A_b^{k-1} A_a^1$ 种,于是所求概率为

$$P_2 = \frac{A_b^{k-1} A_a^1}{A_{a+b}^k}.$$

(3) 基本事件总数仍为 A_{a+b}^k. 第 k 次必取到白球,可为 a 个白球中任一只,有 A_a^1 种不同的取法,其余被取的 $k - 1$ 个球可以是其余 $a + b - 1$ 个球中的任意 $k - 1$ 个,共有 A_{a+b-1}^{k-1} 种不同的取法,由乘法原理,第 k 次恰取到白球的取法有 $A_a^1 A_{a+b-1}^{k-1}$ 种,故所求概率为

$$P_3 = \frac{A_a^1 A_{a+b-1}^{k-1}}{A_{a+b}^k} = \frac{a}{a+b}.$$

值得注意的是例 1.10(3)中 P_3 与 k 无关,也就是说其中任一次抽球,抽到白球的概率都跟第一次抽到白球的概率相同,为 $a/(a+b)$,而跟抽球的先后次序无关(例如购买福利彩票时,尽管购买的先后次序不同,但各人得奖的机会是一样的).

例 1.11(盒子问题) 设有 n 个球,每个球都以同样的概率 $\dfrac{1}{N}$ 被放到 $N(n \leqslant N)$ 个盒子中的任一个中,求恰好有 n 个盒子其中各有一球的概率.

解 每个球都有 N 种放法,这是可重复排列问题,n 个球共有 N^n 种不同放法.因为没有指定是哪几个盒子,所以首先选出 n 个盒子,有 C_N^n 种选法.对于其中每一种选法,每个盒子各放一球共有 $n!$ 种放法,故所求概率为

$$P = \frac{C_N^n n!}{N^n}.$$

许多直观背景不相同的实际问题,都和本例具有相同的数学模型.比如生日问题:假设每人的生日在一年 365 天中的任一天是等可能的,那么随机选取 $n(n \leqslant 365)$ 个人,他们的生日各不相同的概率为

$$P_1 = \frac{C_{365}^n n!}{365^n}.$$

因而 n 个人中至少有两个人生日相同的概率为

$$P_2 = 1 - \frac{C_{365}^n n!}{365^n}.$$

利用软件包进行计算可得以下运行结果:

```
人  数      至 少 有 两 人 生 日 相 同 的  概 率
 1 0        0 . 1 1 6 9 4 8 1 7 7 7 1 1 0 7 7 6 5 1 8 7
 2 0        0 . 4 1 1 4 3 8 3 8 3 5 8 0 5 7 9 9 8 7 6 2
 3 0        0 . 7 0 6 3 1 6 2 4 2 7 1 9 2 6 8 6 5 9 9 6
 4 0        0 . 8 9 1 2 3 1 8 0 9 8 1 7 9 4 8 9 8 9 6 5
 5 0        0 . 9 7 0 3 7 3 5 7 9 5 7 7 9 8 8 3 9 9 9 2
 6 0        0 . 9 9 4 1 2 2 6 6 0 8 6 5 3 4 7 9 4 2 4 7
 7 0        0 . 9 9 9 1 5 9 5 7 5 9 6 5 1 5 7 0 9 1 3 5
 8 0        0 . 9 9 9 9 1 4 3 3 1 9 4 9 3 1 3 4 9 4 6 9
 9 0        0 . 9 9 9 9 9 3 8 4 8 3 5 6 6 1 2 3 6 0 3 5 5
1 0 0        0 . 9 9 9 9 9 9 6 9 2 7 5 1 0 7 2 1 4 8 4 3
1 1 0        0 . 9 9 9 9 9 9 9 8 9 4 7 1 2 9 4 3 0 6 2 1
1 2 0        0 . 9 9 9 9 9 9 9 9 7 5 6 0 8 5 2 1 8 9 5
1 3 0        0 . 9 9 9 9 9 9 9 9 9 6 2 4 0 3 2 3 1 7
1 4 0        0 . 9 9 9 9 9 9 9 9 9 9 9 6 2 1 0 3 9 5
1 5 0        0 . 9 9 9 9 9 9 9 9 9 9 9 9 9 9 7 5 4 9
1 6 0        0 . 9 9 9 9 9 9 9 9 9 9 9 9 9 9 9 9 0 0
```

表 1-2 几个人中至少两人生日相同的概率表

n	20	30	40	50	64	100
P_2	0.411	0.706	0.891	0.970	0.997	0.9999997

例如 $n = 64$ 时 $P_2 = 0.997$,这表示在仅有 64 人的班级里,"至少有两人生日相同"的概率与 1 相差无几,因此几乎总是会出现的.这个结果也许会让大多数人惊奇,因为"一个

班级中至少有两人生日相同"的概率并不如人们直觉中想象的那样小,而是相当大.这也告诉我们,"直觉"并不很可靠,说明研究随机现象统计规律是非常重要的.

二、几何概率

古典概型的计算,只适用于具有等可能性的有限样本空间,若试验结果无穷多,它显然已不适合.对于下面的无限样本空间的概率问题,可将古典概型的计算加以推广.

设试验具有以下特点:

(1)样本空间 Ω 是一个几何区域,这个区域大小可以度量(如长度、面积、体积等),并把 Ω 的度量记作 $m(\Omega)$.

(2)向区域 Ω 内任意投掷一个点,落在区域内任一个点处都是"等可能的",或者设落在 Ω 中的区域 A 内的可能性与 A 的度量 $m(A)$ 成正比,与 A 的位置和形状无关.

不妨用 A 表示"掷点落在区域 A 内"的事件,那么事件 A 的概率可用下面公式计算:

$$P(A) = \frac{m(A)}{m(\Omega)} \tag{1.14}$$

称它为几何概率.

可以验证,几何概率符合概率的公理化定义.

例 1.12 在一个形状为旋转体的均匀陀螺的圆周上均匀地刻上区间 $[0,3]$ 上的数字,旋转陀螺,求事件"当陀螺停下时,它的圆周接触桌面处的刻度在区间 $\left[\frac{1}{2},1\right)$ 上"的概率.

解 由于样本空间 $\Omega = [0,3)$,显然,样本空间中包含有无穷多个样本点.另一方面,由于陀螺构造的对称性和均匀性,当它停下来时,圆周上各点与桌面接触的可能性相等,自然会认为所求的概率为

$$\frac{\text{区间} \left[\frac{1}{2},1\right) \text{的长度}}{\text{区间} [0,3) \text{的长度}} = \frac{1}{6}.$$

例 1.13(会面问题) 两人相约在某天下午 2:00～3:00 在预定地方见面,先到者要等候 20 分钟,过时则离去.如果每人在这指定的一小时内任一时刻到达是等可能的,求约会的两人能会到面的概率.

解 设 x,y 为两人到达预定地点的时刻,那么,两人到达时间的一切可能结果落在边长

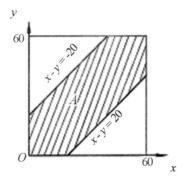

图 1-9 会面样本空间

为 60 的正方形内,这个正方形就是样本空间 Ω. 而两人能会面的充要条件是 $|x-y|\leqslant 20$, 即

$$x-y\leqslant 20 \text{ 且 } y-x\leqslant 20.$$

令事件 A 表示"两人能会面",这区域如图 1—9 中的区域 A 所示,则

$$P(A)=\frac{m(A)}{m(\Omega)}=\frac{60^2-40^2}{60^2}=\frac{5}{9}.$$

例 1.14(蒲丰投针问题) 平面上画有等距离为 $a(a>0)$ 的一些平行线,向平面上任意投一长为 $l(l<a)$ 的针,试求针与一平行线相交的概率.

解 以 M 表示针的中点,x 表示 M 与最近的一条平行线的距离,φ 表示针与此线的夹角,如图 1—10 所示,易见

$$0\leqslant x\leqslant \frac{a}{2}, \quad 0\leqslant \varphi\leqslant \pi.$$

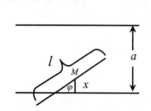
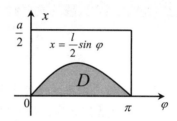

图 1—10 蒲丰投针

这两式决定了 $\varphi 0x$ 平面上的矩形区域 Ω. 为了使针与平行线相交,必须 $x\leqslant\frac{l}{2}sin\varphi$, 满足这一关系式的区域记为 D(如图 1—10 的阴影部分区域),由此,问题等价于在 Ω 中任意掷一点,该点落入区域 D 的概率. 由几何概率的定义,所求概率为

$$P=\frac{D \text{ 的面积}}{\Omega \text{ 的面积}}=\frac{\int_0^\pi \frac{l}{2}sin\varphi d\varphi}{\frac{1}{2}a\pi}=\frac{2l}{\pi a}$$

上述概率的表达式提供了求 π 的一种方法,如果投掷 N 次,设针与线相交的次数为 n,用频率 $\frac{n}{N}$ 作为概率的近似值,得

$$\pi\approx\frac{2lN}{an}.$$

历史上曾有不少人做过这一试验,如 1850 年沃尔夫(Wolf)掷针 5000 次,得 π 的近似值为 3.1596,1901 年拉兹瑞尼(Lazzerini)掷针 3408 次,得 π 的近似值为 3.1415929. 像上面这种求参数的方法称为蒙特卡罗(Monte-Carlo)模拟方法,有不少的参数都可以用这个方法求得.

第四节 条件概率

在研究事件的概率时,我们经常会遇到这样的情况:已知某个事件 B 发生,要求事件 A 发生的概率. 例如:在桥牌游戏中,已知对家手中有两张 K,想知道草花 K 在他手中的

概率;又如在医学上,我们已知某一位病人有糖尿病的家庭史,问该病人患有糖尿病的概率有多大.这种带有条件的概率我们称为条件概率.从本质上讲,概率都是有条件的.

一、条件概率

例 1.15 抛一枚硬币两次,观察面的朝向,其样本空间为 $\Omega = \{HH, HT, TH, TT\}$,其中 H 代表正面,T 代表反面,HT 表示第一次正面第二次反面,其他样本点类似,假定出现正面反面是等可能的,我们来讨论如下一些事件的概率.

(1)事件 $A =$ "两次至少有一次反面"发生的概率为

$$P(A) = \frac{3}{4}.$$

(2)若已知事件 $B =$ "两次至少有一次正面"已经发生,则 $P(B) = \frac{3}{4}$,在这个条件下事件 A 发生的概率为

$$P(A \mid B) = \frac{2}{3}.$$

这是因为在事件 B 发生的条件下,排除了 TT 发生的可能性,这时问题的样本空间改为 $\Omega_B = \{HH, HT, TH\}$,而在 Ω_B 中事件 A 只含有 2 个样本点,故 $P(A \mid B) = \frac{2}{3}$. 这就是条件概率,它与(无条件)概率 $P(A)$ 是不同的概念.

(3)对上述条件概率的分子分母同除以 4 可得

$$P(A \mid B) = \frac{2}{3} = \frac{2/4}{3/4} = \frac{P(AB)}{P(B)}.$$

其中积事件 $AB =$ "两次有一次正面一次反面".

这个关系具有一般性,由此得到条件概率的定义.

定义 1.5 设 A,B 为两个事件,且 $P(B) > 0$,则称 $\dfrac{P(AB)}{P(B)}$ 为事件 B 已发生的条件下事件 A 发生的条件概率,记为 $P(A \mid B)$,即

$$P(A \mid B) = \frac{P(AB)}{P(B)} \tag{1.15}$$

易验证,$P(A \mid B)$ 符合概率定义的三条公理,即:

(1) 对于任一事件 A,有 $P(A \mid B) \geqslant 0$;

(2) $P(\Omega \mid B) = 1$;

(3) $P(\bigcup\limits_{i=1}^{\infty} A_i \mid B) = \sum\limits_{i=1}^{\infty} P(A_i \mid B).$

其中 $A_1, A_2, \cdots, A_n, \cdots$ 为两两互不相容事件.

这说明条件概率符合定义 1.3 中概率应满足的 3 个条件,故对概率已证明的结果都适用于条件概率.例如,对于任意事件 A_1, A_2,有

$$P(A_1 \bigcup A_2 \mid B) = P(A_1 \mid B) + P(A_2 \mid B) - P(A_1 A_2 \mid B).$$

又如,对于任意事件 A,有

$$P(\bar{A} \mid B) = 1 - P(A \mid B).$$

例 1.16 某批产品共 100 件,其中有 8 件是不合格品,而 8 件不合格品中又有 5 件是次品,3 件是废品,今从这 100 件产品中任取一件.

(1)求抽到的是废品的概率;

(2)已知抽到的是不合格品,求它是废品的概率.

解 记 A 表示"从 100 件产品中任抽一件,抽得的是废品"这一事件,B 表示"从 100 件产品任抽一件,抽得的是不合格品"的事件.

(1)由古典概率可得

$$P(A) = \frac{3}{100}.$$

(2)由条件概率的定义,

$$P(A \mid B) = \frac{P(AB)}{P(B)} = \frac{3/100}{8/100} = \frac{3}{8}.$$

这一问题还可以这样理解:由于已知抽得的是不合格品,共 8 件,将它们组成新的样本空间,其中的废品有 3 件,故

$$P(A \mid B) = \frac{3}{8}.$$

例 1.17 某种动物出生之后活到 20 岁的概率为 0.7,活到 25 岁的概率为 0.56,求现年为 20 岁的动物活到 25 岁的概率.

解 设 A 表示"活到 20 岁以上"的事件,B 表示"活到 25 岁以上"的事件,则有 $P(A)=0.7,P(B)=0.56$ 且 $B \subset A$. 得

$$P(B \mid A) = \frac{P(AB)}{P(A)} = \frac{P(B)}{P(A)} = \frac{0.56}{0.7} = 0.8.$$

例 1.18 一盒中装有 5 个产品,其中有 3 个正品,2 个次品,从中取产品两次,每次取一个,不放回抽样,求在第一次取到正品条件下,第二次取到的也是正品的概率.

解 设 A 表示"第一次取到正品"的事件,B 表示"第二次取到正品"的事件,由条件得

$$P(A) = \frac{3 \times 4}{5 \times 4} = \frac{3}{5}$$

$$P(AB) = \frac{3 \times 2}{5 \times 4} = \frac{3}{10}$$

故有

$$P(B \mid A) = \frac{P(AB)}{P(A)} = \frac{3/10}{3/5} = \frac{1}{2}.$$

此题也可按产品编号来做,设 1、2、3 号为正品,4、5 号为次品,则样本空间为 $\Omega = \{1, 2, 3, 4, 5\}$,若 A 已发生,即在 1、2、3 中抽走一个,于是第二次抽取所有可能结果的集合中共有 4 个产品,其中有 2 个正品,故得

$$P(B \mid A) = \frac{2}{4} = \frac{1}{2}.$$

二、乘法定理

由条件概率定义 $P(B \mid A) = \frac{P(AB)}{P(A)}$,$P(A) > 0$,两边同乘以 $P(A)$ 可得 $P(AB) =$

$P(A)P(B\mid A)$，由此可得

定理 1.1（乘法定理）　设 $P(A)>0$，则有

$$P(AB)=P(A)P(B\mid A).\tag{1.16}$$

易知，若 $P(B)>0$，则有

$$P(AB)=P(B)P(A\mid B).\tag{1.17}$$

乘法定理也可推广到多个事件的情况．

一般地，设 n 个事件为 $A_1,A_2,\cdots,A_n$，若 $P(A_1A_2\cdots A_{n-1})>0$，则有

$$P(A_1A_2\cdots A_n)=P(A_1)P(A_2\mid A_1)P(A_3\mid A_1A_2)\cdots P(A_n\mid A_1A_2\cdots A_{n-1}).$$

事实上，由 $A_1\supset A_1A_2\supset\cdots\supset A_1A_2\cdots A_{n-1}$，有

$$P(A_1)\geqslant P(A_1A_2)\geqslant\cdots\geqslant P(A_1A_2\cdots A_{n-1})>0$$

故公式右边的条件概率每一个都有意义，由条件概率定义可知

$$P(A_1)P(A_2\mid A_1)P(A_3\mid A_1A_2)\cdots P(A_n\mid A_1A_2\cdots A_{n-1})$$

$$=P(A_1)\frac{P(A_1A_2)}{P(A_1)}\cdot\frac{P(A_1A_2A_3)}{P(A_1A_2)}\cdot\cdots\cdot\frac{P(A_1A_2\cdots A_n)}{P(A_1A_2\cdots A_{n-1})}=P(A_1A_2\cdots A_n).$$

例 1.19　设在一盒子中装有 10 只晶体管，4 只是次品，6 只是正品，在其中取两次，每次任取一只，作不放回抽样，问两次都取到正品的概率是多少？

解　记 A 为"第一次取到的是正品晶体管"的事件，B 为"第二次取到的是正品晶体管"的事件，则两次都取到正品的事件为 AB，而

$$P(A)=\frac{6}{10}=\frac{3}{5},\quad P(B\mid A)=\frac{5}{9},$$

所以

$$P(AB)=P(A)P(B\mid A)=\frac{1}{3}.$$

例 1.20　一批零件，共 100 件，其中有 10 件次品，采用不放回抽样依次抽取 3 次，每次抽一件，求第 3 次才抽到正品的概率．

解　设 $A_i(i=1,2,3)$ 为"第 i 次抽到正品"的事件，则有

$$P(\bar A_1\bar A_2A_3)=P(\bar A_1)P(\bar A_2\mid\bar A_1)P(A_3\mid\bar A_1\bar A_2)=\frac{10}{100}\times\frac{9}{99}\times\frac{90}{98}=0.0084.$$

例 1.21　设盒中有 m 个红球，n 个白球，每次从盒中任取一个球，看后放回，再放入 k 个与所取颜色相同的球．若在盒中连取四次，试求第一次、第二次取到红球且第三次、第四次取到白球的概率．

解　设 $R_i(i=1,2,3,4)$ 表示"第 i 次取到红球"的事件，则 $\bar R_i(i=1,2,3,4)$ 表示"第 i 次取到白球"的事件．于是

$$P(R_1R_2\bar R_3\bar R_4)=P(R_1)P(R_2\mid R_1)P(\bar R_3\mid R_1R_2)P(\bar R_4\mid R_1R_2\bar R_3)$$

$$=\frac{m}{m+n}\cdot\frac{m+k}{m+n+k}\cdot\frac{n}{m+n+2k}\cdot\frac{n+k}{m+n+3k}.$$

三、全概率公式和贝叶斯公式

在计算比较复杂随机事件的概率时，经常会用到全概率公式和贝叶斯公式，为建立这

两个用来计算概率的重要公式,我们先引入样本空间 Ω 的划分的定义.

定义 1.6 设 Ω 为样本空间,$A_1,A_2,\cdots,A_n$ 为 Ω 的一组事件,若满足

(1) $A_iA_j=\Phi$, $i\neq j$, $i,j=1,2,\cdots,n$;

(2) $\bigcup\limits_{i=1}^{n}A_i=\Omega$,

则称 $A_1,A_2,\cdots,A_n$ 为样本空间 Ω 的一个划分.例如 $A,\bar{A}$ 就是 Ω 的一个划分.

若 $A_1,A_2,\cdots,A_n$ 是 Ω 的一个划分(图 1—11),那么,对每次试验,事件 $A_1,A_2,\cdots,A_n$ 中必有一个且仅有一个发生.

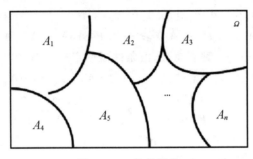

图 1—11 Ω 的划分

定理 1.2(全概率公式) 设 B 为样本空间 Ω 中的任一事件,$A_1,A_2,\cdots,A_n$ 为 Ω 的一个划分,且 $P(A_i)>0(i=1,2,\cdots,n)$,则有

$$P(B)=P(A_1)P(B\mid A_1)+P(A_2)P(B\mid A_2)+\cdots+P(A_n)P(B\mid A_n)$$
$$=\sum_{i=1}^{n}P(A_i)P(B\mid A_i) \tag{1.18}$$

证 注意到,$B=BA_1\bigcup BA_2\bigcup\cdots\bigcup BA_n$,而 $BA_1,BA_2,\cdots,BA_n$ 两两互不相容(图 1—12),故有

$$P(B)=P(BA_1\bigcup BA_2\bigcup\cdots\bigcup BA_n)$$
$$=P(BA_1)+P(BA_2)+\cdots+P(BA_n)$$
$$=P(A_1)P(B\mid A_1)+P(A_2)P(B\mid A_2)+\cdots+P(A_n)P(B\mid A_n).$$

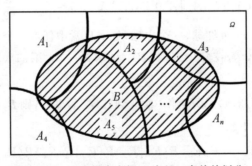

图 1—12 B 为样本空间 Ω 中任一事件的划分

称上述公式为全概率公式.全概率公式表明,在许多实际问题中事件 B 的概率不易直接求得时,如果容易找到 Ω 的一个划分 $A_1,A_2,\cdots,A_n$,且 $P(A_i)$ 和 $P(B\mid A_i)$ 为已知,或容易求得,那么就可以根据全概率公式求出 $P(B)$.

定理 1.3（贝叶斯公式）　设样本空间为 Ω，B 为 Ω 中的事件，$A_1,A_2,\cdots,A_n$ 为 Ω 的一个划分，且 $P(B)>0$，$P(A_i)>0,i=1,2,\cdots,n$，则有

$$P(A_i \mid B) = \frac{P(A_i)P(B \mid A_i)}{\sum\limits_{i=1}^{n} P(A_i)P(B \mid A_i)}, \quad i=1,2,\cdots,n. \tag{1.19}$$

证　由条件概率公式有

$$P(A_i \mid B) = \frac{P(A_iB)}{P(B)} = \frac{P(A_i)P(B \mid A_i)}{\sum\limits_{i=1}^{n} P(A_i)P(B \mid A_i)}, \quad i=1,2,\cdots,n.$$

称上式为贝叶斯公式，也称为逆概率公式．

若把全概率公式中的 B 视作"果"，而把 Ω 的每一划分 A_i 视作"因"，则全概率公式反映"由因求果"的概率问题，$P(A_i)$ 是根据以往信息和经验得到的，所以被称为先验概率．而贝叶斯公式则是"执果溯因"的概率问题，即在"结果"B 已发生的条件下，寻找 B 发生的"原因"，公式中 $P(A_i \mid B)$ 是得到"结果"B 后求出的，称为后验概率．

☆人物简介

　　　　　贝叶斯（Thomas Bayes，约 1701—1761），英国数学家．1702 年出生于伦敦，做过神父．1742 年成为英国皇家学会会员．1763 年 4 月 7 日逝世．贝叶斯在数学方面主要研究概率论．他首先将归纳推理法用于概率论基础理论，并创立了贝叶斯统计理论，对于统计决策函数、统计推断、统计的估算等做出了贡献．1763 年发表了这方面的论著，对于现代概率论和数理统计都有很重要的作用．贝叶斯的另一著作《机会的学说概论》发表于 1758 年．概率论是逻辑严谨推理性强的一门数学分支，贝叶斯公式是概率论中较为重要的公式，贝叶斯所采用的许多术语被沿用至今．

例 1.22　人们为了解一只股票未来一定时期内的价格变化，往往会去分析影响股票价格的基本因素，比如利率的变化．现假设人们经分析估计利率下调的概率为 60%，利率不变的概率为 40%．根据经验，人们估计，在利率下调的情况下，该只股票价格上涨的概率为 80%，而在利率不变的情况下，其价格上涨的概率为 40%，求该只股票将上涨的概率．

解　记 A 为事件"利率下调"，则 $\bar{A}$ 为"利率不变"，记 B 为事件"股票价格上涨"．则由题意得

$$P(A)=60\%, \quad P(\bar{A})=40\%, \quad P(B \mid A)=80\%, \quad P(B \mid \bar{A})=40\%,$$

于是

$$P(B)=P(AB)+P(\bar{A}B)=P(A)P(B \mid A)+P(\bar{A})P(B \mid \bar{A})$$
$$=60\%\times80\%+40\%\times40\%=64\%.$$

例 1.23　某工厂生产的产品以 100 件为一批，假定每一批产品中的次品数最多不超过 4 件，且具有如下的概率：

一批产品中的次品数(个)	0	1	2	3	4
概率	0.1	0.2	0.4	0.2	0.1

现进行抽样检验,从每批中随机取出 10 件来检验,若发现其中有次品,则认为该批产品不合格,求一批产品通过检验的概率.

解 以 A_i 表示"一批产品中有 i 件次品"的事件, $i=0,1,2,3,4$, B 表示"通过检验"的事件,则由题意得

$$P(A_0)=0.1, P(B \mid A_0)=1,$$

$$P(A_1)=0.2, P(B \mid A_1)=\frac{C_{99}^{10}}{C_{100}^{10}}=0.9,$$

$$P(A_2)=0.4, P(B \mid A_2)=\frac{C_{98}^{10}}{C_{100}^{10}}=0.809,$$

$$P(A_3)=0.2, P(B \mid A_3)=\frac{C_{97}^{10}}{C_{100}^{10}}=0.727,$$

$$P(A_4)=0.1, P(B \mid A_4)=\frac{C_{96}^{10}}{C_{100}^{10}}=0.652.$$

由全概率公式,得

$$P(B)=\sum_{i=1}^{4} P(A_i) \mid P(B \mid A_i)$$
$$=0.1 \times 1+0.2 \times 0.9+0.4 \times 0.809+0.2 \times 0.727+0.1 \times 0.652=0.814.$$

例 1.24 设某工厂有甲、乙、丙 3 个车间生产同一种产品,产量依次占全厂的 45%, 35%, 20%,且各车间的次品率分别为 4%, 2%, 5%,现在从一批产品中检查出 1 个次品,问该次品是由哪个车间生产的可能性最大?

解 设 A_1, A_2, A_3 表示"产品来自甲、乙、丙三个车间"的事件, B 表示"产品为次品"的事件,易知 A_1, A_2, A_3 是样本空间 Ω 的一个划分,且有

$$P(A_1)=0.45, P(A_2)=0.35, P(A_3)=0.2,$$
$$P(B \mid A_1)=0.04, P(B \mid A_2)=0.02, P(B \mid A_3)=0.05.$$

由全概率公式得

$$P(B)=P(A_1)P(B \mid A_1)+P(A_2)P(B \mid A_2)+P(A_3)P(B \mid A_3)$$
$$=0.45 \times 0.04+0.35 \times 0.02+0.2 \times 0.05=0.035.$$

由贝叶斯公式得

$$P(A_1 \mid B)=\frac{0.45 \times 0.04}{0.035}=0.514,$$

$$P(A_2 \mid B)=\frac{0.35 \times 0.02}{0.035}=0.200,$$

$$P(A_3 \mid B)=\frac{0.20 \times 0.05}{0.035}=0.286.$$

由此可见,该次品由甲车间生产的可能性最大.

例 1.25 一位具有症状 S 的病人前来医院就诊,他可能患有疾病 d_1, d_2, d_3, d_4 中的一种,根据历史资料,该地区患有疾病 d_1, d_2, d_3, d_4 的概率分别为 0.42, 0.20, 0.26,

0.12,又由以往的病历记录知道,当病人患有 d_1,d_2,d_3,d_4 时,出现症状 S 的概率分别为 0.90,0.72,0.54,0.30,问:应认为该病人患有哪一种病?

解　设 B 表示"患者出现症状 S"的事件,A_i 表示"病人患有疾病 d_i"的事件,$i=1$, $2,3,4$,则有

$$P(A_1)=0.42\,,\ P(A_2)=0.20,\ P(A_3)=0.26,\ P(A_4)=0.12,$$

$$P(B\mid A_1)=0.90\,,\ P(B\mid A_2)=0.72,\ P(B\mid A_3)=0.54,\ P(B\mid A_4)=0.30.$$

故由贝叶斯公式得

$$P(A_1\mid B)=\frac{P(A_1)P(B\mid A_1)}{\sum\limits_{i=1}^{4}P(A_i)\mid P(B\mid A_i)}$$

$$=\frac{0.42\times0.90}{0.42\times0.90+0.20\times0.72+0.26\times0.54+0.12\times0.30}=0.5412$$

$$P(A_1\mid B)=\frac{P(A_2)P(B\mid A_2)}{\sum\limits_{i=1}^{4}P(A_i)\mid P(B\mid A_i)}$$

$$=\frac{0.20\times0.72}{0.42\times0.90+0.20\times0.72+0.26\times0.54+0.12\times0.30}=0.2062$$

$$P(A_3\mid B)=\frac{P(A_3)P(B\mid A_3)}{\sum\limits_{i=1}^{4}P(A_i)\mid P(B\mid A_i)}$$

$$=\frac{0.26\times0.54}{0.42\times0.90+0.20\times0.72+0.26\times0.54+0.12\times0.30}=0.2010$$

$$P(A_4\mid B)=\frac{P(A_4)P(B\mid A_4)}{\sum\limits_{i=1}^{4}P(A_i)\mid P(B\mid A_i)}$$

$$=\frac{0.12\times0.30}{0.42\times0.90+0.20\times0.72+0.26\times0.54+0.12\times0.30}=0.0515$$

这些分别是当病人出现症状 S 时患有疾病 d_1,d_2,d_3,d_4 的概率,由于有

$$P(A_1\mid B)>P(A_2\mid B)>P(A_3\mid B)>P(A_4\mid B).$$

因此由症状 S,应认为该病人患有疾病 d_1 较合理.

贝叶斯公式在概率统计中有着广泛的应用,其中的事件 B 通常看作是随机试验的某一结果,而 $A_1,A_2,\cdots,A_n$ 是导致结果 B 发生的原因,$P(A_i)(i=1,2,\cdots,n)$ 为先验概率,而条件概率 $P(A_i\mid B)(i=1,2,\cdots,n)$ 为后验概率,贝叶斯公式在一定程度上可以帮助人们分析事情发生的原因.

第五节　独立性

在概率论中,事件的独立性是一个非常重要和常用的概念,概率论和数理统计的许多重要概念都是在独立的前提下讨论的.

一、事件的独立性

例 1.26　某公司有工作人员 100 名,其中 35 岁以下的青年人 40 名,该公司每天在所

有工作人员中随机选出一人为当天的值班员,而不论其是否在前一天刚好值过班. 求:

(1) 已知第一天选出是青年人,试求第二天选出青年人的概率;

(2) 已知第一天选出不是青年人,试求第二天选出青年人的概率;

(3) 第二天选出青年人的概率.

解 以事件 A_1,A_2 表示"第一天,第二天选得青年人"的事件,则

$$P(A_1) = \frac{40}{100} = 0.4,$$

$$P(A_1A_2) = \frac{40}{100} \times \frac{40}{100} = 0.16.$$

故(1)

$$P(A_2 \mid A_1) = \frac{P(A_1A_2)}{P(A_1)} = 0.4.$$

(2)

$$P(A_2 \mid \bar{A}_1) = \frac{P(\bar{A}_1 A_2)}{P(\bar{A}_1)} = \frac{\frac{60}{100} \times \frac{40}{100}}{\frac{60}{100}} = 0.4.$$

(3) 为 $P(A_2) = P(A_1A_2) + P(\bar{A}_1 A_2) = 0.4 \times 0.4 + 0.6 \times 0.4 = 0.4.$

设 A_1,A_2 为两个事件,若 $P(A_1) > 0$,则可定义 $P(A_2 \mid A_1)$,一般情形,$P(A_2) \neq P(A_2 \mid A_1)$,即事件 A_1 的发生对事件 A_2 发生的概率是有影响的. 在特殊情况下,一个事件的发生对另一事件发生的概率没有影响,如例 1.26 有

$$P(A_2) = P(A_2 \mid A_1) = P(A_2 \mid \bar{A}_1)$$

即 A_2 发生的概率不受 A_1 发生或不发生的影响,这时称 A_1 和 A_2 为独立的. 此时等价于乘法公式

$$P(A_1A_2) = P(A_1)P(A_2 \mid A_1) = P(A_1)P(A_2).$$

定义 1.7 若事件 A,B 满足

$$P(AB) = P(A)P(B) \tag{1.20}$$

则称事件 A 与 B 是相互独立的.

容易知道,若 $P(A) > 0$,$P(B) > 0$,则如果 A 与 B 相互独立,就有 $P(AB) = P(A)P(B) > 0$,故 $AB \neq \Phi$,即 A 与 B 相容. 反之,如果 A 与 B 互不相容,即 $AB = \Phi$,则 $P(AB) = 0$,而 $P(A)P(B) > 0$,所以 $P(AB) \neq P(A)P(B)$,此即 A 与 B 不相互独立. 这就是说,当 $P(A) > 0$,且 $P(B) > 0$ 时,A 与 B 相互独立和 A 与 B 互不相容不能同时成立.

定理 1.4 若事件 A 与 B 相互独立,则下列各对事件也相互独立:

$$A 与 \bar{B},\ \bar{A} 与 B,\ \bar{A} 与 \bar{B}.$$

证 因为 $A = A\Omega = A(B \cup \bar{B}) = AB \cup A\bar{B}\Phi$,显然 $(AB) \bigcap (A\bar{B}) = \Phi$

故 $P(A) = P(AB \cup A\bar{B}) = P(AB) + P(A\bar{B}) = P(A)P(B) + P(A\bar{B})$,

于是 $P(A\bar{B}) = P(A) - P(A)P(B) = P(A)[1 - P(B)] = P(A)P(\bar{B}).$

即 A 与 $\bar{B}$ 相互独立. 由此可立即推出, $\bar{A}$ 与 $\bar{B}$ 相互独立,再由 $\bar{\bar{B}}=B$,又推出 $\bar{A}$ 与 B 相互独立.

定理 1.5 若事件 A 与 B 相互独立,且 $0< P(A)<1$,则

$$P(B\mid A)=P(B\mid \bar{A})=P(B).$$

定理的正确性由乘法公式、相互独立性定义容易推出.

在实际应用中,还经常遇到多个事件之间的相互独立问题,例如:对三个事件的独立性可作如下定义 1.8.

定义 1.8 设 A_1,A_2,A_3 三个事件,如果满足等式

$$P(A_1A_2)=P(A_1)P(A_2),$$
$$P(A_1A_3)=P(A_1)P(A_3),$$
$$P(A_2A_3)=P(A_2)P(A_3),$$
$$P(A_1A_2A_3)=P(A_1)P(A_2)P(A_3).$$

则称 A_1,A_2,A_3 为相互独立的事件.

注意,若事件 A_1,A_2,A_3 仅满足定义中前三个等式,则称 A_1,A_2,A_3 是两两独立的. 由此可知, A_1,A_2,A_3 相互独立,则 A_1,A_2,A_3 是两两独立的,但反过来,则不一定成立.

定义 1.9 对 n 个事件 $A_1,A_2,\cdots,A_n$,若以下 2^n-n-1 个等式成立:

$$P(A_iA_j)=P(A_i)P(A_j),1\leqslant i<j\leqslant n,$$
$$P(A_iA_jA_k)=P(A_i)P(A_j)P(A_k),1\leqslant i<j<k\leqslant n,$$
$$\cdots$$
$$P(A_1A_2\cdots A_n)=P(A_1)P(A_2)\cdots P(A_n).$$

则称 $A_1,A_2,\cdots,A_n$ 是相互独立的事件.

由上述定义可知:

(1) 若事件 $A_1,A_2,\cdots,A_n(n\geqslant 2)$ 相互独立,则其中任意 $k(2\leqslant k<n)$ 个事件也相互独立.

(2) 若 n 个事件 $A_1,A_2,\cdots,A_n(n\geqslant 2)$ 相互独立,则将 $A_1,A_2,\cdots,A_n$ 中任意多个事件换成它们的对立事件,所得的 n 个事件仍相互独立.

在实际应用中,对于事件的相互独立性,我们往往不是根据定义来判断的,而是按实际意义来确定,只要两个事件的发生是互不影响的,就认为是相互独立的.

例 1.27 设一个盒中装有四张卡片,四张卡片上依次标有下列各组字母:

$$XXY,XYX,YXX,YYY.$$

从盒中任取一张卡片,用 A_i 表示"取到的卡片第 i 位上的字母为 X "($i=1,2,3$)的事件. 证明: A_1,A_2,A_3 两两独立,但 A_1,A_2,A_3 并不相互独立.

证 易求出

$$P(A_1)=\frac{1}{2},\quad P(A_2)=\frac{1}{2},\quad P(A_3)=\frac{1}{2};$$

$$P(A_1A_2)=\frac{1}{4},\quad P(A_1A_3)=\frac{1}{4},\quad P(A_2A_3)=\frac{1}{4}.$$

故 A_1,A_2,A_3 是两两独立的.

但 $P(A_1A_2A_3)=0$, 而 $P(A_1)P(A_2)P(A_3)=\dfrac{1}{8}$, 故

$$P(A_1A_2A_3)\neq P(A_1)P(A_2)P(A_3).$$

因此, A_1,A_2,A_3 不是相互独立的.

例 1.28 假设一门高射炮发射一次击中飞机的概率为 0.2, 问至少需要多少门这种高射炮同时独立发射(每门射一次)才能使击中飞机的概率达到 95% 以上?

解 设需要 n 门高射炮, A 表示"飞机被击中"的事件, A_i 表示"第 i 门高射炮击中飞机"的事件($i=1,2,\cdots,n$). 则

$$P(A)=P(A_1\bigcup A_2\bigcup\cdots\bigcup A_n)=1-P(\overline{A_1\bigcup A_2\bigcup\cdots\bigcup A_n})$$

$$=1-P(\bar A_1)P(\bar A_2)\cdots P(\bar A_n)=1-(1-0.2)^n.$$

令 $1-(1-0.2)^n>0.95$, 得 $0.8^n<0.05$, 得

$$n\approx13.425$$

即至少需要 14 门高射炮才能有 95% 以上的把握击中飞机.

一般地, 即使事件 A 在一次试验中发生的概率 $P(A)=p$ 很小, 如果重复做 n 次这样的独立试验, 用 A_i 表示"A 在第 i 次试验中发生"的事件, 则在这 n 次试验中事件 A 至少发生一次的概率为

$$P(A_1\bigcup A_2\bigcup\cdots\bigcup A_n)=1-P(\overline{A_1\bigcup A_2\bigcup\cdots\bigcup A_n})$$

$$=1-P(\bar A_1)P(\bar A_2)\cdots P(\bar A_n)=1-(1-p)^n.$$

显然当 $n\to\infty$ 时, $P(A_1\bigcup A_2\bigcup\cdots\bigcup A_n)\to1$, 亦即只要试验次数 n 充分大, 事件 A 至少发生一次(称为成功了)几乎必然. 我们平时说"坚持就是胜利"或"小概率事件始终会发生的"就是这个道理. 在上例中, 虽然高射炮每次击中飞机的概率 $p=0.2$ 不是很大, 但只要 $n=14$ 以上就可以以 0.95 以上的概率击中飞机.

例 1.29 对于一个元件, 它能正常工作的概率 P 称为它的可靠性, 元件组成系统, 系统正常工作的概率称为该系统的可靠性. 如果构成系统的每个元件的可靠性均为 $r(0<r<1)$, 试比较系统 I 和系统 II 可靠性的大小(见图 1-13).

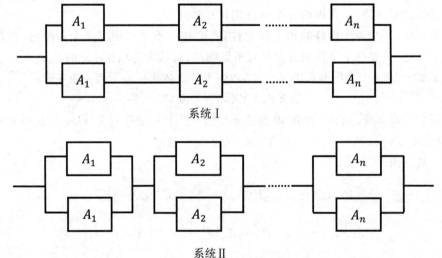

系统 I

系统 II

图 1-13 系统 I 和系统 II 可靠性大小

解 对于系统Ⅰ,它由两条通路并联而成,要每条通路正常工作,必须该通路上的每一个元件都正常工作.如记 A_i 为"通路上第 i 个元件正常工作"的事件,$i=1,2,\cdots,n$,依题设有 $P(A_i)=r$,$i=1,2,\cdots,n$,故每条通路的可靠性为

$$R_c=P(A_1A_2\cdots A_n)=P(A_1)P(A_2)\cdots P(A_n)=r^n,$$

即通路发生故障的概率为 $1-r^n$.两条通路发生故障与否相互独立,故两条通路都发生故障的概率为 $(1-r^n)^2$,因此,系统Ⅰ的可靠性为

$$R_s=1-(1-r^n)^2=r^n(2-r^n).$$

注意到 $R_c=r^n<1$,故 $R_s>R_c$,所以增加附加通路可增加系统的可靠性.

对于系统Ⅱ,每对并联元件的可靠性为

$$R'=1-(1-r)^2=r(2-r)$$

系统由各对并联元件串联而成,故其可靠性为

$$R'_s=(R')^n=r^n(2-r)^n$$

显然 $R'_s>R_c$,因此,用增加附加元件的方法也可能增加系统的可靠性.

用数学归纳法不难证明:当 $n\geqslant 2$ 时,$(2-r)^n\geqslant 2-r^n$,即 $R'_s>R_s$,因此系统Ⅱ的可靠性比系统Ⅰ大.从这里可以看出,一般来说,"元件"的备份比"设备"的备份更可靠.

运用概率论的理论和方法对一个系统的可靠性进行计算和比较,从而对各种系统进行结构优化,把这种思想方法应用到我们的生活和生产实际中具有积极意义.

二、伯努利(Bernoulli)试验

随机现象的统计规律性只有在大量重复试验(在相同条件下)中表现出来.在概率论中,把在相同条件下重复进行试验的数学模型称为独立试验序列概型.这是一种非常重要的概率模型.

若试验 E 只有 A 及 $\bar{A}$ 两个可能结果,则称 E 为伯努利试验.设 $P(A)=p(0<p<1)$,此时 $P(\bar{A})=1-p$.将 E 独立地重复地进行 n 次,则称这一组重复的独立试验为 n 重伯努利试验.这里"重复"是指每次试验是在相同的条件下进行,在每次试验中 $P(A)=p$ 保持不变;"独立"是指各次试验的结果互不影响,即若以 C_i 记第 i 次试验的结果,C_i 为 A 或 $\bar{A}$,$i=1,2,\cdots,n$,"独立"是指

$$P(C_1C_2\cdots C_n)=P(C_1)P(C_2)\cdots P(C_n).$$

n 重伯努利试验在实际中有广泛的应用,是研究最多的模型之一.例如,将一枚硬币抛一次,观察出现的是正面还是反面,这是一个伯努利试验.若将一枚硬币抛 n 次,就是 n 重伯努利试验.又如掷一颗骰子,若 A 表示"得到6点"的事件,则 $\bar{A}$ 表示"得到非6点"的事件,这是一个伯努利试验.将骰子掷 n 次,就是 n 重伯努利试验.再如在 N 件产品中有 M 件次品,现从中任取一件,检测其是否是次品,这是一个伯努利试验.如有放回地抽取 n 次,就是 n 重伯努利试验.

对于伯努利概型,我们关心的是 n 重试验中,A 发生 $k(0\leqslant k\leqslant n)$ 次的概率是多少?我们用 $P_n(k)$ 表示 n 重伯努利试验中 A 发生 k 次的概率.由

$$P(A)=p,\quad P(\bar{A})=1-p,$$

又因为

$$\underbrace{AA\cdots A}_{k\text{个}}\underbrace{\bar A\bar A\cdots \bar A}_{n-k\text{个}}\bigcup\underbrace{AA\cdots A}_{k-1\text{个}}\bar A\underbrace{A\bar A\bar A\cdots \bar A}_{n-k-1\text{个}}\bigcup \cdots \bigcup \underbrace{\bar A\bar A\cdots \bar A}_{n-k\text{个}}\underbrace{AA\cdots A}_{k\text{个}}$$

表示 C_n^k 个两两互不相容事件的和,由独立性可知每一项相应的概率为 $p^k(1-p)^{n-k}$,再由有限可加性,可得

$$P_n(k)=C_n^k p^k(1-p)^{n-k},\quad k=0,1,2,\cdots,n. \tag{1.21}$$

这就是 n 重伯努利试验中 A 发生 k 次的概率计算公式.

☆人物简介

丹尼尔·伯努利,(Daniel Bernoulli ,1700—1782)瑞士物理学家、数学家、医学家.1700 年 2 月 8 日生于荷兰格罗宁根.著名的伯努利家族中最杰出的一位.他是数学家 J.伯努利的次子,和他的父辈一样,违背家长要他经商的愿望,坚持学医,他曾在海得尔贝格、斯脱思堡和巴塞尔等大学学习哲学、伦理学、医学.1721 年取得医学硕士学位.伯努利在 25 岁时(1725)就应聘为圣彼得堡科学院的数学院士.8 年后回到瑞士的巴塞尔,先任解剖学教授,后任动力学教授,1750 年成为物理学教授.在数学方面,有关微积分、微分方程和概率论等,他也做了大量而重要的工作.

例 1.30 设在 N 件产品中有 M 件次品,现进行 n 次有放回的检查抽样,试求抽得 k 件次品的概率.

解 由条件知,这是有放回抽样,可知每次试验是在相同条件下重复进行,故本题符合 n 重伯努利试验的条件,令 A 表示"抽到一件次品"的事件. 则

$$P(A)=p=\frac{M}{N},$$

用 $P_n(k)$ 表示 n 次有放回抽样中,有 k 次出现次品的概率,由伯努利概型计算公式,可知

$$P_n(k)=C_n^k\left(\frac{M}{N}\right)^k\left(1-\frac{M}{N}\right)^{n-k},\quad k=0,1,2,\cdots,n.$$

例 1.31 设某个车间里共有 5 台车床,每台车床使用电力是间歇性的,平均起来每小时约有 6 分钟使用电力. 假设车工们工作是相互独立的,求在同一时刻

(1) 恰有两台车床被使用的概率;

(2) 至少有三台车床被使用的概率;

(3) 至多有三台车床被使用的概率;

(4) 至少有一台车床被使用的概率.

解 A 表示"使用电力"即是"车床被使用"的事件,有

$$P(A)=p=\frac{6}{60}=0.1;$$

$$P(\bar A)=1-p=0.9.$$

(1) $P_1=P_5(2)=C_5^2(0.1)^2(0.9)^3=0.0729.$

(2) $P_2=P_5(3)+P_5(4)+P_5(5)$
$$=C_5^3(0.1)^3(0.9)^2+C_5^4(0.1)^4(0.9)^1+(0.1)^5=0.00856.$$

(3) $P_3=1-P_5(4)-P_5(5)=1-C_5^4(0.1)^4(0.9)^1-(0.1)^5=0.99954.$

(4) $P_4 = 1 - P_5(0) = 1 - (0.9)^5 = 0.40951$.

例 1.32　一张英语试卷,有 10 道选择填空题,每题有 4 个选择答案,且其中只有一个是正确答案. 某同学投机取巧,随意填空,试问他至少填对 6 道题的概率是多大?

解　设 B = "他至少填对 6 道题". 每答一道题有两个可能的结果:A = "答对"及 $\bar{A}$ = "答错",$P(A) = \dfrac{1}{4}$,故作 10 道题就是 10 重伯努利试验,$n = 10$,所求概率为

$$P(B) = \sum_{i=6}^{10} P_{10}(k) = \sum_{i=6}^{10} C_{10}^k \left(\frac{1}{4}\right)^k (1 - \frac{1}{4})^{10-k}$$

$$= C_{10}^6 \left(\frac{1}{4}\right)^6 \left(\frac{3}{4}\right)^4 + C_{10}^7 \left(\frac{1}{4}\right)^7 \left(\frac{3}{4}\right)^3 + C_{10}^8 \left(\frac{1}{4}\right)^8 \left(\frac{3}{4}\right)^2 + C_{10}^9 \left(\frac{1}{4}\right)^9 \left(\frac{3}{4}\right) + \left(\frac{1}{4}\right)^{10} = 0.01973.$$

人们在长期实践中总结得出"概率很小的事件在一次试验中实际上几乎是不会发生的"或称实际是不会发生的(称之为实际推断原理或小概率原理),故如本例所说,该同学随意猜测,能在 10 道题中至少猜对 6 道题(及格)的概率是很小的,在实际中几乎是不会发生的. 因此,要想取得好成绩,最根本的方法还是认真学习.

本章应用导学

本章研究了不确定性——随机事件的有关问题,给出了不确定性的定量描述——概率的概念,这是后续问题描述的基础. 概率论与数理统计两个问题有着密切联系,以至于我们把它们并排在一起统称为"概率论与数理统计",这是因为数理统计所考察的数据都带有随机性(偶然性),要利用这些随机数据作出统计推断,就必须借助于概率论的概念和方法.

本章应用案例

伊索寓言"孩子与狼"的故事讲的是一个小孩子每天到山上放羊,山里有狼出没. 有一天,他在山上喊:"狼来了! 狼来了!",山下的村民闻声便去打狼,可到山上,发现狼没有来,孩子觉得好玩. 第二天又喊"狼来了! 狼来了!",但也没发现有狼来. 第三天,狼真的来了,可无论小孩子怎么喊叫,也没有人来救他了,因为前二次他说了谎,人们再也不相信他了.

下面我们从概率的角度利用贝叶斯公式来分析寓言中的村民为什么第三次再也不上山打狼了? 村民们对这个小孩的可信程度是如何下降的?

假设事件"小孩说谎"为 A,事件"小孩可信"为 B. 根据村民过去对这个小孩的了解,不妨设对他的印象为 $P(B) = 0.7$,则 $P(\bar{B}) = 0.3$.

我们用贝叶斯公式来计算这个小孩说了一次谎后村民对他可信度的改变,即概率 $P(B \mid A)$,根据贝叶斯公式

$$P(B \mid A) = \frac{P(B)P(A \mid B)}{P(B)P(A \mid B) + P(\bar{B})P(A \mid \bar{B})}$$

这里要用到 $P(A \mid B)$ 和 $P(A \mid \bar{B})$ 两个概率,前者为"可信"(B)的孩子"说谎"(A)的可能性,后者为"不可信"($\bar{B}$)的孩子"说谎"(A)的可能性. 在此不妨设

$$P(A \mid B) = 0.2, \quad P(A \mid \bar{B}) = 0.6,$$

第一次村民上山打狼,发现小孩说了谎(A),村民根据这个信息对小孩的可信度改变为

$$P(B \mid A) = \frac{P(B)P(A \mid B)}{P(B)P(A \mid B) + P(\bar{B})P(A \mid \bar{B})}$$
$$= \frac{0.7 \times 0.2}{0.7 \times 0.2 + 0.3 \times 0.6}$$
$$= 0.438$$

这表明村民在上了一次当后,对这个小孩的可信度由原来的 0.8 调整为 0.438,亦即 $P(B)$ 和 $P(\bar{B})$ 调整为

$$P(B) = 0.438, \qquad P(\bar{B}) = 0.562.$$

相似地,利用贝叶斯公式可求得这个小孩第二次说谎后,村民对他的可信度改变为

$$P(B \mid A) = \frac{0.438 \times 0.2}{0.438 \times 0.2 + 0.562 \times 0.6}$$
$$= 0.206.$$

可见村民在经过两次上当后,对这个小孩的可信度已经从 0.70 下调到了 0.206,如此低的可信度(亦即 79.4% 是不值得相信的),村民听到第三次呼叫时怎么会上山打狼呢?所以有人说,"一个人失去了金钱不算失去什么,但没有了信誉就失去很多很多了". 比如某人向别人借钱,连续两次未还,还会第三次借钱给他吗?

本章知识网络图

概率论与数理统计 {

事件的关系和运算 {
样本空间,事件的定义
事件之间的关系($\subset$,$=$,$\cup$,$\cap$,$-$,互斥,对立)
关系运算律
}

概率的定义和性质 {
定义 {
经验概率
古典概率
公理化定义
}
性质
}

概率的计算 {

古典概率:$P(A) = \dfrac{m}{n}$

几何概率:$P(A) = \dfrac{\text{事件 } A \text{ 的子区域的度量 } m(A)}{\text{样本空间的度量 } m(\Omega)}$

条件概率:$P(A \mid B) = \dfrac{P(AB)}{P(B)} \Rightarrow$ 乘法公式 $P(AB) = \begin{cases} P(A)P(B \mid A) \\ P(B)P(A \mid B) \end{cases}$

全概率公式:$P(B) = \sum\limits_{i=1}^{n} P(A_i)P(B \mid A_i)$

贝叶斯公式:$P(A_k / B) = \dfrac{P(A_k)P(B \mid A_k)}{\sum\limits_{i=1}^{n} P(A_i)P(B \mid A_i)} \quad (k = 1, 2, \cdots, n)$

}

独立试验序列概型 {
事件的独立性:$P(AB) = P(A) \cdot P(B)$
伯努利概型:$P_n(k) = C_n^k p^k (1-p)^{n-k} \quad (k = 0, 1, 2, \cdots, n)$
}

}

习题一

1. 设随机事件 A 与 B 相互独立,且 $P(B)=0.5$, $P(A-B)=0.3$,则 $P(B-A)=($)

A. 0.1   B. 0.2   C. 0.3   D. 0.4

2. 若 A,B 为任意两个随机事件,则( )

A. $P(AB) \leqslant P(A)P(B)$ B. $P(AB) \geqslant P(A)P(B)$

C. $P(AB) \leqslant \dfrac{P(A)+P(B)}{2}$ D. $P(AB) \geqslant \dfrac{P(A)+P(B)}{2}$

3. 设 A,B 为随机事件,则 $P(A)=P(B)$ 的充分必要条件是( )

A. $P(A \cup B)=P(A)+P(B)$ B. $P(AB)=P(A)P(B)$

C. $P(A\bar{B})=P(B\bar{A})$ D. $P(AB)=P(\bar{A}\bar{B})$

4. $P(A)=P(B)=P(C)=\dfrac{1}{4}$, $P(AB)=0$, $P(AC)=P(BC)=\dfrac{1}{12}$,则 A,B,C 恰好发生一个的概率为( )

A. $\dfrac{3}{4}$ B. $\dfrac{2}{3}$ C. $\dfrac{1}{2}$ D. $\dfrac{5}{12}$

5. 设 A,B 为随机事件,$0<P(A)<1$, $0<P(B)<1$,若 $P(A|B)=1$,则下面正确的是( )

A. $P(\bar{B}|\bar{A})=1$ B. $P(A|\bar{B})=0$

C. $P(A+B)=1$ D. $P(B|A)=1$

6. 设 A,B,C 是三个随机事件,且 A,C 相互独立,B,C 相互独立,则 $A \cup B$ 与 C 相互独立的充分必要条件是( )

A. A,B 相互独立   B. A,B 互不相容

C. AB,C 相互独立   D. AB,C 互不相容

7. 设 A,B,C 是随机事件,A 与 C 互不相容,$P(AB)=\dfrac{1}{2}$, $P(C)=\dfrac{1}{3}$,则 $P(AB|\bar{C})=$ _____ .

8. 设随机事件 A 与 B 相互独立,A 与 C 相互独立,$BC=\varphi$,若 $P(A)=P(B)=\dfrac{1}{2}$, $P(AC|AB \cup C)=\dfrac{1}{4}$,则 $P(C)=$ _____ .

9. 设袋中有红、白、黑球各 1 个,从中有放回的取球,每次取 1 个,直到三种颜色的球都取到为止,则取球次数恰好为 4 的概率为 _____ .

10. 设随机事件 A,B,C 相互独立,$P(A)=P(B)=P(C)=\dfrac{1}{2}$, $P(AC|A \cup B)=$ _____ .

11. 写出下列随机试验的样本空间.

(1)抛三枚硬币;

(2)抛三颗骰子;

(3)连续抛一枚硬币,直至出现正面为止;

(4)在某十字路口,一小时内通过的机动车辆数;

(5)某城市一天内的用电量.

12. 将下列事件用 A,B,C 表示出来:

(1)A,B,C 都发生或都不发生;

(2)A,B,C 中不多于一个发生;

(3)A,B,C 中不多于两个发生;

(4)A,B,C 中至少有两个发生.

13. 请指出下列事件 A 与 B 之间的关系:

(1)检查两件产品,记事件 $A=$"至少有一件不合格品",$B=$"两次检查结果不相同";

(2)设 T 表示轴承寿命,记事件 $A=$"$T>5000?$",$B=$"$T>8000?$".

14. 抛两枚硬币,求至少出现一个正面的概率.

15. 掷两颗骰子,求下列事件的概率;

(1)点数之和为 7;

(2)点数之和不超过 5;

(3)两个点数中一个恰是另一个的两倍.

16. 甲口袋中有 5 个白球、3 个黑球,乙口袋有 4 个白球、6 个黑球. 从两个口袋中各任取一球,求取到的两个球颜色相同的概率.

17. 口袋中有 10 个球,分别标有号码 1 到 10,现从中不返回地任取 3 个,记下取出球的号码,试求:

(1)最小号码为 5 的概率;

(2)最大号码为 5 的概率.

18. 将 3 个球随机地放入 4 个杯子中去,求杯子中球的最大个数分别为 1,2,3 的概率各为多少?

19. 从 $(0,1)$ 中随机地取两个数,求:

(1)两个数之和小于 $\dfrac{6}{5}$ 的概率;

(2)两个数之积小于 $\dfrac{1}{4}$ 的概率.

20. 甲乙两艘轮船驶向一个不能同时停泊两艘轮船的码头,它们在一昼夜内到达的时间是等可能的. 如果甲船的停泊时间是一小时,乙船的停泊时间是两小时,求它们中任何一艘都不需要等候码头空出的概率是多少?

21. 设一个质点落在 xoy 平面上由 x 轴 y 轴及直线 $x+y=1$ 所围成的三角形内,而落在这三角形内各点处的可能性相等,即落在这个三角形内任何区域上的概率与这区域的面积成正比,试求此质点落在直线 $x=\dfrac{1}{3}$ 的左边的概率是多少?

22. 设 A,B,C 为三事件,且 $P(A)=P(B)=\dfrac{1}{4}$,$P(C)=\dfrac{1}{3}$ 且 $P(AB)=P(BC)=0$,

$P(AC) = \dfrac{1}{12}$, 求 A, B, C 至少有一事件发生的概率.

23. 从 52 张扑克牌中任意取出 13 张, 问有 5 张黑桃, 3 张红心, 3 张方块, 2 张梅花的概率是多少?

24. 一间宿舍内住有 6 位同学, 求他们之中至少有 2 个人的生日在同一个月份的概率.

25. 对一个五人学习小组考虑生日问题:
    (1) 求五个人的生日都在星期日的概率;
    (2) 求五个人的生日都不在星期日的概率;
    (3) 求五个人的生日不都在星期日的概率.

26. 从一批由 45 件正品, 5 件次品组成的产品中任取 3 件, 求其中恰有一件次品的概率.

27. 在电话号码簿中任取一电话号码, 求后面四个数全不相同的概率 (设后面四个数中的每一个数都是等可能地取 $0, 1, \cdots, 9$).

28. 一批产品分一、二、三级, 其中一级品是二级品的两倍, 三级品是二级品的一半, 从这批产品中随机地抽取一个, 试求取到二级品的概率.

29. 50 只铆钉随机地取来用在 10 个部件上, 其中有 3 个铆钉强度太弱. 每个部件用 3 只铆钉. 若将 3 只强度太弱的铆钉都装在一个部件上, 则这个部件强度就太弱. 求发生一个部件强度太弱的概率是多少?

30. 一个袋内装有大小相同的 7 个球, 其中 4 个是白球, 3 个是黑球, 从中一次抽取 3 个, 计算至少有两个是白球的概率.

31. 某工厂一个班组共有男工 7 人、女工 4 人, 现要选出 3 个代表, 问选出的 3 个代表中至少有 1 个女工的概率是多少?

32. 掷一枚均匀硬币直到出现 3 次正面才停止.
    (1) 问正好在第 6 次停止的概率;
    (2) 问正好在第 6 次停止的情况下, 第 5 次也是出现正面的概率.

33. 甲、乙两个篮球运动员, 投篮命中率分别为 0.7 及 0.6, 每人各投了 3 次, 求二人进球数相等的概率.

34. 从 5 双不同的鞋子中任取 4 只, 求这 4 只鞋子中至少有两只鞋子配成一双的概率.

35. 某地某天下雪的概率为 0.3, 下雨的概率为 0.5, 既下雪又下雨的概率为 0.1, 求:
    (1) 在下雨条件下下雪的概率;
    (2) 这天下雨或下雪的概率.

36. 设某种动物由出生活到 10 岁的概率为 0.8, 而活到 15 岁的概率为 0.4. 问现年为 10 岁的这种动物能活到 15 岁的概率是多少?

37. 已知 5% 的男人和 0.25% 的女人是色盲, 现随机地挑选一人, 此人恰为色盲, 问此人是男人的概率 (假设男人和女人各占人数的一半).

38. 设 A, B 为两事件, $P(A) = P(B) = \dfrac{1}{3}$, $P(A \mid B) = \dfrac{1}{6}$, 求 $P(\bar{A} \mid \bar{B})$.

39. 在一个盒中装有 15 个乒乓球, 其中有 9 个新球, 在第一次比赛中任意取出 3 个球, 比赛后放回原盒中; 第二次比赛同样任意取出 3 个球, 求第二次取出的 3 个球均为新球的概率.

40. 按以往概率论考试结果分析,努力学习的学生有 90% 的可能考试及格,不努力学习的学生有 90% 的可能考试不及格.据调查,学生中有 80% 的人是努力学习的,试问:
    (1) 考试及格的学生有多大可能是不努力学习的人?
    (2) 考试不及格的学生有多大可能是努力学习的人?

41. 学生在做一道有 4 个选项的单项选择题时,如果他不知道问题的正确答案时,就作随机猜测.现从卷面上看题是答对了,试在以下情况下求学生确实知道正确答案的概率.

    (1) 学生知道正确答案和胡乱猜测的概率都是 $\frac{1}{2}$;

    (2) 学生知道正确答案的概率是 0.2.

42. 将两信息分别编码为 A 和 B 传递出来,接收站收到时,A 被误收作 B 的概率为 0.02,而 B 被误收作 A 的概率为 0.01.信息 A 与 B 传递的频繁程度为 2∶1.若接收站收到的信息是 A,试问原发信息是 A 的概率是多少?

43. 在已有两个球的箱子中再放一白球,然后任意取出一球,若发现这球为白球,试求箱子中原有一白球的概率(箱中原有什么球是等可能的颜色只有黑、白两种).

44. 某工厂生产的产品中 96% 是合格品,检查产品时,一个合格品被误认为是次品的概率为 0.02,一个次品被误认为是合格品的概率为 0.05,求在被检查后认为是合格品产品确是合格品的概率.

45. 某保险公司把被保险人分为三类:"谨慎的""一般的""冒失的".统计资料表明,上述三种人在一年内发生事故的概率依次为 0.05,0.15 和 0.30;如果"谨慎的"被保险人占 20%,"一般的"占 50%,"冒失的"占 30%,现知某被保险人在一年内出了事故,则他是"谨慎的"的概率是多少?

46. 加工某一零件需要经过四道工序,设第一、二、三、四道工序的次品率分别为 0.02,0.03,0.05,0.03,假定各道工序是相互独立的,求加工出来的零件的次品率.

47. 设每次射击的命中率为 0.2,问至少必须进行多少次独立射击才能使至少击中一次的概率不小于 0.9?

48. 有甲、乙两批种子,发芽率分别为 0.8 和 0.7,在两批种子中各随机取一粒,求:
    (1) 两粒都发芽的概率;
    (2) 至少有一粒发芽的概率;
    (3) 恰有一粒发芽的概率.

49. 证明:若 $P(A \mid B) = P(A \mid \bar{B})$,则 A,B 相互独立.

50. 三人独立地破译一个密码,他们能破译的概率分别为 $\frac{1}{5},\frac{1}{3},\frac{1}{4}$,求将此密码破译出的概率.

51. 设电路由 A,B,C 三个元件组成,若元件 A,B,C 发生故障的概率分别为 0.3,0.2,0.2,且各元件独立工作,试在以下情况下,求此电路发生故障的概率:
    (1) A,B,C 三个元件串联;
    (2) A,B,C 三个元件并联;
    (3) 元件 A 与两个并联的元件 B 及 C 串联而成.

52. 甲、乙、丙三人独立地向同一飞机射击,设击中的概率分别是 0.4,0.5,0.7,若只有一人击中,则飞机被击落的概率为 0.2;若有两人击中,则飞机被击落的概率为 0.6;若三人都击中,则飞机一定被击落,求飞机被击落的概率.

53. 已知某种疾病患者的痊愈率为 25%,为试验一种新药是否有效,把它给 10 个病人服用,且规定若 10 个病人中至少有四人治好则认为这种药有效,反之则认为无效,求:
    (1) 虽然新药有效,且把治愈率提高到 35%,但通过试验被否定的概率;
    (2) 新药完全无效,但通过试验被认为有效的概率.

54. 一架升降机开始时有 6 位乘客,并等可能地停于十层楼的每一层. 试求下列事件的概率:
    (1) A ="某指定的一层有两位乘客离开";
    (2) B ="没有两位及两位以上的乘客在同一层离开";
    (3) C ="恰有两位乘客在同一层离开";
    (4) D ="至少有两位乘客在同一层离开".

55. n 个朋友随机地围绕圆桌而坐,求:
    (1)甲、乙两人坐在一起,且乙坐在甲的左边的概率;
    (2)甲、乙、丙三人坐在一起的概率;
    (3)如果 n 个人并排坐在长桌的一边,求上述事件的概率.

56. 将线段 $[0,a]$ 任意折成三折,试求这三折线段能构成三角形的概率.

57. 某人有 n 把钥匙,其中只有一把能开他的门. 他逐个将它们去试开(抽样是无放回的). 证明试开 k 次 ($k=1,2,\cdots,n$) 才能把门打开的概率与 k 无关.

58. 将 3 个球随机地放入 4 个杯子中去,求杯中球的最大个数分别为 1,2,3 的概率.

59. 设随机试验中,某一事件 A 出现的概率为 $\varepsilon>0$. 试证明:不论 $\varepsilon>0$ 如何小,只要不断地独立地重复做此试验,则 A 迟早会出现的概率为 1.

60. 袋中装有 m 只正品硬币,n 只次品硬币(次品硬币的两面均印有国徽). 在袋中任取一只,将它投掷 r 次,已知每次都得到国徽. 试问这只硬币是正品的概率是多少?

61. 巴拿赫(Banach)火柴盒问题:某数学家有甲、乙两盒火柴,每盒有 N 根火柴,每次用火柴时他在两盒中任取一盒并从中任取一根. 试求他首次发现一盒空时另一盒恰有 r 根的概率是多少? 第一次用完一盒火柴时(不是发现空)而另一盒恰有 r 根的概率又有多少?

62. 求 n 重伯努利试验中 A 出现奇数次的概率.

63. 设 A,B 是任意两个随机事件,求 $P\{(\bar{A}+B)(A+B)(\bar{A}+\bar{B})(A+\bar{B})\}$ 的值.

64. 设两两相互独立的三事件,A,B 和 C 满足条件:
$$ABC=\varphi,\ P(A)=P(B)=P(C)<\frac{1}{2},\ 且\ P(A\bigcup B\bigcup C)=\frac{9}{16},\ 求\ P(A).$$

65. 设两个相互独立的事件 A,B 都不发生的概率为 $\frac{1}{9}$,A 发生 B 不发生的概率与 B 发生 A 不发生的概率相等,求 $P(A)$.

66. 随机地向半圆 $0<y<\sqrt{2ax-x^2}$ (a 为正常数)内掷一点,点落在半圆内任何区域的

概率与区域的面积成正比,则原点和该点的连线与 x 轴的夹角小于 $\dfrac{\pi}{4}$ 的概率为多少?

67. 设 10 件产品中有 4 件不合格品,从中任取两件,已知所取两件产品中有一件是不合格品,求另一件也是不合格品的概率.

68. 设有来自三个地区的各 10 名、15 名和 25 名考生的报名表,其中女生的报名表分别为 3 份、7 份和 5 份. 随机地取一个地区的报名表,从中先后抽出两份.

（1）求先抽到的一份是女生表的概率 p;

（2）已知后抽到的一份是男生表,求先抽到的一份是女生表的概率 q.

第二章　随机变量及其分布

本章导学

> 随机变量是概率论研究的主要对象,随机变量及其分布是概率论的两个最主要概念.通过本章的学习要达到以下目的:1.深刻理解随机变量的概念,理解概率分布列、分布密度和分布函数的性质及相互关系.2.了解几种常见的随机变量概率分布、熟记二项分布、泊松分布和正态分布的性质和特征.3.了解确定随机变量的函数分布的两种方法及其应用.

第一章我们讨论了概率论的两个基本概念——随机事件及其概率,由于随机事件是集合,我们主要以初等数学为工具加以研究,这对于一些复杂事件的概率问题是非常繁琐的.从本章开始,我们引入随机变量的概念,从而使概率论的研究对象由随机事件延伸为随机变量,这是概率论发展史上的一个重大突破,由此高等数学被引入概率论,使我们能够以微积分为工具进行研究,极大地增强了我们研究随机现象的手段,从此概率论的发展进入了一个新阶段.

第一节　随机变量及其分布

在随机试验中,人们除了对某些特定事件发生的概率感兴趣外,往往还关心某个与随机试验的结果相联系的变量.由于这一变量的取值依赖于随机试验的结果,因而被称为随机变量.与普通的变量不同,对于随机变量,人们无法事先预知其确切取值,但可以研究其取值的统计规律性.

随机事件中有些是直接用数量来标识的,例如,抽样检验灯泡质量试验中灯泡的寿命;而有些则不是直接用数量来标识的,如性别抽查试验中所抽到的性别(男性或女性),但可以把这样的结果数量化,如用实数"1"表示"抽到男性",用"0"表示"抽到女性".这样随机试验的每一个样本点都可以用一个实数 X 来表示.而实数 X 的值是随样本点的不同而随机变化的,我们称这种取值具有随机性的变量为随机变量.

定义 2.1　设随机试验的样本空间为 $\Omega = \{e\}$,$X = X\{e\}$ 是定义在样本空间 Ω 上的实值单值函数,称之为随机变量(Random variable).

本书中一般以大写字母(如 $X,Y,Z,W\cdots\cdots$)表示,而以小写字母(如 $x,y,z,w\cdots\cdots$)表示随机变量的取值且为实数.这样随机变量的取值与样本空间的样本点对应,因而随机变量的取值是一个随机事件.随机变量的取值随试验结果而定,在试验之前不能预知它取什么值,只有在试验之后才知道它的确切值;而试验的各个结果出现有一定的概率,故随机变量取各值有一定的概率.这些性质显示了随机变量与普通函数之间有着本质的差异. 再者, 普通函数是定义在实数集或实数集的一个子集上的, 而随机变量是定义在样本空间上的(样本空间的元素不一定是实数), 这也是二者的差别.

为了研究随机变量的概率规律, 并由于随机变量 X 的可能取值不一定能逐个列出, 因此我们在一般情况下需研究随机变量取值落在某区间 $(x_1, x_2]$ 中的概率, 即求 $p\{x_1 < X \leqslant x_2\}$, 但由于 $p\{x_1 < X \leqslant x_2\} = p\{X \leqslant x_2\} - p\{X \leqslant x_1\}$, 由此可见研究 $p\{x_1 < X \leqslant x_2\}$ 就归结为研究形如 $p\{X \leqslant x\}$ 的概率问题了. 不难看出, $p\{X \leqslant x\}$ 的值常随不同的 x 而变化, 它是 x 的函数, 我们称此函数为分布函数.

定义 2.2 设 X 是随机变量, x 为任意实数, 函数

$$F(x) = p\{X \leqslant x\}$$

称为 X 的分布函数(Distribution function).

对于任意实数 $x_1, x_2(x_1 < x_2)$, 有

$$p\{x_1 < X \leqslant x_2\} = p\{X \leqslant x_2\} - p\{X \leqslant x_1\} = F(x_2) - F(x_1) \tag{2.1}$$

因此, 若已知 X 的分布函数, 我们就能知道 X 落在任一区间 $(x_1, x_2]$ 上的概率. 在这个意义上说, 分布函数完整地描述了随机变量的统计规律性.

分布函数是一个在高等数学里面的普通函数, 正是通过它, 我们可以用微积分的工具来研究随机现象.

如果将 X 看成是数轴上的随机点的坐标(图), 那么, 分布函数 $F(x)$ 在 x 处的函数值就表示 X 落在区间 $(-\infty, x]$ 上的概率, 见图 2-1.

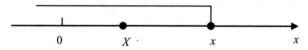

图 2-1 分布函数 $F(x)$ 在 x 处的函数值

分布函数具有如下基本性质:

(1) $0 \leqslant F(x) \leqslant 1, x \in R$.

(2) $F(x)$ 为单调不减的函数, 即, 若 $x_1 < x_2$, 则 $F(x_1) \leqslant F(x_2)$.

事实上, 由(2.1)式, 对于任意实数 $x_1, x_2(x_1 < x_2)$, 有

$$F(x_2) - F(x_1) = P\{x_1 < X \leqslant x_2\} \geqslant 0$$

(3) $F(-\infty) = \lim_{x \to -\infty} F(x) = 0, F(+\infty) = \lim_{x \to +\infty} F(x) = 1$.

我们从几何上说明这两个式子. 当区间端点 x 沿数轴无限向左移动($x \to -\infty$)时, 则"X 落在 x 左边"这一事件趋于不可能事件, 故其概率 $p\{X \leqslant x\} = F(x)$ 趋于 0; 又若 x 无限向右移动($x \to +\infty$)时, 事件"X 落在 x 左边"趋于必然事件, 从而其概率趋于 1.

(4) $F(x)$ 为右连续, 即 $F(x_0 + 0) = \lim_{x \to x_0^+} F(x) = F(x_0), x_0 \in R$.

反过来可以证明, 任一满足这四个性质的函数, 一定可以作为某个随机变量的分布函数.

概率论主要是利用随机变量来描述和研究随机现象, 而利用分布函数就能很好地表示各事件的概率. 例如:

$$p\{X > a\} = 1 - p\{X \leqslant a\} = 1 - F(a)$$

$$p\{X < a\} = F(a - 0)$$

$$p\{X=a\}=F(a)-F(a-0)$$
$$p(a<X<b)=p\{X<b\}-p\{X\leqslant a\}=F(b-0)-F(a)$$
$$p(a\leqslant X\leqslant b)=p\{X=a\}+p\{a<X\leqslant b\}=(F(a)-F(a-0))+(F(b)-F(a))$$
$$=F(b)-F(a-0)$$

例 2.1 设随机变量 X 的分布函数为

$$F(x)=\begin{cases}0, & x<-1,\\ \dfrac{1}{4}, & -1\leqslant x<2,\\ \dfrac{3}{4}, & 2\leqslant x<3,\\ 1, & x\geqslant 3.\end{cases}$$

求 $P\{X\leqslant\dfrac{1}{2}\},P\{\dfrac{3}{2}<X\leqslant\dfrac{5}{2}\},P\{2\leqslant X\leqslant 3\}$.

解 $P\left\{X\leqslant\dfrac{1}{2}\right\}=F\left(\dfrac{1}{2}\right)=\dfrac{1}{4}$,

$P\left\{\dfrac{3}{2}<X\leqslant\dfrac{5}{2}\right\}=F\left(\dfrac{5}{2}\right)-F\left(\dfrac{3}{2}\right)=\dfrac{3}{4}-\dfrac{1}{4}=\dfrac{1}{2}$,

$P\{2\leqslant X\leqslant 3\}=F(3)-F(2)+P\{X=2\}=1-\dfrac{3}{4}+\dfrac{1}{2}=\dfrac{3}{4}$.

在引入了随机变量和分布函数后我们就能利用高等数学的许多结果和方法来研究各种随机现象了,它们是概率论的两个重要而基本的概念.

第二节　离散型随机变量及其分布

随机变量的分类:
(1)离散型随机变量:随机变量只取数轴上的有限个或可列个点.
(2)连续型随机变量:随机变量的可能取值充满数轴上的一个或若干区间.
(3)奇异型随机变量:既不是离散型随机变量,也不是连续型随机变量.在理论上很有价值而实际问题中本课程不作讨论很少有应用.

例如,若用随机变量 X 表示掷一颗骰子所得到的点数,其全部可能取值仅有有限多个:1,2,3,4,5,6.若用随机变量 Y 表示直到首次击中目标为止所进行的射击次数,则 Y 的全部可能取值为 1,2,3,……有可列个.当把上述 X 或 Y 的全部可能取值描绘在数轴上时,它们是数轴上一些离散的点.因此,我们称这类随机变量为离散型随机变量.

一、离散型随机变量和概率分布

定义 2.3 如果随机变量所有可能的取值为有限个或可列无穷多个,则称这种随机变量为离散型随机变量(Discrete random variable).

要掌握一个离散型随机变量 X 的统计规律,首先要了解它的所有可能的取值,除此之外,更重要的是要了解它取各可能值的概率.

定义 2.4 设离散型随机变量 X 所有可能的取值为 $x_1,x_2,\cdots,x_n\cdots$,X 取各个可能

值的概率,即事件 $\{X = x_k\}$ 的概率

$$P\{X = x_k\} = p_k, \quad k = 1, 2, \cdots \qquad (2.2)$$

称为离散型随机变量 X 的概率分布或分布律.

分布律也常用表格来表示(见表 2-1).

表 2-1 分布律的表示

X	x_1	x_2	x_3	$\cdots$	x_k	$\cdots$
p	p_1	p_2	p_3	$\cdots$	p_k	$\cdots$

分布律完整地描述了离散型随机变量的统计规律.

分布律具有下列两个基本性质:

(1) $p_k \geqslant 0, \quad k = 1, 2, \cdots$; $\qquad (2.3)$

(2) $\displaystyle\sum_{k=1}^{\infty} p_k = 1.$ $\qquad (2.4)$

反之,任意一个具有以上两个性质的数列 $\{p_k\}$,一定可以作为某一个离散型随机变量的分布律.

为了直观地表达分布律,我们还可以作类似图 2-2 的分布律图.

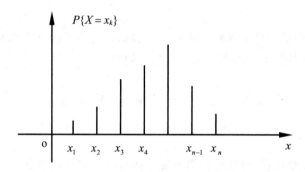

图 2-2 $P\{X = x_k\}$ 分布律图

图 2-2 中 x_i 处垂直于 x 轴的线段高度为 p_i,它表示 X 取 x_i 的概率值.

例 2.2 一盒中装有编号为 1,2,3,4,5 的五个球,现从中任意取三个球,求所取出三个球的中间号码 X 的概率分布.

解 X 所有可能的取值为 2,3,4. 当 $X = k (k = 2, 3, 4)$ 时,另两个球中的一个在小于 k 的 $k-1$ 个球中取,还有一个球在编号大于 k 的 $5-k$ 个球中取,所以:

$$P(X = k) = \frac{C_{k-1}^{1} C_{5-k}^{1}}{C_5^3}, \quad k = 2, 3, 4.$$

即

表 2-2 X 的概率分布

X	2	3	4
p	0.3	0.4	0.3

例 2.3　设一汽车在开往目的地的道路上需通过 4 盏信号灯,每盏灯以 0.6 的概率允许汽车通过,以 0.4 的概率禁止汽车通过(设各盏信号灯的工作相互独立).以 X 表示汽车首次停下时已经通过的信号灯盏数,求 X 的分布律.

解　以 p 表示每盏灯禁止汽车通过的概率,显然 X 的可能取值为 $0,1,2,3,4$,易知的分布律为

表 2−3　X 的分布律(1)

X	0	1	2	3	4
p	p	$(1-p)p$	$(1-p)^2 p$	$(1-p)^3 p$	$(1-p)^4$

或写成 $p\{X=k\}=(1-p)^k p$, $k=0,1,2,3$. $p\{X=4\}=(1-p)^4$.

将 $p=0.4$,$1-p=0.6$ 代入上式,所得结果如表 2−4 所示.

表 2−4　X 的分布律(2)

X	0	1	2	3	4
p	0.4	0.24	0.144	0.0864	0.1296

若已知离散型随机变量 X 的概率分布:

X	x_1	x_2	$\cdots$	x_n	$\cdots$
P	p_1	p_2	$\cdots$	p_n	$\cdots$

则可以求得 X 取任何值的概率.特别地,我们有

$$P\{a \leqslant x \leqslant b\}=P(\bigcup_{a \leqslant x_i \leqslant b}\{X=x_i\})=\sum_{a \leqslant x_i \leqslant b} p_i$$

二、常用离散型随机变量的分布

在理论和应用上,所遇到的离散型随机变量的分布有很多种,但其中最重要的是两点分布、二项分布和泊松(Poisson)分布.在本小节中,我们将对这三种离散型分布做详细讨论.

1. 两点分布(0−1 分布)

定义 2.5　若随机变量 X 只可能取 x_1 与 x_2 两值,它的分布律是

$$P\{X=x_1\}=1-p(0<p<1)$$
$$P\{X=x_2\}=p$$

则称 X 服从参数为 p 的两点分布.

特别地,当 $x_1=0$,$x_2=1$ 时两点分布也叫 0−1 分布(0−1 Distribution),记作 $X \sim (0-1)$分布.写成分布律表形式见表 2−5.

表 2－5 （0－1）分布律表

X	0	1
p	$1-p$	p

对于一个随机试验,若它的样本空间只包含两个元素,即 $\Omega=\{e_1,e_2\}$,我们总能在 Ω 上定义一个服从 0－1 分布的随机变量

$$X=X(e)=\begin{cases}0, & 当\ e=e_1 \\ 1, & 当\ e=e_2\end{cases}$$

用它来描述这个试验结果. 因此,(0－1)分布可以作为描述试验只包含两个基本事件的数学模型. 如,在打靶中"中"与"不中"的概率分布;产品抽验中"合格品"与"不合格品"的概率分布等. 总之,一个随机试验如果我们只关心某事件 A 出现与否,则可用一个服从 0－1 分布的随机变量来描述.

2. 二项分布

定义 2.6 若随机变量 X 的分布律为

$$P=\{X=k\}=C_n^k p^k(1-p)^{n-k}, \quad k=0,1,2,\cdots,n \tag{2.5}$$

则称 X 服从参数为 n,p 的二项分布(Binomial distribution),记作 $X\sim B(n,p)$.

易知(2.5)满足概率分布的性质(2.3)和(2.4)两式. 事实上,显然 $p\{X=k\}\geqslant 0$,再由二项展开式知

$$\sum_{k=0}^n P\{X=k\}=\sum_{k=0}^n C_n^k p^k(1-p)^{n-k}=[p+(1-p)]^n=1.$$

我们知道,$p\{x=k\}=C_n^k p^k(1-p)^{n-k}$ 恰好是 $[p+(1-p)]^n$ 二项展开式中出 p^k 的那一项,这就是二项分布名称的由来.

回忆 n 重伯努利试验中事件 A 发生 k 次的概率计算公式

$$p_n(k)=C_n^k p^k(1-p)^{n-k}, \quad k=0,1,2,\cdots,n$$

可知,若 $X\sim B(n,p)$,X 就可以用来表示 n 重伯努利试验中事件 A 发生的次数. 因此,二项分布可以作为描述 n 重伯努利试验中事件 A 发生次数的数学模型. 比如,射手射击 n 次中,"命中"次数的概率分布;随机抛硬币 n 次,落地时出现"正面"次数的概率分布;从一批足够多的产品中任意抽取 n 件,其中"废品"件数的概率分布等.

不难看出,0－1 分布就是二项分布在 $n=1$ 时的特殊情形,故(0－1)分布的分布律也可写成

$$P\{X=k\}=p^k q^{1-k} \quad (q=1-p,k=0,1)$$

3. 泊松分布

定理 2.1(泊松定理) 设 $np_n=\lambda$($\lambda>0$ 是常数,n 是任意正整数),则对任意一固定的非负整数 k,有

$$\lim_{n\to\infty}C_n^k p_n^k(1-p_n)^{n-k}=\frac{\lambda^k e^{-\lambda}}{k!}$$

证 由 $p_n=\dfrac{\lambda}{n}$,有

$$C_n^k p_n^k(1-p_n)^{n-k}=\frac{n(n-1)(n-2)\cdots(n-k+1)}{k!}\left(\frac{\lambda}{n}\right)^k\left(1-\frac{\lambda}{n}\right)^{n-k}$$

$$= \frac{\lambda^k}{k!} \left[1 \cdot \left(1 - \frac{1}{n}\right) \left(1 - \frac{2}{n}\right) \cdots \left(1 - \frac{k-1}{n}\right) \right] \left(1 - \frac{\lambda}{n}\right)^n \left(1 - \frac{\lambda}{n}\right)^{-k}$$

对任意固定的 k，当 $n \to \infty$ 时，

$$\left[1 \cdot \left(1 - \frac{1}{n}\right) \left(1 - \frac{2}{n}\right) \cdots \left(1 - \frac{k-1}{n}\right) \right] \to 1,$$

$$\left(1 - \frac{\lambda}{n}\right)^n \to e^{-\lambda}, \quad \left(1 - \frac{\lambda}{n}\right)^{-k} \to 1$$

故

$$\lim_{n \to \infty} C_n^k p_n^k (1 - p_n)^{n-k} = \frac{\lambda^k e^{-\lambda}}{k!}$$

由于 $\lambda = np_n$ 是常数，所以当 n 很大时 p_n 必定很小，因此，上述定理表明当 n 很大 p 很小时，有以下近似公式

$$C_n^k p^k (1 - p)^{n-k} \approx \frac{\lambda^k e^{-\lambda}}{k!} \tag{2.6}$$

其中 $\lambda = np$.

从表 2−6 可以直观地看出 (2.6) 式两端的近似程度.

表 2−6　二次分布与泊松分布计算比较表

k	按二项分布公式直接计算				按泊松近似式 (2.6) 计算
	$n = 10$ $p = 0.1$	$n = 20$ $p = 0.05$	$n = 40$ $p = 0.025$	$n = 100$ $p = 0.01$	$\lambda = 1 (= np)$
0	0.349	0.358	0.363	0.366	0.368
1	0.385	0.377	0.372	0.370	0.368
2	0.194	0.189	0.186	0.185	0.184
3	0.057	0.060	0.060	0.061	0.061
4	0.011	0.013	0.014	0.015	0.015
⋮	⋮	⋮	⋮	⋮	⋮

由上表可以看出，两者的结果是很接近的，在实际计算中，当 $n \geqslant 20$，$p \leqslant 0.05$ 时近似效果颇佳，而当 $n \geqslant 100$，$np \leqslant 10$ 时效果更好. $\frac{\lambda^k e^{-\lambda}}{k!}$ 的值可查表 (见附表 3).

定义 2.7　若随机变量 X 的分布律为

$$p\{X = k\} = \frac{\lambda^k e^{-\lambda}}{k!}, \quad k = 0, 1, 2, \cdots \tag{2.7}$$

其中 $\lambda > 0$ 是常数，则称 X 服从参数为 λ 的泊松分布 (Poisson distribution)，记为 $X \sim p(\lambda)$.

易知 (2.7) 式满足 (2.3)(2.4) 两式. 事实上，$p\{X = k\} \geqslant 0$ 显然；再由

$$\sum_{k=0}^{\infty} \frac{\lambda^k e^{-\lambda}}{k!} = e^{-\lambda} e^{\lambda} = 1,$$

可知

$$\sum_{k=0}^{\infty} P\{X=k\} = 1.$$

由泊松定理可知,泊松分布可以作为描述大量试验中稀有事件出现的次数 $k=0,1,2,\cdots$ 的概率分布情况的一个数学模型.比如:大量产品中抽样检查时得到的不合格品数;一个集团中生日是元旦的人数;一页中印刷错误出现的数目;数字通讯中传输数字时发生误码的个数等等,都近似服从泊松分布.除此之外,理论与实践都说明,一般说来它也可作为下列随机变量的概率分布的数学模型:在任给一段固定的时间间隔内,① 由某块放射性物质放射出的 α 质点到达某个计数器的质点数;② 某地区发生交通事故的次数;③ 来到某公共设施要求给予服务的顾客数(这里的公共设施的意义可以是极为广泛的,诸如售货员、机场跑道、电话交换台、医院等,在机场跑道的例子中,顾客可以相应地想象为飞机).泊松分布是概率论中一种很重要的分布.

┌---- ☆人物简介 --------------------------------

西莫恩·德尼·泊松(Simeon-Denis Poisson)(1781—1840),法国数学家、几何学家和物理学家.1798 年入巴黎综合工科学校深造.1806 年任该校教授,1812 年当选为巴黎科学院院士.泊松的科学生涯开始于研究微分方程及其在摆的运动和声学理论中的应用.他工作的特色是应用 数学方法研究各类物理问题,并由此得到数学上的发现.他对积分理论、行星运动理论、热物理、弹性理论、电磁理论、位势理论和概率论都有重要贡献.他还是 19 世纪概率统计领域里的卓越人物.他改进了概率论的运用方法,特别是用于统计方面的方法,建立了描述随机现象的一种概率分布——泊松分布.他推广了"大数定律",并导出了在概率论与数理方程中有重要应用的泊松积分.

└---

例 2.4 某大学的校乒乓球队与数学系乒乓球队举行对抗赛.校队的实力较系队为强,当一个校队运动员与一个系队运动员比赛时,校队运动员获胜的概率为 0.6.现在校、系双方商量对抗赛的方式,提了三种方案:

(1)双方各出 3 人;(2)双方各出 5 人;(3)双方各出 7 人.

三种方案中均以比赛中得胜人数多的一方为胜利.请问对系队来说,哪一种方案有利?

解 设系队得胜人数为 X,则在上述三种方案中,系队胜利的概率为

(1) $p\{X \geqslant 2\} = \sum_{k=2}^{3} C_3^k (0.4)^k (0.6)^{3-k} = 0.352;$

(2) $p\{X \geqslant 3\} = \sum_{k=3}^{5} C_5^k (0.4)^k (0.6)^{5-k} = 0.317;$

(3) $p\{X \geqslant 4\} = \sum_{k=4}^{7} C_7^k (0.4)^k (0.6)^{7-k} = 0.290.$

因此第一种方案对系队最为有利. 这在直觉上是容易理解的,因为参赛人数越少,系队侥幸获胜的可能性也就越大.

例 2.5 按规定某种型号电子元件的使用寿命超过 1500 小时的为一级品. 已知某一大批产品的一级品率为 0.2,现在从中随机抽查 20 只. 问 20 只元件中恰有 k 只($k=0,1,2,\cdots,20$)为一级品的概率是多少?

解 这是不放回抽样,但由于这批元件的总数很大,且抽查的元件的数量相对于元件的总数来说又很小,因而可以当作放回抽样来处理,这样做会有一些误差,但误差不大. 我们将检查一只元件看它是否为一级品看成是一次试验,检查 20 只元件相当于做 20 重伯努利试验. 以 X 记 20 只元件中一级品的只数,那么,X 是一个随机变量,且有 $X \sim B(20, 0.2)$. 由二项分布的概率计算公式,即得所求概率为

$$P\{X=k\}=C_{20}^k(0.2)^k(0.8)^{20-k}, \quad k=0,1,2,\cdots,20$$

计算结果列表如下:

表 2-7 电子元件使用寿命二项分布表

$P\{X=0\}=0.012$	$P\{X=4\}=0.2182$	$P\{X=8\}=0.022$
$P\{X=1\}=0.058$	$P\{X=5\}=0.175$	$P\{X=9\}=0.007$
$P\{X=2\}=0.137$	$P\{X=6\}=0.109$	$P\{X=10\}=0.002$
$P\{X=3\}=0.205$	$P\{X=7\}=0.055$	
$P\{X=k\} \leqslant 0.001$,当 $k \geqslant 11$ 时.		

为了对本题的结果有一个直观了解,我们作出了表 2-7 的图形,如图 2-3 所示.

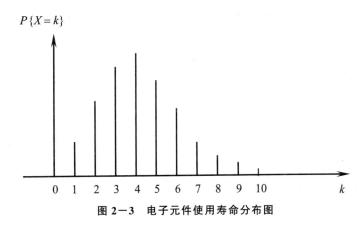

图 2-3 电子元件使用寿命分布图

从图中可以看出,当 k 增加时,概率 $p\{X=k\}$ 先是随之增加,直至达到最大值(本例中当 $k=4$ 时取到最大值),随后单调减少. 一般地,二项分布 $b(n,p)$ 都具有这一性质.

若在上例中将参数 20 改为 200 或更大,显然此时直接计算该概率就显得相当麻烦. 为此根据泊松定理给出一个当 n 很大而 p(或 $1-p$)很小时的近似计算方法.

例 2.6 某十字路口有大量汽车通过,假设每辆汽车在这里发生交通事故的概率为 0.001,如果每天有 5000 辆汽车通过这个十字路口,求发生交通事故的汽车数不少于 2 的概率.

解 设 X 表示发生交通事故的汽车数,则 $X \sim b(n,p)$,此处 $n=5000$,$p=0.001$,令

$\lambda = np = 5$,有

$$p\{X \geqslant 2\} = 1 - P\{X < 2\} = 1 - \sum_{k=0}^{1} P\{X = k\}$$
$$= 1 - (0.999)^{5000} - 5 \cdot (0.999)^{4999}$$
$$\approx 1 - \frac{5^0 e^{-5}}{0!} - \frac{5e^{-5}}{1!}.$$

查附表 3 可得

$$p\{X \geqslant 2\} \approx 1 - 0.00674 - 0.03369 = 0.95957.$$

例 2.7 某人进行射击,设每次射击的命中率为 0.02,独立射击 400 次,试求至少击中两次的概率.

解 将一次射击看成是一次试验. 设击中次数为 X,则 $X \sim b(400, 0.02)$,即 X 的分布律为

$$P\{X = k\} = C_{400}^k (0.02)^k (0.98)^{400-k}, \quad k = 0, 1, 2, \cdots, 400.$$

故所求概率为

$$P\{X \geqslant 2\} = 1 - P\{X = 0\} - P\{X = 1\}$$
$$= 1 - (0.98)^{400} - 400(0.02)(0.98)^{399}$$
$$= 0.9972$$

这个概率很接近 1,我们从两方面来讨论这一结果的实际意义. 其一,虽然每次射击的命中率很小(为 0.02),但如果射击 400 次,则击中目标至少两次是几乎可以肯定的. 这一事实说明,一个事件尽管在一次试验中发生的概率很小,但只要试验次数很多,而且试验是独立地进行的,那么这一事件的发生几乎是肯定的. 这也告诉人们决不能轻视小概率事件. 其二,如果在 400 次射击中,击中目标的次数竟不到两次,由于 $p\{X < 2\} \approx 0.003$ 很小,根据实际推断原理,我们将怀疑"每次射击的命中率为 0.02"这一假设,即认为该射手射击的命中率达不到 0.02.

例 2.8 由某商店过去的销售记录知道,某种商品每月的销售数可以用参数 $\lambda = 5$ 的泊松分布来描述. 为了以 95% 以上的把握保证不脱销,问商店在月底至少应进某种商品多少件?

解 设该商店每月销售这种商品数为 X 件,月底进货为 a 件,则当 $X \leqslant a$ 时不脱销,故有

$$p\{X \leqslant a\} > 0.95$$

由于 $X \sim p(5)$,上式即为

$$\sum_{k=0}^{a} \frac{e^{-5} 5^k}{k!} > 0.95$$

查附表 3 可知

$$\sum_{k=0}^{8} \frac{e^{-5} 5^k}{k!} = 0.9319 < 0.95$$

$$\sum_{k=0}^{9} \frac{e^{-5} 5^k}{k!} = 0.9682 > 0.95$$

于是,这家商店只要在月底进货这种商品 9 件(假定上个月没有存货),就可以 95% 以上的把握保证这种商品在下个月不会脱销.

我们可以就一般的离散型随机变量讨论其分布函数.

设离散型随机变量 X 的分布律如表 2-1 所示. 由分布函数的定义可知

$$F(x) = p\{X \leqslant x\} = \sum_{x_k \leqslant x} P\{X = x_k\} = \sum_{x_k \leqslant x} p_k$$

此处的和式 $\sum_{x_k \leqslant x}$ 表示对所有满足 $x_k \leqslant x$ 的 k 求和,形象地讲就是对那些满足 $x_k \leqslant x$ 所对应的 p_k 的累加.

以上是已知分布律求分布函数. 反过来,若已知离散型随机变量 X 的分布函数 $F(x)$,则 X 的分布律也可由分布函数所确定:

$$p_k = P\{X = x_k\} = F(x_k) - F(x_k - 0)$$

第三节　连续型随机变量及其分布

离散型随机变量的特点是它的可能取值及其相对应的概率能被逐个地列出. 连续型随机变量的一切可能取值是充满某个区间 (a, b),在这个区间内有无穷不可列个实数. 例如,测量一个工件长度,因为在理论上说这个长度的值 X 可以取区间 $(0, +\infty)$ 上的任何一个值. 因此描述连续型随机变量不能再用分布列形式表示,而要改用密度函数表示.

引例　一个半径为 2 米的圆盘靶,设击中靶上任一同心圆盘上的点的概率与该圆盘的面积成正比,并设射击都能中靶,以 X 表示弹着点与圆心的距离,试求随机变量 X 的分布函数.

解　(1)若 $x < 0$,因为事件 $X \leqslant x$ 是不可能事件,所以

$$F(X) = p\{X \leqslant x\} = 0.$$

(2)若 $0 \leqslant x \leqslant 2$,由题意 $p(0 \leqslant X \leqslant x) = kx^2$,$k$ 是常数,为了确定 k 的值,取 $x = 2$,有 $p(0 \leqslant X \leqslant 2) = 2^2 k$,但事件 $0 \leqslant X \leqslant 2$ 是必然事件,故 $p(0 \leqslant X \leqslant 2) = 1$,即 $2^2 k = 1$,所以 $k = \dfrac{1}{4}$,即

$$p(0 \leqslant X \leqslant x) = \frac{1}{4} x^2.$$

于是

$$F(X) = p\{X \leqslant x\} = p\{X < 0\} + p(0 \leqslant X \leqslant x) = \frac{1}{4} x^2$$

(3)若 $x \geqslant 2$,由于 $X \leqslant 2$ 是必然事件,于是

$$F(X) = p\{X \leqslant x\} = 1$$

综上所述

$$F(X) = \begin{cases} 0, & x < 0, \\ \dfrac{1}{4} x^2, & 0 \leqslant x < 2, \\ 1, & x \geqslant 2. \end{cases}$$

它的图形是一条连续曲线,如图 2-4 所示.

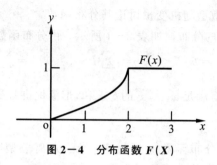

图 2—4 分布函数 $F(X)$

另外,容易看到本例中 X 的分布函数 $F(X)$ 还可写成如下形式:

$$F(X) = \int_{-\infty}^{x} f(t)dt,$$

其中

$$f(t) = \begin{cases} \dfrac{1}{2}t, & 0 < t < 2, \\ 0, & \text{其他.} \end{cases}$$

这就是说 $F(X)$ 恰好是非负函数 $f(t)$ 在区间 $(-\infty, x)$ 上的积分,这种随机变量 X 我们称为连续型随机变量.

一、连续型随机变量和密度函数

定义 2.8 若对随机变量 X 的分布函数 $F(X)$,存在非负函数 $f(x)$,使对于任意实数 x 有

$$F(X) = \int_{-\infty}^{x} f(t)dt, \tag{2.8}$$

则称 X 为连续型随机变量,其中 $f(x)$ 称为 X 的概率密度函数,简称密度函数或概率密度 (Density function).

由(2.8)式知道连续型随机变量 X 的分布函数 $F(X)$ 是连续函数. 由分布函数的性质 $F(-\infty)=0, F(+\infty)=1$ 及 $F(X)$ 单调不减,可知 $F(X)$ 是一条位于直线 $y=0$ 与 $y=1$ 之间的单调不减的连续(但不一定光滑)曲线.

由定义 2.8 可知,$f(x)$ 具有以下性质:

(1)非负性 $f(x) \geqslant 0, x \in R$;

(2)正则性 $\displaystyle\int_{-\infty}^{+\infty} f(x)dx = 1$;

(3) $p\{x_1 < X \leqslant x_2\} = F(x_2) - F(x_1) = \displaystyle\int_{x_1}^{x_2} f(x)dx \,(x_1 \leqslant x_2)$;

(4)若 $f(x)$ 在 x 点处连续,则有 $F'(x) = f(x)$.

由(2)知道,介于曲线 $y = f(x)$ 与 $y = 0$ 之间的面积为 1. 由(3)知道,X 落在区间 $(x_1, x_2]$ 的概率 $p\{x_1 < X \leqslant x_2\}$ 等于区间 $(x_1, x_2]$ 上曲线 $y = f(x)$ 之下的曲边梯形面积. 由(4)知道,$f(x)$ 的连续点 x 处有

$$f(x) = \lim_{\Delta x \to 0^+} \frac{F(x + \Delta x) - F(x)}{\Delta x} = \lim_{\Delta x \to 0^+} \frac{P\{x < X \leqslant x + \Delta x\}}{\Delta x}$$

这种形式恰与物理学中线密度定义相类似,这也正是为什么称 $f(x)$ 为密度函数的原因. 同样我们也指出,反过来,任一满足以上(1)、(2)两个性质的函数 $f(x)$,一定可以作为某

个连续型随机变量的密度函数.

可以证明,对连续型随机变量 X 而言它取任一特定值 a 的概率为零,即 $p\{X=a\}=0$,事实上,令 $\Delta x>0$,设 X 的分布函数为 $F(x)$,则由

$$\{X=a\}\subset\{a-\Delta x<X\leqslant a\}$$

得 $\qquad 0\leqslant p\{X=a\}\leqslant p\{a-\Delta x<X\leqslant a\}=F(a)-F(a-\Delta x)$

由于 $F(x)$ 连续,所以

$$\lim_{\Delta x\to 0}F(a-\Delta x)=F(a).$$

当 $\Delta x\to 0$ 时,由夹逼定理得

$$p\{X=a\}=0,$$

由此很容易推导出

$$p\{a\leqslant X<b\}=p\{a<X\leqslant b\}=p\{a\leqslant X\leqslant b\}=p\{a<X<b\}$$

即在计算连续型随机变量落在某区间上的概率时,可不必区分该区间端点的情况. 此外还要说明的是,事件 $\{X=a\}$ "几乎不可能发生",但并不保证绝不会发生,它是"零概率事件"而不一定是不可能事件.

例 2.9 已知随机变量 X 的密度函数为

$$f(x)=\begin{cases}c, & -1\leqslant x\leqslant 1,\\ 0, & \text{其他}.\end{cases}$$

试求常数 c 和 X 的分布函数.

解 由密度函数的正则性知

$$1=\int_{-\infty}^{+\infty}f(x)dx=\int_{-1}^{+1}cdx=2c$$

所以由 $2c=1$ 得 $c=0.5$. 利用分段积分,可求出 X 的分布函数:

当 $x<-1$ 时

$$F(x)=\int_{-\infty}^{x}0dt=0$$

当 $-1\leqslant x\leqslant 1$ 时

$$F(x)=\int_{-1}^{x}0.5dt=(x+1)/2$$

当 $1\leqslant x$ 时

$$F(x)=\int_{-1}^{1}0.5dt+\int_{1}^{x}0dt=1$$

所以 X 的分布函数为

$$F(x)=\begin{cases}0, & x<-1,\\ \dfrac{x+1}{2}, & -1\leqslant x<1,\\ 1, & \text{其他}.\end{cases}$$

由密度函数求分布函数的关键是:分布函数是一种"累积"概率,所以在计算积分时要注意积分限的合理运用. 本例密度函数和分布函数的图形如图 2—5 的(a)与(b)所示. 这个分布就是将要学习的均匀分布.

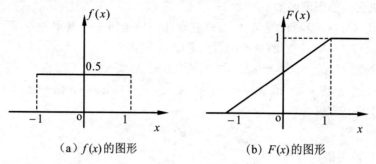

（a）$f(x)$ 的图形　　　　　（b）$F(x)$ 的图形

图 2-5　$f(x)$ 和 $F(x)$ 的图形

例 2.10　设随机变量 X 具有密度函数

$$f(x)=\begin{cases} kx, & 0\leqslant x<3, \\ 2-\dfrac{x}{2}, & 3\leqslant x<4, \\ 0, & \text{其他}. \end{cases}$$

（1）确定常数 k ；（2）求 X 的分布函数 $F(x)$ ；（3）求 $p\left\{1<X\leqslant\dfrac{7}{2}\right\}$.

解　（1）由 $\displaystyle\int_{-\infty}^{+\infty}f(x)dx=1$,得

$$\int_0^3 kxdx+\int_3^4\left(2-\frac{x}{2}\right)dx=1$$

解得 $k=\dfrac{1}{6}$,故 X 的密度函数为

$$f(x)=\begin{cases} kx, & 0\leqslant x<3, \\ 2-\dfrac{x}{2}, & 3\leqslant x<4, \\ 0, & \text{其他}. \end{cases}$$

$$f(x)=\begin{cases} \dfrac{x}{6}, & 0\leqslant x<3, \\ 2-\dfrac{x}{2}, & 3\leqslant x<4, \\ 0, & \text{其他}. \end{cases}$$

（2）当 $x<0$ 时, $F(X)=p(X\leqslant x)=\displaystyle\int_{-\infty}^x f(t)dt=0$;

当 $0\leqslant x<3$ 时,

$$F(X)=p(X\leqslant x)=\int_{-\infty}^x f(t)dt=\int_{-\infty}^0 f(t)dt+\int_0^x f(t)dt=\int_0^x \frac{t}{6}dt=\frac{x^2}{12}$$

当 $3\leqslant x<4$ 时, $F(X)=p(X\leqslant x)=\displaystyle\int_{-\infty}^x f(t)dt=\int_{-\infty}^0 f(t)dt+\int_0^3 f(t)dt+\int_0^3 f(t)dt$

$$=\int_0^3 \frac{t}{6}dt+\int_3^x\left(2-\frac{t}{2}\right)dt=-\frac{x^2}{4}+2x-3$$

当 $4\leqslant x$ 时,

$$F(X) = p(X \leqslant x) = \int_{-\infty}^{x} f(t)dt = \int_{-\infty}^{0} f(t)dt + \int_{0}^{3} f(t)dt + \int_{3}^{4} f(t)dt + \int_{4}^{x} f(t)dt$$

$$= \int_{0}^{3} \frac{t}{6}dt + \int_{3}^{4} \left(2 - \frac{t}{2}\right)dt = 1.$$

即

$$F(x) = \begin{cases} 0, & x < 0, \\ \dfrac{x^2}{12}, & 0 \leqslant x < 3, \\ -\dfrac{x^2}{4} + 2x - 3, & 3 \leqslant x < 4, \\ 1, & x \geqslant 4. \end{cases}$$

(3) $p\left(1 < X \leqslant \dfrac{7}{2}\right) = F\left(\dfrac{7}{2}\right) - F(1) = \dfrac{41}{48}$.

可以看出,使用密度函数描述连续型随机变量的概率分布规律,要比使用分布函数方便得多,直观得多.尽管我们借助于分布函数,可以统一描述任何类型的随机变量取值的概率规律,但是对于离散型随机变量,我们总喜欢使用分布律;而对于连续型随机变量,总喜欢使用密度函数.

二、常用连续型随机变量的分布

本节我们将介绍三种常见的连续型随机变量的分布,它们在实际应用和理论研究中经常被引用.

1. 均匀分布

若连续型随机变量 X 有密度函数

$$f(x) = \begin{cases} \dfrac{1}{b-a}, & a < x < b, \\ 0, & \text{其他}. \end{cases} \tag{2.9}$$

则称 X 在区间 (a,b) 上服从均匀分布(Uniform distribution),记为 $X \sim U(a,b)$.

易知 $f(x) \geqslant 0, (-\infty < x < +\infty)$,且 $\int_{-\infty}^{+\infty} f(x)dx = \int_{a}^{b} \dfrac{1}{b-a}dx = 1$. 由(2.9)式可得

(1) $p\{X \geqslant b\} = \int_{b}^{+\infty} f(x)dx = 0$, $p\{X \leqslant a\} = \int_{-\infty}^{a} 0dx = 0$, 即

$$p\{a < X < b\} = 1 - p(X \geqslant b) - p(X \leqslant b) = 1 ;$$

(2)若 $a \leqslant c \leqslant d \leqslant b$,则

$$p\{c < X < d\} = \int_{c}^{d} \dfrac{1}{b-a}dx = \dfrac{d-c}{b-a}.$$

因此,在区间 (a,b) 上服从均匀分布的随机变量 X 的物理意义是:X 以概率 1 在区间 (a,b) 内取值,而以概率 0 在区间 (a,b) 以外取值,并且 X 值落入 (a,b) 中任一子区间 (c,d) 中的概率与子区间的长度成正比,而与子区间的位置无关.

由(2.8)式易得 X 的分布函数为

$$F(x) = \begin{cases} 0, & x < a, \\ \dfrac{x-a}{b-a}, & a \leqslant x < b, \\ 1, & x \geqslant b. \end{cases} \tag{2.10}$$

密度函数 $f(x)$ 和分布函数 $F(X)$ 的图形分别如图 2-6 和图 2-7 所示.

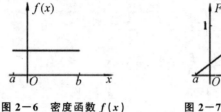

图 2-6　密度函数 $f(x)$　　　　图 2-7　分布函数 $F(x)$

在数值计算中,由于四舍五入,小数点后第一位小数所引起的误差 X,一般可以看作是一个服从在 $(-0.5, 0.5)$ 上的均匀分布的随机变量;又如在 (a, b) 中随机掷质点,则该质点的坐标 X 一般也可看作是一个服从在 (a, b) 上的均匀分布的随机变量.

2. 指数分布

若随机变量 X 的密度函数为

$$f(x) = \begin{cases} \lambda e^{-\lambda x}, & x > 0 \\ 0, & x \leqslant 0 \end{cases} \tag{2.11}$$

其中 $\lambda > 0$ 为常数,则称 X 服从参数为 λ 的指数分布(Exponentially distribution),记作 $X \sim E(\lambda)$.

显然 $f(x) \geqslant 0$　$(-\infty < x < +\infty)$,且 $\int_{-\infty}^{+\infty} f(x) dx = \int_0^{+\infty} \lambda e^{-\lambda x} dx = 1$.

容易得到 X 的分布函数为

$$F(x) = \begin{cases} 1 - e^{-\lambda x}, & x > 0, \\ 0, & x \leqslant 0. \end{cases}$$

指数分布最常见的一个场合是寿命分布. 指数分布具有"无记忆性",即对于任意 $s, t > 0$,有

$$p\{X > s+t \mid X > s\} = p\{X > t\}. \tag{2.12}$$

如果用 X 表示某一元件的寿命,那么上式表明,在已知元件已使用了 s 小时的条件下,它还能再使用至少 t 小时的概率,与从开始使用时算起它至少能使用 t 小时的概率相等. 这就是说元件对它已使用过 s 小时没有记忆. 当然,指数分布描述的是无老化时的寿命分布,但"无老化"是不可能的,因而只是一种近似. 对一些寿命长的元件,在初期阶段老化现象很小,在这一阶段,指数分布比较确切地描述了其寿命分布情况. (2.12)式是容易证明的. 事实上,

$$P\{X > s+t \mid X > s\} = \frac{P\{X > s, X > s+t\}}{P\{X > s\}} = \frac{P\{X > s+t\}}{P\{X > s\}}$$

$$= \frac{1 - F(s+t)}{1 - F(s)} = \frac{e^{-\lambda(s+t)}}{e^{-\lambda s}} = e^{-\lambda t} = P\{X > t\}.$$

3. 正态分布

若连续型随机变量 X 的密度函数为

$$f(x) = \frac{1}{\sqrt{2\pi}\sigma} e^{-\frac{(x-\mu)^2}{2\sigma^2}}, \quad -\infty < x < +\infty \tag{2.13}$$

其中 $\mu,\sigma(\sigma > 0)$ 为常数,则称 X 服从参数为 μ,σ 的正态分布(Normal distribution),记为 $X \sim N(\mu,\sigma^2)$.

显然 $f(x) \geqslant 0(-\infty < x < +\infty)$,下面来证明 $\int_{-\infty}^{+\infty} f(x)dx = 1$. 令 $\dfrac{x-\mu}{\sigma} = t$,得到

$$\int_{-\infty}^{+\infty} \frac{1}{\sqrt{2\pi}\sigma} e^{-\frac{(x-\mu)^2}{2\sigma^2}} dx = \frac{1}{\sqrt{2\pi}} \int_{-\infty}^{+\infty} e^{-\frac{t^2}{2}} dt.$$

记 $I = \int_{-\infty}^{+\infty} e^{-\frac{t^2}{2}} dt$,则有 $I^2 = \int_{-\infty}^{+\infty}\int_{-\infty}^{+\infty} e^{-\frac{t^2+s^2}{2}} dtds$.

作极坐标变换:$s = r\cos\theta, t = r\sin\theta$,得到

$$I^2 = \int_0^{2\pi}\int_0^{+\infty} re^{-\frac{r^2}{2}} drd\theta = 2\pi,$$

而 $I > 0$,故有 $I = \sqrt{2\pi}$,即有

$$\int_{-\infty}^{+\infty} e^{-\frac{t^2}{2}} dt = \sqrt{2\pi}$$

于是

$$\int_{-\infty}^{+\infty} \frac{1}{\sqrt{2\pi}\sigma} e^{-\frac{(x-\mu)^2}{2\sigma^2}} dx = \frac{1}{\sqrt{2\pi}} \cdot \sqrt{2\pi} = 1.$$

正态分布是概率论和数理统计中最重要的分布之一. 在实际问题中大量的随机变量服从或近似服从正态分布. 只要某一个随机变量受到许多相互独立随机因素的影响,而每个个别因素的影响都不能起决定性作用,那么就可以断定随机变量服从或近似服从正态分布(其数学证明将在第五章给出). 例如,因人的身高、体重受到种族、饮食习惯、地域、运动等等因素影响,但这些因素又不能对身高、体重起决定性作用,所以我们可以认为身高、体重服从或近似服从正态分布.

参数 μ,σ 的意义将在第四章中说明,$f(x)$ 的图形如图 2-8 和图 2-9 所示,它具有如下性质:

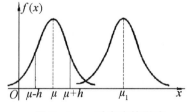

图 2-8　μ 对密度的影响

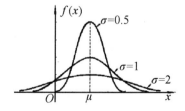

图 2-9　α 对密度的影响

(1)曲线关于 $x = \mu$ 对称;

(2)曲线在 $x = \mu$ 处取到最大值,x 离 μ 越远,$f(x)$ 值越小. 这表明对于同样长度的

区间,当区间离 μ 越远,X 落在这个区间上的概率越小;

(3)曲线在 $\mu \pm \sigma$ 处有拐点;

(4)曲线以 x 轴为渐近线;

(5)若固定 σ,μ 值改变,则图形沿 x 轴平移,而不改变其形状(图 $2-8$);若固定 μ,当 σ 越小时图形越尖陡(图 $2-9$),因而 X 落在 μ 附近的概率越大.故称 σ 为精度参数,μ 为位置参数.

由(2.13)式得 X 的分布函数

$$F(x) = \frac{1}{\sqrt{2\pi}\,\sigma} \int_{-\infty}^{x} e^{-\frac{(t-\mu)^2}{2\sigma^2}} dt, \quad -\infty < x < +\infty \tag{2.14}$$

而 $P\{a < X \leqslant b\} = \int_{a}^{b} f(x)dx$,其含义见图 $2-10$.

特别地,当 $\mu = 0$,$\sigma = 1$ 时,称 X 服从标准正态分布 $N(0,1)$,其密度函数和分布函数分别用 $\varphi(x)$,$\Phi(x)$ 表示,即有

$$\varphi(x) = \frac{1}{\sqrt{2\pi}} e^{-\frac{x^2}{2}}, \quad -\infty < x < +\infty \tag{2.15}$$

$$\Phi(x) = \frac{1}{\sqrt{2\pi}} \int_{-\infty}^{x} e^{-\frac{x^2}{2}} dt, \quad -\infty < x < +\infty \tag{2.16}$$

其含义见图 $2-11$. 易知,$\Phi(-x) = 1 - \Phi(x)$.

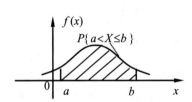
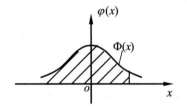

图 $2-10$　X 在区间 $(a,b]$ 取值的概率　　　图 $2-11$　标准正态分布的分布函数

人们已事先编制了 $\Phi(x)$ 的函数值表(见本书附表 2),利用这个表可以进行正态分布的各种概率计算.

一般地,若 $X \sim N(\mu, \sigma^2)$,则有 $\dfrac{X-\mu}{\sigma} \sim N(0,1)$.

事实上,$Z = \dfrac{X-\mu}{\sigma}$ 的分布函数为

$$p\{Z \leqslant x\} = \left\{\frac{X-\mu}{\sigma} \leqslant x\right\} = p\{X \leqslant \mu + \sigma x\}$$

$$= \int_{-\infty}^{\mu+\sigma x} \frac{1}{\sqrt{2\pi}\,\sigma} e^{-\frac{(t-\mu)^2}{2\sigma^2}} dt,$$

令 $\dfrac{X-\mu}{\sigma} = s$,得

$$p\{Z \leqslant x\} = \frac{1}{\sqrt{2\pi}} \int_{-\infty}^{x} e^{-\frac{s^2}{2}} ds = \Phi(x)$$

由此知 $Z = \dfrac{X - \mu}{\sigma} \sim N(0,1)$.

因此,若 $X \sim N(\mu, \sigma^2)$,则可利用标准正态分布函数 $\Phi(x)$,通过查附表 2 求得 X 落在任一区间 $(x_1, x_2]$ 内的概率,即

$$P\{x_1 < X \leqslant x_2\} = P\left\{\frac{x_1 - \mu}{\sigma} < \frac{X - \mu}{\sigma} \leqslant \frac{x_2 - \mu}{\sigma}\right\}$$

$$= P\left\{\frac{X - \mu}{\sigma} \leqslant \frac{x_2 - \mu}{\sigma}\right\} - P\left\{\frac{X - \mu}{\sigma} \leqslant \frac{x_1 - \mu}{\sigma}\right\}$$

$$= \Phi\left(\frac{x_2 - \mu}{\sigma}\right) - \Phi\left(\frac{x_1 - \mu}{\sigma}\right)$$

例如,设 $X \sim N(1.5, 2^2) X \sim N(1.5, 2^2)$,可得

$$P\{-1 < X \leqslant 2\} = P\left\{\frac{-1 - 1.5}{2} \leqslant \frac{X - 1.5}{2} \leqslant \frac{2 - 1.5}{2}\right\}$$

$$= \Phi(0.25) - \Phi(-1.25)$$

$$= \Phi(0.25) - [1 - \Phi(1.25)]$$

$$= 0.5987 - 1 + 0.8944 = 0.4931$$

为了便于今后应用,对于标准正态分布,我们引入上 α 分位点的定义.

设 $X \sim N(0,1)$,若 Z_α 满足条件

$$p\{X > Z_\alpha\} = \alpha, \quad 0 < \alpha < 1 \tag{2.17}$$

则称点 Z_α 为标准正态分布的上 α 分位点. 例如,由查表可得 $Z_{0.05} = 1.645, Z_{0.001} = 3.16$. 故 1.645 与 3.16 分别是标准正态分布的上 0.05 分位点与上 0.001 分位点.

- - - - - ☆人物简介 - - - - -

卡尔·弗里德里希·高斯(C. F. Gauss, 1777—1855),德国著名数学家、物理学家、天文学家、大地测量学家. 是近代数学奠基者之一,高斯被认为是历史上最重要的数学家之一,并享有"数学王子"之称. 高斯和阿基米德、牛顿并列为世界三大数学家. 一生成就极为丰硕,以他名字"高斯"命名的成果达 110 个,属数学家中之最. 高斯的数学研究几乎遍及所有领域,在数论、代数学、非欧几何、复变函数、微分几何和概率论等方面都做出了开创性的贡献. 正是他给出了概率统计最核心的一个概率分布——正态分布,可以说,没有高斯和正态分布就没有概率统计今天的辉煌. 高斯的头像和正态分布曲线甚至成为了德国 10 马克纸币上的头像和图案,这在世界科学界都是绝无仅有的.

例 2.11 某公共汽车站从上午 7 时开始,每 15 分钟来一辆车,如某乘客到达此站的时间是 7:00 到 7:30 之间的均匀分布的随机变量,试求他等车少于 5 分钟的概率.

解 设乘客于 7 时过 X 分钟到达车站,由于 X 在 $[0,30]$ 上服从均匀分布,即有

$$f(x) = \begin{cases} \dfrac{1}{30}, & 0 \leqslant x \leqslant 30, \\ 0, & \text{其他}. \end{cases}$$

显然,只有乘客在 7∶10 到 7∶15 之间或 7∶25 到 7∶30 之间到达车站时,他等车的时间才少于 5 分钟,因此所求概率为

$$p\{10 < X \leqslant 15\} + p\{25 < X \leqslant 30\} = \int_{10}^{15} \frac{1}{30} dx + \int_{25}^{30} \frac{1}{30} dx = \frac{1}{3}.$$

例 2.12 设 $X \sim N(3, 2^2)$,试求:

(1) $P\{2 \leqslant X < 5\}$;

(2)确定 c ,使得 $P\{X > c\} = P\{X < c\}$.

解 (1) $P\{2 \leqslant X < 5\} = \Phi\left(\frac{5-3}{2}\right) - \Phi\left(\frac{2-3}{2}\right) = \Phi(1) - \Phi(-0.5)$

$$= \Phi(1) + \Phi(0.5) - 1$$

$$= 0.8413 + 0.6915 - 1 = 0.5328$$

(2) $P\{X > c\} = 1 - P\{X \leqslant c\} = P\{X < c\}$

又 $P\{X \leqslant c\} = P\{X < c\}$,则 $P\{X \leqslant c\} = 0.5$

即 $\Phi\left(\frac{c-3}{2}\right) = 0.5$ 亦即 $\frac{c-3}{2} = 0$ 所以 $c = 3$. 或者根据正态分布密度函数的对称性,在 $x = \mu$ 两边概率相等,所以 $c = \mu = 3$.

例 2.13 测量到某一目标的距离时发生的随机误差 X(单位:米)具有密度函数

$$f(x) = \frac{1}{40\sqrt{2\pi}} e^{-\frac{(x-20)^2}{3200}}$$

试求在三次测量中至少有一次误差的绝对值不超过 30 米的概率.

解 X 的密度函数为

$$f(x) = \frac{1}{40\sqrt{2\pi}} e^{-\frac{(x-20)^2}{3200}} = \frac{1}{40\sqrt{2\pi}} e^{-\frac{(x-20)^2}{2\times40^2}}$$

即 $X \sim N(20, 40^2)$,故一次测量中随机误差的绝对值不超过 30 米的概率为

$$p\{|X| \leqslant 30\} = p\{-30 \leqslant X \leqslant 30\} = \Phi\left(\frac{30-20}{40}\right) - \Phi\left(\frac{-30-20}{40}\right)$$

$$= \Phi(0.25) - \Phi(-1.25) = 0.5987 - 1 + 0.8944$$

$$= 0.4931$$

设 Y 为三次测量中误差的绝对值不超过 30 米的次数,则 Y 服从二项分布 $b(3, 0.4931)$,故

$$p\{Y \geqslant 1\} = 1 - p\{Y = 0\} = 1 - (0.5069)^3 = 0.8698$$

正态分布是概率论中最重要的分布,在应用及理论研究中占有头等重要的地位,它与二项分布以及泊松分布是概率论中最重要的三种分布. 我们判断一个分布重要性的标准是:(1)在实际工作中经常碰到;(2)在理论研究中重要,有较好的性质;(3)用它能导出许多重要的分布. 随着课程学习的深入和众多案例的探讨,我们会发现这三种分布都满足这些要求.

第四节　随机变量函数的分布

在实际问题中,我们常常对某些随机变量的函数更感兴趣. 例如,设随机变量 X 是轴承滚珠直径测量值,Y 是滚珠体积,则 Y 是 X 的函数,即 $Y=\dfrac{\pi}{6}X^3$. 又如,某商品的单价为 a,销售量 X 是随机变量,则销售收入 Y 是 X 的函数,即 $Y=aX$. 一般地,$Y=g(X)$. 作为随机变量 X 的函数同样也是随机变量,我们要讨论的问题是如何由 X 的分布去求 $Y=g(X)$ 的分布. 由于函数关系在现实世界中大量存在,这个问题在理论上或应用中都有重要意义.

一、离散型随机变量函数的分布

设 X 为离散型随机变量,其概率分布已知,又 $Y=f(X)$,我们讨论如何求 Y 的概率分布.

若 X 的概率分布为(表 $2-8$):

表 2−8　X 的概率分布表

X	x_1	x_2	$\cdots$	x_k	$\cdots$
p	p_1	p_2	$\cdots$	p_k	$\cdots$

Y 的可能取值为 $y_i=f(x_i),i=1,2,\cdots$,那么有:

(1)当 $f(x_i)$ 的值互不相等时,则 $Y=f(X)$ 的概率分布为(表 $2-9$):

表 2−9　$Y=f(x)$ 的概率分布表

Y	$f(x_1)$	$f(x_2)$	$\cdots$	$f(x_k)$	$\cdots$
p	p_1	p_2	$\cdots$	p_k	$\cdots$

其中

$$P\{Y=f(x_k)\}=P\{X=x_k\}=p_k,\quad k=1,2,\cdots$$

(2)当 $f(x_i)$ 的值有相等时,则应先把那些相等的值分别合并,同时把它们所对应的概率相加,即得 $Y=f(X)$ 的概率分布.

二、连续型随机变量函数分布

设 X 为连续型随机变量,其密度函数已知,又 $Y=f(X)$,且 Y 也是连续型随机变量,下面讨论如何求 Y 的密度函数. 一般有两种方法:分布函数法和公式法.

1. 分布函数法

为了求 Y 的密度函数 $f_Y(y)$,先求 Y 的分布函数 $f_Y(y)$,即

$$f_Y(y)=P\{Y\leqslant y\}=P\{f(X)\leqslant y\}=P\{X\in S\}$$

其中 $S=\{x\mid f(x)\leqslant y\}$. 然后将 $F_Y(y)$ 对 y 求导,即得

$$f_Y(y) = \begin{cases} \dfrac{dF_Y(y)}{dy}, & \text{当 } F_Y(y) \text{ 在 } y \text{ 处可导时,} \\ 0, & \text{当 } F_Y(y) \text{ 在 } y \text{ 处不可导时.} \end{cases}$$

2. 公式法

定理 2.2 设随机变量 X 具有密度函数 $f_X(x)$,$-\infty < x < +\infty$,又设函数 $g(x)$ 处处可导且 $g'(x) > 0$(或 $g'(x) < 0$),则 $Y = g(X)$ 是连续型随机变量,其密度函数为

$$f_Y(y) = \begin{cases} f_X[h(y)] \cdot |h'(y)|, & \alpha < y < \beta, \\ 0, & \text{其他.} \end{cases} \qquad (2.18)$$

其中 $\alpha = \min(g(-\infty), g(+\infty))$,$\beta = \max(g(-\infty), g(+\infty))$,$h(y)$ 是 $g(x)$ 的反函数.

证 只证 $g'(x) > 0$ 的情况. 由于 $g'(x) > 0$,故 $g(x)$ 在 $(-\infty, +\infty)$ 上严格单调递增,它的反函数 $h(y)$ 存在,且在 (α, β) 严格单调递增且可导. 我们先求 Y 的分布函数 $F_Y(y)$,并通过对 $F_Y(y)$ 求导求出 $f_Y(y)$.

由于 $Y = g(X)$ 在 (α, β) 上取值,故

当 $y \leqslant \alpha$ 时,$F_Y(y) = P\{Y \leqslant y\} = 0$;

当 $y \geqslant \beta$ 时,$F_Y(y) = P\{Y \leqslant y\} = 1$;

当 $\alpha < y < \beta$ 时,$F_Y(y) = P\{Y \leqslant y\} = p\{g(X) \leqslant y\} = p\{X \leqslant h(y)\}$

$$= \int_{-\infty}^{h(y)} f_X(x) dx.$$

于是得密度函数

$$f_Y(y) = \begin{cases} f_X[h(y)](h'(y)), & \alpha < y < \beta, \\ 0, & \text{其他.} \end{cases}$$

对于 $g'(x) < 0$ 的情况可以同样证明,可得

$$f_Y(y) = \begin{cases} f_X[h(y)](-h'(y)), & \alpha < y < \beta, \\ 0, & \text{其他.} \end{cases}$$

将上面两种情况合并得

$$f_Y(y) = \begin{cases} f_X[h(y)] |h'(y)|, & \alpha < y < \beta, \\ 0, & \text{其他.} \end{cases}$$

注:若 $f_X(x)$ 在 $[a, b]$ 之外为零,则只需假设在 (a, b) 上恒有 $g'(x) > 0$(或恒有 $g'(x) < 0$),此时 $\alpha = \min(g(a), g(b))$,$\beta = \max(g(a), g(b))$.

例 2.14 设随机变量 X 具有表 2-10 所示的分布律,试求 X^2 的分布律.

表 2-10 随机变量 X 分布律

X	-1	0	1	1.5	3
p	0.2	0.1	0.3	0.3	0.1

解 由于在 X 的取值范围内,事件"$X = 0$""$X = 1.5$""$X = 3$"分别与事件"$X^2 = 0$""$X^2 = 2.25$""$X^2 = 9$"等价,所以

$$p\{X^2 = 0\} = p\{X = 0\} = 0.1,$$
$$p\{X^2 = 2.25\} = p\{X = 1.5\} = 0.3,$$
$$p\{X^2 = 9\} = p\{X = 3\} = 0.1.$$

事件"$X^2=1$"是两个互斥事件"$X=-1$"及"$X=1$"的和,其概率为这两事件概率和,即

$$p\{X^2=1\}=p\{X=-1\}+p\{X=1\}=0.2+0.3=0.5.$$

于是 X^2 的分布律如表 2-11 所示.

表 2-11　X^2 的分布律

X^2	0	1	2.25	9
p	0.1	0.5	0.3	0.1

例 2.15　设连续型随机变量 X 具有密度函数 $f_X(x),-\infty<x<+\infty$,求 $Y=g(X)=X^2$ 的密度函数.

解　先求 Y 的分布函数 $F_Y(y)$,由于 $Y=g(X)=X^2\geqslant 0$,故当 $y\leqslant 0$ 时,事件"$Y\leqslant y$"的概率为 0,即 $F_Y(y)=p\{Y\leqslant y\}=0$.

当 $y>0$ 时,有

$$F_Y(y)=p\{Y\leqslant y\}=p\{X^2\leqslant y\}=p\{-\sqrt{y}\leqslant X\leqslant\sqrt{y}\}$$
$$=\int_{-\sqrt{y}}^{\sqrt{y}}f_X(x)dx.$$

将 $F_Y(y)$ 关于 y 求导,即得 Y 的密度函数为

$$f_Y(y)=\begin{cases}\dfrac{1}{2\sqrt{y}}\left[f_X(\sqrt{y})+f_X(-\sqrt{y})\right], & y>0,\\ 0, & y\leqslant 0.\end{cases}$$

例如,当 $X\sim N(0,1)$,其密度函数为(2.15)式,则 $Y=X^2$ 的密度函数为

$$f_Y(y)=\begin{cases}\dfrac{1}{\sqrt{2\pi}}y^{-\frac{1}{2}}e^{-\frac{y}{2}}, & y>0,\\ 0, & y\leqslant 0.\end{cases}$$

此时称 Y 服从自由度为 1 的 χ^2 分布.

上例中关键的一步在于将事件"$Y\leqslant y$"由其等价事件"$-\sqrt{y}\leqslant X\leqslant\sqrt{y}$"代替,即将事件"$Y\leqslant y$"转换为有关 X 的范围所表示的等价事件.

例 2.16　设随机变量 $X\sim N(\mu,\sigma^2)$.试证明 X 的线性函数 $Y=aX+b(a\neq 0)$ 也服从正态分布.

证　X 的密度函数为

$$f_X(x)=\frac{1}{\sqrt{2\pi}\sigma}e^{-\frac{(x-\mu)^2}{2\sigma^2}},\quad -\infty<x<+\infty$$

令 $y=g(x)=ax+b$,得 $g(x)$ 的反函数

$$x=h(y)=\frac{y-b}{a}.$$

所以 $h'(y)=\dfrac{1}{a}$.

由(2.18)式得 $Y=g(X)=aX+b$ 的密度函数为

$$f_Y(y)=\frac{1}{|a|}f_X\left(\frac{y-b}{a}\right),\quad -\infty<y<+\infty$$

即

$$f_Y(y) = \frac{1}{|a|\sigma\sqrt{2\pi}}e^{-\frac{[y-(b+a\mu)]^2}{2(a\sigma)^2}}, \quad -\infty < y < +\infty$$

即有

$$Y = aX + b \sim N(a\mu+b,(a\sigma)^2)$$

例 2.17 由统计物理学知分子运动速度的绝对值 X 服从麦克斯韦(Maxwell)分布,其密度函数为

$$f(x) = \begin{cases} \dfrac{4x^2}{a^3\sqrt{\pi}}e^{-\frac{x^2}{a^2}}, & x > 0, \\ 0, & x \leqslant 0. \end{cases}$$

其中 $a > 0$ 为常数,求分子动能 $Y = \dfrac{1}{2}mX^2$(m 为分子质量)的密度函数.

解 已知 $y = g(x) = \dfrac{1}{2}mX^2$,$f(x)$ 只在区间 $(0,+\infty)$ 上非零且 $g'(x)$ 在此区间恒单调递增,由(2.18)式,得 Y 的密度函数为

$$\Psi(y) = \begin{cases} \dfrac{4\sqrt{2y}}{m^{\frac{3}{2}}a^3\sqrt{\pi}}e^{-\frac{2y}{ma^2}}, & y > 0, \\ 0, & y \leqslant 0. \end{cases}$$

例 2.18 设随机变量 $X \sim N(\mu,\sigma^2)$,$Y = e^X$,试求随机变量 Y 的密度函数 $f_{Y(y)}$.

解 由题设知,X 的密度函数为

$$f_X(x) = \frac{1}{\sqrt{2\pi}\sigma}e^{-\frac{(x-\mu)^2}{2\sigma^2}}, \quad -\infty < x < +\infty.$$

因为函数 $y = e^x$ 是严格增加的,它的反函数为 $x = \ln y$. 且当随机变量 X 在区间 $(-\infty,+\infty)$ 上变化时,$Y = e^X$ 在区间 $(0,+\infty)$ 上变化. 当 $y \in (0,+\infty)$ 时,有

$$f_Y(y) = f_X(\ln y) \cdot |\ln y|' = \frac{1}{\sqrt{2\pi}\sigma}\exp\left\{-\frac{(\ln y-\mu)^2}{2\sigma^2}\right\} \cdot \frac{1}{y},$$

由此得随机变量 $Y = e^X$ 的密度函数为

$$f_Y(y) = \begin{cases} \dfrac{1}{\sqrt{2\pi}\sigma}\exp\left\{-\dfrac{(\ln y-\mu)^2}{2\sigma^2}\right\}, & y > 0, \\ 0, & y \leqslant 0. \end{cases}$$

上例的目的是,由已知 $\ln Y \sim N(\mu,\sigma^2)$ 导出 Y 的分布,我们称 Y 服从对数正态分布. 按习惯用法,用 X 表示服从对数正态分布的随机变量,则其密度函数为

$$f_X(x) = F_x'(x) = \begin{cases} \dfrac{1}{\sqrt{2\pi}\sigma x}e^{-\frac{(\ln y-\mu)^2}{2\sigma^2}}, & x > 0, \\ 0, & x \leqslant 0. \end{cases}$$

对数正态分布在实际中的应用也非常广泛,如可用来描述金融资产的价格分布. 感兴趣的读者可参考金融工程、证券投资学等有关文献.

连续型随机变量的函数 $Y = f(X)$ 不一定是连续型的,如果它是离散型的,那么我们

只能根据分布律的定义来计算 Y 的概率分布.

案例1　"三个臭皮匠,顶个诸葛亮"

在中国古代就有一句俗语,"三个臭皮匠,顶个诸葛亮". 诸葛亮也是"足智多谋"的形象代言人,人们常把这句俗语视为中国古代对人做事办法多点子多的另一种褒奖,也是充满哲理意义的. 是否能运用概率的计算对这一哲学问题进行合理的解释呢?

下面我们从二项分布公式角度来解释这一原理. 假设事件 A 表示"每个皮匠单独成功解决某方案",不妨设每个皮匠单独解决该方案的概率为 0.55,事件 B 表示事件"该方案被解决",有 $P(A)=0.55$,$P(\bar{A})=0.45$,则

$$P(B)=1-P(\bar{B})=1-0.45^3=0.908875.$$

计算结果也告诫了我们,三位智力平常的"皮匠"能解决上面问题的概率居然在百分之九十以上,这就是俗语中"三个臭皮匠,顶一个诸葛亮"的概率说明.

案例2　设 $X \sim N(\mu,\sigma^2)$,由 $\Phi(x)$ 函数表可得(图2-12):

$$P\{\mu-\sigma<X<\mu+\sigma\}=\Phi(1)-\Phi(-1)=2\Phi(1)-1=0.6826,$$
$$P\{\mu-2\sigma<X<\mu+2\sigma\}=\Phi(2)-\Phi(-2)=0.9544,$$
$$P\{\mu-3\sigma<X<\mu+3\sigma\}=\Phi(3)-\Phi(-3)=0.9974.$$

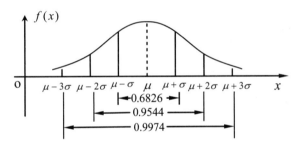

图2-12　正态分布取值的概率

我们看到,尽管正态变量的取值范围是 $(-\infty,\infty)$,但它的值落在 $(\mu-3\sigma,\mu+3\sigma)$ 内几乎是肯定的,因此在实际问题中,基本上可以认为有 $|X-\mu|<3\sigma$. 这个性质在标准制度、质量管理等许多方面有着广泛的应用,这就是人们所说的"3σ 原则".

事实上,借助计算机我们还可以算出

$$P\{\mu-4\sigma<X<\mu+4\sigma\}=0.999937,$$
$$P\{\mu-5\sigma<X<\mu+5\sigma\}=0.99999934,$$
$$P\{\mu-6\sigma<X<\mu+6\sigma\}=0.999999998.$$

在统计学中,σ 是标准差的符号,表示了数据的分散程度,即在一系列的测量值中,某一指标偏离正常值的程度.

目前,在质量管理领域,σ 用来表示质量控制水平. 若控制在 3σ 水平,表示产品合格率不低于 99.74%;若控制在 6σ 水平,表示产品合格率不低于 99.9999998%,即每生产100万个产品,不合格品不超过 0.002 个.

4σ 水平相当于30页报纸中有一个错别字,5σ 水平相当于百科全书中有一个错别字,6σ 水平相当于小规模图书馆中有一个错别字.

在20世纪70年代,产品一般控制在 2σ 水平;但在20世纪80年代,品质要求已提升

至 3σ 水平;现如今,一流企业基本上都采用 6σ 管理(六西格玛管理).

本章知识网络图

$$
\text{随机变量}
\begin{cases}
\text{离散型随机变量及其分布}
\begin{cases}
\text{分布律}: P\{X=x_k\}=p_k, \quad k=1,2,\cdots \\
\text{两点分布,也称}(0\text{-}1)\text{分布} \\
\text{二项分布}: X \sim b(n,p): n\text{重伯努利试验} \\
\text{泊松分布}: X \sim P(\lambda)
\end{cases} \\
\text{随机变量的分布函数}: F(x)=P\{X \leqslant x\}, P\{x_1 < X \leqslant x_2\}=F(x_2)-F(x_1) \\
\text{连续型随机变量及其分布}
\begin{cases}
\text{概率密度} f(x): F(x)=P\{X \leqslant x\}=\int_{-\infty}^{x} f(t)dt \\
\text{均匀分布}: X \sim U(a,b) \\
\text{指数分布}: X \sim E(\lambda) \\
\text{正态分布}: X \sim N(\mu,\sigma^2)
\end{cases} \\
\text{随机变量的函数的分布}
\end{cases}
$$

习题二

1. 口袋中有 5 个球,编号为 $1,2,3,4,5$. 从中任取 3 只,以 X 表示取出的 3 个球中的最大号码.

   (1)试求 X 的分布律;

   (2)写出 X 的分布函数,并作图.

2. 一颗骰子抛两次,以 X 表示两次中所得的最小点数.

   (1)试求 X 的分布律;

   (2)写出 X 的分布函数.

3. 设在 15 只同类型零件中有 2 只为次品,在其中取 3 次,每次任取 1 只,作不放回抽样,以 X 表示取出的次品个数,求:

   (1) X 的分布律;

   (2) X 的分布函数并作图;

   (3) $p\{X \leqslant 2\}$,$p\{1 < X \leqslant 3\}$,$p\{1 \leqslant X \leqslant 3\}$,$p\{1 < X < 2\}$.

4. 设随机变量 X 的分布函数为

$$
F(x)=\begin{cases}
0, & x < 0, \\
\dfrac{1}{4}, & 0 \leqslant x < 1, \\
\dfrac{1}{3}, & 1 \leqslant x < 3, \\
\dfrac{1}{2}, & 3 \leqslant x < 6, \\
1, & 6 \leqslant x.
\end{cases}
$$

试求 X 的概率分布律及 $p\{X < 3\}$,$p\{X \leqslant 3\}$,$p\{X > 1\}$,$p\{X \geqslant 1\}$.

5. 射手向目标独立地进行了 3 次射击,每次击中率为 0.8,求 3 次射击中击中目标的次数的分布律及分布函数,并求 3 次射击中至少击中 2 次的概率.

6. 设随机变量 X 的分布函数为

$$F(x) = \begin{cases} 0, & x < 1, \\ \ln x, & 1 \leqslant x < e, \\ 1, & x \geqslant e. \end{cases}$$

试求 $p\{X < 2\}, p\{0 < X \leqslant 3\}, p\{2 < X < 2.5\}$.

7. (1) 设随机变量 X 的分布律为

$$p\{X = k\} = a\frac{\lambda^k}{k!},$$

其中 $k = 0, 1, 2, \cdots, \lambda > 0$ 为常数,试确定常数 a.

(2) 设随机变量 X 的分布律为

$$p\{X = k\} = \frac{a}{N}, \quad k = 0, 1, 2, \cdots, N$$

试确定常数 a.

8. 甲、乙两人投篮,投中的概率分别为 0.6, 0.7,今各投 3 次,求:

(1) 两人投中次数相等的概率;

(2) 甲比乙投中次数多的概率.

9. 一批产品的不合格品率为 0.02,现从中任取 40 件进行检查,若发现两件或以上不合格品就拒收这批产品. 分别用以下方法求拒收的概率:

(1) 用二项分布作精确计算;

(2) 用泊松分布作近似计算.

10. 设某机场每天有 200 架飞机在此降落,任一飞机在某一时刻降落的概率设为 0.02,且设各飞机降落是相互独立的. 试问该机场需配备多少条跑道,才能保证某一时刻飞机需立即降落而没有空闲跑道的概率小于 0.01(每条跑道只能允许一架飞机降落)?

11. 有一繁忙的汽车站,每天有大量汽车通过,设每辆车在一天的某时段出事故的概率为 0.0001,在某天的该时段内有 1000 辆汽车通过,问出事故的次数不小于 2 的概率是多少(利用泊松定理)?

12. 已知某商场一天来的顾客 X 服从参数为 λ 的泊松分布,而每个来商场的顾客购物的概率为 p,证明:此商场一天内购物的顾客数服从参数为 λ, p 的泊松分布.

13. 已知在五重伯努利试验中成功的次数 X 满足 $P\{X = 1\} = P\{X = 2\}$,求概率 $P\{X = 4\}$.

14. 设事件 A 在每一次试验中发生的概率为 0.3,当 A 发生不少于 3 次时,指示灯发出信号,试求:

(1) 进行了 5 次独立试验,试求指示灯发出信号的概率;

(2) 进行了 7 次独立试验,试求指示灯发出信号的概率.

15. 设随机变量 X 的密度函数为

$$p(x) = \begin{cases} 2x, & 0 < x < 1, \\ 0, & \text{其他}. \end{cases}$$

以 Y 表示对 X 的三次独立重复观察中事件 $\left\{X \leqslant \dfrac{1}{2}\right\}$ 出现的次数,试求 $P\{Y=2\}$.

16. 某公安局在长度为 t 的时间间隔内收到的紧急呼救的次数 X 服从参数为 $0.5t$ 的泊松分布,而与时间间隔起点无关(时间以小时计).

    (1) 求某一天中午 12 时至下午 3 时没收到呼救的概率;

    (2) 求某一天中午 12 时至下午 5 时至少收到 1 次呼救的概率.

17. 某教科书出版了 2000 册,因装订等原因造成错误的概率为 0.001,试求在这 2000 册书中恰有 5 册错误的概率.

18. 电子计算机内装有 2000 个同样的晶体管,每一晶体管损坏的概率等于 0.0005,如果任一晶体管损坏时,计算机即停止工作,求计算机停止工作的概率.

19. 有 2500 名同一年龄和同社会阶层的人参加了保险公司的人寿保险. 在一年中每个人死亡的概率为 0.002,每个参加保险的人在 1 月 1 日须交 12 元保险费,而在死亡时家属可从保险公司领取 2000 元赔偿金. 试求:

    (1) 保险公司亏本的概率;

    (2) 保险公司获利分别不少于 10000 元、20000 元的概率.

20. 设连续随机变量 X 的分布函数为

$$F(x)=\begin{cases}0, & x<0, \\ Ax^2, & 0 \leqslant x<1, \\ 1, & x \geqslant 1.\end{cases}$$

试求:

(1) 系数 A;

(2) X 落在区间 $(0.3,0.7)$ 内的概率;

(3) X 的密度函数.

21. 已知随机变量 X 的密度函数为

$$f(x)=Ae^{-|x|}, \quad -\infty<x<+\infty$$

求:(1) A 值;(2) $p\{0<X<1\}$;(3) $F(X)$.

22. 设随机变量 X 服从区间 $(2,5)$ 上的均匀分布,求对 X 进行 3 次独立观察中,至少有 2 次的观察值大于 3 的概率.

23. 在区间 $[0,a]$ 上任意投掷一个质点,以 X 表示这质点的坐标,设这质点落在 $[0,a]$ 中任意小区间内的概率与这小区间长度成正比例,试求 X 的分布函数.

24. 设顾客在某银行的窗口等待服务的时间 X(以分钟计)服从指数分布 $E\left(\dfrac{1}{5}\right)$. 某顾客在窗口等待服务,若超过 10 分钟他就离开. 他一个月要到银行 5 次,以 Y 表示一个月内他未等到服务而离开窗口的次数,试写出 Y 的分布律,并求 $P\{Y \geqslant 1\}$.

25. 统计调查表明,某地在 1925 年至 2005 年期间,在矿山发生 10 人或 10 人以上死亡的两次事故之间的时间 T(以日计)服从均值为 241 的指数分布,求 $p\{50 \leqslant T \leqslant 100\}$.

26. 设 $X \sim N(3,2^2)$,(1) 求 $P\{2<X \leqslant 5\}$,$P\{-4<X \leqslant 10\}$,$P\{|X|>2\}$,$P\{X>3\}$;(2) 确定 c 使 $P\{X>c\}=P\{X \leqslant c\}$.

27. 某地区 18 岁女青年的血压 X(收缩压,单位:mm−Hg)服从 $N(110,12^2)$,试求该地区 18 岁女青年的血压在 100 至 120 的可能性有多大?

28. 由某机器生产的螺栓长度(单位:cm) $X \sim N(10.05, 0.06^2)$,规定长度在 0.05 ± 0.12 内为合格品,求一螺栓为不合格品的概率.

29. 一工厂生产的电子管寿命 X (小时)服从正态分布 $N(160, \sigma^2)$,若要求 $P\{120 < X \leqslant 200\} \geqslant 0.8$,允许 σ 最大不超过多少?

30. 设随机变量 X 分布函数为
$$F(x) = \begin{cases} A + Be^{-\lambda t}, & x \geqslant 0 \\ 0, & x < 0 \end{cases} \quad (\lambda > 0)$$
(1) 求常数 A, B ;

(2) 求 $P\{X \leqslant 2\}$, $P\{X > 3\}$;

(3) 求分布密度 $f(x)$.

31. 设随机变量 X 的密度函数为
$$f(x) = \begin{cases} x, & 0 \leqslant x < 1 \\ 2 - x, & 1 \leqslant x < 2 \\ 0, & 其他 \end{cases}$$
求 X 的分布函数 $F(x)$,并画出 $f(x)$ 及 $F(x)$.

32. 求标准正态分布的上 α 分位点,

(1) $\alpha = 0.01$,求 z_α ;

(2) $\alpha = 0.003$,求 $z_\alpha, z_{\alpha/2}$.

33. 设随机变量 X 的分布律为

X	-1	0	1	2
P	0.1	0.2	0.3	0.4

求 $2X + 1$ 与 X^2 的分布律.

34. 设 $p\{X = k\} = \left(\dfrac{1}{2}\right)^k, k = 1, 2, \cdots,$ 令
$$Y = \begin{cases} 1, & 当 X 取偶数时, \\ -1, & 当 X 取奇数时. \end{cases}$$
求随机变量 X 的函数 Y 的分布律.

35. 设随机变量 X 的密度函数为
$$f(x) = \begin{cases} \dfrac{3}{2}x^2, & -1 < x < 1, \\ 0, & 其他. \end{cases}$$
试求下列随机变量的密度函数:(1) $Y_1 = 3X$;(2) $Y_2 = 3 - X$;(3) $Y_3 = X^2$.

36. 设 $X \sim N(0, 1)$,求:

(1) $Y = e^X$ 的密度函数;

(2) $Y = 2X^2 + 1$ 的密度函数;

(3) $Y = |X|$ 的密度函数.

37. 设随机变量 X 的密度函数为

$$f(x) = \begin{cases} \dfrac{2x}{\pi^2}, & 0 < x < \pi, \\ 0, & \text{其他}. \end{cases}$$

试求 $Y = \sin X$ 的密度函数.

38. 设随机变量 $X \sim N(0, \sigma^2)$, 问: 当 σ 取何值时, X 落入区间 $(1, 3)$ 的概率最大?

39. 设在一段时间内进入某一商店的顾客人数 X 服从泊松分布 $p(\lambda)$, 每个顾客购买某种物品的概率为 p, 并且各个顾客是否购买该种物品相互独立, 求进入商店的顾客购买这种物品的人数 Y 的分布律.

40. (1995 研考) 设随机变量 X 服从参数为 2 的指数分布. 证明: $Y = 1 - e^{-2X}$ 在区间 $(0, 1)$ 上服从均匀分布.

41. (2000 研考) 设随机变量 X 的密度函数为

$$f(x) = \begin{cases} \dfrac{1}{3}, & 0 \leqslant x \leqslant 1, \\ \dfrac{2}{9}, & 3 \leqslant x \leqslant 6, \\ 0, & \text{其他}. \end{cases}$$

若 k 使得 $p\{X \geqslant k\} = 2/3$, 求 k 的取值范围.

42. (1991 研考) 设随机变量 X 的分布函数为

$$F(x) = \begin{cases} 0, & x < -1, \\ 0.4, & -1 \leqslant x \leqslant 1, \\ 0.8, & 1 \leqslant x < 3, \\ 1, & x \geqslant 3. \end{cases}$$

求 X 的概率分布.

43. (1988 研考) 设三次独立试验中, 事件 A 出现的概率相等. 若已知 A 至少出现一次的概率为 $\dfrac{19}{27}$, 求 A 在一次试验中出现的概率.

44. (1989 研考) 若随机变量 X 在 $(1, 6)$ 上服从均匀分布, 则方程 $y^2 + Xy + 1 = 0$ 有实根的概率是多少?

45. (1991 研考) 若随机变量 $X \sim N(2, \sigma^2)$, $p\{2 < X < 4\} = 0.3$, 则 $p\{X < 0\} = $ _____ .

46. (1991 研考) 在电源电压不超过 200V, 200V~240V 和超过 240V 三种情形下, 某种电子元件损坏的概率分别为 $0.1, 0.001$ 和 0.2 (假设电源电压 X 服从正态分布 $X \sim N(220, 25^2)$. 试求:

(1) 该电子元件损坏的概率 α;

(2) 该电子元件损坏时, 电源电压在 200~240V 的概率 β.

47. (1990 研考) 某地抽样调查结果表明, 考生的外语成绩 (百分制) 近似服从正态分布, 平均成绩为 72 分, 96 分以上的占考生总数的 2.3%, 试求考生的外语成绩在 60 分至 84 分之间的概率.

48. (1995 研考) 假设一厂家生产的每台仪器, 以概率 0.7 可以直接出厂; 以概率 0.3 需进一步调试, 经调试后以概率 0.8 可以出厂, 以概率 0.2 定为不合格品不能出厂. 现该

厂新生产了 $n(n\geqslant 2)$ 台仪器(假设各台仪器的生产过程相互独立). 求：

(1) 全部能出厂的概率 α ;

(2) 其中恰好有两台不能出厂的概率 β ;

(3) 其中至少有两台不能出厂的概率 θ .

49.(1988 研考)设随机变量 X 的密度函数为

$$f_X(x)=\frac{1}{\pi(1+x^2)},$$

求 $Y=1-\sqrt[3]{x}$ 的密度函数 $f_Y(y)$.

50.(2006 研考)设随机变量 X 服从正态分布 $X\sim N(\mu_1,\sigma_1{}^2)$, Y 服从正态分布 $X\sim N(\mu_2,\sigma_2{}^2)$,且 $p\{|X-\mu_1|<1\}>p\{|Y-\mu_2|<1\}$,试比较 σ_1 与 σ_2 的大小 .

51. (2010 研考)设 $f_1(x)$ 为标准正态分布概率密度, $f_2(x)$ 为 $[-1,3]$ 上均匀分布的概率密度,若 $f(x)=\begin{cases}af_1(x), & x\leqslant 0\\ bf_2(x), & x\geqslant 0\end{cases}(a>0,b>0)$ 为概率密度,则 a,b 满足：（　　）

A. $2a+3b=4$ 　　　B. $3a+2b=4$ 　　　C. $a+b=1$ 　　　D. $a+b=2$

52. (2011 研考)设 $F_1(x)$, $F_2(x)$ 为两个分布函数,其相应的概率密度 $f_1(x)$, $f_2(x)$ 是连续函数,则必为概率密度的是(　　)

A. $f_1(x)f_2(x)$ 　　　　　　　B. $2f_2(x)F_1(x)$

C. $f_1(x)F_2(x)$ 　　　　　　　D. $f_1(x)F_2(x)+f_2(x)F_1(x)$

53. (2013 研考)设 X_1,X_2,X_3 是随机变量,且 $X_1\sim N(0,1)$, $X_2\sim N(0,2^2)$, $X_3\sim N(5,3^2)$, $P_j=P\{-2\leqslant X_j\leqslant 2\}$, $j=1,2,3$,则(　　)

A. $P_1>P_2>P_3$ 　　　　　　B. $P_2>P_1>P_3$

C. $P_3>P_1>P_2$ 　　　　　　D. $P_1>P_3>P_2$

54. (2019 研考)设随机变量 X 与 Y 相互独立,都服从正态分布 $N(\mu,\sigma^2)$,则 $p\{|X-Y|<1\}$（　　）

A. 与 μ 无关,而与 σ^2 有关　　　B. 与 μ 有关,而与 σ^2 无关

C. 与 μ , σ^2 都有关　　　　　　D. 与 μ , σ^2 都无关

第三章 多维随机变量及其分布

本章导学

> 同时研究多个随机变量及其关系就要引进多维随机变量的概念. 通过本章的学习要达到的目标如下：1. 了解二维随机变量及其分布的概念. 2. 掌握二维离散型随机变量的联合分布律、边缘分布律和条件分布律及相互关系；掌握二维连续型随机变量的联合密度函数、边缘密度函数和条件密度函数及相互关系. 3. 深刻理解随机变量独立和相关的概念. 4. 了解确定随机变量的函数分布的两种方法及其应用.

在第二章我们讨论了随机变量及其分布，但在实际问题中，除了经常用到一个随机变量的情形外，往往必须同时考虑几个随机变量及它们之间的相互影响. 例如，在气象学中气温、气压、湿度、风力等都是需要考虑的气象因素，它们的数值都是随机变量. 当然，可以利用第二章提供的方法分别地去研究它们，一个一个地处理. 然而这些随机变量之间有着非常密切的关系，发掘并利用它们之间的关系是气象学中有重要意义的课题. 因此，有必要把这些随机变量作为一个整体来考虑. 又如，观察炮弹在地面弹着点 e 的位置，需要用它的横坐标 $X(e)$ 与纵坐标 $Y(e)$ 来确定，而横坐标和纵坐标是定义在同一个样本空间 $\Omega = \{e\} = \{$所有可能的弹着点$\}$ 上的两个随机变量. 因此，在实用上，有时只用一个随机变量是不够的，要考虑多个随机变量及其相互联系. 本章主要讨论二维随机变量及其分布、随机变量的独立性以及二维随机变量函数的分布，多维随机变量的讨论可参考二维情形类似进行，本章不进行讨论.

第一节 二维随机变量

既然 (X,Y) 作为同一随机试验的结果，要把握这一随机试验或者随机现象，关键在于清楚 (X,Y) 的取值及其概率. 刻画 (X,Y) 的取值及其概率的函数称为二维随机变量的联合分布. 具体有联合分布函数，以及刻画二维离散型随机向量分布的联合分布律和刻画二维连续型随机变量分布的联合密度函数.

一、二维随机变量及其分布函数

定义 3.1 设 E 是一个随机试验，它的样本空间是 $\Omega = \{e\}$. 设 $X(e)$ 与 $Y(e)$ 是定义在同一样本空间 Ω 上的两个随机变量，则称 $(X(e),Y(e))$ 为 Ω 上的二维随机向量（2-Dimensional random vector）或二维随机变量（2-Dimensional random variable），简记为 (X,Y) . 注意，X 和 Y 是定义在同一个样本空间 Ω 上的两个随机变量.

约定对于二维随机变量 (X,Y) ，事件 $\{X = x_i, Y = y_i\}$ 表示事件 $\{X = x_i\}$ 与事件

$\{Y=y_i\}$ 的积．同样,事件 $\{X\leqslant x,Y\leqslant y\}$ 表示事件 $\{X\leqslant x\}$ 与事件 $\{Y\leqslant y\}$ 的积．类似地,可定义 n 维随机向量或 n 维随机变量 $(n>2)$．

设 E 是一个随机试验,它的样本空间是 $\Omega=\{e\}$,设随机变量 $X_1(e),X_2(e),\cdots,X_n(e)$ 是定义在同一个样本空间 Ω 上的 n 个随机变量,则称向量 $(\boldsymbol{X}_1(e),\boldsymbol{X}_2(e),\cdots,\boldsymbol{X}_n(e))$ 为 Ω 上的 n 维随机向量或 n 维随机变量,简记为 $(\boldsymbol{X}_1,\boldsymbol{X}_2,\cdots,\boldsymbol{X}_n)$．

与一维随机变量的情形类似,对于二维随机变量,也可通过分布函数来描述其概率分布规律．考虑到两个随机变量的相互关系,我们需要将 (X,Y) 作为一个整体来进行研究．

定义 3.2　设 (X,Y) 是二维随机变量,对任意实数 x 和 y,称二元函数．

$$F(x,y)=P\{X\leqslant x,Y\leqslant y\} \tag{3.1}$$

为二维随机向量 (X,Y) 的分布函数,或随机变量 X 和 Y 的联合分布函数．

与一维随机变量的分布函数一样,二维随机变量的分布函数完整地描述了二维随机变量的统计规律．

类似地,可定义 n 维随机变量 $(X_1,X_2,\cdots,X_n)$ 的分布函数．

设 $(X_1,X_2,\cdots,X_n)$ 是 n 维随机变量,对任意实数 $X_1,X_2,\cdots,X_n$,称 n 元函数

$$F(x_1,x_2,\cdots,x_n)=P\{X_1\leqslant x_1,X_2\leqslant x_2,\cdots,X_n\leqslant x_n\}$$

为 n 维随机变量 $(X_1,X_2,\cdots,X_n)$ 的联合分布函数．

分布函数的几何解释:如果把二维随机变量 (X,Y) 看成平面上随机点的坐标,那么分布函数 $F(x,y)$ 在 (x,y) 处的函数值就是随机点 (X,Y) 落在直线 $X=x$ 的左侧和直线 $Y=y$ 的下方的无穷矩形域内的概率,如图 3-1 所示．

根据以上几何解释,并借助图 3-2,可以算出随机点 (X,Y) 落在矩形域 $\{x_1<X\leqslant x_2,y_1<Y\leqslant y_2\}$ 内的概率为

$$P\{x_1<X\leqslant x_2,y_1<Y<y_2\}=F(x_2,y_2)-F(x_2,y_1)-F(x_1,y_2)+F(x_1,y_1) \tag{3.2}$$

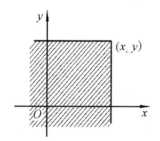
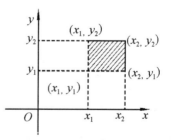

图 3-1　分布函数的几何解释　　**图 3-2　(X,Y) 落在 $\{x_1<x\leqslant x_2,y_1<y\leqslant y_2\}$ 几何区域**

容易证明,分布函数 $F(x,y)$ 具有以下基本性质:

(1) $F(x,y)$ 是变量 x 和 y 的不减函数,即对于任意固定的 y,当 $x_2>x_1$ 时,$F(x_2,y)\geqslant F(x_1,y)$;对于任意固定的 x,当 $y_2>y_1$ 时,$F(x,y_2)\geqslant F(x,y_2)$．

(2) $0\leqslant F(x,y)\leqslant 1$,且对于任意固定的 y,$F(-\infty,y)=0$,对于任意固定的 x,$F(X,-\infty)=0$,$F(-\infty,+\infty)=0$,$F(+\infty,+\infty)=1$．

(3) $F(x,y)$ 关于 x 和 y 是右连续的,即

$$F(x,y)=F(x+0,y), F(x,y)=F(x,y+0).$$

(4)对于任意 $(x_1,y_1),(x_2,y_2),x_1<x_2,y_1<y_2$,下述不等式成立:

$$F(x_2,y_2)-F(x_2,y_1)-F(x_1,y_2)+F(x_1,y_1)\geqslant 0.$$

与一维随机变量一样,经常讨论的二维随机变量有两种类型:离散型与连续型.

二、二维离散型随机变量及其概率分布

定义 3.3 若二维随机变量 (X,Y) 的所有可能取值是有限对或可列无穷多对,则称 (X,Y) 为二维离散型随机变量.

设二维离散型随机变量 (X,Y) 的一切可能取值为 (x_i,y_j),$i,j=1,2,\cdots$,且 (X,Y) 取各对可能值的概率为

$$P\{X=x_i,Y=y_j\}=p_{ij}, \quad i,j=1,2,\cdots. \tag{3.3}$$

称(3.3)式为 (X,Y) 的概率分布或分布律,离散型随机变量 (X,Y) 的分布律可用表 3-1 表示.

表 3-1 离散型随机变量 (X,Y) 的分布律

X	Y			
	y_1	y_2	$\cdots$	y_j
x_1	p_{11}	p_{12}	$\cdots$	p_{1j}
x_2	p_{21}	p_{22}	$\cdots$	p_{2j}
$\vdots$	$\vdots$	$\vdots$	$\vdots$	$\vdots$
x_i	p_{i1}	p_{i2}	$\cdots$	p_{ij}
$\vdots$	$\vdots$	$\vdots$	$\vdots$	$\vdots$

由概率的定义可知 p_{ij} 具有如下性质:

(1) 非负性:$p_{ij}\geqslant 0(i,j=1,2,\cdots)$;

(2) 规范性:$\sum\limits_{i,j} p_{ij}=1$.

离散型随机变量 X 和 Y 的联合分布函数为

$$F(x,y)=P\{X\leqslant x,Y\leqslant y\}=\sum_{x_i\leqslant x}\sum_{y_j\leqslant y}p_{ij} \tag{3.4}$$

其中的和式是对一切满足 $x_i\leqslant x,y_j\leqslant y$ 的 p_{ij} 来求和的.

三、二维连续型随机变量及其联合密度函数

定义 3.4 设随机变量 (X,Y) 的分布函数为 $F(x,y)$,如果存在一个非负可积函数 $f(x,y)$,使得对任意实数 x,y,都有

$$F(x,y)=P\{X\leqslant x,Y\leqslant y\}=\int_{-\infty}^{x}\int_{-\infty}^{y}f(u,v)dudv \tag{3.5}$$

则称 (X,Y) 为二维连续型随机变量,称 $f(x,y)$ 为 (X,Y) 的联合密度函数,简称密度函数.

按定义,密度函数 $f(x,y)$ 具有如下性质:

(1) $f(x,y) \geqslant 0 (-\infty < x, y < +\infty)$；

(2) $\int_{-\infty}^{+\infty} \int_{-\infty}^{+\infty} f(x,y) dx dy = 1$；

(3) 若 $f(x,y)$ 在点 (x,y) 处连续，则有

$$\frac{\partial^2 F(x,y)}{\partial_x \partial_y} = f(x,y)$$

(4) 设 G 为 xoy 平面上的任一区域，随机点 (X,Y) 落在 G 内的概率为

$$P\{(X,Y) \in G\} = \iint_G f(x,y) dx dy \tag{3.6}$$

在几何上，$z = f(x,y)$ 表示空间一曲面，介于它和 xoy 平面的空间区域的立体体积等于 1，$P\{(X,Y) \in G\}$ 的值等于以 G 为底，以曲面 $z = f(x,y)$ 为顶的曲顶柱体的体积．

与一维随机变量相似，有如下常用的二维均匀分布和二维正态分布．

设 G 是平面上的有界区域，其面积为 A，若二维随机变量 (X,Y) 具有密度函数

$$f(x,y) = \begin{cases} \dfrac{1}{A}, & (x,y) \in G, \\ 0, & 其他． \end{cases}$$

则称 (X,Y) 在 G 上服从均匀分布．

类似地，设 G 为空间上的有界区域，其体积为 A，若三维随机变量 (X,Y,Z) 具有密度函数

$$f(x,y,z) = \begin{cases} \dfrac{1}{A}, & (x,y,z) \in G, \\ 0, & 其他． \end{cases}$$

则称 (X,Y,Z) 在 G 上服从均匀分布．

设二维随机变量 (X,Y) 具有密度函数

$$f(x,y) = \frac{1}{2\pi\sigma_1\sigma_2\sqrt{1-\rho^2}} e^{-\frac{1}{2(1-\rho^2)}\left[\frac{(x-\mu_1)^2}{\sigma_1^2} - 2\rho\frac{(x-\mu_1)}{\sigma_1\sigma_2}\frac{(y-\mu_2)}{} + \frac{(y-\mu_2)^2}{\sigma_2^2}\right]},$$
$$-\infty < x < +\infty, \quad -\infty < y < +\infty$$

其中 $\mu_1, \mu_2, \sigma_1, \sigma_2, \rho$ 均为常数，且 $\sigma_1 > 0, \sigma_2 > 0, -1 < \rho < 1$，则称 (X,Y) 为具有参数 $\mu_1, \mu_2, \sigma_1, \sigma_2, \rho$ 的二维正态随机变量，服从参数为 $\mu_1, \mu_2, \sigma_1, \sigma_2, \rho$ 的二维正态分布，记作 $(X,Y) \sim N(\mu_1, \mu_2, \sigma_1^2, \sigma_2^2 \rho)$．

例 3.1　箱子里装有 a 件正品和 b 件次品，每次从箱子中任取一件产品，共取两次．设随机变量 X 和 Y 的定义如下：

$$X = \begin{cases} 0, & 如果第一次取出的是正品, \\ 1, & 如果第一次取出的是次品． \end{cases}$$

$$Y = \begin{cases} 0, & 如果第二次取出的是正品, \\ 1, & 如果第二次取出的是次品． \end{cases}$$

(1) 第一次取出的产品仍放回去；

(2) 第一次取出的产品不放回去．

在上述两种情况下分别求出二维随机变量 (X,Y) 的分布律．

解 (1)第一次取出的产品仍放回;

$$P\{X=0,Y=0\}=P\{X=0\}P\{Y=0\mid X=0\}=\frac{a}{a+b}\cdot\frac{a}{a+b}=\frac{a^2}{(a+b)^2}$$

$$P\{X=0,Y=1\}=P\{X=0\}P\{Y=1\mid X=0\}=\frac{a}{a+b}\cdot\frac{b}{a+b}=\frac{ab}{(a+b)^2}$$

$$P\{X=1,Y=0\}=P\{X=1\}P\{Y=0\mid X=1\}=\frac{b}{a+b}\cdot\frac{a}{a+b}=\frac{ab}{(a+b)^2}$$

$$P\{X=1,Y=1\}=P\{X=1\}P\{Y=1\mid X=1\}=\frac{b}{a+b}\cdot\frac{a}{a+b}=\frac{b^2}{(a+b)^2}$$

分布律如表3－2所示.

表3－2　有放回抽取(X,Y)的分布律

X	Y	
	0	1
0	$\dfrac{a^2}{(a+b)^2}$	$\dfrac{ab}{(a+b)^2}$
1	$\dfrac{ab}{(a+b)^2}$	$\dfrac{b^2}{(a+b)^2}$

(2)第一次取出的产品不放回.

$$P\{X=0,Y=0\}=P\{X=0\}P\{Y=0\mid X=0\}=\frac{a}{a+b}\cdot\frac{a-1}{a+b-1}=\frac{a(b-1)}{(a+b)(a+b-1)}$$

$$P\{X=0,Y=1\}=P\{X=0\}P\{Y=1\mid X=0\}=\frac{a}{a+b}\cdot\frac{b}{a+b-1}=\frac{ab}{(a+b)(a+b-1)}$$

$$P\{X=1,Y=0\}=P\{X=1\}P\{Y=0\mid X=1\}=\frac{b}{a+b}\cdot\frac{a}{a+b-1}=\frac{ab}{(a+b)(a+b-1)}$$

$$P\{X=1,Y=1\}=P\{X=1\}P\{Y=1\mid X=1\}=\frac{b}{a+b}\cdot\frac{b-1}{a+b-1}=\frac{b(b-1)}{(a+b)(a+b-1)}$$

分布律如表3－3所示.

表3－3　不放回抽取(X,Y)的分布律

X	Y	
	0	1
0	$\dfrac{a(b-1)}{(a+b)(a+b-1)}$	$\dfrac{ab}{(a+b)(a+b-1)}$
1	$\dfrac{ab}{(a+b)(a+b-1)}$	$\dfrac{b(b-1)}{(a+b)(a+b-1)}$

例 3.2 设二维离散型随机变量(X,Y)的分布律如表3－4所示.

表 3－4　(X,Y) 的分布律

X	Y			
	1	2	3	4
1	0.1	0	0.1	0
2	0.3	0	0.1	0.2
3	0	0.2	0	0

求 $P\{X>1,Y\geqslant 3\},P\{XY=2\},F(2,2),P\{X=1\}$.

解

$$P\{X>1,Y\geqslant 3\}=P\{X=2,Y=3\}+P\{X=2,Y=4\}+P\{X=3,Y=3\}$$
$$+P\{X=3,Y=4\}=0.3;$$

$$P\{XY=2\}=P\{X=1,Y=2\}+P\{X=2,Y=1\}=0+0.3=0.3;$$

$$F(2,2)=P\{X\leqslant 2,Y\leqslant 2\}=P\{X=1,Y=1\}+P\{X=1,Y=2\}$$
$$+P\{X=2,Y=1\}+P\{X=2,Y=2\}=0.4;$$

$$P\{X=1\}=P\{X=1,Y=1\}+P\{X=1,Y=2\}+P\{X=1,Y=3\}$$
$$+P\{X=1,Y=4\}=0.2.$$

例 3.3　设随机变量 X 在 $1,2,3,4$ 四个整数中等可能地取值,另一个随机变量 Y 在 $1\sim X$ 中等可能地取一整数值,试求 (X,Y) 的分布律.

解　由乘法公式容易求得 (X,Y) 的分布律,易知 $\{X=i,Y=j\}$ 的取值情况是:$i=1,2,3,4,j$ 取不大于 i 的正整数,且

$$P\{X=i,Y=j\}=P\{Y=j\mid X=i\}P\{X=i\}\frac{1}{i}\cdot\frac{1}{4},\quad i=1,2,3,4,\quad j\leqslant i$$

于是 (X,Y) 的分布律如表 3－5 所示.

表 3－5　(X,Y) 的分布律

X	Y			
	1	2	3	4
1	$\frac{1}{4}$	0	0	0
2	$\frac{1}{8}$	$\frac{1}{8}$	0	0
3	$\frac{1}{12}$	$\frac{1}{12}$	$\frac{1}{12}$	0
4	$\frac{1}{16}$	$\frac{1}{16}$	$\frac{1}{16}$	$\frac{1}{16}$

例 3.4　设 (X,Y) 在圆域 $x^2+y^2\leqslant 4$ 上服从均匀分布,求:

(1)(X,Y) 的密度函数;

(2)$P\{0<X<1,0<Y<1\}$.

解　(1)圆域 $x^2+y^2\leqslant 4$ 的面积 $A=4\pi$,故 (X,Y) 的密度函数为

$$f(x,y)=\begin{cases} \dfrac{1}{4\pi}, & x^2+y^2 \leqslant 4, \\ 0, & \text{其他}. \end{cases}$$

(2)设 G 为不等式 $0<x<1,0<y<1$ 所确定的区域,所以

$$P\{0<X<1,0<Y<1\}=\iint_G f(x,y)dxdy=\int_0^1 dx\int_0^1 \frac{1}{4\pi}dy=\frac{1}{4\pi}$$

例 3.5 设二维随机变量 (X,Y) 的密度函数为

$$f(x,y)=\begin{cases} ke^{-(2x+3y)}, & x>0,y>0, \\ 0, & \text{其他}. \end{cases}$$

(1)确定常数 k;(2)求 (X,Y) 的分布函数;(3)求 $P\{X<Y\}$.

解 (1)由 $f(x,y)$ 的性质 2,有

$$\int_{-\infty}^{+\infty}\int_{-\infty}^{+\infty} f(x,y)dxdy=\int_0^{-\infty}\int_{-\infty}^{-\infty} ke^{-(2x+3y)}dxdy=k\int_0^{+\infty}e^{-2x}dx\int_0^{+\infty}e^{-3y}dy$$

$$=k\left[-\frac{1}{2}e^{-2x}\right]_0^{+\infty}\left[-\frac{1}{3}e^{-3y}\right]_0^{+\infty}=\frac{k}{6}=1$$

于是, $k=6$.

(2)由定义有

$$F(x,y)=\int_{-\infty}^y\int_{-\infty}^x f(u,v)dudv$$

$$=\begin{cases} \displaystyle\int_0^y\int_0^x 6e^{-(2u+3v)}dudv=(1-e^{-2x})(1-e^{-3y}), & x>0,y>0, \\ 0, & \text{其他}. \end{cases}$$

(3) $P\{X<Y\}=\displaystyle\iint_D f(x,y)dxdy=\iint_{x<y} f(x,y)dxdy$

$$=\int_0^{+\infty}\left[\int_0^y 6e^{-(2x+3y)}dx\right]dy=\int_0^{+\infty}3e^{-3y}(1-e^{-2y})dy=\frac{2}{5}.$$

例 3.6 设 $(X,Y)\sim N(0,0,\sigma^2,\sigma^2,0)$,求 $P\{X<Y\}$.

解 易知 $f(x,y)=\dfrac{1}{2\pi\sigma^2}e^{-\frac{x^2+y^2}{2\sigma^2}}$ $(-\infty<x,y<+\infty)$,所以

$$P\{X<Y\}=\iint_{x<y}\frac{1}{2\pi\sigma^2}e^{-\frac{x^2+y^2}{2\sigma^2}}dxdy$$

引进极坐标

$$x=r\cos\theta, \quad y=r\sin\theta,$$

则

$$P\{X<Y\}=\int_{\frac{\pi}{4}}^{\frac{5}{4}\pi}\int_0^{+\infty}\frac{1}{2\pi\sigma^2}re^{\frac{r^2}{2\sigma^2}}drd\theta=\frac{1}{2}$$

一般来说,多维随机变量的概率分布规律,不仅仅依赖于各分量各自的概率分布规律,而且还依赖于各分量之间的关系. 研究多维随机变量的概率分布规律,从中就可发现各个分量之间的内在联系的统计规律,这正是概率统计这门学科所关注的一个重要问题.

约西亚·吉布斯(Josiah Gibbs,1839—1903),美国物理化学家、数学物理学家.他奠定了化学热力学的基础,提出了吉布斯自由能与吉布斯相律,创立了向量分析并将其引入数学物理之中.吉布斯所著的《论非均相物体的平衡》一文被认为是化学史上最重要的论文之一,其中提出了吉布斯自由能、化学势等概念,阐明了化学平衡、相平衡、表面吸附等现象的本质.吉布斯完成了具有总结性质的《统计力学基本原理》,发展了统计力学的分析方法,提高了数理统计方法应用于物理学的效力.凝聚态物理学的奠基人朗道认为吉布斯"对统计力学给出了适用于任何宏观物体的最彻底、最完整的形式".2005 年 5 月 4 日美国发行"美国科学家"系列纪念邮票,包括吉布斯、冯·诺伊曼和理查德·费曼等.

第二节 边缘分布

二维随机变量 (X,Y) 作为一个整体,它具有分布函数 $F(x,y)$. 而 X 和 Y 也都是随机变量,它们各自也具有分布函数,将它们分别记为 $F_X(x)$ 和 $F_Y(y)$,依次称为二维随机变量 (X,Y) 关于 X 和 Y 的边缘分布函数(Marginal distribution function). 边缘分布函数可以由 (X,Y) 的分布函数 $F(x,y)$ 来确定,事实上,

$$F_X(x)=P\{X\leqslant x\}=P\{X\leqslant x,Y<+\infty\}=F(x,+\infty) \tag{3.7}$$

$$F_Y(y)=P\{Y\leqslant y\}=P\{X<+\infty,Y\leqslant y\}=F(+\infty,y) \tag{3.8}$$

下面分别讨论二维离散型随机变量与连续型随机变量的边缘分布.

一、二维离散型随机变量的边缘分布

设 (X,Y) 是二维离散型随机变量,其分布律为

$$P\{X=x_i,Y=y_j\}=P_{ij}, \quad i,j=1,2,\cdots$$

于是,边缘分布函数

$$F_X(x)=F(x,+\infty)=\sum_{x_i\leqslant x}\sum_j p_{ij}$$

由此可知,X 的分布律为

$$P\{X=x_i\}=\sum_j p_{ij}, \quad i=1,2,\cdots \tag{3.9}$$

称其为 (X,Y) 关于 X 的边缘分布律. 同理,称 (X,Y) 关于 Y 的边缘分布律为

$$P\{Y=y_j\}=\sum_i p_{ij}, \quad j=1,2,\cdots \tag{3.10}$$

我们记

$$p_{i\cdot}=P\{X=x_i\}=\sum_j p_{ij}, \quad i=1,2,\cdots$$

$$p_{\cdot j}=P\{Y=y_j\}=\sum_i p_{ij}, \quad i=1,2,\cdots$$

二、二维连续型随机变量的边缘分布

设 (X,Y) 是二维连续型随机变量,其密度函数为 $f(x,y)$,由

$$F_X(x) = F(x,+\infty) = \int_{-\infty}^{x} \left[\int_{-\infty}^{+\infty} f(x,y)dy \right] dx$$

可知,X 是一个连续型随机变量,且其密度函数为

$$f_X(x) = \frac{dF_X(x)}{dx} = \int_{-\infty}^{+\infty} f(x,y)dy \tag{3.11}$$

同样,Y 也是一个连续型随机变量,其密度函数为

$$f_Y(y) = \frac{dF_Y(y)}{dy} = \int_{-\infty}^{+\infty} f(x,y)dx \tag{3.12}$$

分别称 $f_X(x)$,$f_Y(y)$ 为 (X,Y) 关于 X 和关于 Y 的边缘密度函数.

例 3.7 设袋中有 4 个白球及 5 个红球,现从其中随机地抽取两次,每次取一个,定义随机变量 X,Y 如下:

$$X = \begin{cases} 0, & \text{第一次取出白球,} \\ 1, & \text{第一次取出红球.} \end{cases} \qquad Y = \begin{cases} 0, & \text{第一次取出白球,} \\ 1, & \text{第一次取出红球.} \end{cases}$$

写出下列两种试验的随机变量 X,Y 的联合分布律与边缘分布律.

(1) 有放回取球;(2) 无放回取球.

解 (1)采取有放回取球时,X,Y 的联合分布律与边缘分布律由表 3-6 给出.

表 3-6 有放回抽取 (X,Y) 的联合分律和边缘分布律

X	Y		$P\{X=x_i\}$
	0	1	
0	$\frac{4}{9} \times \frac{4}{9}$	$\frac{4}{9} \times \frac{5}{9}$	$\frac{4}{9}$
1	$\frac{5}{9} \times \frac{4}{9}$	$\frac{5}{9} \times \frac{5}{9}$	$\frac{5}{9}$
$P\{X=x_i\}$	$\frac{4}{9}$	$\frac{5}{9}$	

(2)采取无放回取球时,X,Y 的联合分布律与边缘分布律由表 3-7 给出.

表 3-7 无放回抽取 (X,Y) 的联合分布律与边缘分布律

X	Y		$P\{X=x_i\}$
	0	1	
0	$\frac{4}{9} \times \frac{3}{8}$	$\frac{4}{9} \times \frac{5}{8}$	$\frac{4}{9}$
1	$\frac{5}{9} \times \frac{4}{8}$	$\frac{5}{9} \times \frac{4}{8}$	$\frac{5}{9}$
$P\{Y=y_j\}$	$\frac{4}{9}$	$\frac{5}{9}$	

在上例的表中,中间部分是 X,Y 的联合分布律,而边缘部分是 X 和 Y 的边缘分布律,它们由联合分布律经同一行或同一列的和而得到,"边缘"二字即由上表的外貌得来. 显然,二维离散型随机变量的边缘分布律也是离散型随机变量的分布律. 另外,例 3.7 的 (1)和(2)中的 X 和 Y 的边缘分布是相同的,但它们的联合分布却完全不同. 由此可见,联合分布不能由边缘分布惟一确定,也就是说,二维随机变量的性质不能由它的两个分量的个别性质来确定. 此外,还必须考虑它们之间的联系. 这进一步说明了多维随机变量的作用. 在什么情况下,二维随机变量的联合分布可由两个随机变量的边缘分布确定,这是第四节的内容.

例 3.8 设随机变量 X 和 Y 具有联合密度函数

$$f(x,y) = \begin{cases} 6, & x^2 \leqslant y \leqslant x, \\ 0, & 其他. \end{cases}$$

求边缘密度函数 $f_X(x)$,$f_y(y)$.

解

$$f_X(x) = \int_{-\infty}^{+\infty} f(x,y)dy = \begin{cases} \int_{x^2}^{x} 6dy = 6(x-x^2), & 0 \leqslant x \leqslant 1, \\ 0, & 其他. \end{cases}$$

$$f_Y(y) = \int_{-\infty}^{+\infty} f(x,y)dx = \begin{cases} \int_{y}^{\sqrt{y}} 6dx = 6(\sqrt{y}-y), & 0 \leqslant y \leqslant 1, \\ 0, & 其他. \end{cases}$$

例 3.9 求二维正态随机变量的边缘密度函数.

解 $f_X(x) = \int_{-\infty}^{+\infty} f(x,y)dy$,由于

$$\frac{(y-\mu_2)^2}{\sigma_2^2} - 2\rho\frac{(x-\mu_1)(y-\mu_2)}{\sigma_1\sigma_2} = \left(\frac{y-\mu_2}{\sigma_2} - \rho\frac{x-\mu_1}{\sigma_1}\right)^2 - \rho^2\frac{(x-\mu_1)^2}{\sigma_1^2}$$

于是

$$f_X(x) = \frac{1}{2\pi\sigma_1\sigma_2\sqrt{1-\rho^2}} e^{\frac{(x-\mu_1)^2}{2\sigma_1^2}} \int_{-\infty}^{+\infty} e^{\frac{1}{2(1-\rho^2)}\left(\frac{y-\mu_2}{\sigma_2}-\rho\frac{x-\mu_1}{\sigma_1}\right)^2}$$

令

$$t = \frac{1}{\sqrt{1-\rho^2}}\left(\frac{y-\mu_2}{\sigma_2} - \rho\frac{x-\mu_1}{\sigma_1}\right),$$

则有

$$f_X(x) = \frac{1}{2\pi\sigma_1} e^{-\frac{(x-\mu_1)^2}{2\sigma_1^2}} \int_{-\infty}^{+\infty} e^{-\frac{t^2}{2}}dt = \frac{1}{\sqrt{2\pi}\sigma_1} e^{-\frac{(x-\mu_1)^2}{2\sigma_1^2}}, \quad -\infty < x < +\infty.$$

同理

$$f_Y(y) = \frac{1}{\sqrt{2\pi}\sigma_2} e^{-\frac{(y-\mu_2)^2}{2\sigma_2^2}}, \quad -\infty < y < +\infty.$$

我们看到二维正态分布的两个边缘分布都是一维正态分布,并且都不依赖于 ρ,亦即对于给定的 μ_1,μ_2,σ_1,σ_2,不同的 ρ 对应不同的二维正态分布,它们的边缘分布却都是一样的.

这一事实表明,对于二维连续型随机变量来说,单由关于 X 和关于 Y 的边缘分布,一般来说也是不能确定 X 和 Y 的联合分布的.

二维随机变量的分布主要包含三个方面的信息:每个变量的信息,即边缘分布;两个变量之间的关系程度,即相关系数;以及给定一个变量取值的条件下另一个变量的分布,即条件分布.

第三节 条件分布

对于二维随机变量 (X,Y),所谓随机变量 X 的条件分布,就是在给定 Y 取某个值的条件下 X 的分布. 例如,记 X 为人的体重,Y 为人的身高,则 X 与 Y 之间一般有相依关系. 如果限定 $Y=1.7(m)$,在这个条件下人的体重 X 的分布显然与 X 的无条件分布(无此限制下体重的分布)会有很大的不同. 本节将给出条件分布的定义,分别讨论二维离散型和二维连续型随机变量的条件分布.

一、二维离散型随机变量的条件分布律

定义 3.5   设 (X,Y) 是二维离散型随机变量,对于固定的 j,若 $P\{Y=y_j\}>0$,则称

$$P\{X=x_i \mid Y=y_j\} = \frac{P\{X=x_i, Y=y_j\}}{P\{Y=y_j\}} , \quad i=1,2,\cdots$$

为在 $Y=y_j$ 条件下随机变量 X 的条件分布律(Conditional distribution).

同样,对于固定的 i,若 $P\{X=x_i\}>0$,则称

$$P\{Y=y_j \mid X=x_i\} = \frac{P\{X=x_i, Y=y_j\}}{P\{X=x_i\}}, \quad j=1,2,\cdots$$

为在 $X=x_i$ 条件下随机变量 Y 的条件分布律.

二、二维连续型随机变量的条件分布

对于连续型随机变量 (X,Y),因为 $P\{X=x\}=0$ 和 $P\{Y=y\}=0$,所以不能直接由定义 3.5 来定义条件分布,但是对于任意的 $\varepsilon>0$,如果 $P\{y-\varepsilon<Y\leqslant y+\varepsilon\}>0$,则可以考虑

$$P\{X\leqslant x \mid y-\varepsilon<Y<y+\varepsilon\} = \frac{P\{X\leqslant x, y-\varepsilon<y<y+\varepsilon\}}{P\{y-\varepsilon<Y\leqslant y+\varepsilon\}}.$$

如果上述条件概率当 $\varepsilon\to 0^+$ 时的极限存在,自然可以将此极限值定义为在 $Y=y$ 条件下 X 的条件分布.

定义 3.6   设对于任何固定的正数 ε,$P\{y-\varepsilon<Y\leqslant y+\varepsilon\}>0$,若

$$\lim_{\varepsilon\to 0^+}P\{X\leqslant x \mid y-\varepsilon<Y<y+\varepsilon\} = \lim_{\varepsilon\to 0^+}\frac{P\{X\leqslant x, y-\varepsilon<Y<y+\varepsilon\}}{P\{y-\varepsilon<Y\leqslant y+\varepsilon\}}$$

存在,则称此极限为在 $Y=y$ 的条件下 X 的条件分布函数,记作 $P\{X\leqslant x \mid Y=y\}$ 或 $F_{X|Y}(x \mid y)$.

同样,可定义在 $X=x$ 的条件下 Y 的条件分布函数 $F_{Y|X}(y \mid x)$.

设二维连续型随机变量 (X,Y) 的分布函数为 $F(x,y)$，密度函数为 $f(x,y)$，且 $f(x,y)$ 和边缘密度函数 $f_Y(y)$ 连续，$f_Y(y) > 0$，则不难验证，在 $Y=y$ 的条件下 X 的条件分布函数为

$$F_{X|Y}(x \mid y) = \int_{-\infty}^{x} \frac{f(u,y)}{f_Y(y)} du.$$

若记 $f_{X|Y}(x \mid y)$ 为在 $Y=y$ 的条件下 X 的条件密度函数，则

$$f_{X|Y}(x \mid y) = \frac{f(x,y)}{f_Y(y)}$$

类似地，若边缘分布密度函数 $f_X(x)$ 连续，$f_X(x) > 0$，则在 $X=x$ 的条件下 Y 的条件分布函数为

$$F_{Y|X}(y \mid x) = \int_{-\infty}^{y} \frac{f(x,v)}{f_X(x)} dv$$

若记 $f_{Y|X}(y \mid x)$ 为在 $F_{Y|X}(y \mid x)$ 的条件下 Y 的条件密度函数，则

$$f_{Y|X}(y \mid x) = \frac{f(x,y)}{f_X(x)}$$

例 3.10 已知 (X,Y) 的联合分布律如表 3-8 所示.

表 3-8 X,Y 的联合分布律

X	Y			$P\{X=x_i\}$
	1	2	3	
1	$\frac{1}{4}$	0	0	$\frac{1}{4}$
2	$\frac{1}{8}$	$\frac{1}{8}$	0	$\frac{1}{4}$
3	$\frac{1}{12}$	$\frac{1}{12}$	$\frac{1}{12}$	$\frac{1}{4}$
4	$\frac{1}{16}$	$\frac{1}{16}$	$\frac{2}{16}$	$\frac{1}{4}$
$P\{Y=y_j\}$	$\frac{25}{48}$	$\frac{13}{48}$	$\frac{10}{48}$	

求：(1) 在 $Y=1$ 的条件下，X 的条件分布律；

(2) 在 $X=2$ 的条件下，Y 的条件分布律.

解 (1) 由联合分布律表可知边缘分布律．于是

$$P\{X=1 \mid Y=1\} = \frac{1}{4} \div \frac{25}{48} = \frac{12}{25};$$

$$P\{X=2 \mid Y=1\} = \frac{1}{8} \div \frac{25}{48} = \frac{6}{25};$$

$$P\{X=3 \mid Y=1\} = \frac{1}{12} \div \frac{25}{48} = \frac{4}{25};$$

$$P\{X=4 \mid Y=1\} = \frac{1}{16} \div \frac{25}{48} = \frac{3}{25}.$$

即在 $Y=1$ 的条件下 X 的条件分布律为

表 3－9　Y＝1 条件下 X 的条件分布律

X	1	2	3	4
P	$\dfrac{12}{25}$	$\dfrac{6}{25}$	$\dfrac{4}{25}$	$\dfrac{3}{25}$

（2）同理可求得在 $X＝2$ 的条件下 Y 的条件分布律为

表 3－10　X＝2 条件下 Y 的条件分布律

Y	1	2	3
P	$\dfrac{1}{2}$	$\dfrac{1}{2}$	0

例 3.11　一射手进行射击，击中目标的概率为 $P(0＜P＜1)$，射击到击中目标两次为止．记 X 表示首次击中目标时的射击次数，Y 表示射击的总次数．试求 $X，Y$ 的联合分布律与条件分布律．

解　依题意 $X＝m，Y＝n$，表示前 $m-1$ 次不中，第 m 次击中，接着又 $n-1-m$ 次不中，第 n 次击中．因各次射击是独立的，故 $X，Y$ 的联合分布律为

$$p\{X＝m，Y＝n\}＝p^2(1-p)^{n-2}，\quad m＝1,2,\cdots,n-1，\quad n＝2,3\cdots$$

又因

$$p\{X＝m\}＝\sum_{n=m+1}^{\infty} P\{X＝m，Y＝n\}＝\sum_{n=m+1}^{\infty} p^2(1-p)^{n-2}$$

$$＝p^2\sum_{n=m+1}^{\infty}(1-p)^{n-2}＝p(1-p)^{m-1}，\quad m＝1,2,\cdots$$

类似地，

$$p\{Y＝n\}＝(n-1)p^2(1-p)^{n-2}，n＝2,3,\cdots，$$因此，所求的条件分布律为

当 $n＝2,3,\cdots$ 时，

$$P\{X＝m \mid Y＝n\}＝\frac{p\{X＝m，Y＝n\}}{p\{Y＝n\}}＝\frac{1}{n-1}，\quad m＝1,2,\cdots,n-1$$

当 $m＝1,2,\cdots$ 时，

$$P\{Y＝n \mid X＝m\}＝\frac{p\{X＝m，Y＝n\}}{p\{Y＝n\}}＝p(1-p)^{n-m-1}，\quad n＝m+1,m+2,\cdots$$

例 3.12　设 $(X,Y)\sim N(0,0,1,1,\rho)$，求 $f_{X\mid Y}(x\mid y)$ 与 $f_{Y\mid X}(y\mid x)$．

解　易知

$$f(x,y)＝\frac{1}{2\pi\sqrt{1-\rho^2}}e^{-\frac{x^2-2\rho xy+y^2}{2(1-\rho^2)}}，\quad -\infty＜x,y＜+\infty$$

所以
对于 $-\infty＜y＜+\infty$，

$$f_{X\mid Y}(x\mid y)＝\frac{f(x,y)}{f_Y(x)}＝\frac{1}{\sqrt{2\pi(1-\rho^2)}}e^{\frac{(x-\rho y)^2}{2(1-\rho^2)}}，\quad -\infty＜x＜+\infty$$

对于 $-\infty＜x＜+\infty$，

$$f_{Y|X}(y \mid x) = \frac{f(x,y)}{f_X(x)} = \frac{1}{\sqrt{2\pi(1-\rho^2)}} e^{-\frac{(y-\rho x)^2}{2(1-\rho^2)}}, \quad -\infty < y < +\infty$$

例 3.13 设随机变量 $X \sim U(0,1)$，当观察到 $X = x(0 < x < 1)$ 时，$Y \sim U(x,1)$，求 Y 的密度函数 $f_Y(y)$.

解 按题意，X 具有密度函数

$$f_X(x) = \begin{cases} 1, & 0 < x < 1, \\ 0, & \text{其他}. \end{cases}$$

类似地，对于任意给定的值 $x(0 < x < 1)$，在 $X = x$ 的条件下，Y 的条件密度函数为

$$f_{Y|X}(y \mid x) = \begin{cases} \dfrac{1}{1-x}, & x < y < 1, \\ 0, & \text{其他}. \end{cases}$$

因此，X 和 Y 的联合密度函数为

$$f(x,y) = f_{Y|X}(y \mid x) f_X(x) = \begin{cases} \dfrac{1}{1-x}, & 0 < x < y < 1, \\ 0, & \text{其他}. \end{cases}$$

于是，得关于 Y 的边缘密度函数为

$$f_Y(y) = \int_{-\infty}^{+\infty} f(x,y) dx = \begin{cases} \displaystyle\int_0^y \dfrac{1}{1-x} dx = -ln(1-y), & 0 < y < 1, \\ 0, & \text{其他}. \end{cases}$$

条件分布是条件概率和随机变量概率分布的自然推广．由于在许多问题中，有关的随机变量往往是相互联系的，这就使得条件分布成为研究随机变量之间相依关系的一个有力工具，它在概率论与数理统计的许多分支中都有着重要的应用．

第四节 随机变量的独立性

在多维随机变量中，各分量的取值有时会相互影响，但有时会相互毫无影响，例如一个人的身高 X 和体重 Y 就会相互影响，但与其学历 Z 一般相互无影响．当两个随机变量取值的规律互不影响时，就称它们是相互独立的．

定义 3.7 设 X 和 Y 为两个随机变量，若对于任意的 X 和 Y，都有

$$P\{X \leqslant x, Y \leqslant y\} = P\{X \leqslant x\} P\{Y \leqslant y\}$$

则称 X 与 Y 是相互独立（Mutually independent）的．

若二维随机变量 (X,Y) 的分布函数为 $F(x,y)$，其边缘分布函数分别为 $F_X(x)$ 和 $F_Y(y)$，则上述独立性条件等价于对所有 x 和 y，有

$$F(x,y) = F_X(x) F_Y(y) \tag{3.13}$$

（1）对于二维离散型随机变量，上述独立性条件等价于对于 (X,Y) 的任何可能取值 (x_i, y_j)，有

$$P\{X = x_i, Y = y_j\} = P\{X = x_i\} P\{Y = y_j\} \tag{3.14}$$

即 $p_{ij} = p_i \cdot p_{\cdot j}, i, j = 1, 2, \cdots$.

（2）对于二维连续型随机变量，独立性条件的等价形式是对一切 x 和 y 有

$$f(x,y) = f_X(x) f_Y(y), \tag{3.15}$$

这里, $f(x,y)$ 为 (X,Y) 的密度函数,而 $f_X(x)$ 和 $f_Y(y)$ 分别是边缘密度函数.

如在例 3.7 中,(1)有放回取球时, X 与 Y 是相互独立的;而(2)无放回取球时, X 与 Y 不是相互独立的.

例 3.14 (X,Y) 设在圆域 $x^2+y^2 \leqslant 1$ 上服从均匀分布,问 X 和 Y 是否相互独立?

解 (X,Y) 的概率密度为

$$f(x,y) = \begin{cases} \dfrac{1}{\pi}, & x^2+y^2 \leqslant 1, \\ 0, & \text{其他}. \end{cases}$$

由此可得

$$f_X(x) = \int_{-\infty}^{+\infty} f(x,y)dy = \begin{cases} \dfrac{2}{\pi}\sqrt{1-x^2}, & -1 \leqslant x \leqslant 1, \\ 0, & \text{其他}. \end{cases}$$

$$f_Y(y) = \int_{-\infty}^{+\infty} f(x,y)dx = \begin{cases} \dfrac{2}{\pi}\sqrt{1-y^2}, & -1 \leqslant y \leqslant 1, \\ 0, & \text{其他}. \end{cases}$$

可见在圆域 $x^2+y^2 \leqslant 1$ 上, $f(x,y) \neq f_X(x)f_Y(y)$,故 X 与 Y 不相互独立.

例 3.15 设 X 和 Y 分别表示两个元件的寿命(单位:小时),又设 X 与 Y 相互独立,且它们的密度函数分别为

$$f_X(x) = \begin{cases} e^{-x}, & x > 0, \\ 0, & \text{其他}. \end{cases} \quad f_Y(y) = \begin{cases} e^{-y}, & y > 0, \\ 0, & \text{其他}. \end{cases}$$

求 X 和 Y 的联合密度函数 $f(x,y)$.

解 由 X 与 Y 相互独立可知

$$f(x,y) = f_X(x)f_Y(y) = \begin{cases} e^{-(x+y)}, & x > 0, y > 0, \\ 0, & \text{其他}. \end{cases}$$

随机变量的独立性是概率论和数理统计中最重要的概念之一,许多重要的定理都以独立性作为条件. 在实际问题中,随机变量的独立性往往不是从其数学定义验证出来的,常常是从随机变量产生的实际背景判断出来的. 当两个随机变量取值的规律互不影响时,就可以认为它们是相互独立的,然后再使用独立性定义中所给出的性质和结论.

第五节　两个随机变量函数的分布

设 (X,Y) 为二维随机变量,则 $Z = \varphi(X,Y)$ 是 (X,Y) 的函数, Z 是一维随机变量. 现在的问题是如何由 (X,Y) 的分布,求出 Z 的分布,即已知二维随机变量 (X,Y) 的分布律或密度函数,求 $Z = \varphi(X,Y)$ 的分布律或密度函数问题.

一、二维离散型随机变量函数的分布律

设 (X,Y) 为二维离散型随机变量,则函数 $Z = \varphi(X,Y)$ 仍然是离散型随机变量. 从下面两例可知,离散型随机变量函数的分布律是不难获得的.

二、二维连续型随机变量函数的分布

设 (X,Y) 为二维连续型随机变量,若其函数 $Z=\varphi(X,Y)$ 仍然是连续型随机变量,则存在密度函数 $f_Z(z)$. 求密度函数 $f_Z(z)$ 的一般方法步骤如下:

(1)首先,求出 $Z=\varphi(X,Y)$ 的分布函数.

$$F_Z(z)=P\{Z\leqslant z\}=P\{\varphi(X,Y)\leqslant z\}=P\{(X,Y)\in G\}$$
$$=\iint_G f(u,v)dudv$$

其中,$f(x,y)$ 是密度函数,$G=\{(x,y)\mid\varphi(x,y)\leqslant z\}$.

(2)其次,利用分布函数与密度函数的关系,对分布函数求导,就可得到密度函数 $f_Z(z)$.

下面讨论三个具体的随机变量函数的分布:

1. $Z=X+Y$ 的分布

设 (X,Y) 的密度函数为 $f(x,y)$,则 $Z=X+Y$ 的分布函数为

$$F_Z(z)=P\{Z\leqslant z\}=\iint_{x+y\leqslant z}f(x,y)dxdy,$$

这里积分区域 $x+y\leqslant z$ 是直线 $x+y=z$ 左下方的半平面,化成累次积分,得

$$F_Z(z)=\int_{-\infty}^{+\infty}\left[\int_{-\infty}^{z-y}f(x,y)dx\right]dy.$$

固定 z 和 y,对积分 $\int_{-\infty}^{z-y}f(x,y)dx$ 作变量变换,令 $x=u-y$,得

$$\int_{-\infty}^{z-y}f(x,y)dx=\int_{-\infty}^{z}f(u-y,y)du.$$

于是

$$F_Z(z)=\int_{-\infty}^{+\infty}\int_{-\infty}^{z}f(u-y,y)dudy=\int_{-\infty}^{z}\left[\int_{-\infty}^{+\infty}f(u-y,y)dy\right]du.$$

由密度函数的定义,即得 Z 的密度函数为

$$f_Z(z)=\int_{-\infty}^{+\infty}f(z-y,y)dy \tag{3.16}$$

由 X,Y 的对称性,$f_Z(z)$ 又可写成

$$f_Z(z)=\int_{-\infty}^{+\infty}f(x,z-x)dx \tag{3.17}$$

这样,就得到了两个随机变量和的密度函数的一般公式.

特别地,当 X 与 Y 相互独立时,设 (X,Y) 关于 X,Y 的边缘密度函数分别为 $f_X(x)$,$f_Y(y)$,则有

$$f_Z(z)=\int_{-\infty}^{+\infty}f_X(z-y)f_Y(y)dy \tag{3.18}$$

$$f_Z(z)=\int_{-\infty}^{+\infty}f_X(x)f_Y(z-x)dx \tag{3.19}$$

这两个公式称为卷积(Convolution)公式,记为 f_X*f_Y,即

$$f_X*f_Y=\int_{-\infty}^{+\infty}f_X(z-y)f_Y(y)dy=\int_{-\infty}^{+\infty}f_X(x)f_Y(z-x)dx.$$

2. $Z = \dfrac{X}{Y}$ 的分布

设 (X,Y) 的密度函数为 $f(x,y)$，则 $Z = \dfrac{X}{Y}$ 的分布函数为

$$F_Z(z) = P\{Z \leqslant z\} = p\left\{\frac{X}{Y} \leqslant z\right\} = \iint\limits_{x/y \leqslant z} f(x,y)dxdy .$$

令 $u = y, v = \dfrac{x}{y}$，即 $x = uv, y = u$. 这一变换的雅可比(Jacobi)行列式为

$$J = \begin{vmatrix} v & u \\ 1 & 0 \end{vmatrix} = -u$$

于是，代入上式得

$$F_Z(z) = \iint\limits_{v \leqslant z} f(uv,u) \mid J \mid dudv = \int_{-\infty}^{z}\left[\int_{-\infty}^{+\infty} f(uv,u) \mid u \mid du\right]dv.$$

这就是说，随机变量 Z 的密度函数为

$$f_Z(z) = \int_{-\infty}^{+\infty} f(zu,u) \mid u \mid du \tag{3.20}$$

特别地，当 X 与 Y 相互独立时，有

$$f_Z(z) = \int_{-\infty}^{+\infty} f_X(zu) f_Y(u) \mid u \mid du, \tag{3.21}$$

其中 $f_X(x)$，$f_Y(y)$ 分别为 (X,Y) 关于 X 和关于 Y 的边缘密度函数.

3. $M = \max(X,Y)$ 及 $N = \min(X,Y)$ 的分布

设 X 与 Y 相互独立，且它们分别有分布函数 $F_X(x)$ 与 $F_Y(y)$ 求 X,Y 的最大值 $M = \max(X,Y)$ 和最小值 $N = \min(X,Y)$ 的分布函数 $F_M(z)$，$F_N(z)$.

由于 $N = \min(X,Y)$ 不大于 z 等价于 X 和 Y 都不大于 z，故 $P\{M \leqslant z\} = P\{X \leqslant z, Y \leqslant z\}$，又由于 X 与 Y 相互独立，得

$$F_M(z) = P\{M \leqslant z\} = P\{X \leqslant z, Y \leqslant z\} = P\{X \leqslant z\} \cdot P\{Y \leqslant z\} = F_X(z) \cdot F_Y(z) \tag{3.22}$$

类似地，可得 $N = \min(X,Y)$ 的分布函数为

$$F_N(z) = P\{N \leqslant z\} = 1 - P\{N > z\} = 1 - P\{X > z, Y > z\} = 1 - p\{X > z\} \cdot P\{Y > z\}$$
$$= 1 - [1 - F_X(z)][1 - F_Y(z)] \tag{3.23}$$

以上结果容易推广到 n 个相互独立的随机变量的情况. 设 $X_1, X_2, \cdots, X_n$ 是 n 个相互独立的随机变量，它们的分布函数分别为 $F_{x_i}(x_i)(i = 1,2,\cdots,n)$，则 $M = \max(X_1, X_2, \cdots, X_n)$ 及 $N = \min(X_1, X_2, \cdots, X_n)$ 的分布函数分别为

$$F_M(Z) = F_{x_1}(Z) F_{x_2}(Z) \cdots F_{x_n}(Z) \tag{3.24}$$

$$F_N(Z) = 1 - [1 - F_{x_1}(Z)][1 - F_{x_2}(Z)] \cdots [1 - F_{x_n}(Z)] \tag{3.25}$$

特别地，当 $X_1, X_2, \cdots, X_n$ 是相互独立且有相同分布函数 $F(x)$ 时，有

$$F_M(Z) = [F(Z)]^n \tag{3.26}$$

$$F_N(Z) = 1 - [1 - F(Z)]^n \tag{3.27}$$

卡尔·雅可比（Jacobi，Carl Gustav Jacob，1804—1851），德国数学家.
1804 年 12 月 10 日生于普鲁士的波茨坦；1851 年 2 月 18 日卒于柏林. 雅
可比是数学史上最勤奋的学者之一，与欧拉一样也是一位在数学上多产
的数学家，是被广泛承认的历史上最伟大的数学家之一. 雅可比善于处
理各种繁复的代数问题，在纯粹数学和应用数学上都有非凡的贡献，他所理解的数学有
一种强烈的柏拉图式的格调，其数学成就对后人影响颇为深远. 在他逝世后，狄利克雷
称他为拉格朗日以来德国科学院成员中最卓越的数学家. 现代数学中的许多定理、公
式和函数恒等式、方程、积分、曲线、矩阵、根式、行列式及多种数学符号的名称都冠以
雅克比的名字. 1881—1891 年普鲁士科学院陆续出版了由 C.W.博尔夏特等人编辑的
七卷《雅可比全集》和增补集，这是雅可比留给数学界的珍贵遗产.

例 3.16 设 (X,Y) 的分布律为

X	Y		
	-1	1	2
-1	$\frac{5}{20}$	$\frac{2}{20}$	$\frac{6}{20}$
2	$\frac{3}{20}$	$\frac{3}{20}$	$\frac{1}{20}$

求 $Z=X+Y$ 和 $Z=XY$ 的分布律.

解　先列出表 3-11.

表 3-11　$(X、Y)$ 的函数分布律计算表

P	$\frac{5}{20}$	$\frac{2}{20}$	$\frac{6}{20}$	$\frac{3}{20}$	$\frac{3}{20}$	$\frac{1}{20}$
(X,Y)	$(-1,-1)$	$(-1,1)$	$(-1,2)$	$(2,-1)$	$(2,1)$	$(2,2)$
$X+Y$	-2	0	1	1	3	4
XY	1	-1	-2	-2	2	4

从表中可看出，$Z=X+Y$ 的所有可能取值为 $-2,0,1,3,4$，且

$$P\{Z=-2\}=P\{X+Y=-2\}=P\{X=-1,Y=-1\}=\frac{5}{20}$$

$$P\{Z=0\}=P\{X+Y=0\}=P\{X=-1,Y=1\}=\frac{2}{20}$$

$$P\{Z=1\}=P\{X+Y=1\}=P\{X=-1,Y=2\}+P\{X=2,Y=-1\}=\frac{6}{20}+\frac{3}{20}=\frac{9}{20}$$

$$P\{Z=3\}=P\{X+Y=3\}=P\{X=2,Y=1\}=\frac{3}{20}$$

$$P\{Z=4\}=P\{X+Y=4\}=P\{X=2,Y=2\}=\frac{1}{20}$$

于是 $Z=X+Y$ 的分布律如表 3-12 所示.

表 3-12　$Z=X+Y$ 的分布律

$X+Y$	-2	0	1	3	4
P	$\frac{5}{20}$	$\frac{2}{20}$	$\frac{9}{20}$	$\frac{3}{20}$	$\frac{1}{20}$

同理可得, $Z=XY$ 的分布律如表 3-13 所示.

表 3-13　$Z=XY$ 的分布律

XY	-2	-1	1	2	4
P	$\frac{9}{20}$	$\frac{2}{20}$	$\frac{5}{20}$	$\frac{3}{20}$	$\frac{1}{20}$

例 3.17　设 X 与 Y 相互独立,且分别服从参数为 λ_1 与 λ_2 的泊松分布,求证 $Z=X+Y$ 服从参数为 $\lambda_1+\lambda_2$ 的泊松分布.

证　Z 的可能取值为 $0,1,2,\cdots,Z$ 的分布律为

$$P\{Z=k\}=P\{X+Y=k\}=\sum_{i=0}^{k}P\{X=i\}P\{Y=k-i\}=\sum_{i=0}^{k}\frac{\lambda_1{}^{i}}{i!}\frac{\lambda_2{}^{k-i}}{(k-i)!}e^{-\lambda_1}e^{-\lambda_2}$$

$$=\frac{1}{k!}e^{-(\lambda_1+\lambda_2)}(\lambda_1+\lambda_2)^{k},\quad k=0,1,2,\cdots.$$

所以 Z 服从参数为 $\lambda_1+\lambda_2$ 的泊松分布.

本例说明 X 若与 Y 相互独立,且 $X\sim P(\lambda_1),Y\sim P(\lambda_2)$,则 $X+Y\sim P(\lambda_1+\lambda_2)$.这种性质称为分布的可加性,泊松分布是一个可加性分布.类似地,可以证明二项分布也是一个可加性分布,即若 X 与 Y 相互独立,且 $X\sim B(n_1,p),Y\sim B(n_2,p)$,则 $X+Y\sim B(n_1+n_2,p)$

例 3.18　设 X 和 Y 是两个相互独立的随机变量,它们都服从 $N(0,1)$ 分布,求 $Z=X+Y$ 的密度函数.

解　由题设知 X,Y 的密度函数分别为

$$f_X(x)=\frac{1}{\sqrt{2\pi}}e^{-\frac{x^2}{2}},\quad -\infty<x<+\infty.$$

$$f_Y(y)=\frac{1}{\sqrt{2\pi}}e^{-\frac{y^2}{2}},\quad -\infty<y<+\infty.$$

由卷积公式知,

$$f_Z(z)=\int_{-\infty}^{+\infty}f_X(x)f_Y(z-x)dx=\frac{1}{2\pi}\int_{-\infty}^{+\infty}e^{-\frac{x^2}{2}}e^{-\frac{(z-x)^2}{2}}dx=\frac{1}{2\pi}e^{-\frac{z^2}{4}}\int_{-\infty}^{+\infty}e^{-\left(x-\frac{z}{2}\right)^2}dx.$$

设 $t=x-\dfrac{z}{2}$,得

$$f_Z(z) = \frac{1}{2\pi} e^{-\frac{z^2}{4}} \int_{-\infty}^{+\infty} e^{-t^2} dt = \frac{1}{2\pi} e^{-\frac{z^2}{4}} \sqrt{\pi} = \frac{1}{2\sqrt{\pi}} e^{-\frac{z^2}{4}}, \quad -\infty < z < +\infty$$

即 Z 服从正态分布 $N(0,2)$.

一般地,设 X 与 Y 相互独立,且 $X \sim N(\mu_1, \sigma_1^2)$, $Y \sim N(\mu_2, \sigma_2^2)$,由(3.19)式经过计算知,$Z = X + Y$ 仍然服从正态分布,且有 $Z \sim N(\mu_1 + \mu_2, \sigma_1^2 + \sigma_2^2)$. 这个结论还能推广到 n 个独立正态随机变量之和的情况,即若 $X \sim N(\mu_i, \sigma_i^2)(i = 1, 2, \cdots, n)$ 且它们相互独立,则它们的和 $Z = X_1 + X_2 + \cdots X_n$ 仍然服从正态分布,且有 $Z \sim N\left(\sum_{i=1}^{n} \mu_i, \sum_{i=1}^{n} \sigma_i^2\right)$.

更一般地,可以证明有限个相互独立的正态随机变量的线性组合仍服从正态分布.

例 3.19 设 X 与 Y 是两个相互独立的随机变量,其密度函数分别为

$$f_X(x) = \begin{cases} 1, & 0 \leqslant x \leqslant 1, \\ 0, & \text{其他}. \end{cases} \qquad f_Y(y) = \begin{cases} e^{-y}, & y > 0, \\ 0, & \text{其他}. \end{cases}$$

求随机变量 $Z = X + Y$ 的密度函数.

解 X 与 Y 相互独立,所以由卷积公式知

$$f_Z(z) = \int_{-\infty}^{+\infty} f_X(x) f_Y(z - x) dx$$

由题设可知,$f_X(x) f_Y(z - y)$ 只有当 $0 \leqslant x \leqslant 1$ 且 $z - x > 0$ 时才不等于零. 现在所求的积分变量为 x,z 当作参数,当积分变量满足 x 的不等式组 $0 \leqslant x \leqslant 1$,$x < z$ 时,被积函数 $f_X(x) f_Y(z - x) \neq 0$. 下面针对参数 z 的不同取值范围来计算积分.

当 $z < 0$ 时,上述不等式组无解,故 $f_X(x) f_Y(z - x) = 0$. 当 $0 \leqslant z \leqslant 1$ 时,不等式组的解为 $0 \leqslant x \leqslant z$. 当 $z > 1$ 时,不等式组的解为 $0 \leqslant x \leqslant 1$. 所以

$$f_Z(z) = \begin{cases} \int_0^z e^{-(z-x)} dx = 1 - e^{-z}, & 0 \leqslant z \leqslant 1, \\ \int_0^1 e^{-(z-x)} dx = e^{-z}(e - 1), & z > 1, \\ 0, & \text{其他}. \end{cases}$$

例 3.20 设 X 与 Y 相互独立,均服从正态分布 $N(0,1)$,求 $Z = \dfrac{X}{Y}$ 的密度函数 $f_Z(z)$.

解 由(3.21)式,有

$$f_Z(z) = \int_{-\infty}^{+\infty} f_X(zu) f_Y(u) |u| du = \frac{1}{2\pi} \int_{-\infty}^{+\infty} e^{-\frac{u^2(1+z^2)}{2}} |u| du$$

$$= \frac{1}{\pi} \int_0^{+\infty} u e^{-\frac{u^2(1+z^2)}{2}} du = \frac{1}{\pi(1+z^2)}, -\infty < z < +\infty.$$

例 3.21 设 X, Y 分别表示两只不同型号的灯泡的寿命,X 与 Y 相互独立,它们的密度函数依次为

$$f_X(x) = \begin{cases} e^{-x}, & x > 0, \\ 0, & \text{其他}. \end{cases} \qquad f_Y(y) = \begin{cases} 2e^{-2y}, & y > 0, \\ 0, & \text{其他}. \end{cases}$$

求 $Z = \dfrac{X}{Y}$ 的密度函数.

解 当 $z > 0$ 时,Z 的密度函数为

$$f_Z(z) = \int_0^{+\infty} y e^{-yz} 2 e^{-2y} dy = \int_0^{+\infty} 2y e^{-(2+z)y} dy = \frac{2}{(2+z)^2}$$

当 $z \leqslant 0$ 时, $f_Z(z) = 0$. 于是

$$f_Z(z) = \begin{cases} \dfrac{2}{(2+z)^2}, & z > 0, \\ 0, & z \leqslant 0. \end{cases}$$

例 3.22 设 X 与 Y 相互独立, 且都服从参数为 1 的指数分布, 求 $Z = \max\{X, Y\}$ 的密度函数.

解 设 X, Y 的分布函数分别为 $F_X(x)$ 和 $F_Y(y)$, 则

$$F_X(x) = \begin{cases} 1 - e^{-x}, & x > 0, \\ 0, & x \leqslant 0. \end{cases} \qquad F_Y(y) = \begin{cases} 1 - e^{-y}, & x \geqslant 0, \\ 0, & x < 0. \end{cases}$$

由于 Z 的分布函数为

$$F_Z(z) = P\{Z \leqslant z\} = P\{X \leqslant z, Y \leqslant z\} = P\{X \leqslant z\} p\{Y \leqslant z\} = F_X(z) F_Y(z)$$
$$= \begin{cases} (1 - e^{-z})^2, & z > 0, \\ 0, & z < 0. \end{cases}$$

所以, Z 的密度函数为

$$f_Z(z) = F_Z'(z) = \begin{cases} 2 e^{-z}(1 - e^{-z}), & z > 0, \\ 0, & z \leqslant 0. \end{cases}$$

下面再举一个由两个随机变量的分布函数求两随机变量函数的密度函数的例子.

例 3.23 设 X, Y 相互独立, 且都服从 $N(0, \sigma^2)$, 求 $Z = \sqrt{X^2 + Y^2}$ 密度函数.

解 先求分布函数

$$F_Z(z) = P\{Z \leqslant z\} = P\{\sqrt{X^2 + Y^2} \leqslant Z\}$$

当 $z \leqslant 0$ 时, $F_Z(z) = 0$;

当 $z > 0$ 时, $F_Z(z) = P\{\sqrt{X^2 + Y^2} \leqslant Z\} = \iint\limits_{\sqrt{X^2 + Y^2} \leqslant z} \frac{1}{2\pi\sigma^2} e^{\frac{x^2 + y^2}{2\sigma^2}} dx dy$.

做极坐标变换 $x = r\cos\theta, y = r\sin\theta \, (0 < r < z, 0 < \theta < 2\pi)$ (见图 3-3), 于是有

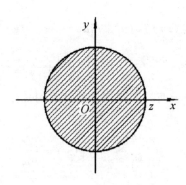

图 3-3 $\sqrt{X^2 + Y^2} \leqslant Z$ 区域

$$F_Z(z) = \frac{1}{2\pi\sigma^2}\int_0^{2\pi} d\theta \int_0^z re^{-\frac{r^2}{2\sigma^2}}dr = 1 - e^{-\frac{z^2}{2\sigma^2}}$$

故得所求 Z 的密度函数为

$$f_Z(z) = F'_Z(z) = \begin{cases} \dfrac{z}{\sigma^2}e^{-\frac{z^2}{2\sigma^2}}, & z > 0, \\ 0, & z \leqslant 0. \end{cases}$$

此分布称为瑞利(Rayleigh)分布,它很有用. 例如,炮弹着点的坐标为 (X, Y),设横向偏差 $X \sim N(0, \sigma^2)$,纵向偏差 $Y \sim N(0, \sigma^2)$,X 与 Y 相互独立,那么弹着点到原点的距离 D 便服从瑞利分布. 瑞利分布还在噪声、海浪等理论中得到应用.

若随机变量 X 与 Y 相互独立,且 $f(x), g(x)$ 是两个连续或逐段连续的函数,则 $f(X)g(Y)$ 与相互独立. 这个结论直观上可以这样解释,因为 X、Y 的取值是相互独立的,即互相没有牵连,那么它们的函数 $f(X), g(Y)$ 的取值也是没有牵连的,相互独立的.

本章应用案例

根据以往的临床记录,某种诊断癌症的试验反应可能为阳性或阴性,假设试验反应结果为随机变量 X,被诊断者是否患有癌症为随机变量 Y,若二维离散型随机变量 (X, Y) 的联合分布律如下表所示.

X	Y	
	患有癌症	不患癌症
阳性	0.099	0.009
阴性	0.001	0.891

试问:如果一个人的试验反应结果为阳性,则这个人患有癌症的概率是多少? 如果一个人的试验反应结果为阴性,则这个人患有癌症的概率是多少?

解　设 A 表示事件"试验反应为阳性",B 表示事件"试验反应为阴性",C 表示事件"被诊断者患有癌症".

由联合分布律计算边缘分布律,可得

$$P(A) = 0.099 + 0.009 = 0.108 \text{ , } P(B) = 0.001 + 0.891 = 0.892$$

由条件概率的计算公式,可得

$$P(C \mid A) = \frac{P(AC)}{P(A)} = \frac{0.099}{0.108} \approx 0.917 \text{ , } P(C \mid B) = \frac{P(BC)}{P(B)} = \frac{0.001}{0.892} \approx 0.001$$

这个案例对我们有两点启示. 一方面,此案例类似于核酸检测问题,说明概率论知识可用在医学问题中,希望我们要关注社会时政热点,培养责任意识. 另一方面,我们要善于从生活中发现问题,思考问题,提高观察力和思维能力. 科学的发展是在不断发现问题和解决问题中实现的. 这与个人的发展相似,要在人生之路上不断树立正确的目标,努力解决问题,从而不断实现一个又一个目标.

本章知识网络图

$$
\begin{cases}
\text{二维随机变量} \underline{\qquad} \text{联合分布函数}
\begin{cases}
\text{二维离散型随机变量和联合分布律} \\
\text{二维连续型随机变量和联合概率密度}
\end{cases} \\[2mm]
n \text{ 维随机变量} \\[2mm]
\text{边缘分布}
\begin{cases}
\text{边缘分布函数 } F_X(x), F_Y(y) \\
\text{边缘概率密度 } f_X(x), f_Y(y)
\end{cases} \\[2mm]
\text{条件分布}
\begin{cases}
\text{条件分布律} \\
\text{条件概率密度 } f_{X|Y}(x|y) \quad f_{Y|X}(y|x)
\end{cases} \\[2mm]
\text{随机变量的相互独立性} \\[2mm]
\text{两个随机变量函数的分布}
\begin{cases}
Z = X + Y \\
Z = \dfrac{X}{Y} \\
M = \max(X, Y) \text{ 及 } N = \min(X, Y)
\end{cases}
\end{cases}
$$

习题三

1. 设 X 为随机地在 $1,2,3,4$ 四个数字中取一个值，Y 为随机地在 $1 \sim X$ 中取一个值，试求 (X, Y) 的联合概率分布.

2. 设口袋中有 5 个球，分别标有号码 $1,2,3,4,5$，现从这个口袋中任取 3 个球，X, Y 分别表示取出的球的最大标号和最小标号. 求二维随机变量 (X, Y) 的概率分布及边缘概率分布.

3. 盒子里装有 3 只黑球、2 只红球、2 只白球，在其中任取 4 只球，以 X 表示取到黑球的只数，以 Y 表示取到红球的只数. 求 X 和 Y 的联合分布律.

4. 设 (X, Y) 的联合密度函数为

$$
P(x, y)
\begin{cases}
A e^{-(2x+3y)}, & x > 0, y > 0, \\
0, & \text{其他}.
\end{cases}
$$

   (1) 确定常数 A；

   (2) 求 $P(-1 \leqslant X \leqslant 1, -2 \leqslant Y \leqslant 2)$；

   (3) 求联合分布函数 $F(x, y)$.

5. 设 X 和 Y 是两个相互独立的随机变量，X 在 $(0, 0.2)$ 上服从均匀分布，Y 的密度函数为

$$
f_Y(y) =
\begin{cases}
5 e^{-5y}, & y > 0, \\
0, & \text{其他}.
\end{cases}
$$

   (1) 求 X 与 Y 的联合分布密度；

   (2) 求 $P\{Y \leqslant X\}$.

6. 设二维随机变量 (X, Y) 的联合分布函数为

$$
F(x, y) =
\begin{cases}
(1 - e^{-4x})(1 - e^{-2y}), & x > 0, y > 0, \\
0, & \text{其他}.
\end{cases}
$$

求 (X,Y) 的联合分布密度.

7. 设二维随机变量 (X,Y) 的联合密度函数为

$$f(x,y)=\begin{cases}\dfrac{3}{2}x, & 0<x<1,\ |\,y\,|<x,\\0, & \text{其他}.\end{cases}$$

求 (X,Y) 的边缘密度函数.

8. 设二维随机变量 (X,Y) 的联合密度函数为

$$f(x,y)=\begin{cases}e^{-y}, & 0<x<y,\\0, & \text{其他}.\end{cases}$$

(1) 求 $P(X+Y\leqslant 1)$;

(2) 求 $P(X=Y)$;

(3) 求 (X,Y) 的两个边缘密度函数 $f_X(x)f_Y(y)$;

(4) 求 $P(X>2\,|\,Y<4)$.

9. 设二维随机变量 (X,Y) 的概率密度为

$$f(x,y)=\begin{cases}cx^2y, & x^2\leqslant y\leqslant 1,\\0, & \text{其他}.\end{cases}$$

(1) 试确定常数 c;

(2) 求边缘概率密度.

10. 设随机变量 (X,Y) 的概率密度为

$$f(x,y)=\begin{cases}1, & |\,y\,|<x,0<x<1,\\0, & \text{其他}.\end{cases}$$

求条件概率密度 $f_{Y|X}(y\,|\,x),f_{X|Y}(x\,|\,y)$.

11. 设二维随机变量 (X,Y) 的联合分布律为

X	Y		
	2	5	8
0.4	0.15	0.30	0.35
0.8	0.05	0.12	0.03

(1) 求关于 X 和关于 Y 的边缘分布;

(2) X 与 Y 是否相互独立?

12. 一口袋中有四个球,它们依次标有数字 $1,2,3,4$. 从这袋中任取一球后,不放回袋中,再从袋中任取一球,以 X,Y 分别记第一、第二次取得的球上标有的数字.

(1) 求 (X,Y) 的联合概率分布;

(2) 求 (X,Y) 的边缘概率分布;

(3) X 与 Y 是否独立?

13. 设 X 和 Y 是两个相互独立的随机变量,X 在 $(0,1)$ 上服从均匀分布,Y 的概率密度为

$$f_Y(y)=\begin{cases}\dfrac{1}{2}e^{-\frac{y}{2}}, & y>0,\\0, & \text{其他}.\end{cases}$$

(1)求 X 和 Y 的联合概率密度；

(2) 设含有 a 的二次方程为 $a^2 + 2Xa + Y = 0$，试求 a 有实根的概率.

14. 设某种型号的电子管的寿命(以小时计)近似地服从 $N(160, 20^2)$ 分布. 随机地选取 4 只，求其中没有一只寿命小于 180 的概率.

15. 设 X，Y 是相互独立的随机变量，它们都服从参数为 n，p 的二项分布. 证明 $Z = X + Y$ 服从参数为 $2n$，p 的二项分布.

16. 设随机变量 (X, Y) 的联合分布为

X	Y	
	1	2
1	$\frac{1}{6}$	$\frac{1}{3}$
2	$\frac{1}{9}$	$\frac{2}{9}$
3	$\frac{1}{18}$	$\frac{1}{9}$

(1)求 $U = \max(X, Y)$ 的分布律；

(2)求 $V = \min(X, Y)$ 的分布律；

(3)求 $Z = X + Y$ 的分布律.

17. 设随机变量 X 和 Y 相互独立，下表列出了二维随机变量 (X, Y) 联合分布律及关于 X 和 Y 的边缘分布律中的部分数值. 试将其余数值填入表中的空白处.

X	Y			$P\{X = x_i\} = p_i$
	y_1	y_2	y_3	
x_1	$\frac{1}{8}$	$\frac{1}{8}$		
x_2				
$P\{Y = y_j\} = p_j$	$\frac{1}{6}$			1

18. 设某班车起点站上客人数 X 服从参数为 $\lambda(\lambda > 0)$ 的泊松分布，每位乘客在中途下车的概率为 $p(0 < p < 1)$，且中途下车与否相互独立，以 Y 表示在中途下车的人数，求：

(1)在发车时有 n 个乘客的条件下，中途有 m 人下车的概率；

(2)二维随机变量 (X, Y) 的概率分布.

19. 设二维随机变量 (X, Y) 的分布律为

X	Y		
	1	2	3
1	$\frac{1}{6}$	$\frac{1}{9}$	$\frac{1}{18}$
2	$\frac{1}{3}$	α	β

若 X 与 Y 相互独立,求 α 与 β 的值.

20. 设二维随机变量 (X,Y) 的分布律为

X	Y	
	0	1
0	0.4	a
1	b	0.1

已知随机事件 $\{X=0\}$ 与 $\{X+Y=1\}$ 相互独立,且 $a>b$,求 b 的值.

21. 设 $P\{X\leqslant 1,Y\leqslant 1\}=\dfrac{2}{5}$, $P\{X\leqslant 1\}=P\{Y\leqslant 1\}=\dfrac{3}{5}$, 求 $P\{\min\{X,Y\}\leqslant 1\}$ 的值.

22. 设二维随机变量 (X,Y) 的概率密度为
$$f(x,y)=Ae^{-2x^2+2xy-y^2} , -\infty<x<+\infty , -\infty<y<+\infty.$$
求常数 A 及条件概率密度 $f_{Y|X}(y\mid x)$.

23. 设二维随机变量 (X,Y) 服从区域 G 上的均匀分布,其中 G 是由 $x-y=0,x+y=2$ 与 $y=0$ 所围成的区域.
(1)求边缘概率密度 $f_X(x)$;
(2)求条件密度函数 $f_{X|Y}(x\mid y)$.

24. 设二维随机变量 (X,Y) 在区域 $D=\{(x,y)\mid 0<x<1,x^2<y<\sqrt{x}\}$ 服从均匀分布,令 $U=\begin{cases}1, & X\leqslant Y,\\ 0, & X>Y.\end{cases}$

(1)写出 (X,Y) 的概率密度;
(2)问 U 与 X 是否相互独立,说明理由;
(3)求 $Z=U+X$ 的分布函数 $F(Z)$.

第四章　随机变量的数字特征

本章导学

　　随机变量的数字特征是描述随机变量某一方面特征的常数,最重要的特征数是数学期望和方差.通过本章的学习要达到以下目标:1.掌握离散型和连续型随机变量及其函数的数学期望和方差的定义、性质和计算方法.2.熟记几个常用分布的数学期望和方差.3.了解协方差和相关系数的性质及意义.4.了解矩的概念.

　　我们知道,每一个随机变量对应着一个分布函数(分布律、密度函数),随机变量的分布函数完整地描述了随机变量的统计规律.由分布可以算出有关随机变量事件的概率.但是在实际问题中,一方面由于求分布函数并非易事,另一方面,往往不需要去全面考察随机变量的变化情况而只需知道随机变量的某些特征就够了.例如,在考察一个班级学生的学习成绩时,只要知道这个班级的平均成绩及其分散程度就可以对该班的学习情况作出比较客观的判定了.这些表达平均值及分散程度的数字虽然不能完整地描述随机变量,但更突出地描述随机变量在某些重要特征,我们称它们为随机变量的数字特征.本章将介绍随机变量的常用数字特征:数学期望、方差、相关系数和矩,这些特征数各从一个侧面描述了随机变量分布特征.

第一节　数学期望

　　"期望"在日常生活中常指期待,而在概率论的发展史中,数学期望源于历史上一个著名的分赌本问题.在一场赌博中,某一方先胜 6 局便算赢家,那么,当甲方胜了 4 局,乙方胜了 3 局的情况下,因出现意外,赌局被中断,无法继续,此时,赌金应如何分配才合理呢?

一、离散型随机变量的数学期望

　　引例　要评判一个射手的射击水平,需要知道射手平均命中环数.设射手 A 在同样条件下进行射击,命中的环数 X 是一随机变量,其分布律如下:

表 4-1　随机变量 X 的分布律

X	10	9	8	7	6	5	0
p_k	0.1	0.1	0.2	0.3	0.1	0.1	0.1

　　由 X 的分布律可知,若射手 A 共射击 N 次,根据频率的稳定性,所以在 N 次射击中,大约有 $0.1 \times N$ 次击中 10 环,$0.1 \times N$ 次击中 9 环,$0.2 \times N$ 次击中 8 环,$0.3 \times N$ 次击中 7

环,0.1×N 次击中 6 环,0.1×N 次击中 5 环,0.1×N 次脱靶.于是在 N 次射击中,射手 A 击中的环数之和约为

$$10\times0.1N+9\times0.1N+8\times0.2N+7\times0.3N+6\times0.1N+5\times0.1N+0\times0.1N.$$

平均每次击中的环数约为

$$\frac{1}{N}(10\times0.1N+9\times0.1N+8\times0.2N+7\times0.3N+6\times0.1N+5\times0.1N+0\times0.1N)$$

$$=10\times0.1+9\times0.1+8\times0.2+7\times0.3+6\times0.1+5\times0.1+0\times0.1$$

$$=6.7(环).$$

由这样一个问题的启发,得到一般随机变量的"平均数",应是随机变量所有可能取值与其相应的概率乘积之和,也就是以概率为权数的加权平均值,这就是所谓"数学期望"的概念.一般地,有如下定义:

定义 4.1　设离散型随机变量 X 的分布律为

$$P\{X=x_k\}=p_k,\quad k=1,2,\cdots$$

若级数 $\sum_{k=1}^{\infty}x_kp_k$ 绝对收敛,则称级数 $\sum_{k=1}^{\infty}x_kp_k$ 为随机变量 X 的数学期望(Mathematical expectation),记为 $E(X)$.即

$$E(X)=\sum_{k=1}^{\infty}x_kp_k \tag{4.1}$$

(4.1)式表明,数学期望就是随机变量 X 的取值 x_i 以它们的概率为权的加权平均,从这个意义上说,把 $E(X)$ 称为 X 的均值更能反映这个概念的本质.因此,在以后的讨论中,有时我们也称为 $E(X)$ 为 X 的均值,描述了随机变量取值的平均值,即分布的位置特征数.

例 4.1　甲、乙两人进行打靶,所得分数分别记为 X_1,X_2,它们的分布律分别见表 4-2(a)和表 4-2(b).

表 4-2(a)　X_1 的分布律

X_1	0	1	2
P	0	0.2	0.8

表 4-2(b)　X_2 的分布律

X_2	0	1	2
P	0.6	0.3	0.1

试评定他们的成绩的好坏.

解　计算 X_1 的数学期望,得

$$E(X_1)=0\times0+1\times0.2+2\times0.8=1.8(分)$$

这表示,如果甲进行很多次射击,则所得分数的算术平均就接近于 1.8 分.而乙所得分数的数学期望为

$$E(X_2)=0\times0.6+1\times0.3+2\times0.1=0.5(分)$$

显然,乙的成绩远不如甲的成绩.

例 4.2　按规定,某车站每天 8 点至 9 点,9 点至 10 点都有一辆客车到站,但到站的时刻是随机的,且两者到站的时间相互独立.其分布律见表 4-3.

表 4-3　客车到站时刻的分布律

到站时刻	8：10 9：10	8：30 9：30	8：50 9：50
概率	$\dfrac{1}{6}$	$\dfrac{3}{6}$	$\dfrac{2}{6}$

若一旅客 8：20 到车站,求他候车时间的数学期望.

解　设旅客候车时间为 X 分钟,易知 X 的分布律见表 4-4.

表 4-4　X 的分布律

X	10	30	50	70	90
p_k	$\dfrac{3}{6}$	$\dfrac{2}{6}$	$\dfrac{1}{36}$	$\dfrac{3}{36}$	$\dfrac{2}{36}$

在表 4-4 中概率的求法如下,例如:

$$P\{X=70\}=P(AB)=P(A)P(B)=\frac{1}{6}\times\frac{3}{6}=\frac{3}{36}$$

其中 A 为事件"第一班车在 8：10 到站",B 为事件"第二班车在 9：30 到站". 于是候车时间的数学期望为

$$E(X)=10\times\frac{3}{6}+30\times\frac{2}{6}+50\times\frac{1}{36}+70\times\frac{3}{36}+90\times\frac{2}{36}=27.22(\text{分}).$$

常用离散型随机变量的数学期望:

1. 0-1 分布

设 X 的分布律见表 4-5.

表 4-5　X 的分布律

X	0	1
P	$1-p$	p

则 X 的数学期望为

$$E(X)=0\times(1-p)+1\times p=p$$

2. 二项分布

设 X 服从参数为 n,p 的二项分布,其分布律为

$$P\{X=k\}=C_n^k p^k(1-p)^{n-k},\quad k=0,1,2,\cdots,n,\quad 0<p<1$$

则 X 的数学期望为

$$E(X)=\sum_{K=0}^{n}kC_n^k p^k(1-p)^{n-k}=\sum_{k=0}^{n}k\,\frac{n!}{k!\,(n-k)!}p^k(1-p)^{n-k}$$

$$=np\sum_{k=1}^{n}\frac{(n-1)!}{(k-1)!\,[(n-1)-(k-1)]!}p^{k-1}(1-p)^{[(n-1)-(k-1)]}$$

令 $k-1=t$,则

$$E(X) = np \sum_{t=0}^{n-1} \frac{(n-1)!}{t! \ [(n-1)-t]!} p^t (1-p)^{[(n-1)-t]}$$
$$= np [p + (1-p)]^{n-1} = np$$

若利用数学期望的性质,将二项分布表示为 n 个相互独立的 $0-1$ 分布的和,计算过程将简单得多. 事实上,若设 X 表示在 n 次独立重复试验中事件 A 发生的次数,$X_i (i = 1, 2, \cdots, n)$ 表示 A 在第 i 次试验中出现的次数,则有 $X = \sum_{i=1}^{n} X_i$.

显然,这里 $X_i (i = 1, 2, \cdots, n)$ 服从 $(0-1)$ 分布,其分布律见表 $4-6$.

表 4-6 X_i 的分布律

X_i	0	1
P	$1-p$	p

所以 $E(X_i) = p$,$i = 1, 2, \cdots, n$. 由本节定理 4.2 的性质(3)有

$$E(X) = E\left(\sum_{i=1}^{n} X_i \right) = \sum_{i=1}^{n} EX_i = np$$

3. 泊松分布

设 X 服从参数为 λ 的泊松分布,其分布律为

$$P\{X = k\} = \frac{\lambda^k}{k!} e^{-\lambda}, \quad k = 0, 1, 2, \cdots, \quad \lambda > 0$$

则 X 的数学期望为

$$E(X) = \sum_{k=0}^{\infty} k \frac{\lambda^k}{k!} e^{-\lambda} = \lambda e^{-\lambda} \sum_{k=1}^{\infty} \frac{\lambda^{k-1}}{(k-1)!}$$

令 $k - 1 = t$,则有

$$E(X) = \lambda e^{-\lambda} \sum_{t=0}^{\infty} \frac{\lambda^t}{t!} = \lambda e^{-\lambda} \cdot e^{\lambda} = \lambda$$

二、连续型随机变量的数学期望

定义 4.2 设连续型随机变量 X 的概率密度为 $f(x)$,若积分
$$\int_{-\infty}^{+\infty} x f(x) dx$$

绝对收敛,则称积分 $\int_{-\infty}^{+\infty} x f(x) dx$ 的值为随机变量 X 的数学期望,记为 $E(X)$,即

$$E(X) = \int_{-\infty}^{+\infty} x f(x) dx \tag{4.2}$$

常用连续型随机变量的数学期望

1. 均匀分布

设 X 服从 $[a,b]$ 上的均匀分布,其密度函数为

$$f(x)=\begin{cases} \dfrac{1}{b-a}, & a\leqslant x\leqslant b, \\ 0, & 其他. \end{cases}$$

则 X 的数学期望为

$$E(X)=\int_{-\infty}^{+\infty}xf(x)dx=\int_{a}^{b}\frac{x}{b-a}dx=\frac{a+b}{2}$$

2. 指数分布

设 X 服从参数为 λ 的指数分布,其密度函数为

$$f(x)=\begin{cases} \lambda e^{-\lambda x}, & x>0, \\ 0, & x\leqslant 0. \end{cases}$$

则 X 的数学期望为

$$E(X)=\int_{-\infty}^{+\infty}xf(x)dx=\int_{0}^{+\infty}x\lambda e^{-\lambda x}dx=\frac{1}{\lambda}$$

3. 正态分布

设 $X\sim N(\mu,\sigma^2)$,其密度函数为 $f(x)=\dfrac{1}{\sqrt{2\pi}\,\sigma}e^{-\frac{(x-\mu)^2}{2\sigma^2}}$,$(-\infty<x<+\infty)$,则 X 的数学期望为

$$E(X)=\int_{-\infty}^{+\infty}xf(x)dx=\frac{1}{\sqrt{2\pi}\,\sigma}\int_{-\infty}^{+\infty}xe^{-\frac{(x-\mu)^2}{2\sigma^2}}dx$$

令 $\dfrac{(x-\mu)}{\sigma}=t$,则 $E(X)=\dfrac{1}{\sqrt{2\pi}}\int_{-\infty}^{+\infty}(\mu+\sigma t)e^{-\frac{t^2}{2}}dt$

注意到

$$\frac{\mu}{\sqrt{2\pi}}\int_{-\infty}^{+\infty}e^{-\frac{t^2}{2}}dt=\mu,\quad \frac{1}{\sqrt{2\pi}}\int_{-\infty}^{+\infty}\sigma te^{-\frac{t^2}{2}}dt=0$$

故有 $E(X)=\mu$.

三、随机变量函数的数学期望

在实际问题与理论研究中,我们经常需要求随机变量函数的数学期望. 这时,我们可以通过下面的定理来实现.

定理 4.1 设 Y 是随机变量 X 的函数 $Y = g(X)$ g 是连续函数.

(1) X 是离散型随机变量,它的分布律为 $P(X = x_k) = p_k, k = 1, 2, \cdots$, 若 $\sum_{k=1}^{\infty} g(x_k) p_k$ 绝对收敛,则有

$$E(Y) = E[g(X)] = \sum_{k=1}^{\infty} g(x_k) p_k \qquad (4.3)$$

(2) X 是连续型随机变量,它的概率密度为 $f(x)$,若 $\int_{-\infty}^{+\infty} g(x) f(x) dx$ 绝对收敛,则有

$$E(Y) = E[g(X)] = \int_{-\infty}^{+\infty} g(x) f(x) dx \qquad (4.4)$$

定理 4.1 的重要意义在于当我们求 $E(Y)$ 时,不必知道 Y 的分布而只需知道 X 的分布就可以了. 当然,我们也可以由已知的 X 的分布,先求出其函数 $g(X)$ 的分布,再根据数学期望的定义去求 $E[g(X)]$,然而,求 $Y = g(X)$ 的分布是不容易的,所以一般不采用后一种方法.

上述定理还可以推广到二个或二个以上随机变量的函数情形.

例如,设 Z 是随机变量 X, Y 的函数,$Z = g(X, Y)$ (g 是连续函数),那么 Z 也是一个随机变量. 当 (X, Y) 是二维离散型随机变量,其分布 $p\{X = x_i, Y = y_j\} = p_{ij}$ ($(i, j = 1, 2, \cdots)$) 时,若 $\sum_i \sum_j g(x_i, y_j) p_{ij}$ 绝对收敛,则有

$$E(X) = E[g(X, Y)] = \sum_i \sum_j g(x_i, y_j) \qquad (4.5)$$

当 (X, Y) 是二维连续型随机变量,其概率密度为 $f(x, y)$ 时,若 $\int_{-\infty}^{+\infty} \int_{-\infty}^{+\infty} g(z, y) f(x, y) dx dy$ 绝对收敛,则有

$$E(Y) = E[g(X)] = \int_{-\infty}^{+\infty} \int_{-\infty}^{+\infty} g(z, y) f(x, y) dx dy \qquad (4.6)$$

特别地有

$$E(X) = \int_{-\infty}^{+\infty} \int_{-\infty}^{+\infty} x f(x, y) dx dy = \int_{-\infty}^{+\infty} x f_X(x) dx$$

$$E(Y) = \int_{-\infty}^{+\infty} \int_{-\infty}^{+\infty} y f(x, y) dx dy = \int_{-\infty}^{+\infty} y f_Y(y) dy$$

例 4.3 设随机变量 X 的分布律见表 4-7.

表 4-7 随机变量 X 的分布律

X	-1	0	2	3
P	$\dfrac{1}{8}$	$\dfrac{1}{4}$	$\dfrac{3}{8}$	$\dfrac{1}{4}$

求 $E(X^2)$, $E(-2X+1)$.

解 由(4.3)式得

$$E(X^2) = (-1)^2 \times \frac{1}{8} \times 0^2 \times \frac{1}{4} + 2^2 \times \frac{3}{8} + 3^2 \times \frac{1}{4} = \frac{31}{8},$$

$$E(-2X+1) = [-2 \times (-1) + 1] \times \frac{1}{8} + (-2 \times 0 + 1) \times \frac{1}{4} + (-2 \times 2 + 1) \times \frac{3}{8}$$

$$+ (-2 \times 3 + 1) \times \frac{1}{4} = -\frac{7}{4}.$$

例 4.4 设国际市场每年对我国某种出口商品的需求量 X(单位:吨)服从区间[2000, 4000]上的均匀分布. 若售出这种商品 1 吨,可挣得外汇 3 万元,但如果销售不出而囤积于仓库,则每吨需保管费 1 万元. 问应预备多少吨这种商品,才能使国家的收益最大?

解 设预备这种商品 y 吨($2000 \leqslant y \leqslant 4000$),则收益(单位:万元)为

$$g(X) = \begin{cases} 3y, & X \geqslant y, \\ 3X - (y - X), & X < y. \end{cases}$$

则 $E[g(X)] = \int_{-\infty}^{+\infty} g(x) f(x) dx = \int_{2000}^{4000} g(x) \cdot \frac{1}{4000 - 2000} dx$

$$= \frac{1}{2000} \int_{2000}^{y} [3x - (-2 \times 3 + 1)] dx + \frac{1}{2000} \int_{y}^{4000} 3y \, dx$$

$$= \frac{1}{1000} (-y^2 + 7000y - 4 \times 10^6).$$

当 $y = 3500$ 吨时,上式达到最大值. 所以预备 3500 吨此种商品能使国家的收益最大,最大收益为 8250 万元.

四、数学期望的性质

下面讨论数学期望的几条重要性质.

定理 4.2 设随机变量 X, Y 的数学期望 $E(X)$, $E(Y)$ 存在.

(1) $E(c) = c$,其中 c 是常数.

(2) $E(cX) = cE(X)$,其中 c 是常数.

(3) $E(X + Y) = E(X) + E(Y)$.

(4)若 X 与 Y 相互独立,则有 $E(XY) = E(X)E(Y)$.

证 就连续型的情况我们来证明性质(3)(4),离散型情况和其他性质的证明留给读者.

(3)设二维随机变量 (X, Y) 的概率密度为 $f(x, y)$,其边缘概率密度为 $f_X(x)$, $f_Y(y)$,则

$$E(X + Y) = \int_{-\infty}^{+\infty} \int_{-\infty}^{+\infty} (x + y) f(x, y) dx dy$$

$$= \int_{-\infty}^{+\infty} \int_{-\infty}^{+\infty} x f(x, y) dx dy + \int_{-\infty}^{+\infty} \int_{-\infty}^{+\infty} y f(x, y) dx dy$$

$$= \int_{-\infty}^{+\infty} x f_X(x) dx + \int_{-\infty}^{+\infty} y f_Y(y) dy = E(X) + E(Y)$$

(4)又若 X 和 Y 相互独立,此时 $f(x, y) = f_X(x) f_Y(y)$,故

$$E(XY) = \int_{-\infty}^{+\infty}\int_{-\infty}^{+\infty} xyf(x,y)dxdy \int_{-\infty}^{+\infty}\int_{-\infty}^{+\infty} xyf_X(x)f_Y(y)dxdy$$

$$= \int_{-\infty}^{+\infty} xf_X(x)dx \cdot \int_{-\infty}^{+\infty} yf_Y(y)dy = E(X)E(Y)$$

性质(3)可推广到任意有限个随机变量之和的情形;性质(4)可推广到任意有限个相互独立的随机变量之积的情形.

例 4.5 设对某一目标进行射击,命中 n 次才能彻底摧毁该目标,假定各次射击是独立的,并且每次射击命中的概率为 p,试求彻底摧毁这一目标平均消耗的炮弹数.

解 设 X 为 n 次击中目标所消耗的炮弹数, X_k 表示第 $k-1$ 次击中后至 k 次击中目标之间所消耗的炮弹数,这样,X_k 可取值 $1,2,3,\cdots$,其分布律见表 4-8.

表 4-8 X_k 的分布律

X_k	1	2	3	$\cdots$	m	$\cdots$
P	p	pq	pq^2	$\cdots$	pq^{m-1}	$\cdots$

其中 $q=1-p$. 注意到

$$X = X_1 + X_2 + \cdots + X_n$$

由性质(3)可得

$$E(X) = E(X_1) + E(X_2) + \cdots + E(X_n) = nE(X_1)$$

又 $E(X_1) = \sum_{m=1}^{\infty} mpq^{m-1} = \dfrac{1}{p}$,故 $E(X) = \dfrac{n}{p}$.

数学期望在金融市场上用于评估债券、股票、基金的收益率,在工业中用于评估产量、寿命等指标.

第二节 方 差

例如甲、乙两门炮同时向一目标射击 10 发炮弹,其落点距目标的位置如图 4-1.

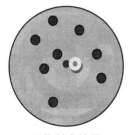 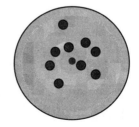

甲炮射击结果　　　　　　乙炮射击结果

图 4-1 甲炮、乙炮射击结果示意图

你觉得哪门炮射击效果要好些呢? 为此需要引进另一个数字特征,用它来度量随机变量取值偏离其中心(均值)的程度,那就是下面讲到的方差.

一、方差的定义

随机变量 X 的数学期望 $E(X)$ 是一种位置特征数，它位于分布的中心，刻画了 X 的取值总在数学期望 $E(X)$ 周围波动．但这个位置特征数无法反映随机变量取值的波动大小．例如，有 A,B 两名射手，他们每次射击命中的环数分别为 X,Y，已知 X,Y 的分布律见表 4—9 和表 4—10．

表 4—9　X 的分布律

X	8	9	10
P	0.2	0.6	0.2

表 4—10　Y 的分布律

Y	8	9	10
P	0.1	0.8	0.1

由于 $E(X)=E(Y)=9$（环），可见从均值的角度是分不出谁的射击技术更高，故还需考虑其他的因素．通常的想法是：在射击的平均环数相等的条件下进一步衡量谁的射击技术更稳定些．也就是看谁命中的环数比较集中于平均值的附近，通常人们会采用命中的环数 X 与它的平均值 $E(X)$ 之间的离差 $|X-E(X)|$ 的均值 $E[|X-E(X)|]$ 来度量，$E[|X-E(X)|]$ 愈小，表明 X 的值愈集中于 $E(X)$ 的附近，即技术稳定；$E[|X-E(X)|]$ 愈大，表明 X 的值很分散，技术不稳定．但由于 $E[|X-E(X)|]$ 带有绝对值，运算不便，故通常采用 X 与 $E(X)$ 的离差 $|X-E(X)|$ 的平方平均值 $E\{[X-EX]^2\}$ 来度量随机变量 X 取值的分散程度．此例中，由于

$$E\{[X-E(X)]^2\}=0.2\times(8-9)^2+0.6\times(9-9)^2+0.2\times(10-9)^2=0.4,$$

$$E\{[Y-E(Y)]^2\}=0.1\times(8-9)^2+0.8\times(9-9)^2+0.1\times(10-9)^2=0.2,$$

由此可见 B 的技术更稳定些．

定义 4.3　设 X 是一个随机变量，若 $E\{[X-E(X)]^2\}$ 存在，则称 $E\{[X-E(X)]^2\}$ 为 X 的方差(Variance)，记为 $D(X)$ 或者 $Var(X)$，即

$$D(X)=E\{[X-E(X)]^2\} \tag{4.7}$$

称 $\sqrt{D(X)}$ 为随机变量 X 的标准差(Standard deviation)或均方差(Mean square deviation)，记为 $\sigma(X)$．

根据定义可知，随机变量 X 的方差刻画的是随机变量的取值相对于其数学期望的偏离程度．若 X 取值比较集中，则 $D(X)$ 较小；反之，若 X 取值比较分散，则 $D(X)$ 较大．

方差是随机变量 X 的函数 $g(X)=[X-E(X)]^2$ 的数学期望．若离散型随机变量 X 的分布律为 $P\{X=x_k\}=p_k,k=1,2,\cdots$，则

$$D(X)=\sum_{k=1}^{\infty}[x_k-E(X)]^2p_k \tag{4.8}$$

若连续型随机变量 X 的概率密度为 $f(x)$，则

$$D(X)=\int_{-\infty}^{+\infty}[x-E(X)]^2f(x)dx \tag{4.9}$$

由此可见,方差 $D(X)$ 是一个常数,它由随机变量的分布唯一确定.

根据数学期望的性质可得

$$
\begin{aligned}
D(X) &= E\{[X - E(X)]^2\} \\
&= E\{[X^2 - 2X \cdot E(X) + [E(X)]^2]\} \\
&= E(X^2) - 2E(X) \cdot E(X) + [E(X)]^2 \\
&= E(X^2) - [E(X)]^2
\end{aligned}
$$

于是得到常用计算方差的简便公式

$$
D(X) = E(X^2) - [E(X)]^2 \tag{4.10}
$$

例 4.6 设有甲、乙两种棉花,从中各抽取等量的样品检验棉花的纤维长度,结果如表 4-11.

表 4-11 X 的分布律(甲)

X	28	29	30	31	32
P	0.1	0.15	0.5	0.15	0.1

表 4-12 Y 的分布律(乙)

Y	28	29	30	31	32
P	0.13	0.17	0.4	0.17	0.13

其中 X,Y 分别表示甲、乙两种棉花的纤维的长度(单位:毫米),求 $D(X)$ 与 $D(Y)$,且评定它们的质量.

解 由于

$$
E(X) = 28 \times 0.1 + 29 \times 0.15 + 30 \times 0.5 + 31 \times 0.15 + 32 \times 0.1 = 30
$$

$$
E(Y) = 28 \times 0.13 + 29 \times 0.17 + 30 \times 0.4 + 31 \times 0.17 + 32 \times 0.13 = 30
$$

故得

$$
\begin{aligned}
D(X) &= (28-30)^2 \times 0.1 + (29-30)^2 \times 0.15 + (30-30)^2 \times 0.5 + (31-30)^2 \times 0.15 + (32-30)^2 \times 0.1 \\
&= 4 \times 0.1 + 1 \times 0.15 + 0 \times 0.5 + 1 \times 0.15 + 4 \times 0.1 = 1.1
\end{aligned}
$$

$$
\begin{aligned}
D(Y) &= (28-30)^2 \times 0.13 + (29-30)^2 \times 0.17 + (30-30)^2 \times 0.4 + (31-30)^2 \times 0.17 + (32-30)^2 \times 0.13 \\
&= 4 \times 0.13 + 1 \times 0.17 + 0 \times 0.4 + 1 \times 0.17 + 4 \times 0.13 = 1.38
\end{aligned}
$$

因 $D(X) < D(Y)$,所以甲种棉花纤维长度的方差小些,说明其纤维比较均匀,故甲种棉花质量较好.

例 4.7 设随机变量 X 的概率密度为

$$
f(x) = \begin{cases} 1 + x, & -1 < x < 0, \\ 1 - x, & 0 < x < 1, \\ 0 & \text{其他}. \end{cases}
$$

求 $D(X)$.

解 $E(X) = \int_{1}^{0} x(1+x)dx + \int_{0}^{1} x(1-x)dx = 0$,

$E(X^2) = \int_{-1}^{0} x^2(1+x)dx + \int_{0}^{1} x^2(1-x)dx = \dfrac{1}{6}$,

于是 $D(X) = E(X^2) - [E(X)]^2 = \dfrac{1}{6}$.

二、方差的性质

方差有以下 5 条重要的性质.

设随机变量 X 与 Y 的方差存在,则

(1)设 c 为常数,则 $D(c) = 0$.

(2)设 c 为常数,则 $D(cX) = c^2 D(X)$. $\qquad$ (4.11)

(3)若 X 与 Y 相互独立,则 $D(X \pm Y) = D(X) + D(Y)$.

此条性质(3)可以推广到多个相互独立的随机变量情形. 若随机变量 $X_1, X_2, \cdots, X_n$ 相互独立,则

$$D\left(\sum_{i=1}^n X_i\right) = \sum_{i=1}^n D(X_i) \qquad (4.12)$$

(4) $D(X \pm Y) = D(X) + D(Y) \pm 2E\{[X - E(X)][Y - E(Y)]\}$ $\qquad$ (4.13)

(5)对任意的常数 $c \neq E(X)$,有 $D(X) < E[(X - c)^2]$.

三、方差性质的应用

例 4.8 设随机变量 X 的数学期望为 $E(X)$,方差 $D(X) = \sigma^2 (\sigma > 0)$,令 $Y = \dfrac{X - E(X)}{\sigma}$,求 $E(Y)$,$D(Y)$.

解 $E(Y) = E\left[\dfrac{X - E(X)}{\sigma}\right] = \dfrac{1}{\sigma} E[X - E(X)] = \dfrac{1}{\sigma}[E(X) - E(X)] = 0$

$D(Y) = D\left[\dfrac{X - E(X)}{\sigma}\right] = \dfrac{1}{\sigma^2} D[X - E(X)] = \dfrac{1}{\sigma^2} D(X) = \dfrac{\sigma^2}{\sigma^2} = 1$

常称 Y 为 X 的标准化随机变量.

例 4.9 设 $X_1, X_2, \cdots, X_n$ 相互独立,且服从同一 $(0-1)$ 分布,分布律为

$$P\{X_i = 0\} = 1 - p,$$
$$P\{X_i = 1\} = p, \quad i = 1, 2, \cdots, n.$$

证明:$X = X_1 + X_2 + \cdots + X_n$ 服从参数为 n, p 的二项分布,并求 $E(X)$ 和 $D(X)$.

证 X 所有可能取值为 $0, 1, \cdots, n$,由独立性知 X 以特定的方式取 $k (0 \leqslant k \leqslant n)$(例如:前 k 个取 1,后 $n-k$ 个取 0)的概率为 $p^k (1-p)^{n-k}$ 而 X 取 k 的两两互不相容的方式共有 C_n^k 种,故

$$P\{X = k\} = C_n^k p^k (1-p)^{n-k}, \quad k = 0, 1, 2, \cdots, n.$$

即 X 服从参数为 n, p 的二项分布.

由于

$$E(X_i) = 0 \times (1-p) + 1 \times p = p$$
$$D(X_i) = (0-p)^2 \times (1-p) + (1-p)^2 \times p = p(1-p), \quad i = 1, 2, \cdots, n$$

故有

$$E(X) = E\left(\sum_{i=1}^n X_i\right) = \sum_{i=1}^n E(X_i) = np.$$

由于 $X_1, X_2, \cdots, X_n$ 相互独立,得

$$D(X) = D\left(\sum_{i=1}^{n} X_i\right) = \sum_{i=1}^{n} D(X_i) = np(1-p).$$

四、常用分布的方差

1. 0-1 分布

设 X 服从参数为 p 的 0-1 分布,其分布律见表 4-13.

表 4-13　X 的分布律

X	0	1
P	$1-p$	p

$$D(X) = p(1-p).$$

2. 二项分布

设 X 服从参数为 n, p 的二项分布,由例 4.9 可知,$D(X) = np(1-p)$.

3. 泊松分布

设 X 服从参数为 λ 的泊松分布,由上一节知 $E(X) = \lambda$,又

$$E(X^2) = E[X(X-1) + X] = E[X(X-1)] + E(X)$$
$$= \sum_{k=0}^{\infty} k(k-1)\frac{\lambda^k}{k!}e^{-\lambda} + \lambda = \lambda^2 e^{-\lambda}\sum_{k=2}^{\infty}\frac{\lambda^{k-2}}{(k-2)!} + \lambda$$
$$= \lambda^2 e^{-\lambda} \cdot e^{\lambda} + \lambda$$
$$= \lambda^2 + \lambda$$

从而有

$$D(X) = E(X^2) - [E(X)]^2 = \lambda^2 + \lambda - \lambda^2 = \lambda$$

4. 均匀分布

设 X 服从 $[a,b]$ 上的均匀分布,由上一节知 $E(X) = \dfrac{a+b}{2}$,又

$$E(X^2) = \int_a^b \frac{x^2}{b-a}dx = \frac{a^2 + ab + b^2}{3}$$

所以 $D(X) = E(X^2) - [E(X)]^2 = \dfrac{1}{3}(a^2 + ab + b^2) - \dfrac{1}{4}(a+b)^2 = \dfrac{(b-a)^2}{12}$.

5. 指数分布

设 X 服从参数为 λ 的指数分布,由上一节知,

$$E(X) = \frac{1}{\lambda}, \quad \text{又 } E(X^2) = \int_0^{+\infty} x^2 \lambda e^{-\lambda x}dx = \frac{2}{\lambda^2}$$

所以

$$D(X) = E(X^2) - [E(X)]^2 = \frac{2}{\lambda^2} - \left(\frac{1}{\lambda}\right)^2 = \frac{1}{\lambda^2}$$

6. 正态分布

设 $X \sim N(\mu, \sigma^2)$,由第三节知 $E(X) = \mu$,从而

$$D(X) = \int_{-\infty}^{+\infty} [x - E(X)]^2 f(x)dx = \int_{-\infty}^{+\infty} (x-\mu)^2 \frac{1}{\sqrt{2\pi}\sigma} e^{-\frac{(x-\mu)^2}{2\sigma^2}} dx$$

令 $\dfrac{x-\mu}{\sigma} = t$ 则

$$D(X) = \frac{\sigma^2}{\sqrt{2\pi}} \int_{-\infty}^{+\infty} t^2 e^{-\frac{t^2}{2}} dt = \frac{\sigma^2}{\sqrt{2\pi}} \left(-t e^{-\frac{t^2}{2}} \Big|_{-\infty}^{+\infty} + \int_{-\infty}^{+\infty} e^{-\frac{t^2}{2}} dt \right)$$

$$= \frac{\sigma^2}{\sqrt{2\pi}} (0 + \sqrt{2\pi}) = \sigma^2.$$

由此可知：正态分布的概率密度中的两个参数 μ 和 σ 分别是该分布的数学期望和均方差，因而正态分布完全可由它的数学期望和方差所确定．再者，由上一章第五节例 3.18 知道，若 $X_i \sim N(\mu_i, \sigma_i^2)$，$i=1,2,\cdots,n$，且它们相互独立，则它们的线性组合 $c_1 X_1 + c_2 X_2 + \cdots + c_n X_n$（$c_1, c_2, \cdots, c_n$ 是不全为零的常数）仍然服从正态分布．于是由数学期望和方差的性质知道：

$$c_1 X_1 + c_2 X_2 + \cdots + c_n X_n \sim N\left(\sum_{i=1}^{n} c_i \mu_i, \sum_{i=1}^{n} c_i^2 \sigma_i^2 \right) \tag{4.14}$$

这是一个重要的结果．

例 4.10 设活塞的直径（单位：厘米）$X \sim N(22.40, 0.03^2)$，气缸的直径（单位：厘米）$Y \sim N(22.50, 0.04^2)$，X 与 Y 相互独立，任取一只活塞，任取一只气缸，求活塞能装入气缸的概率．

解 按题意需求 $P\{X < Y\} = P\{X - Y < 0\}$．令 $Z = X - Y$，则

$$E(Z) = E(X) - E(Y) = 22.40 - 22.50 = -0.10$$
$$D(Z) = D(X) + D(Y) = 0.03^2 + 0.04^2 = 0.05^2$$

即 $Z \sim N(-0.10, 0.05^2)$，故有

$$P\{X < Y\} = P\{Z < 0\} = P\left\{ \frac{Z - (-0.10)}{0.05} < \frac{0 - (-0.10)}{0.05} \right\} = \Phi\left(\frac{0.10}{0.05} \right)$$

$$= \Phi(2) = 0.9772$$

方差是用来度量风险类的指标，比如金融资产风险．

☆人物简介

华罗庚（1910－1985），国际数学大师，中国科学院院士，中国解析数论、矩阵几何学、典型群、自安函数论等多方面研究的创始人和开拓者．曾任清华大学教授、数学系主任．中国科学院数学所所长．1958 年，华罗庚被任命为中国科技大学副校长兼应用数学系主任．1978 年，被任命为中国科学院副院长．1984 年华罗庚以全票当选为美国科学院外籍院士．他为中国数学的发展作出了无与伦比的贡献．华罗庚先生早年的研究领域是解析数论，他在解析数论方面的成就尤其广为人知，国际间颇具盛名的"中国解析数论学派"即是华罗庚开创的学派，该学派对于质数分布问题与哥德巴赫猜想作出了许多重大贡献．他在多复变函数论、矩阵几何学方面的卓越贡献，更是影响到了世界数学的发展．华老不光在科学研究上做出巨大而卓越的贡献，而且积极投身生产实践，在生产实践中推广优选法和统筹法，为社会做出贡献．

第三节　协方差与相关系数

对于二维随机变量 (X,Y)，数学期望 $E(X)$，$E(Y)$ 只反映了 X 和 Y 各自的平均值，而 $D(X)$，$D(Y)$ 反映的是 X 和 Y 各自偏离平均值的程度，它们都没有反映 X 与 Y 之间的关系．在实际问题中，每对随机变量往往相互影响、相互联系．例如，人的年龄与身高；某种产品的产量与价格等．随机变量的这种相互联系称为相关关系，其程度的度量也是一类重要的数字特征，本节讨论有关这方面的数字特征．

一、协方差

定义 4.4　设 (X,Y) 为二维随机变量，称

$$E\{[X-E(X)]\,[Y-E(Y)]\}$$

为随机变量 X 与 Y 的协方差（Covariance），记为 $Cov(X,Y)$，即

$$Cov(X,Y)=E\{[X-E(X)]\,[Y-E(Y)]\} \tag{4.15}$$

而 $\dfrac{Cov(X,Y)}{\sqrt{D(X)}\,\sqrt{D(Y)}}$ 称为随机变量 X 与 Y 的相关系数（Correlation coefficient）或标准协方差（Standard covariance），记为 ρ_{XY}，即

$$\rho_{XY}=\frac{Cov(X,Y)}{\sqrt{D(X)}\,\sqrt{D(Y)}} \tag{4.16}$$

特别地，

$$Cov(X,X)=E\{[X-E(X)]\,[X-E(X)]\}=D(X),$$
$$Cov(Y,Y)=E\{[Y-E(Y)]\,[Y-E(Y)]\}=D(Y).$$

故方差 $D(X)$，$D(Y)$ 是协方差的特例．

由上述定义及方差的性质可得

$$D(X\pm Y)=D(X)+D(Y)\pm 2Cov(X,Y)$$

由协方差的定义及数学期望的性质可得下列实用计算公式

$$Cov(X,Y)=E(XY)-E(X)E(Y) \tag{4.17}$$

若 (X,Y) 为二维离散型随机变量，其分布律为 $P\{X=x_i,Y=y_i\}=p_{ij}$，$i=1,2,\cdots$，则有

$$Cov(X,Y)=\sum_i\sum_j[x_i-E(X)]\,[y_j-E(Y)]\,p_{ij} \tag{4.18}$$

若 (X,Y) 为二维连续型随机变量，其概率密度为 $f(x,y)$，则有

$$Cov(X,Y)=\int_{-\infty}^{+\infty}\int_{-\infty}^{+\infty}[x-E(X)]\,[y-E(Y)]f(x,y)dxdy \tag{4.19}$$

例 4.11　设 (X,Y) 的分布律见表 4-14．

表 4-14　(X,Y) 的分布律

X	Y	
	0	1
0	$1-p$	0
1	0	p

$0 < p < 1$,求 $Cov(X,Y)$ 和 ρ_{XY}.

解 易知 X 的分布律为

$$P\{X=1\}\ p,\quad P\{X=0\}=1-p,$$

故 $E(X)=p$,$D(X)=p(1-p)$.

同理 $E(Y)=p$,$D(Y)=p(1-p)$,因此

$$Cov(X,Y)=E(XY)-E(X)\cdot E(Y)=p-p^2=p(1-p),$$

而

$$\rho_{XY}=\frac{Cov(X,Y)}{\sqrt{D(X)}\cdot\sqrt{D(Y)}}=\frac{p(1-p)}{\sqrt{p(1-p)}\cdot\sqrt{p(1-p)}}=1.$$

例 4.12 设 (X,Y) 的概率密度为

$$f(x,y)=\begin{cases} x+y, & 0<x<1,0<y<1, \\ 0, & \text{其他}. \end{cases}$$

求 $Cov(X,Y)$.

解 由于

$$f_X(x)=\begin{cases} x+\dfrac{1}{2}, & 0<x<1, \\ 0, & \text{其他}. \end{cases} \qquad f_Y(y)=\begin{cases} y+\dfrac{1}{2}, & 0<y<1, \\ 0, & \text{其他}. \end{cases}$$

$$E(X)=\int_0^1 x\left(x+\frac{1}{2}\right)dx=\frac{7}{12}$$

$$E(Y)=\int_0^1 y\left(y+\frac{1}{2}\right)dy=\frac{7}{12}$$

$$E(XY)=\int_0^1\int_0^1 xy(x+y)dxdy=\int_0^1\int_0^1 x^2 ydxdy+\int_0^1\int_0^1 xy^2 dxdy=\frac{1}{3}$$

因此 $$Cov(X,Y)=E(XY)-E(X)E(Y)=\frac{1}{3}-\frac{7}{12}\times\frac{7}{12}=-\frac{1}{144}.$$

协方差具有下列性质:

(1)若 X 与 Y 相互独立,则 $Cov(X,Y)=0$.

(2) $Cov(X,Y)=Cov(Y,X)$.

(3) $Cov(aX,bY)=abCov(X,Y)$.

(4) $Cov(X_1+X_2,Y)=Cov(X_1,Y)+Cov(X_2,Y)$.

证 仅证性质(4),其余留给读者.

$$\begin{aligned}Cov(X_1+X_2,Y)&=E[(X_1+X_2)Y]-E(X_1+X_2)E(Y)\\&=E(X_1Y)+E(X_2Y)-E(X_1)E(Y)-E(X_2)E(Y)\\&=[E(X_1Y)-E(X_1)E(Y)]+[E(X_2Y)-E(X_2)E(Y)]\\&=Cov(X_1,Y)+Cov(X_2,Y)\end{aligned}$$

下面给出相关系数 ρ_{XY} 的几条重要性质,并说明 ρ_{XY} 的含义.

定理 4.3 设 $D(X)>0,D(Y)>0$,ρ_{XY} 为 X 与 Y 的相关系数,则

(1)如果 X 与 Y 相互独立,则 $\rho_{XY}=0$.

(2) $|\rho_{XY}|\leqslant 1$.

(3) $|\rho_{XY}|=1$ 的充要条件是存在常数 a,b 使 $P\{Y=aX+b\}=1(a\neq 0)$.

证 由协方差的性质(1)及相关系数的定义可知(1)成立.

(2)对任意实数 t,有

$$
\begin{aligned}
D(Y-tX) &= E\{[(Y-tX)-E(Y-tX)]^2\} \\
&= E\{[(Y-E(Y))-t(X-E(X))]^2\} \\
&= E\{[Y-E(Y)]^2\}-2tE\{[Y-E(Y)][X-E(X)]\}+t^2E\{[X-E(X)]^2\} \\
&= t^2 D(X)-2tCov(X,Y)+D(Y) \\
&= D(X)\left[t-\frac{Cov(X,Y)}{D(X)}\right]^2+D(Y)-\frac{[Cov(X,Y)]^2}{D(X)}
\end{aligned}
$$

令 $t=\dfrac{Cov(X,Y)}{D(X)}=b$,于是

$$
D(Y-bX)=D(Y)-\frac{[cov(X,Y)]^2}{D(X)}=D(Y)\left[1-\frac{[cov(X,Y)]^2}{D(X)D(Y)}\right]=D(Y)(1-\rho_{XY}^2)
$$

由于方差不能为负,所以 $1-\rho_{XY}^2 \geqslant 0$,从而

$$
|\rho_{XY}| \leqslant 1
$$

性质(3)的证明较复杂,略.

当 $\rho_{XY}=0$ 时,称 X 与 Y 不相关,由性质(1)可知,当 X 与 Y 相互独立时,$\rho_{XY}=0$,即 X 与 Y 不相关. 反之不一定成立,即 X 与 Y 不相关,X 与 Y 却不一定相互独立.

例 4.13 设 X 服从 $[0,2\pi]$ 上均匀分布,$Y=cosX$,$Z=cos(X+a)$,这里 a 是常数,求 ρ_{YZ}.

解　$E(Y)=\displaystyle\int_0^{2\pi} cosx \cdot \frac{1}{2\pi}dx=0,\quad E(Z)=\frac{1}{2\pi}\int_0^{2\pi} cos(x+a)dx=0,$

$$
D(Y)=E\{[Y-E(Y)]^2\}=\frac{1}{2\pi}\int_0^{2\pi} cos^2 xdx=\frac{1}{2},
$$

$$
D(Z)=E\{[Z-E(Z)]^2\}=\frac{1}{2\pi}\int_0^{2\pi} cos^2(x+a)dx=\frac{1}{2},
$$

$$
Cov(Y,Z)=E\{[Y-E(Y)][Z-E(Z)]\}=\frac{1}{2\pi}\int_0^{2\pi} cosx \cdot cos(x+a)dx=\frac{1}{2}cosa,
$$

因此　$\rho_{YZ}=\dfrac{Cov(Y,Z)}{\sqrt{D(Y)} \cdot \sqrt{D(Z)}}=\dfrac{\frac{1}{2}cosa}{\sqrt{\frac{1}{2}} \cdot \sqrt{\frac{1}{2}}}=cosa.$

①当 $a=0$ 时,$\rho_{YZ}=1$,$Y=Z$,存在线性关系;$Y^2+Z^2=1$.

②当 $a=\pi$ 时,$\rho_{YZ}=-1$,$Y=-Z$,存在线性关系;

③当 $a=\dfrac{\pi}{2}$ 或 $\dfrac{3\pi}{2}$ 时,$\rho_{YZ}=0$,这时 Y 与 Z 不相关,但这时却有 $Y^2+Z^2=1$ 因此,Y 与 Z 不相互独立.

例 4.13 说明:当两个随机变量不相关时,它们并不一定相互独立,它们之间还可能存在其他的函数关系.

定理 4.3 告诉我们,相关系数 ρ_{XY} 描述了随机变量 X 与 Y 的线性相关程度,$|\rho_{XY}|$ 愈接近 1,则 X 与 Y 之间愈接近线性关系. 当 $|\rho_{XY}|=1$ 时,X 与 Y 之间依概率 1 存在线性相关. 不过,例 4.14 表明当 (X,Y) 是二维正态随机变量时,X 与 Y 不相关和 X 与 Y 相互

独立是等价的.

例 4.14 设 (X,Y) 服从二维正态分布,它的概率密度为

$$f(x,y) = \frac{1}{2\pi\sigma_1\sigma_2\sqrt{1-\rho^2}} \times \exp\left\{-\frac{1}{2(1-\rho^2)}\left[\frac{(x-\mu_1)^2}{\sigma_1^2} - 2\rho\frac{(x-\mu_1)(y-\mu_2)}{\sigma_1\sigma_2} + \frac{(y-\mu_2)^2}{\sigma_2^2}\right]\right\},$$
$$-\infty < x,y < +\infty$$

求 $Cov(X,Y)$ 和 ρ_{XY}.

解 可以计算得 (X,Y) 的边缘概率密度为

$$f_X(x) = \frac{1}{\sqrt{2\pi}\sigma_1}e^{-\frac{(x-\mu_1)^2}{2\sigma_1^2}}, \quad -\infty < x < +\infty$$

$$f_X(x) = \frac{1}{\sqrt{2\pi}\sigma_2}e^{-\frac{(y-\mu_2)^2}{2\sigma_2^2}}, \quad -\infty < y < +\infty,$$

故 $E(X) = \mu_1, E(Y) = \mu_2, D(X) = \sigma_1^2, D(Y) = \sigma_2^2$. 而

$$Cov(X,Y) = \int_{-\infty}^{+\infty}\int_{-\infty}^{+\infty}(x-\mu_1)(y-\mu_2)f(x,y)dxdy = \frac{1}{2\pi\sigma_1\sigma_2\sqrt{1-\rho^2}} \times$$

$$\int_{-\infty}^{+\infty}\int_{-\infty}^{+\infty}(x-\mu_1)(y-\mu_2)e^{-\frac{(x-\mu_1)^2}{2\sigma_1^2}}e^{-\frac{1}{2(1-\rho^2)}\left[\frac{y-\mu_2}{\sigma_2}-\rho\frac{x-\mu_1}{\sigma_1}\right]^2}dxdy$$

令 $t = \frac{1}{\sqrt{1-\rho^2}}\left(\frac{y-\mu_2}{\sigma_2} - \rho\frac{x-\mu_1}{\sigma_1}\right)$, $u = \frac{x-\mu_1}{\sigma_1}$, 则

$$Cov(X,Y) = \frac{1}{2\pi}\int_{-\infty}^{+\infty}\int_{-\infty}^{+\infty}(\sigma_1\sigma_2\sqrt{1-\rho^2}tu + \rho\sigma_1\sigma_2 u^2)e^{-\frac{u^2}{2}-\frac{t^2}{2}}dtdu$$

$$= \frac{\sigma_1\sigma_2\rho}{2\pi}\left(\int_{-\infty}^{+\infty}u^2 e^{-\frac{u^2}{2}}du\right)\left(\int_{-\infty}^{+\infty}e^{-\frac{t^2}{2}}dt\right) +$$

$$\frac{\sigma_1\sigma_2\sqrt{1-\rho^2}}{2\pi}\left(\int_{-\infty}^{+\infty}ue^{-\frac{u^2}{2}}du\right)\left(\int_{-\infty}^{+\infty}te^{-\frac{t^2}{2}}dt\right)$$

$$= \frac{\rho\sigma_1\sigma_2}{2\pi}\sqrt{2\pi} \cdot \sqrt{2\pi} = \rho\sigma_1\sigma_2$$

于是 $\rho_{XY} = \frac{Cov(X,Y)}{\sqrt{D(X)}\sqrt{D(Y)}} = \rho$.

这说明二维正态随机变量 (X,Y) 的概率密度中的参数 ρ 就是 X 与 Y 的相关系数,从而二维正态随机变量的分布完全可由 X 和 Y 的各自的数学期望、方差以及它们的相关系数所确定.

很显然,随机变量 X 与 Y 独立,则 X 与 Y 的协方差为 0,从而相关系数也为 0;另一方面 $\rho=0$ 可以得出随机变量 X 与 Y 不相关;而若随机向量 (X,Y) 服从二维正态分布,则相关系数也是 ρ_{XY},故对于二维正态随机变量 (X,Y) 来说,X 和 Y 不相关与 X 和 Y 相互独立是等价的.

相关系数在统计学应用比较广泛,其中判断变量之间的相关性就使用相关系数.

第四节　矩、协方差矩阵

数学期望、方差、协方差是随机变量最常用的数字特征，它们都是特殊的矩（Moment）. 矩是更一般的数字特征.

定义 4.5　设 X 和 Y 是随机变量，若

$$E(X^k)，\quad k=1,2,\cdots$$

存在，称它为 X 的 k 阶原点矩，简称 k 阶矩. 若

$$E\{[X-E(X)]^k\}，\quad k=2,3,\cdots$$

存在，称它为 X 的 k 阶中心矩. 若

$$E(X^kY^L)，\quad k,l=1,2,\cdots$$

存在，称它为 X 和 Y 的 $k+l$ 阶混合矩. 若

$$E\{[X-E(X)]^k[Y-E(Y)]^l\}，\quad k,l=1,2,\cdots$$

存在，称它为 X 和 Y 的 $k+l$ 阶混合中心矩.

显然，X 的数学期望 $E(X)$ 是 X 的一阶原点矩，方差 $D(X)$ 是 X 的二阶中心矩，协方差 $Cov(X,Y)$ 是 X 和 Y 的 2 阶混合中心矩.

当 X 为离散型随机变量，其分布律为 $P\{X=x_i\}=p_i(i=1,2,\cdots)$，则

$$E(X^k)=\sum_{i=1}^{\infty}x_i^kp_i，\quad k=1,2,\cdots$$

$$E\{[X-E(X)]^k\}=\sum_{i=1}^{\infty}[x_i-E(X)]^kP_i，\quad k=2,3,\cdots$$

当 X 为连续型随机变量，其概率密度为 $f(x)$，则

$$E(X^k)=\int_{-\infty}^{+\infty}x^kf(x)dx，\quad k=1,2,\cdots$$

$$E\{[X-E(X)]^k\}=\int_{-\infty}^{+\infty}[x-E(X)]^kf(x)dx，\quad k=2,3,\cdots$$

下面介绍 n 维随机变量的协方差矩阵.

对 n 维随机变量 $(X_1,X_2,\cdots,X_n)$ 设二阶混合中心矩

$$\sigma_{ij}=Cov(X_i,X_j)=E\{[X_i-E(X_i)][X_J-E(X_J)]\}，\quad i,j=1,2,\cdots,n$$

都存在，则称矩阵

$$\boldsymbol{\Sigma}=\begin{bmatrix}\sigma_{11} & \sigma_{12} & \cdots & \sigma_{1n}\\ \sigma_{21} & \sigma_{22} & \cdots & \sigma_{2n}\\ \vdots & \vdots & \ddots & \vdots\\ \sigma_{n1} & \sigma_{n2} & \cdots & \sigma_{nn}\end{bmatrix}$$

为 n 维随机变量 $(X_1,X_2,\cdots,X_n)$ 的协方差矩阵. 由于 $\sigma_{ij}=\sigma_{ji}(i,j=1,2,\cdots,n)$，因此 $\boldsymbol{\Sigma}$ 是一个对称矩阵.

协方差矩阵给出了随机变量 $X_1,X_2,\cdots,X_n$ 的全部方差及协方差，因此在研究 n 维随机变量 $X_1,X_2,\cdots,X_n$ 的统计规律时，协方差矩阵是很重要的. 利用协方差矩阵还可以引入 n 维正态分布的概率密度.

首先用协方差矩阵重写二维正态随机变量 (X_1, X_2) 的概率密度.

$$f(x_1, x_2) = \frac{1}{2\pi\sigma_1\sigma_2\sqrt{1-\rho^2}} \times$$

$$\exp\left\{-\frac{1}{2(1-\rho^2)}\left[\frac{(x_1-\mu_1)^2}{\sigma_1^2} - 2\rho\frac{(x_1-\mu_1)(x_2-\mu_2)}{\sigma_1\sigma_2} + \frac{(x_2-\mu_2)^2}{\sigma_2^2}\right]\right\},$$

$$-\infty < x_1, x_2 < +\infty$$

令 $\boldsymbol{X} = \begin{pmatrix} x_1 \\ x_2 \end{pmatrix}$, $\boldsymbol{\mu} = \begin{pmatrix} \mu_1 \\ \mu_2 \end{pmatrix}$, (X_1, X_2) 的协方差矩阵为

$$\boldsymbol{\Sigma} = \begin{pmatrix} \sigma_{11} & \sigma_{12} \\ \sigma_{21} & \sigma_{22} \end{pmatrix} = \begin{pmatrix} \sigma_1^2 & \rho\sigma_1\sigma_2 \\ \rho\sigma_1\sigma_2 & \sigma_2^2 \end{pmatrix}$$

它的行列式为 $|\boldsymbol{\Sigma}| = \sigma_1^2\sigma_2^2(1-\rho^2)$,逆阵为

$$\boldsymbol{\Sigma}^{-1} = \frac{1}{|\boldsymbol{\Sigma}|}\begin{pmatrix} \sigma_2^2 & -\rho\sigma_1\sigma_2 \\ -\rho\sigma_1\sigma_2 & \sigma_1^2 \end{pmatrix}.$$

由于 $(\boldsymbol{X}-\boldsymbol{\mu})^T\boldsymbol{\Sigma}^{-1}(\boldsymbol{X}-\boldsymbol{\mu}) = \frac{1}{|\boldsymbol{\Sigma}|}(x_1-\mu_1, x_2-\mu_2)\begin{pmatrix} \sigma_2^2 & -\rho\sigma_1\sigma_2 \\ -\rho\sigma_1\sigma_2 & \sigma_1^2 \end{pmatrix}\begin{pmatrix} x_1-\mu_1 \\ x_2-\mu_2 \end{pmatrix}$

$$= \frac{1}{1-\rho^2}\left[\frac{(x_1-\mu_1)^2}{\sigma_1^2} - 2\rho\frac{(x_1-\mu_1)(x_2-\mu_2)}{\sigma_1\sigma_2} + \frac{(x_2-\mu_2)^2}{\sigma_2^2}\right],$$

因此 (X_1, X_2) 的概率密度可写成

$$f(x_1, x_2) = \frac{1}{2\pi\sqrt{|\boldsymbol{\Sigma}|}}exp\left\{-\frac{1}{2}(\boldsymbol{X}-\boldsymbol{\mu})^T\boldsymbol{\Sigma}^{-1}(\boldsymbol{X}-\boldsymbol{\mu})\right\}, \quad -\infty < x_1, x_2 < +\infty$$

上式容易推广到 n 维的情形.

设 $(X_1, X_2, \cdots, X_n)$ 是 n 维随机变量,令

$$\boldsymbol{X} = \begin{bmatrix} x_1 \\ x_2 \\ \vdots \\ x_n \end{bmatrix}, \quad \boldsymbol{\mu} = \begin{bmatrix} \mu_1 \\ \mu_2 \\ \vdots \\ \mu_n \end{bmatrix} = \begin{bmatrix} E(X_1) \\ E(X_2) \\ \vdots \\ E(X_n) \end{bmatrix}$$

定义 n 维正态随机变量 $(X_1, X_2, \cdots, X_n)$ 的概率密度为

$$f(X_1, X_2, \cdots, X_n) = \frac{1}{(2\pi)^{\frac{n}{2}}\sqrt{|\boldsymbol{\Sigma}|}}exp\left\{-\frac{1}{2}(\boldsymbol{X}-\boldsymbol{\mu})^T\boldsymbol{\Sigma}^{-1}(\boldsymbol{X}-\boldsymbol{\mu})\right\}, -\infty < x_1, x_2, \cdots, x_n < +\infty$$

其中 $\boldsymbol{\Sigma}$ 是 $(X_1, X_2, \cdots, X_n)$ 的协方差矩阵.

n 维正态随机变量具有以下几条重要性质:

(1) n 维随机变量 $(X_1, X_2, \cdots, X_n)$ 服从 n 维正态分布的充要条件是 $X_1, X_2, \cdots, X_n$ 的任意的线性组合.

$l_1X_1 + l_2X_2 + \cdots + l_nX_n$ 服从一维正态分布(其中 $l_1, l_2, \cdots, l_n$ 不全为零).

(2)若 $(X_1, X_2, \cdots, X_n)$ 服从 n 维正态分布,设 $Y_1, Y_2, \cdots, Y_k$ 是 $X_1, X_2, \cdots, X_n$ 的线性函数,则 $(Y_1, Y_2, \cdots, Y_k)$ 服从 k 维正态分布.

(3)设 $(X_1, X_2, \cdots, X_n)$ 服从 n 维正态分布,则 $X_1, X_2, \cdots, X_n$ 相互独立的充要条件

是 $X_1, X_2, \cdots, X_n$ 两两不相关.

　　矩和协方差矩在多变量相关关系中应用较多,反映的是多个变量之间两两相关性.

本章应用案例

　　数学期望反应的是随机变量取值的平均水平,而方差则是反应随机变量取值在其平均值附近的离散程度. 现代实际生活中,越来越多的决策需要应用数学期望与方差这思想来对事件发生大小的可能性进行评估,通过计算分析可以比较科学地得出各个方案的预期效果及出现偏差的大小,从而决定要选择的最佳方案.

　　在当前社会生产中,更多商家等追求的是效益最大化,以下我们将就现实生活中的种种问题,利用离散型随机变量的期望和方差的思想对实际问题进行分析计算,并通过各个方案的比较得出最佳方案.

　　例 4.15　某投资者有 10 万元,现有两种投资方案:一是购买股票,二是存入银行获取利息. 买股票的收益主要取决于经济形势,假设可分三种状态:形势好(获利 40000 元)、形势中等(获利 10000 元)、形势不好(损失 20000 元). 如果存入银行,假设年利率 8%,即可得利息 8000 元. 又设经济形势好、中等、不好的概率分别为 30%、50% 和 20%. 试问该投资者应该选择哪一种投资方案?

　　分析:购买股票的收益与经济形势有关,存入银行的收益相对固定,因此,要确定选择哪一种方案,就必须通过计算两种方案对应的收益期望值来进行判断.

　　解　设 ξ_1 为购买股票收益,ξ_2 为存入银行收益.

购买股票:

状态	经济形势好	经济形势中等	经济形势不好
收益 ξ_1	40000	10000	−20000
概率	0.3	0.5	0.2

$$E(\xi_1) = 40000 \times 0.3 + 10000 \times 0.5 - 20000 \times 0.2 = 13000$$
$$D(\xi_1) = 4.41 \times 10^8$$

存入银行:

状态	经济形势好	经济形势中等	经济形势不好
收益 ξ_2	8000	8000	8000
概率	0.3	0.5	0.2

$$E(\xi_2) = 8000 \times 0.3 + 8000 \times 0.5 + 8000 \times 0.2 = 8000$$
$$D(\xi_2) = 0$$

由计算结果表明,$E(\xi_2) < E(\xi_1)$,所以该投资者应该投资股票,这类投资者是追求收益最大化的,这类投资者被称为激进投资者.

　　但经过计算两者的方差,其中 $D(\xi_1) = 4.41 \times 10^8$,$D(\xi_2) = 0$,存于银行相对风险小很多,因此有投资者宁愿把资产存入银行,因为相对风险小,这类投资者称为保守型投资者.

本章知识网络图

$$\text{数学期望 } E(x) \begin{cases} \text{定义} \begin{cases} \text{离散型随机变量的数学期望 } E(X) = \sum_{k=1}^{\infty} x_k p_k \\ \text{连续型随机变量的数学期望 } E(X) = \int_{-\infty}^{+\infty} x f(x) dx \end{cases} \\ \text{随机变量函数 } Y = g(X) \text{ 的数学期望 } E(Y) = \begin{cases} \text{离散型} \sum_{k=1}^{\infty} g(x_k) p_k \\ \text{连续型} \int_{-\infty}^{+\infty} g(x) f(x) dx \end{cases} \\ \text{几个重要性质} \end{cases}$$

$$\text{方差 } D(x) \begin{cases} \text{定义 } D(X) = E\{[X-E(X)]\}^2 \begin{cases} \text{离散型 } D(X) = \sum_{k=1}^{\infty} [x_k - E(X)]^2 p_k \\ \text{连续型 } D(X) = \int_{-\infty}^{+\infty} [x-E(X)]^2 f(x) dx \end{cases} \\ \text{均方差 } \sigma = \sqrt{D(X)} \\ \text{几个重要性质} \end{cases}$$

$$\text{协方差及相关系数} \begin{cases} \text{协方差 } Cov = E\{[X-E(X)][Y-E(Y)]\} \\ \text{相关系数 } \rho_{xy} = \dfrac{Cov(X,Y)}{\sqrt{D(X)}\sqrt{D(Y)}} \end{cases}$$

$$\text{矩、协方差矩阵} \begin{cases} \text{矩} \begin{cases} k \text{ 阶矩 } E(X^k), \quad k=1,2,\cdots \\ k \text{ 阶中心矩 } E\{[X-E(X)]^k\}, \quad k=2,3\cdots \\ k+l \text{ 阶混合矩 } E(X^k Y^l), \quad k,l=1,2,\cdots \\ k+l \text{ 阶混合中心矩 } E\{[X-E(X)]^k [Y-E(Y)]^l\}, \quad k,l=1,2,\cdots \end{cases} \\ \text{协方差矩阵 } \Sigma \end{cases}$$

常见分布及其数学期望和方差

分布名称	分布律或概率密度	期望	方差	参数范围
(0−1)分布	$P\{X=1\}=p$ $P\{X=0\}=q$	p	pq	$0<p<1$ $q=1-p$
二项分布 $X \sim B(n,p)$	$P\{X=k\}=C_n^k p^k q^{n-k}$ $(k=0,1,2,\cdots,n)$	np	npq	$0<p<1$ $q=1-p n$ 为正整数
泊松分布 $X \sim P(\lambda)$	$P\{X=k\}=\dfrac{\lambda^k}{k!}e^{-\lambda}$ $(k=0,1,2,\cdots)$	λ	λ	$\lambda>0$
均匀分布 $X \sim U(a,b)$	$f(x)=\begin{cases}\dfrac{1}{b-a}, a<x<b,\\ 0, \quad \text{其他}.\end{cases}$	$\dfrac{a+b}{2}$	$\dfrac{(b-a)^2}{12}$	$b>a$

续表

分布名称	分布律或概率密度	期望	方差	参数范围
指数分布 $X \sim E(\lambda)$	$f(x) = \begin{cases} \lambda e^{-\lambda x}, & x > 0, \\ 0, & x \leqslant 0. \end{cases}$	$\dfrac{1}{\lambda}$	$\dfrac{1}{\lambda^2}$	$\lambda > 0$
正态分布 $X \sim N(\mu, \sigma^2)$	$f(x) = \dfrac{1}{\sqrt{2\pi}\,\sigma} e^{-\frac{(x-\mu)^2}{2\sigma^2}}$ $-\infty < x < +\infty$	μ	σ^2	μ 任意 $\sigma > 0$

习题四

1. 设离散型随机变量 X 的分布律为

X	-2	0	2
P	0.4	0.3	0.3

试求 $E(X)$ 和 $E(3X+5)$.

2. 某地区一个月内发生重大交通事故数 X 服从如下分布:

X	0	1	2	3	4	5	6
P	0.301	0.362	0.216	0.087	0.026	0.006	0.002

试求该地区发生重大交通事故的月平均数.

3. 设甲、乙两家灯泡厂生产的灯泡寿命(单位:小时) X 和 Y 的概率分布分别为

X	900	1000	1100
P	0.1	0.8	0.1

Y	950	1000	1050
P	0.3	0.4	0.3

试问哪家工厂生产的灯泡质量好?

4. 已知 100 个产品中有 10 个次品,求任意取出的 5 个产品中的次品数的数学期望、方差.

5. 设随机变量 X 的分布律为

X	-1	0	1
P	P_1	P_2	P_3

且已知 $E(X) = 0.1$,$E(X^2) = 0.9$,求 P_1, P_2, P_3.

6. 袋中有 N 只球,其中的白球数 X 为一随机变量,已知 $E(X) = n$,问从袋中任取 1 球为白球的概率是多少?

7. 假设有 10 只同种电器元件,其中有两只不合格. 装配仪器时,从这批元件中任取一只,如是不合格品,则扔掉重新任取一只;如仍是不合格品,则扔掉再取一只,试求在取到合

格品之前,已取出的不合格品数的方差.

8. 设随机变量 X 的概率密度为

$$f(x)\begin{cases} x, & 0 \leqslant x < 1, \\ 2-x, & 1 \leqslant x \leqslant 2, \\ 0, & 其他. \end{cases}$$

求 $E(X)$,$D(X)$.

9. 设随机变量 X,Y,Z 相互独立,且 $E(X) = 5$,$E(Y) = 11$,$E(Z) = 8$,求下列随机变量的数学期望.

(1) $U = 2X + 3Y + 1$;

(2) $V = YZ - 4X$.

10. 设随机变量 X 的分布函数为

$$F(X) = \begin{cases} 0, & x < -1, \\ 0.2, & -1 \leqslant x < 0, \\ 0.5, & 0 \leqslant x < 1, \\ 0.8, & 1 \leqslant x < 2, \\ 1, & x \geqslant 2. \end{cases}$$

试求:$E(X)$ 和 $D(X)$.

11. 设随机变量 X 的密度函数为

$$f(x) = \begin{cases} \dfrac{2}{\pi} cos^2 x, & |x| \leqslant \dfrac{\pi}{2}, \\ 0, & 其他. \end{cases}$$

求:$E(X)$ 和 $D(X)$.

12. 设随机变量 X,Y 相互独立,且 $E(X) = E(Y) = 3$,$D(X) = 12$,$D(Y) = 16$,求 $E(3X - 2Y)$,$D(3X - 2Y)$.

13. 设随机变量 (X,Y) 的概率密度为

$$f(x,y) = \begin{cases} k, & 0 < x < 1, 0 < y < x, \\ 0, & 其他. \end{cases}$$

试确定常数 k,并求 $E(XY)$.

14. 设随机变量 X,Y 的概率密度分别为

$$f_X(x) = \begin{cases} 2e^{-2x}, & x > 0, \\ 0, & x \leqslant 0. \end{cases} \qquad f_Y(y) \begin{cases} 4e^{-4y}, & y > 0, \\ 0, & y \leqslant 0. \end{cases}$$

求:(1) $E(X + Y)$;(2) $E(2X - 3Y^2)$.

15. 一民航班车载有 20 名旅客自机场开出,沿途有 10 个停车点,若到达一个车站没有旅客下车就不停车. 设每名旅客在各个车站下车是等可能的,且各旅客是否下车相互独立,求停车次数的数学期望和方差.

16. 一工厂生产某种设备的寿命 X(以年计)服从指数分布,概率密度为

$$f(x) = \begin{cases} \dfrac{1}{4}e^{-\frac{x}{4}}, & x > 0, \\ 0, & x \leqslant 0. \end{cases}$$

为确保消费者的利益,工厂规定出售的设备若在一年内损坏可以调换. 若售出一台设备,工厂获利 100 元,而调换一台则损失 200 元,试求工厂出售一台设备赢利的数学期望.

17. 对随机变量 X 和 Y,已知 $D(X) = 2D(Y) = 3$,$Cov(X,Y) = -1$,计算:$Cov(3X - 2Y + 1, X + 4Y - 3)$.

18. 设随机变量 (X,Y) 的分布律为

X	Y		
	-1	0	1
-1	$\frac{1}{8}$	$\frac{1}{8}$	$\frac{1}{8}$
0	$\frac{1}{8}$	0	$\frac{1}{8}$
1	$\frac{1}{8}$	$\frac{1}{8}$	$\frac{1}{8}$

计算 X 与 Y 的相关系数 ρ_{XY},并判断:X 和 Y 是否相互独立? X 和 Y 是否不相关?

19. 袋内有标号 $1,2,2,3$ 的四个小球,从中任取一个球,不再放回,然后再从袋中任取一个球,若用 X,Y 分别表示第一、二次取到球上的号码数,试求:
(1) (X,Y) 的联合分布表;
(2) 判断 X, 与 Y 是否相互独立,并说明理由;
(3) 协方差 $Cov(X,Y)$;
(4) X 与 Y 的相关系数.

20. 设二维随机变量 (X,Y) 的概率密度为

$$f(x,y) = \begin{cases} \dfrac{1}{\pi}, & x^2 + y^2 \leqslant 1, \\ 0, & \text{其他}. \end{cases}$$

试证 X 和 Y 是不相关的,但 X 和 Y 不是相互独立的.

21. 设二维随机变量 (X,Y) 在以 $(0,0)$,$(0,1)$,$(1,0)$ 为顶点的三角形区域上服从均匀分布,求 $Cov(X,Y)$ 和 ρ_{XY}.

22. (1994 研考)假设由自动线加工的某种零件的内径 X(单位:毫米)服从正态分布 $N(\mu, 1)$,内径小于 10 或大于 12 为不合格品,其余为合格品. 销售每件合格品获利,销售每件不合格品亏损,已知销售利润 T(单位:元)与销售零件的内径 X 有如下关系:

$$T = \begin{cases} -1, & \text{若 } X < 10, \\ 20, & \text{若 } 10 \leqslant X \leqslant 12, \\ -5, & \text{若 } X > 12. \end{cases}$$

问:平均直径 μ 取何值时,销售一个零件的平均利润最大?

23. (1997 研考)两台同样的自动记录仪,每台无故障工作的时间 $T_i (i = 1,2)$ 服从参数为 5 的指数分布,首先开动其中一台,当其发生故障时停用而另一台自动开启. 试求两台记录仪无故障工作的总时间 $T = T_1 + T_2 + T_3$ 的概率密度 $f_T(t)$,数学期望 $E(T)$ 及方差 $D(T)$.

24. (1998 研考)设两个随机变量 $X,,Y$ 相互独立,且都服从均值为 0,方差为 1/2 的正态分布,求随机变量 $|X-Y|$ 的方差.

25. (2000 研考)某流水生产线上每个产品不合格的概率为 $p(0<p<1)$,各产品合格与否相互独立,当出现一个不合格产品时,即停机检修. 设开机后第一次停机时已生产了的产品个数为 X,求 $E(X)$ 和 $D(X)$.

26. (2001 研考)设随机变量 $X,$ 和 Y 的联合分布在点 $(0,1),(1,0)$ 及 $(1,1)$ 为顶点的三角形区域上服从均匀分布,试求随机变量 $U=X+Y$ 的方差.

27. (2002 研考)假设一设备开机后无故障工作的时间 X,服从指数分布,平均无故障工作的时间为 5 小时. 设备定时开机,出现故障时自动关机,而在无故障的情况下工作 2 小时便关机. 试求该设备每次开机无故障工作的时间 Y 的分布函数 $F(y)$.

28. (2003 研考)已知甲、乙两箱中装有同种产品,其中甲箱中装有 3 件合格品和 3 件次品,乙箱中仅装有 3 件合格品. 从甲箱中任取 3 件产品放乙箱后,求:(1)乙箱中次品件数 Z 的数学期望;(2)从乙箱中任取一件产品是次品的概率.

29. (2002 研考)设随机变量 $X,$ 的概率密度为

$$f(x)=\begin{cases} \dfrac{1}{2}\cos\dfrac{x}{2}, & 0\leqslant x\leqslant\pi, \\ 0, & \text{其他.} \end{cases}$$

对 X 独立地重复观察 4 次,用 Y 表示观察值大于 $\pi/3$ 的次数,求 Y^2 的数学期望.

30. (2003 研考)对于任意两事件 A 和 B,$0<P(A)<1$,$0<P(B)<1$,则称

$$\rho=\frac{P(AB)-P(A)\cdot P(B)}{\sqrt{P(A)P(B)P(\bar{A})P(\bar{B})}}$$

为事件 A 和 B 的相关系数. 试证:

(1) 事件 A 和 B 独立的充分必要条件是 $\rho=0$;

(2) $|\rho|\leqslant 1$.

31. (2006 研考)设随机变量 X 的概率密度为

$$f_X(x)=\begin{cases} \dfrac{1}{2}, & -1<x<0, \\ \dfrac{1}{4}, & 0\leqslant x<2, \\ 0, & \text{其他.} \end{cases}$$

令 $Y=X^2$,$f(x,y)$ 为二维随机变量 (X,Y) 的分布函数,求:

(1) Y 的概率密度 $f_Y(y)$;

(2) $Cov(X,Y)$;

(3) $F\left(-\dfrac{1}{2},4\right)$.

32. (2010 研考)箱中装有 6 个球,其中红、白、黑球的个数分别为 1 个,2 个,3 个. 现从箱中随机取出 2 个球. 记 X 为取出的红球个数,Y 为取出的白球个数.

(1)求随机变量 (X,Y) 的概率分布;

(2)求 $Cov(X,Y)$.

33. (2011 研考)设 X 为与 Y 的概率分布分别为

X	0	1
P	$\dfrac{2}{3}$	$\dfrac{1}{3}$

Y	-1	0	1
P	$\dfrac{1}{3}$	$\dfrac{1}{3}$	$\dfrac{1}{3}$

且 $P\{X^2=Y^2\}=1$.

(1) 求二维随机变量 (X,Y) 的概率分布;

(2) 求 $Z=XY$ 的概率分布;

(3) 求 X 与 Y 的相关系数 ρ_{xy}.

34. (2012 研考)设二维离散型随机变量 X、Y 的概率分布为

X	Y		
	0	1	2
0	$\dfrac{1}{4}$	0	$\dfrac{1}{3}$
1	0	$\dfrac{1}{3}$	0
2	$\dfrac{1}{12}$	0	$\dfrac{1}{12}$

(1) 求 $P(X=2Y)$;

(2) 求 $Cov(X-Y,Y)$ 与 ρ_{xy}.

35. (2012 研考)设随机变量 X,Y 相互独立,且均服从参数为 1 的指数分布,记 $U=\max\{X,Y\}$,$V=\min\{X,Y\}$.

(1) 求 V 的概率密度 $f_V(V)$;

(2) 求 $E(U+V)$.

36. (2014 研考)设随机变量 X 的概率分布为 $P\{X=1\}=P\{X=2\}=\dfrac{1}{2}$ 在给定 $X=i$ 的条件下,随机变量 Y 服从均匀分布 $U(0,i)(i=1,2)$.

(1)求 Y 的分布函数 $F_Y(y)$;

(2)求 EY.

37. (2018 研考)设随机变量 X 与 Y 相互独立,X 的概率分布为 $P\{X=1\}=P\{X=-1\}=\dfrac{1}{2}$,$Y$ 服从参数为 λ 的泊松分布. 令 $Z=XY$. 求 $Cov(X,Z)$.

38. (2019 研考)设随机变量 X 与 Y 相互独立,X 服从参数为 1 的指数分布,Y 的概率分布为 $P\{Y=-1\}=p$,$P\{Y=1\}=1-p$,$(0<p<1)$,令 $Z=XY$.

(1)求 Z 的概率密度;

(2)p 为何值时,X 与 Z 不相关.

第五章　大数定律与中心极限定理

本章导学

　　本章介绍有关随机变量序列的两类极限定理,即大数定律与中心极限定理,它们是概率论与数理统计承上启下的重要定理,是很多数理统计方法的理论基础.通过本章的学习要达到:1.了解切比雪夫不等式.2.了解切比雪夫大数定律、伯努利大数定律、辛钦大数定律的内容和实际意义.3.了解中心极限定理的内容和实际意义.4.会应用大数定律和中心极限定理解决一些实际问题.

　　随机现象的统计规律性是在相同条件下进行大量重复试验时呈现出来的.例如:在概率论的统计定义中,谈到一个事件发生的频率具有稳定性,即事件的频率趋于该事件的概率.这里是指试验的次数无限增大时,在某种意义下趋向于某一定数.这就是最早的一个大数定律.一般的大数定律讨论的是 n 个随机变量的平均值 $\dfrac{1}{n}\sum\limits_{i=1}^{n}X_i$ 的稳定性问题.

　　中心极限定理则是关心 n 个随机变量的和 $\dfrac{1}{n}\sum\limits_{i=1}^{n}X_i$ 的极限分布问题.有意义的是,在很一般的条件下,和的极限分布就是正态分布,这一事实增加了正态分布的重要性.在概率论中,习惯于把和的分布收敛于正态分布的那一类结论称为中心极限定理.

第一节　大数定律

　　"概率是频率的稳定值",其中,"稳定"一词是什么含义? 在第一章中,我们从直观上描述稳定性:频率在概率附近摆动,但如何摆动仍没交代清楚,现在可用大数定律来彻底说清楚这个问题.

一、切比雪夫不等式

　　大数定律有多种形式,在引入这几个大数定律之前,首先介绍一个重要不等式——切比雪夫(Chebyshev)不等式,这是证明大数定律的重要工具.

　　切比雪夫不等式:设随机变量 X 的数学期望 $E(X)$ 和方差 $D(X)$ 都存在,则对任意 $\varepsilon > 0$,有

$$P\{\,|\,X - E(X)\,|\geqslant \varepsilon\,\} \leqslant \frac{D(X)}{\varepsilon^2} \tag{5.1}$$

　　证　只证 X 是连续型随机变量的情形,设 X 的概率密度为 $f(x)$,则有

$$P\{X - E(X) \mid \geqslant \varepsilon\} = \int_{|x - E(X)| \geqslant \varepsilon} f(x) dx \leqslant \int_{|x - E(X)| \geqslant \varepsilon} \frac{|x - E(X)|^2}{\varepsilon^2} f(x) dx$$

$$\leqslant \frac{1}{\varepsilon^2} \int_{-\infty}^{+\infty} [x - E(X)]^2 f(x) dx = \frac{D(X)}{\varepsilon^2}$$

切比雪夫不等式也可表示成

$$P\{\mid X - E(X) \mid < \varepsilon\} \geqslant 1 - \frac{D(X)}{\varepsilon^2}. \tag{5.2}$$

这个不等式给出了在随机变量 X 的分布未知的情况下事件 $\{\mid X - E(X) \mid < \varepsilon\}$ 的概率的下限估计,例如,在比切雪夫不等式中,令 $\varepsilon = 3\sqrt{D(X)}$,$4\sqrt{D(X)}$ 分别可得到

$$P\{\mid X - E(X) \mid < 3\sqrt{D(X)}\} \geqslant 0.8889$$

$$P\{\mid X - E(X) \mid < 4\sqrt{D(X)}\} \geqslant 0.9375$$

☆人物简介

切比雪夫(Пафну′тий Льво′вич Чебышёв,1821—1894),俄罗斯数学家、力学家. 他一生发表了 70 多篇科学论文,内容涉及数论、概率论、函数逼近论、积分学等方面. 他证明了贝尔特兰公式,自然数列中素数分布的定理,大数定律的一般公式以及中心极限定理. 他不仅重视纯数学,而且十分重视数学的应用.

例 5.1 设 X 是掷一颗骰子所出现的点数,若给定 $\varepsilon = 1, 2$,实际计算 $P\{\mid X - E(X) \mid \geqslant \varepsilon\}$,并验证切比雪夫不等式成立. $P\left\{\left| X - \frac{7}{2} \right| \geqslant 2\right\} = P\{X = 1\} + P\{X = 6\} = \frac{1}{3}$.

解 因为 X 的概率函数是 $P\{X = k\} = \frac{1}{6} (k = 1, 2, \cdots, 6)$,所以

$$E(X) = \frac{7}{2}, \quad D(X) = \frac{35}{12},$$

$$P\left\{\left| X - \frac{7}{2} \right| \geqslant 1\right\} = P\{X = 1\} + P\{X = 2\} + P\{X = 5\} + P\{X = 6\} = \frac{2}{3};$$

$$P\left\{\left| X - \frac{7}{2} \right| \geqslant 2\right\} = P\{X = 1\} + P\{X = 6\} = \frac{1}{3}. \varepsilon = 1: \frac{D(X)}{\varepsilon^2} = \frac{35}{12} > \frac{2}{3},$$

$$\varepsilon = 2: \frac{D(X)}{\varepsilon^2} = \frac{1}{4} \times \frac{35}{12} = \frac{35}{48} > \frac{1}{3}.$$

可见切比雪夫不等式成立.

例 5.2 设电站供电网有 10000 盏电灯,夜晚每一盏灯开灯的概率都是 0.7,而假定开、关时间彼此独立,估计夜晚同时开着的灯数在 6800 与 7200 之间的概率.

解 设 X 表示在夜晚同时开着的灯的数目,它服从参数为 $n = 10000, p = 0.7$ 的二项分布. 若要准确计算,应该用伯努利公式:

$$P\{6800 < X < 7200\} = \sum_{K=6801}^{7199} C_{10000}^k \times 0.7^k \times 0.3^{10000-k}.$$

如果用切比雪夫不等式估计：

$$P\{6800 < X < 7200\} = P\{|X-7000| < 200\} \geqslant 1 - \frac{2100}{200^2} \approx 0.95$$

$$E(X) = np = 10000 \times 0.7 = 7000,$$

$$D(X) = npq = 10000 \times 0.7 \times 0.3 = 2100,$$

$$P\{6800 < X < 7200\} = P\{|X-7000| < 200\} \geqslant 1 - \frac{2100}{200^2} \approx 0.95.$$

可见虽然有 10000 盏灯，但是只要有供应 7200 盏灯的电力就能够以相当大的概率保证够用．事实上，切比雪夫不等式的估计只说明概率大于 0.95，后面将具体求出这个概率约为 0.99999．切比雪夫不等式在理论上具有重大意义，但估计的精确度不高．

切比雪夫不等式作为一个理论工具，在大数定律证明中，可使证明非常简洁．

二、大数定律

大数定律的表述涉及随机变量序列相互独立与依概率收敛的概念．首先，介绍随机变量序列 $X_1, X_2, \cdots, X_n \cdots$ 相互独立的概念．

如果对于任意 $n > 1, X_1, X_2, \cdots, X_n$，相互独立，则称 $X_1, X_2, \cdots, X_n \cdots$ 相互独立．

定义 5.1 设 $Y_1, Y_2, \cdots, Y_n \cdots$ 是一个随机变量序列，a 是一个常数，若对于任意正数 ε 有

$$\lim_{n \to \infty} P\{|Y_n - a| < \varepsilon\} = 1$$

则称序列 $Y_1, Y_2, \cdots, Y_n, \cdots$ 依概率收敛于 a，记为 $Y_n \xrightarrow{p} a$．

定理 5.1（切比雪夫（Chebyshev）大数定律） 设 $X_1, X_2, \cdots$ 是相互独立的随机变量序列，各有数学期望 $E(X_1), E(X_2), \cdots$，及方差 $D(X_1), D(X_2), \cdots$，并且对于所有 $i = 1, 2, \cdots$ 都有 $D(X_i) < I$，其中 l 是与 i 无关的常数，则对任给 $\varepsilon > 0$，有

$$\lim_{n \to \infty} P\left\{\left|\frac{1}{n}\sum_{i=1}^{n} X_i - \frac{1}{n}\sum_{i=1}^{n} E(X_i)\right| < \varepsilon\right\} = 1. \tag{5.3}$$

证 因 $X_1, X_2, \cdots$ 相互独立，所以

$$D\left(\frac{1}{n}\sum_{i=1}^{n} X_i\right) = \frac{1}{n^2}\sum_{i=1}^{n} D(X_i) < \frac{1}{n^2} \cdot nl = \frac{1}{n}.$$

又因

$$E\left(\frac{1}{n}\sum_{i=1}^{n} X_i\right) = \frac{1}{n}\sum_{i=1}^{n} E(X_i)$$

由(5.2)式，对于任意 $\varepsilon > 0$，有

$$P\left\{\left|\frac{1}{n}\sum_{i=1}^{n} X_i - \frac{1}{n}\sum_{i=1}^{n} E(X_i)\right| < \varepsilon\right\} \geqslant 1 - \frac{l}{n\varepsilon^2},$$

但是任何事件的概率都不超过 1，即

$$1 - \frac{1}{n\varepsilon^2} \leqslant P\left\{\left|\frac{1}{n}\sum_{i=1}^{n} X_i - \frac{1}{n}\sum_{i=1}^{n} E(X_i)\right| < \varepsilon\right\} \leqslant 1$$

因此

$$\lim_{n\to\infty}P\left\{\left|\frac{1}{n}\sum_{i=1}^{n}X_i-\frac{1}{n}\sum_{i=1}^{n}E(X_i)\right|<\varepsilon\right\}=1$$

切比雪夫大数定律说明:在定理的条件下,当 n 充分大时,n 个独立随机变量的平均数这个随机变量的离散程度是很小的.这意味,经过算术平均以后得到的随机变量 $\dfrac{\sum\limits_{i=1}^{n}X_i}{n}$

将比较密的聚集在它的数学期望 $\dfrac{\sum\limits_{i=1}^{n}E(X_i)}{n}$ 的附近,它与数学期望之差依概率收敛到 0.

定理 5.2(切比雪夫大数定律的特殊情况)　设随机变量 $X_1,X_2,\cdots,X_n,\cdots$ 相互独立,且具有相同的数学期望和方差:$E(X_k)=\mu,D(X_k)=\sigma^2,(k=1,2,\cdots)$.作前 n 个随机变量的算术平均 $Y_n=\dfrac{1}{n}\sum\limits_{k=1}^{n}X_k$,则对于任意正数 ε,有

$$\lim_{n\to\infty}P\{|Y_n-\mu|<\varepsilon\}=1 \tag{5.4}$$

定理 5.3(伯努利(Bernoulli)大数定律)　设 n_A 是 n 次独立重复试验中事件 A 发生的次数.p 是事件 A 在每次试验中发生的概率,则对于任意正数 $\varepsilon>0$,有

$$\lim_{n\to\infty}P\left\{\left|\frac{n_A}{n}-p\right|<\varepsilon\right\}=1 \tag{5.5}$$

或 $\lim\limits_{n\to\infty}P\left\{\left|\dfrac{n_A}{n}-p\right|\geqslant\varepsilon\right\}=0$.

证　引入随机变量

$$X_k=\begin{cases}0,\text{若在第 }k\text{ 次试验中 }A\text{ 不发生,}\\1,\text{若在第 }k\text{ 次试验中 }A\text{ 发生,}\end{cases}\quad k=1,2,\cdots$$

显然 $n_A\sum\limits_{k=1}^{n}X_k$.

由于 X_k 只依赖于第 k 次试验,而各次试验是独立的.于是 $X_1,X_2,\cdots,$ 是相互独立的;又由于 X_k 服从 $(0-1)$ 分布,故有

$$E(X_k)=p,D(X_k)=p(1-p),\quad k=1,2,\cdots$$

由定理 5.2 有

$$\lim_{n\to\infty}P\left\{\left|\frac{1}{n}\sum_{k=1}^{n}X_i-p\right|<\varepsilon\right\}=1$$

即 $\lim\limits_{n\to\infty}P\left\{\left|\dfrac{n_A}{n}-P\right|<\varepsilon\right\}=1$.

伯努利大数定律告诉我们,事件 A 发生的频率 $\dfrac{n_A}{n}$ 依概率收敛于事件 A 发生的概率 p,因此,本定律从理论上证明了大量重复独立试验中,事件 A 发生的频率具有稳定性,正因为这种稳定性,概率的概念才有实际意义.伯努利大数定律还提供了通过试验来确定事件的概率的方法,即既然频率 $\dfrac{n_A}{n}$ 与概率 p 有较大偏差的可能性很小,于是我们就可以

通过做试验确定某事件发生的频率,并把它作为相应概率的估计.因此,在实际应用中,如果试验的次数很大时,就可以用事件发生的频率代替事件发生的概率.

定理 5.2 中要求随机变量 $X_k(k=1,2,\cdots,n)$ 的方差存在.但在随机变量服从同一分布的场合,并不需要这一要求,我们有以下定理.

定理 5.4(辛钦(Khinchin)大数定律) 设随机变量 $X_1,X_2,\cdots,X_n,\cdots$ 相互独立,服从同一分布,且具有数学期望 $E(X_k)=\mu(k=1,2,\cdots)$ 则对于任意正数 ε,有

$$\lim_{n\to\infty}P\left\{\left|\frac{1}{n}\sum_{i=1}^{n}X_i-\mu\right|<\varepsilon\right\}=1 \tag{5.6}$$

显然,伯努利大数定律是辛钦大数定律的特殊情况,辛钦大数定律在实际中应用很广泛.

这一定律使算术平均值的法则有了理论根据.如要测定某一物理量 a,在不变的条件下重复测量 n 次,得观测值 $X_1,X_2,\cdots,X_n$,求得实测值的算术平均值 $\frac{1}{n}\sum_{i=1}^{n}X_i$,根据此定理,当 n 足够大时,取 $\frac{1}{n}\sum_{i=1}^{n}X_i$ 作为 a 的近似值,可以认为 $\frac{1}{n}\sum_{i=1}^{n}X_i$ 所发生的误差是很小的,所以实用上往往用某物体的某一指标值的一系列实测值的算术平均值来作为该指标值的近似值.

第二节 中心极限定理

在第二章,我们说只要某个随机变量受到许多相互独立随机因素的影响,而每个个别因素的影响都不能起决定性的作用,那么就可以断定这个随机变量服从或近似服从正态分布.这个结论的理论依据就是所谓的中心极限定理.概率论中有关论证独立随机变量的和的极限分布是正态分布的一系列定理称为中心极限定理(Central limit theorem),下面介绍几个常用的中心极限定理.

定理 5.5(独立同分布的中心极限定理) 设随机变量 $X_1,X_2,\cdots,X_n,\cdots$ 相互独立,服从同一分布,且具有数学期望和方差 $E(X_k)=\mu,D(X_k)=\sigma^2\neq0,(k=1,2,\cdots)$.则随机变量

$$Y_n=\frac{\sum\limits_{k=1}^{n}X_k-E\left(\sum\limits_{k=1}^{n}X_k\right)}{\sqrt{D\left(\sum\limits_{k=1}^{n}X_k\right)}}=\frac{\sum\limits_{k=1}^{n}X_k-n\mu}{\sqrt{n}\sigma}$$

的分布函数 $F_n(x)$ 对于任意 x 满足

$$\lim_{n\to\infty}F_n(x)=\lim_{n\to\infty}P\left\{\frac{\sum\limits_{k=1}^{n}X_k-n\mu}{\sqrt{n}\sigma}\leqslant x\right\}=\int_{-\infty}^{x}\frac{1}{\sqrt{2\pi}}e^{-\frac{t^2}{2}}dt \tag{5.7}$$

从定理 5.5 的结论可知,当 n 充分大时,近似地有

$$Y_n=\frac{\sum\limits_{k=1}^{n}X_k-n\mu}{\sqrt{n\sigma^2}}\sim N(0,1)$$

或者说,当 n 充分大时,近似地有

$$\sum_{k=1}^{n} X_k \sim N(n\mu, n\sigma^2) \tag{5.8}$$

如果用 $X_1, X_2, \cdots, X_n$ 表示相互独立的各随机因素. 假定它们都服从相同的分布(不论服从什么分布),且都有有限的期望与方差(每个因素的影响有一定限度). 则(5.8)式说明,作为总和 $\sum_{k=1}^{n} X_k$ 这个随机变量,当 n 充分大时,便近似地服从正态分布.

例 5.3 一个螺丝钉重量是一个随机变量,期望值是 1 两,标准差是 0.01 两. 求一盒(100 个)同型号螺丝钉的重量超过 10.2 斤的概率.

解 设一盒重量为 X,盒中第 i 个螺丝钉的重量为 $X_i (i = 1, 2, \cdots, 100)$. $X_1, X_2, \cdots, X_{100}$ 相互独立,$E(X_i) = 1$,$\sqrt{D(X_i)} = 0.01$,则有

$$X = \sum_{i=1}^{100} X_i, \ 且 \ E(X) = 100 \cdot E(X_i) = 100 (两), \ \sqrt{D(X)} = 1 (两).$$

根据定理 5.5,有

$$P\{X > 102\} = P\left\{\frac{X-100}{1} > \frac{102-100}{1}\right\} = 1 - P\{X - 100 \leqslant 2\}$$
$$\approx 1 - \phi(2) = 1 - 0.977250 = 0.022750.$$

例 5.4 对敌人的防御地进行 100 次轰炸,每次轰炸命中目标的炸弹数目是一个随机变量,其期望值是 2,方差是 1.69. 求在 100 次轰炸中有 180 颗到 220 颗炸弹命中目标的概率.

解 令第 i 次轰炸命中目标的炸弹数为 X_i,100 次轰炸中命中目标炸弹数 $X = \sum_{i=1}^{100} X_i$,应用定理 5.5,X 渐近服从正态分布,期望值为 200,方差为 169,标准差为 13. 所以

$$P\{180 \leqslant X \leqslant 200\} = P\{|X - 200|\} \leqslant 20 = P\left\{\left|\frac{X-200}{13}\right| \leqslant \frac{20}{13}\right\}$$
$$\approx 2\varphi(1.54) - 1 = 0.87644.$$

定理 5.6(李雅普诺夫(Liapunov)定理) 设随机变量 $X_1, X_2, \cdots$ 相互独立,它们具有数学期望和方差:$E(X_k) = \mu_k$,$D(X_k) = \sigma_k^2 \neq 0$,$(k = 1, 2, \cdots)$.

记 $B_n^2 = \sum_{k=1}^{n} \sigma_k^2$,若存在正数 δ,使得当 $n \to \infty$ 时,

$$\frac{1}{B_n^{2+\delta}} \sum_{k=1}^{n} E\{|X_K - \mu_k|^{2+\delta}\} \to 0,$$

则随机变量

$$Z_n = \frac{\sum_{k=1}^{n} X_k - E\left(\sum_{k=1}^{n} X_k\right)}{\sqrt{D\left(\sum_{k=1}^{n} X_k\right)}} = \frac{\sum_{k=1}^{n} X_k - \sum_{k=1}^{n} \mu_k}{B_n}$$

的分布函数 $F_n(x)$ 对于任意 x,满足

$$\lim_{n \to \infty} F_n(x) = \lim_{n \to \infty} P\left\{\frac{\sum_{k=1}^{n} X_k - \sum_{k=1}^{n} \mu_k}{B_n} \leqslant x\right\} = \int_{-\infty}^{x} \frac{1}{\sqrt{2\pi}} e^{-\frac{t^2}{2}} dt \tag{5.9}$$

这个定理说明,随机变量

$$Z_n = \frac{\sum\limits_{k=1}^{n} X_k - \sum\limits_{k=1}^{n} \mu_k}{B_n}$$

当 n 很大时,近似地服从正态分布 $N(0,1)$. 因此,当 n 很大时,

$$\sum_{k=1}^{n} X_k = B_n Z_n + \sum_{k=1}^{n} \mu_k$$

近似地服从正态分布 $N\left(\sum\limits_{k=1}^{n} \mu_k, B_n^2\right)$. 这表明无论随机变量 $X_k(k=1,2,\cdots)$ 具有怎样的

分布,只要满足定理条件,则它们的和 $\sum\limits_{k=1}^{n} X_k$ 中当 n 很大时,就近似地服从正态分布. 而在许多实际问题中,所考虑的随机变量往往可以表示为多个独立的随机变量之和,因而它们常常近似服从正态分布. 这就是为什么正态随机变量在概率论与数理统计中占有重要地位的主要原因.

在数理统计中我们将看到,中心极限定理是大样本统计推断的理论基础.

下面介绍另一个中心极限定理.

定理 5.7 设随机变量 X 服从参数为 n,$p(0 < p < 1)$ 的二项分布,则

(1)(拉普拉斯(Laplace)定理)局部极限定理:当 $n \to \infty$ 时,

$$P\{X=k\} \approx \frac{1}{\sqrt{2\pi npq}} e^{-\frac{(k-np)^2}{2npq}} = \frac{1}{\sqrt{npq}} \varphi\left(\frac{k-np}{\sqrt{npq}}\right) \tag{5.10}$$

其中 $p + q = 1, k = 0,1,2,\cdots,n$,$\varphi(x) = \frac{1}{\sqrt{2\pi}} e^{-\frac{x^2}{2}}$.

(2)(德莫佛-拉普拉斯(De Moivre-Laplace)定理)积分极限定理:对于任意的 x,恒有

$$\lim_{n \to \infty} P\left\{\frac{X-np}{\sqrt{np(1-p)}} \leqslant x\right\} = \int_{-\infty}^{x} \frac{1}{\sqrt{2\pi}} e^{-\frac{t^2}{2}} dt \tag{5.11}$$

这个定理表明,二项分布以正态分布为极限. 当 n 充分大时,我们可以利用上两式来计算二项分布的概率. $n = 10, p = 0.2, np = 2, \sqrt{npq} \approx 1.265$.

例 5.5 10 部机器独立工作,每部停机的概率为 0.2,求 3 部机器同时停机的概率.

解 10 部机器中同时停机的数目 X 服从二项分布,$n = 10, p = 0.2, np = 2, \sqrt{npq} \approx 1.265$.

(1) 直接计算:$P\{X=3\} = C_{10}^3 \times 0.2^3 \times 0.8^7 \approx 0.2013$.

(2) 若用局部极限定理近似计算:

$$P\{X=3\} = \frac{1}{\sqrt{npq}} \varphi\left(\frac{k-np}{\sqrt{npq}}\right) = \frac{1}{1.265} \varphi\left(\frac{3-2}{1.265}\right) = \frac{1}{1.265} \varphi(0.79) = 0.2308$$

(2)的计算结果与(1)相差较大,这是由于 n 不够大.

例 5.6 应用定理 5.7 计算例 5.2 的概率.

解 $np = 7000, \sqrt{npq} \approx 45.83$.

$$P\{6800 < X < 7200\} = P\{|X - 7000| < 200\}$$

$$= P\left\{\left|\frac{X-7000}{45.83}\right| < 4.36\right\} = 2\Phi(4.36) - 1$$

$$= 0.99999.$$

例 5.7　产品为废品的概率为 $p = 0.005$,求 10000 件产品中废品数不大于 70 的概率.

解　10000 件产品中的废品数 X 服从二项分布,$n = 10000$,$p = 0.005$,$np = 50$,$\sqrt{npq}$ ≈ 7.053.

$$P\{X \leqslant 70\} = \Phi\left(\frac{70-50}{7.053}\right) = \Phi(2.84) = 0.9977$$

正态分布和泊松分布虽然都是二项分布的极限分布,但后者以 $n \to \infty$,同时 $p \to 0$,$np \to \lambda$ 为条件,而前者则只要求 $n \to \infty$ 这一条件. 一般说来,对于 n 很大,p(或 q)很小的二项分布($np \leqslant 5$)用正态分布来近似计算不如用泊松分布计算精确.

例 5.8　每颗炮弹命中飞机的概率为 0.01,求 500 发炮弹中命中 5 发的概率.

解　500 发炮弹中命中飞机的炮弹数目 X 服从二项分布,$n = 500$,$p = 0.01$,$np = 5$,$\sqrt{npq} \approx 2.2$ 下面用三种方法计算并加以比较:$np = \lambda = 5$,$k = 5$,$P_5(5) \approx 0.175467$.

(1) 用二项分布公式计算:
$$P\{X = 5\} = C_{500}^5 \times 0.01^5 \times 0.99^{495} = 0.17635$$

(2) 用泊松公式计算,直接查表可得:
$$np = \lambda = 5, \quad k = 5, \quad P_5(5) \approx 0.175467$$

(3) 用拉普拉斯局部极限定理计算:
$$P\{X = 5\} = \frac{1}{\sqrt{npq}}\varphi\left(\frac{5-np}{\sqrt{npq}}\right) \approx 0.1793$$

可见后者不如前者精确.

在研究大量随机因素的综合影响的总效用时,如果其中每个因素所起的作用都很小,那么由综合影响所形成的随机变量往往近似服从正态分布,这一类问题常常可以通过中心极限定理进行求解.

第二次世界大战时,战争需要促使应用数学进入飞速发展阶段. 在研制原子弹、设计高性能飞机、破译敌方密码及调配军用物资等过程中,应用数学成为极为关键的手段,计算、运筹、优化等诸多应用数学分支由此蓬勃发展起来. 随着现代战争朝着数字化、智能化方向发展,利用算法来攻击敌方的交通、电力、网络等重要基础设施,将变得越发有效和重要. 未来算法的效率、精度、稳定性和可靠性还将提升,并与兵棋推演、人工智能和指挥控制系统相融合,成为战前预演、战时感知与决策、战后评估的关键.

本章知识网络图

$$
\begin{cases}
\text{大数定律} \begin{cases}
\text{切比雪夫大数定理} \lim_{n\to\infty} P\left\{\left|\frac{1}{n}\sum_{i=1}^{n} - \frac{1}{n}\sum_{i=1}^{n}E(X_i)\right| < \varepsilon\right\} = 1 \\[2mm]
\text{伯努利大数定理} \lim_{n\to\infty} P\left\{\left|\frac{n_A}{n} - P\right| < \varepsilon\right\} = 1 \\[2mm]
\text{辛钦大数定理} \lim_{n\to\infty} P\left\{\left|\frac{1}{n}\sum_{i=1}^{n}X_i - \mu\right| < \varepsilon\right\} = 1
\end{cases} \\[10mm]
\text{中心极限定理} \begin{cases}
\text{独立同分布的中心极限定理} \lim_{n\to\infty} P\left\{\frac{\sum_{k=1}^{n}X_k - n\mu}{\sqrt{n}\sigma} \leqslant x\right\} = \int_{-\infty}^{x} \frac{1}{\sqrt{2\pi}}e^{-\frac{t^2}{2}}dt \\[4mm]
\text{李雅普诺夫定理} \lim_{n\to\infty} P\left\{\frac{\sum_{k=1}^{n}X_k - \sum_{k=1}^{n}\mu_k}{B_n} \leqslant x\right\} = 1, \text{其中} B_n^2 = \sum_{k=1}^{n}\sigma_k^2 \\[4mm]
\text{德莫佛—拉普拉斯定理} \lim_{n\to\infty} P\left\{\frac{X-np}{\sqrt{np(1-p)}} \leqslant x\right\} = \int_{-\infty}^{x} \frac{1}{\sqrt{2\pi}}e^{-\frac{t^2}{2}}
\end{cases}
\end{cases}
$$

习题五

1. 设 $X_1, X_2 \cdots, X_{100}$ 是独立同分布的随机变量,其共同分布为均匀分布 $U(0,1)$. 求概率 $P(45 \leqslant X_1, X_2 \cdots, X_{100} \leqslant 55)$.

2. 设 $X_1, X_2 \cdots, X_{100}$ 是独立同分布的随机变量,其共同分布是均值为 1 泊松分布. 求概率 $(X_1 + X_2 + \cdots + X_{100} \geqslant 15)$.

3. 一颗骰子连续掷 4 次,点数总和记为 X. 估计 $P\{10 < X < 18\}$.

4. 射手打靶得 10 分的概率为 0.5,得 9 分的概率为 0.3,得 8 分、7 分和 6 分的概率分别为 0.1、0.05 和 0.05,若此射手进行 100 次射击,至少可得 950 分的概率是多少?

5. 假设一条生产线生产的产品合格率是 0.8. 要使一批产品的合格率达到在 76% 与 84% 之间的概率不小于 90%,问这批产品至少要生产多少件?

6. 某车间有同型号机床 200 部,每部机床开动的概率为 0.7,假定各机床开动与否互不影响,开动时每部机床消耗电能 15 个单位. 问至少供应多少单位电能才可以 95% 的概率保证不致因供电不足而影响生产.

7. 某产品不合格率为 0.005,任取 10000 件中不合格品不多于 70 的概率为多少?

8. 某药厂断言,该厂生产的某种药品对于医治一种疑难的血液病的治愈率为 0.8. 医院检验员任意抽查 100 个服用此药品的病人,如果其中多于 75 人治愈,就接受这一断言,否则就拒绝这一断言.

   (1)若实际上此药品对这种疾病的治愈率是 0.8,问接受这一断言的概率是多少?

   (2)若实际上此药品对这种疾病的治愈率是 0.7,问接受这一断言的概率是多少?

9. 某保险公司多年的统计资料表明,在索赔中被盗索赔户占 20%. 求在随机抽取的 100

个索赔户中被盗索赔户不少于 14 户且不多于 30 户的概率.

10. 设有 30 个电子器件. 它们的使用寿命 $T_1, \cdots, T_{30}$ 服从参数 $\lambda = 0.1$(单位:h^{-1})的指数分布,其使用情况是第一个损坏第二个立即使用,以此类推. 令 T 为 30 个器件使用的总计时间,求 T 超过 350 小时的概率.

11. 对于一个学生而言,来参加家长会的家长人数是一个随机变量,设一个学生无家长、1 名家长、2 名家长来参加会议的概率分别为 0.05,0.8,0.15. 若学校共有 400 名学生,设各学生参加会议的家长数相互独立,且服从同一分布.

   (1) 求参加会议的家长数 X 超过 450 的概率.

   (2) 求有 1 名家长来参加会议的学生数不多于 340 的概率.

12. 在一家保险公司里有 10000 人参加保险,每人每年付 12 元保险费,在一年内一个人死亡的概率为 0.006,死亡者其家属可向保险公司领得 1000 元赔偿费. 求:

   (1)保险公司没有利润的概率为多大;

   (2)保险公司一年的利润不少于 60000 元的概率为多大?

13. 设随机变量 X 和 Y 的数学期望都是 2,方差分别为 1 和 4,而相关系数为 0.5,试根据切比雪夫不等式给出 $P\{|X - Y| \geqslant 6\}$ 的估计.

14. 一生产线生产的产品成箱包装,每箱的重量是随机的. 假设每箱平均重 50 千克,标准差为 5 千克,若用最大载重量为 5 吨的汽车承运,试利用中心极限定理说明每辆车最多可以装多少箱,才能保障不超载的概率大于 0.977.

15. (2001 年考研数学三)某保险公司多年的资料统计表明,在索赔户中被盗赔户占 20%,在随意抽查的 100 家索赔户中被盗的索赔户数为随机变量 X.

   (1)写出 X 的概率分布;

   (2)利用棣莫佛-拉普拉斯定理,求被盗的索赔户数不少于 14 户且不多于 30 户的概率的近似值.

16. (2004 年考研数学三)重为 a 的物品,在天平上重复称量 n 次,若各次称量的结果 X_1, $X_2 \cdots, X_n$ 相互独立且 $X_i \sim N(a, 0.2^2)$,$i = 1, 2, \cdots, n$,则 n 的最小值不小于多少,可使 $P\{|X - a| < 0.1\} \geqslant 0.95$.

第六章 样本及抽样理论

本章导学

在前面的章节中,我们介绍了概率论的基本理论知识,这里,我们将在概率论的理论基础上介绍数理统计.数理统计是应用概率论的基本理论,研究如何合理地获取数据资料,并根据试验和观测得到的数据,对随机现象的客观规律进行合理的推断.本章介绍数理统计的基本概念,包括总体、样本、统计量及常用统计量的分布等.通过本章的学习要达到:1.了解数理统计的研究思路,理解总体与样本及统计量的概念;2.了解 χ^2 分布、t 分布、F 分布的定义,并会查表计算分位数;3.掌握正态总体的样本均值与样本方差的分布.

在概率论的学习中,我们知道,如果随机变量的概率分布已知,那么就很容易了解随机变量的统计规律和特点.也就是说,要掌握随机变量的统计信息,随机变量的分布状况必须是已知的.但是,在实际中,随机变量的概率分布往往是未知的,或者不是完全已知的.数理统计的任务之一就是根据所掌握的统计数据,推断随机变量的分布规律.

如何使用统计数据合理推断和分析随机变量的分布是数理统计最重要的内容.实际中,要获得随机变量的完整数据是不容易的,或者根本做不到.从总体中随机抽取样本,通过对样本进行分析获取总体的信息,这种利用样本信息来对总体进行推断的方法,是数理统计研究中最常用和最主要的方法.其中,通过样本构建的统计量是进行数理统计分析的基础.

通过本章的学习,我们将了解总体、样本、统计量等统计抽样的基本概念.由于实际中大多数情况下,我们都可以假设研究的对象为正态总体,因此,这里将着重介绍正态总体的样本均值和样本方差的分布情况.

第一节 总体与样本

实际中要了解某一随机变量的分布情况并不容易.比如,某手机公司需要了解自己手机品牌(或其他手机品牌)的市场占有率,如果想要获得全部数据,就必须调查市场中每一位消费者购买手机的信息,这样做显然成本较高,也不容易做到.再比如,某风力发电站需要了解一个地方的风力状况,如果要得到全部数据,就必须要收集在该地域内所有地点、所有时间的风力信息,显然,这是无法做到的,因为风力大小时刻都在变化,本身就是一个连续型随机变量,产生的数据是无限多的.研究处理这样的实际问题,需要根据统计调查的客观条件(人力、物力、时间、要求精度等),采取对随机变量进行有限次的观测或取样,用收集到的有限数据推断随机变量的分布情况.

在数理统计的理论中,总体和样本是两个既有联系又有区别的概念,总体和样本的关系为我们通过样本数据了解总体情况建立了桥梁.

定义 6.1 数理统计中,将研究问题所涉及的对象或全部可能的观测值的集合称为总体.总体中的基本元素称为个体.个体数有限的总体称为有限总体;个体数无限的总体称为无限总体.

无限总体的分布可以用连续型随机变量描述或逼近,便于统计分析.因而,数理统计一般研究无限总体.

在数理统计研究中,通常很难或者根本不可能观察到总体的全部个体,很难获取总体的全部信息,因此我们需要从总体中随机抽取部分个体,并以这些个体的观测结果作为推断总体情况的依据.这些作为研究对象(总体)代表的个体组成了一个新的集合,我们将这个集合称为"样本".

定义 6.2 通过某种方法从总体中随机抽取出来的若干个体称为样本,样本中,个体的数量称为样本容量.

实际上,我们真正关心的并不是总体或个体本身,而是它们的某项数量指标,因此,进一步地我们应该把总体理解为那些研究对象上的某项数量指标的全体,而把样本理解为样本上的数量指标.

从定义来看,总体和样本的本质都是一个集合,但从研究的角度看,我们对总体随机观测时,每次都会获得总体中某一个个体的数据,而且这个个体是随机获得的.因此对于每次观测而言,总体也可以看成是一个随机变量.因此,在数理统计的分析中,我们通常将总体描述为一个随机变量 X,简称总体 X.特别地,如果一个总体 X 服从正态分布 $N(\mu, \sigma^2)$,则称之为正态总体 X.

从总体中选取个体组成样本的方法很多,我们所熟悉的最常用的选取方式是"盲选".相当于将总体中的所有个体放入一个黑箱,从中随机地抽出若干个个体组成样本.这种抽样方法称为简单随机抽样,具有如下两个特点:

(1)随机性.总体中每个个体进入样本的概率大小相同,这就意味着每个个体与总体 X 有相同的分布.

(2)独立性.样本中每个个体的取值互不影响,相互独立.

为此,给出简单随机样本的定义.

定义 6.3 设总体 X 的分布函数为 $F(x)$,若随机变量 $X_1, X_2 \cdots, X_n$ 相互独立,且与 X 具有相同的分布 $F(x)$,则称 $X_1, X_2, \cdots, X_n$ 为从总体 X 中得到的容量为 n 的简单随机样本(Random sample),简称为样本.

样本具有二重属性.假设 $X_1, X_2, \cdots, X_n$ 是从总体 X 中抽取的样本,在一次具体的观测或试验中,它们是一些测量值(观察值),是已知的数值.也就是说,样本具有数的属性.另一方面,由于在具体的观测或试验中,受到各种随机因素的影响,在不同的观测中样本取值可能不同.因此离开特定的具体观测或试验时,我们并不知道样本 $X_1, X_2, \cdots, X_n$ 取什么值,它们是一些随机变量,这时样本具有随机变量的属性.

在进行具体抽样时,如果完成了 n 次实际的观察,就得到一组实数 $x_1, x_2 \cdots, x_n$,这组实数就是随机变量 $X_1, X_2 \cdots, X_n$ 的观察(测)值,称为样本值.

具体来说,对于有限总体,采用有放回抽样就能够得到简单随机样本.在实际中,当

总体中个体数 N 相对于样本容量 n 大得多时,可将不放回抽样近似地当作有放回抽样来处理.

这里,我们介绍的数理统计中所涉及的抽样均为简单随机抽样,相应的样本均为简单随机样本.

相对于总体而言,样本是来源于总体中的一个集合,样本集合就是总体的一个子集.在描述上,既然我们将总体描述为一个随机变量 X,那么样本就是该随机变量的若干个观测值,我们记为 $X_1, X_2 \cdots, X_n$. 显然,它们的取值是随机的,因此,可以将样本描述为一个 n 维随机变量.

性质 6.1 设 $X_1, X_2 \cdots, X_n$ 为总体 X 的样本,则:

(1) $X_1, X_2 \cdots, X_n$ 相互独立;

(2) $X_1, X_2 \cdots, X_n$ 具有相同的分布,并且它们的分布与总体 X 的分布相同. 即若总体 X 的分布函数为 $F(x)$,概率密度为 $f(x)$,则

①样本 $X_1, X_2 \cdots, X_n$ 中,每一个个体 X_i 的分布函数都为 $F(x)$,概率密度都为 $f(x)$;

② $X_1, X_2 \cdots, X_n$ 的联合分布函数、联合概率密度分别为

$$F^*(x_1, x_2 \cdots, x_n) = \prod_{i=1}^{n} F(x_i), \quad f^*(x_1, x_2 \cdots, x_n) = \prod_{i=1}^{n} f(x_i)$$

虽然在实际情况下,样本之间可能不一定具备独立同分布的性质(例如,人群中的身高不完全是相互独立的,存在父母的身高影响子女等因素),但在统计分析中,样本的独立同分布性质是对现实情况的一个抽象简化,也是统计学最基本的假设,这一假设贯穿数理统计几乎所有的理论推导,是建立样本与总体之间桥梁的奠基石.

例 6.1 某手机公司希望了解本品牌手机的市场占有情况,在手机市场中,随机调查100 位手机购买者,了解这 100 人的手机购买品牌.

例 6.2 某市人力资源部门希望了解大学毕业生第一份工作的工资水平,询问了该市 5 所大学的 1000 位毕业生,获得了他们的首份工作薪资水平资料.

例 6.3 油漆生产企业测试油漆产品的有害气体散发情况,随机抽取 10 桶油漆进行涂刷操作,并在涂刷油漆后一个月内,每一天早晨 10 点测试油漆有害气体散发数据.

在上述这些例子中,我们的主要目的是,了解被研究的对象(总体)与实际调查的结果(样本)之间的关系.

上述三个例子中,我们发现,被研究的对象与实际调查的结果并不完全相同,这是因为实际调查获取的信息仅仅是被研究对象全部信息中的一部分.

例 6.1 中,总体:从集合的角度来看,总体是所有的消费者,具体地说,总体是所有消费者所购买的手机品牌.注意,不是所有的品牌! 你能否区分这两者的不同?[①]

---

① 假如市场上有 10 位消费者和 3 个品牌的手机(三星、苹果、小米),那么总体"所有消费者所购买的手机品牌"集合可能是:{三星、三星、苹果、三星、小米、苹果、三星、小米、苹果、三星},而"所有的手机品牌"的集合是{三星、苹果、小米}. 依次类推到市场上有很多消费者和很多手机品牌的情况,这两个集合是完全不一样的集合.

卡尔·皮尔逊(Karl Pearson,1857—1936),英国数学家——现代统计科学的创立者. 在 19 世纪 90 年代以前,统计理论和方法的发展是很不完善的,统计资料的搜集、整理和分析都受到很多限制. 皮尔逊在生物学家高尔登 (Francis Galton,1822—1911) 和韦尔顿(Weldon,1860—1906)的影响下,从九十年代初开始进军生物统计学. 他认为生物现象缺乏定量研究是不行的,决心要使进化论在一般定性叙述的基础之上,进一步进行数量描述和定量分析. 他不断运用统计方法对生物学、遗传学、优生学做出新的贡献. 同时,他在先辈们善于赌博机遇的概率论研究的基础上,导入了许多新的概念,把生物统计方法提炼成为一般处理统计资料的通用方法,发展了统计方法论,把概率论与统计学两者溶为一炉. 他被公认是"旧派理学派和描述统计学派的代表人物",并被誉为"现代统计科学的创立者".

从随机变量的角度来看,总体 $X =$ "消费者所购买的手机品牌". 如果我们将不同的手机品牌用数字来表示,如:三星—0,苹果—1,小米—2 等,那么,总体 X 就是一个随机变量,X 的取值为:0,1,2. 样本:所抽取的 100 人,或者更具体地说是这 100 人所购买的手机品牌.

例 6.2 中,总体:全市所有大学毕业生第一份工作的工资数额. 工资数额本身就是数字,这些数字就是总体 X 作为随机变量的取值. 样本:抽取的 1000 位毕业生的首份工作工资数额.

例 6.3 中,总体:所有油漆产品在所有时间的有害气体散发数据. 样本:抽取的 10 桶油漆在试验的 30 天(一个月)的固定时刻所得到的有害气体挥发数据.

例 6.4 假设男生的身高服从正态分布 $N(\mu,\sigma^2)$,随机挑 3 位男生,他们的身高都在区间 $(\mu-2\sigma,\mu+2\sigma)$ 上的概率是多少?

解 3 位男生的身高是样本,设 3 人身高分别为 X_1,X_2,X_3.

根据样本的性质,X_1,X_2,X_3 相互独立,且都服从正态分布 $N(0,\sigma^2)$,有

$$\frac{X_1-\mu}{\sigma} \sim N(0,1) , \frac{X_2-\mu}{\sigma} \sim N(0,1) , \frac{X_3-\mu}{\sigma} \sim N(0,1)$$

$$P\{\mu-2\sigma < X_1 < \mu+2\sigma\} = P\left\{-2 < \frac{X_1-\mu}{\sigma} < 2\right\} = \Phi(2) - \Phi(-2) = 2\Phi(2) - 1$$

$$= 0.9544$$

同理,$P\{\mu-2\sigma < X_2 < \mu+2\sigma\} = P\{\mu-2\sigma < X_3 < \mu+2\sigma\} = 0.9544$.

因此,3 个人身高都在区间 $(\mu-2\sigma,\mu+2\sigma)$ 内的概率为

$$P\{\mu-2\sigma < X_1 < \mu+2\sigma,\mu-2\sigma < X_2 < \mu+2\sigma,\mu-2\sigma < X_3 < \mu+2\sigma\}$$

$$= P\{\mu-2\sigma < X_1 < \mu+2\sigma\}P\{\mu-2\sigma < X_2 < \mu+2\sigma\}P\{\mu-2\sigma < X_3 < \mu+2\sigma\}$$

$$= [P\{\mu-2\sigma < X_1 < \mu+2\sigma\}]^3$$

$$= 0.9544^3 = 0.8693.$$

我们在搜集资料后,如果未经整理,通常是没有什么价值的,因此在研究分析之前,需

要对这些有差异的资料进行整理,我们可以编制频数表(即频数分布表)进行初步整理.

例 6.5 某工厂的劳资部门为了研究该厂工人的收入情况,首先收集了工人的工资资料,表 6－1 记录了该厂 30 名工人未经整理的工资数值.

表 6－1 30 名工人的工资表

工人序号	工资(元)	工人序号	工资(元)	工人序号	工资(元)
1	530	11	595	21	480
2	420	12	435	22	525
3	550	13	490	23	535
4	455	14	485	24	605
5	545	15	515	25	525
6	455	16	530	26	475
7	550	17	425	27	530
8	535	18	530	28	640
9	495	19	505	29	555
10	470	20	525	30	505

以例 6.5 为例,介绍频数分布表的制作方法. 这些数据可以记为 $x_1, x_2 \cdots, x_{30}$,对于这些观测数据:

第一步:确定最大值 $x_{\max}$ 和最小值 $x_{\min}$,根据表 6－1,有

$$x_{\max} = 640, \quad x_{\min} = 420$$

第二步:分组,即确定每一收入组的界限和组数,在实际工作中,第一组下限一般取一个小于 $x_{\min}$ 的数,例如,我们取 400,最后一组上限取一个大于 $x_{\max}$ 的数,例如,取 650. 然后从 400 到 650 分成组距相等的若干段,比如,分成 5 段,每一段就对应于一个收入组. 表 6－1 资料的频数分布表如表 6－2 所示.

表 6－2 工人工资的频数分布表

组限	频数	累积频数
[400~450)	3	3
[450~500)	8	11
[500~550)	13	24
[550~600)	4	28
[600~650)	2	30

为了研究频数分布,我们可用图示法表示.

1. 直方图. 直方图是垂直条形图,条与条之间无间隔,用横轴上的点表示组限,纵轴上的单位数表示频数. 与一个组对应的频数,用以组距为底的矩形(长条)的高度表示,表 6－2 资料的直方图如图 6－1 所示.

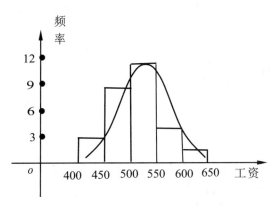

图 6—1　工人的工资直方图

上述方法我们对抽取数据加以整理,编制频数分布表,作直方图,画出频率分布曲线,这就可以非常直观地看到数据分布的情况,在什么范围,取值大小,在哪些地方分布比较集中,以及分布图形是否对称等,所以,样本的频率分布是总体概率分布的近似.

在数理统计中,总体或者说总体分布是我们研究的目标,而样本是从总体中随机抽取的一部分个体.通过对这些个体(即样本)进行具体的研究,我们所得到的统计结论以及对这些结论的统计解释,都反映或体现着总体的信息,也就是说,这些信息是对总体而言的.因此,我们总是着眼于总体,而着手于样本,用样本去推断总体.这种由已知推断未知,用具体推断抽象的思想,对我们后面的学习和研究非常重要.

第二节　统 计 量

在上节中我们知道,数理统计分析中最重要的任务之一就是通过样本表现推测总体情况,而这种推测主要是针对数字特征的推测.对于统计研究而言,我们希望了解总体的各种统计数字特征,进而了解分布中的未知参数,比如,总体数学期望、方差、分布中的各个参数等.而推测总体数字特征的基础显然是样本相应的数字特征.面对看似杂乱的随机样本数据,我们需要对样本数据进行加工整理,提取有效信息,根据样本所构造的各种函数就是我们这一节将要介绍的统计量.

例 6.6　在例 6.2 中,人力资源部门希望了解该市全部大学毕业生的首份工作平均薪资.当获得了 1000 位大学毕业生他们的首份工作工资数据后,你觉得应该怎样处理这些数据?这个处理方法除了需要样本数据外是否还需要其他的信息呢?

仅仅使用样本数据构造一个函数,只要获得样本数据就可以确定这个函数的值,也就是说,这个函数值依赖于样本数据,这样的函数我们称为统计量.

定义 6.4　设 $X_1, X_2 \cdots, X_n$ 为来自总体 X 的一个样本,$g(X_1, X_2 \cdots, X_n)$ 是样本 $X_1, X_2 \cdots, X_n$ 的函数,若函数 g 中不含任何未知参数,则称 $g(X_1, X_2 \cdots, X_n)$ 为统计量.

统计量只依赖于样本,而不能包含任何未知参数,当样本确定时,就可以计算出统计量.

以下我们给出一些常用的统计量.

定义 6.5 设 $X_1, X_2 \cdots, X_n$ 为一组样本,则称

$$\frac{1}{n}\sum_{i=1}^{n}X_i = \frac{1}{n}(X_1 + X_2 + \cdots + X_n) \tag{6.1}$$

为样本均值,记作 $\bar{X}$,即 $\bar{X} = \frac{1}{n}\sum_{i=1}^{n}X_i$.

性质 6.2 设 $X_1, X_2 \cdots, X_n$ 为来自总体 X 的一个样本,且 $EX = \mu$,$DX = \sigma^2$,则 $E\bar{X} = \mu$,$D\bar{X} = \frac{\sigma^2}{n}$.

样本均值 $\bar{X}$ 是数理统计中的一个重要统计量,它的基本作用是估计总体分布的均值 μ 和对有关总体分布均值 μ 的假设作检验.

定义 6.6 设 $X_1, X_2 \cdots, X_n$ 为一组样本,则称

$$S^2 = \frac{1}{n-1}\sum_{i=1}^{n}(X_i - \bar{X})^2 \tag{6.2}$$

为样本方差. 其平方根

$$S = \sqrt{\frac{1}{n-1}\sum_{i=1}^{n}(X_i - \bar{X})^2} \tag{6.3}$$

称为样本标准差.

样本方差也是数理统计中的一个重要统计量,它的基本作用是用来估计总体分布的方差 σ^2 和对有关总体分布的均值 μ 或方差 σ^2 的假设进行检验.

需要说明的是,样本方差中的分母项是为 $n-1$,而不是 n.

在一些统计著作中,有时把样本方差定义为 $S_n^2 = \frac{1}{n}\sum_{i=1}^{n}(X_i - \bar{X})^2$,这种定义的缺点是,$S_n^2$ 不具有所谓的无偏性. 而 S^2 具有无偏性. 这一点将在下一章的参数估计中说明.

定义 6.7 设 $X_1, X_2 \cdots, X_n$ 为一组样本,则称

$$A_k = \frac{1}{n}\sum_{i=1}^{n}X_i^k, \quad k = 1, 2, \cdots \tag{6.4}$$

为样本 k 阶(原点)矩.

$$B_k = \frac{1}{n}\sum_{i=1}^{n}(X_i - \bar{X})^k, \quad k = 2, 3, \cdots \tag{6.5}$$

为样本 k 阶中心矩.

与样本具有的二重属性一样,统计量作为样本的函数,也具有二重属性,即对一次具体的观测或试验,统计量就是一个具体的函数值. 但是,离开具体的观测或试验,由于样本是随机变量,因此统计量也是随机变量,也有自身的概率分布,称为统计量的抽样分布.

对于一般的总体分布,我们可以借助中心极限定理计算出一些统计量的近似分布,这种近似只有当样本容量很大时才成立,所以也称为大样本分布. 下面的定理建立了样本均值的大样本分布.

定理 6.1 假设 $X_1, X_2 \cdots, X_n$ 为来自总体 X 的一组样本,$EX = \mu$,$DX = \sigma^2$. 则当 $EX = \mu$,n 充分大时,近似地有

$$\bar{X} \sim N(\mu, \frac{\sigma^2}{n}).$$

　　例 6.7　在一个班的学生中随机抽出 5 人询问他们一个月的生活费(单位:元),得到以下数据:

$$800,670,750,700,580.$$

请计算样本均值、样本方差和样本标准差.

　　解　样本均值、样本方差分别为 $\bar{X} = \dfrac{1}{n} \sum_{i=1}^{n} X_i$,$S^2 = \dfrac{1}{n-1} \sum_{i=1}^{n} (X_i - \bar{X})^2$,因此

样本均值:$\bar{X} = \dfrac{1}{5}(800 + 670 + 750 + 700 + 580) = 700$

样本方差:

$$S^2 = \frac{1}{5-1}\big[(800-700)^2 + (670-700)^2 + (750-700)^2 + (700-700)^2$$
$$+ (580-700)^2 = 6950$$

样本标准差:$S = \sqrt{S^2} = \sqrt{6950} = 83.37$

　　例 6.8　在对一个班同学生活费调查的过程中,抽取该班的 3 位女生和 2 位男生,该班女生与男生人数分别为 34 人和 18 人. 一位同学认为,男生和女生的生活费有所差异,其采用以下样本函数作为全部同学月平均生活费的估计:

$$\bar{X} = 34 \times \frac{\dfrac{(X_1 + X_2 + X_3)}{3} + 18 \times \dfrac{(X_4 + X_5)}{2}}{34 + 18} \qquad ①$$

其中,X_1, X_2, X_3 是调查的 3 位女生的生活费,X_4, X_5 是调查的 2 位男生的生活费,请问这个样本函数是否是一个统计量? 为什么?

　　对于个人最高月生活费的猜测,该同学构造了如下样本函数:

$$M = \max(X_1, X_2, \cdots, X_5) + 2S \qquad ②$$

其中,$S = \sqrt{\dfrac{1}{4} \sum_{i=1}^{5} (X_i - \bar{X})^2}$,请问这个样本函数是否是一个统计量? 为什么?

　　对于全班同学生活费方差的估计,该同学使用了以下样本函数:

$$S^{*2} = \frac{1}{4} \sum_{i=1}^{5} (X_i - \mu)^2 \qquad ③$$

其中,μ 是全部同学生活费的平均值,μ 未知,请问样本函数③是否是一个统计量? 为什么?

　　解　样本函数①是统计量,因为样本函数①中除了样本,不包含有其他未知参数,只要知道了样本值就可以计算样本函数①的值.

　　样本函数②是一个统计量,因为该函数中除了样本,也不包含有其他未知参数,只要知道了样本值就可以计算样本函数②的值.

　　样本函数③不是一个统计量,因为函数中含有未知参数 μ,即使知道了样本值也无法计算它的值.

　　通过例 6.8 我们可以看到,统计量的计算公式并不是只局限于常见的均值、方差等,统计量可以根据问题的需要进行合理的构建. 判断一个函数可作为统计量的唯一标准是,这个函数只依赖样本值就能计算函数值. 当然一个统计量是否可以反映总体的某种数量特征以及反映的效果如何,还需要进一步地讨论,这将是我们在后面章节学习的重要内容.

数据较多时,常用统计量的计算,如样本均值、样本方差、样本标准差等的计算可以借助于计算机软件进行. 最常用的计算软件是 EXCEL,在 EXCEL 中注意区分样本方差与总体方差,样本标准差与总体标准差的公式. 以下是常用统计量在 EXCEL 中的公式符号:最大值:max,最小值:min,中位数:median,均值:average,样本方差:Var,样本标准差:$stdev$,总体方差:$Varp$,总体标准差:$stdevp$.

第三节 正态总体的抽样分布

在统计研究和应用领域,正态总体是常见的总体. 因此,我们着重介绍正态总体下的重要统计量——样本均值与样本方差的分布. 在正态总体下,样本均值的分布比较容易推导,而样本方差的分布并非我们已经学习过的分布. 在这一节中我们将介绍数理统计的三大重要分布,这些分布看起来有些复杂,但是它们是数理统计分析和推断的理论基础.

例 6.9 假设人群中成年男性的身高 X 服从正态分布 $N(\mu,\sigma^2)$,从中随机抽取 20 名成年男性作为样本,调查其身高,请问这 20 人身高的样本均值和样本方差服从什么分布?

讨论正态总体下统计量的分布问题,首先需要了解基于正态分布下构建的三个重要分布:χ^2 分布、t 分布、F 分布.

定义 6.8 设 $X_1,X_2\cdots,X_n$ 为独立同分布的随机变量,且都服从 $N(0,1)$,则统计量

$$\chi^2 = X_1^2 + X_2^2 + \cdots + X_n^2 \tag{6.6}$$

所服从的分布称为自由度为 n 的 χ^2 分布,记为 $\chi^2 \sim \chi^2(n)$.

$\chi^2(n)$ 分布具有概率密度函数

$$f(y) = \begin{cases} \dfrac{1}{2^{\frac{n}{2}}\Gamma(\frac{n}{2})} y^{\frac{n}{2}-1} e^{-\frac{y}{2}}, & y > 0, \\ 0, & \text{其他}. \end{cases} \tag{6.7}$$

其中,$\Gamma(\cdot)$ 为 Gamma 函数,$f(y)$ 的图形如图 6-2 所示.

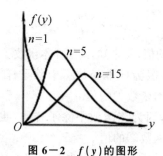

图 6-2 $f(y)$ 的图形

由于样本独立同分布,因此,定义 6.8 中的 $X_1,X_2\cdots,X_n$ 可以是来自总体为标准正态分布 $N(0,1)$ 的样本,其平方和

$$X_1^2 + X_2^2 + \cdots + X_n^2 \sim \chi^2(n)$$

对于给定的正数 α,$0 < \alpha < 1$,称满足条件

$$P\{\chi^2 > \chi_\alpha^2(n)\} = \int_{\chi_\alpha^2(n)}^{+\infty} f(y)dy = \alpha$$

的点 $\chi_\alpha^2(n)$ 为 $\chi^2(n)$ 分布的上 α 分位点(Percentile of α),如图 6-3 所示.

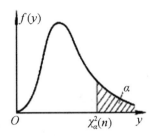

图 6-3 点 $\chi_\alpha^2(n)$ 在 $\chi^2(n)$ 分布上的分位点

分位点 $\chi_\alpha^2(n)$ 将密度函数曲线与 x 轴所围成的图形分成左右两个部分,其面积大小就是 $\chi^2(n)$ 落在相应范围的概率. 对于不同的 α,n 上 α 分位点的值可从 χ^2 分布表中查到,见附表 5. 例如,对于 $\alpha=0.05,n=16$,查附表 5 得 $\chi_{0.05}^2(16)=26.296$.

附表 5 只详列到 $n=45$ 为止,当 $n>45$ 时,有

$$\chi_\alpha^2(n) \approx \frac{1}{2}\left(Z_\alpha + \sqrt{2n-1}\right)^2$$

其中,$Z \sim N(0,1)$,$P\{Z>z_\alpha\}=\alpha$,z_α 称为标准正态分布的上 α 分位点. z_α 可从标准正态分布表中查到,见附表 2,例如:$z_{0.025}=1.96$.

例如,$\chi_{0.05}^2(50) \approx \frac{1}{2}\left(z_{0.05}+\sqrt{2\times50-1}\right)^2 = \frac{1}{2}\left(1.645+\sqrt{99}\right)^2 = 67.221$.

定义 6.9 设 $X \sim N(0,1)$,$Y \sim \chi^2(n)$,且 X 与 Y 相互独立,则称随机变量

$$t = \frac{X}{\sqrt{Y/n}} \tag{6.8}$$

服从自由度为 n 的 t 分布,记为 $t \sim t(n)$.

$t(n)$ 分布具有概率密度函数

$$h(t) = \frac{\Gamma\left[\dfrac{n+1}{2}\right]}{\sqrt{n\pi}\,\Gamma\left(\dfrac{n}{2}\right)}\left(1+\frac{t^2}{n}\right)^{-(n+1)/2}, \quad -\infty < t < +\infty \tag{6.9}$$

$h(t)$ 的图形如图 6-4 所示,从图中可以看出 t 分布关于 y 轴对称,并且当 n 较大的时候,t 分布近似标准正态分布.

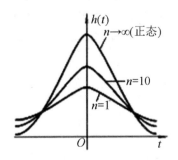

图 6-4 $h(t)$ 的图形分布

对于给定的 α，$0 < \alpha < 1$，称满足条件

$$P\{t > t_\alpha(n)\} = \int_{t_\alpha(n)}^{+\infty} h(t)dt = \alpha$$

的点 $t_\alpha(n)$ 为 $t(n)$ 分布的上 α 分位点，如图 6—5 所示.

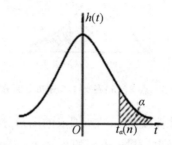

图 6—5 $t(n)$ 分布上的分位点 $t_\alpha(n)$

由于 $h(n)$ 图形的对称性，有

$$t_{1-\alpha}(n) = -t_\alpha(n)$$

t 分布的上 α 分位点，可从 t 分布表中查到，见附表 4.

例如，$t_{0.025}(9) = 2.2622$，$t_{0.95}(9) = -t_{0.05}(9) = -1.8331$.

当 $n > 45$ 时，可用标准正态分布近似，即 $t_\alpha(n) \approx Z_\alpha$.

---- **t 分布（Student's t-distribution）简介** ----

在 1908 年以前，统计学的主要用武之地是社会统计，尤其是人口统计，后来加入生物统计问题. 这些问题的特点是，数据一般都是大量的、自然采集的，所用的方法多以中心极限定理为依据，总是归结到正态分布，皮尔逊是当时统计界的权威，他认为正态分布是上帝赐给人们唯一正确的分布. 但到了 20 世纪，受人工控制的试验条件下所得数据的统计分析问题日渐引人注意. 此时的数据量一般不大，故那种仅依赖于中心极限定理的传统方法开始受到质疑. 这个方向的先驱就是戈赛特（W. S. Gosset）和费希尔（R. Fisher）.

戈赛特（t 分布的发明者）年轻时在牛津大学学习数学与化学，1899 年开始在一家啤酒厂担任酿酒化学技师，主要从事统计及实验分析相关工作. 由于在实验过程中所抽取的样本容量都很小，只有 4、5 个，通过大量实验数据的积累，戈赛特发现 $\sqrt{n}(\bar{x} - \mu)/s$ 的分布与传统的 $N(0,1)$ 分布并不相同，特别是尾部概率相差较大，下表列出了标准正态分布 $N(0,1)$ 和自由度为 4 的 t 分布的一些尾部概率.

$N(0,1)$ 和 $t(4)$ 的尾部概率 $p(\mid X \mid \geqslant c)$				
分布	$c = 2$	$c = 2.5$	$c = 3$	$c = 3.5$
$X \sim N(0,1)$	0.0455	0.0124	0.0027	0.000465
$X \sim t(4)$	0.1161	0.0668	0.0399	0.0249

由此,戈赛特怀疑是否有另一个分布簇存在,但他的统计学功底不足以解决他发现的问题,于是,戈赛特于 1906 年至 1907 年到皮尔逊那里学习统计学,并着重研究少量数据的统计分析问题,1908 年他在 Biometrika 杂志上以笔名 Student(工厂不允许其发表论文)发表了使他名垂统计史册的论文:《*The Probable Error of a Mean*》. 该项研究成果,打破了当时正态分布一统天下的局面,开创了小样本理论的先河.

定义 6.10　设 $U \sim \chi^2(n_1)$, $V \sim \chi^2(n_2)$,且 U 与 V 相互独立,则称随机变量

$$F = \frac{U/n_1}{U/n_2} \tag{6.10}$$

服从自由度为 n_1 和 n_2 的 F 分布,记作 $F \sim F(n_1, n_2)$.

$F(n_1, n_2)$ 分布具有概率密度函数

$$\psi(y) = \begin{cases} \dfrac{\Gamma\left[\left(\dfrac{n_1 + n_2}{2}\right)\right]\left(\dfrac{n_1}{n_2}\right)^{\frac{n_1}{2}} y^{\left(\frac{n_1}{2}\right)-1}}{\Gamma\left(\dfrac{n_1}{2}\right)\Gamma\left(\dfrac{n_2}{2}\right)\left[1+\left(\dfrac{n_1 y}{n_2}\right)\right]^{((n_1+n_2)/2)}}, & y > 0, \\ 0, & \text{其他}. \end{cases} \tag{6.11}$$

$\psi(y)$ 的图形,如图 6-6 所示.

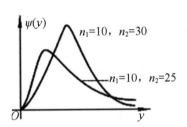

图 6-6　$\psi(y)$ 的图形表示

对于给定的 α,$0 < \alpha < 1$,称满足条件

$$P\{F > F_\alpha(n_1, n_2)\} = \int_{F_\alpha(n_1,n_2)}^{+\infty} \psi(y)dy = \alpha$$

的点 $F_\alpha(n_1, n_2)$ 为 $F(n_1, n_2)$ 分布的上 α 分位点,如图 6-7 所示.

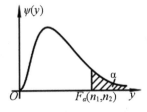

图 6-7　$F(n_1, n_2)$ 分布的上 α 分位点 $F_\alpha(n_1, n_2)$

F 分布的上 α 分位点,可从 F 分布表中查到,见附表 6.

F 分布的上 α 分位点有如下的性质:

$$F_{1-a}(n_1,n_2)=\frac{1}{F_a(n_2,n_1)}$$

这个性质常用来计算 F 分布表中没有包括的数值.

例如,由附表 6 查得 $F_{0.05}(9,12)$,则可利用上述性质得

$$F_{0.95}(12,9)=\frac{1}{F_{0.05}(9,12)}=\frac{1}{2.80}\approx 0.357$$

以上三个分布的概率密度函数都比较复杂,计算概率比较困难,因此,在用到上述三个分布时需要查相应的概率分布表(见附表 4、附表 5、附表 6),或者使用计算机软件获得分布的某个分位点值.

对正态总体,关于样本均值和样本方差以及某些重要统计量的抽样分布具有几个重要结论,它们为讨论参数估计和假设检验提供了坚实的基础,我们把这些结论归纳成如下定理.

定理 6.2 设 $X_1,X_2,\cdots,X_n$ 是来自正态总体 $N(\mu,\sigma^2)$ 的样本,$\bar{X},S^2$ 分别为样本均值和样本方差,则

(1) $\bar{X}\sim N(\mu,\frac{\sigma^2}{n})$,即 $\frac{\bar{X}-\mu}{\sigma/\sqrt{n}}\sim N(0,1)$;

(2) $\frac{(n-1)S^2}{\sigma^2}\sim\chi^2(n-1)$;

(3) $\bar{X}$ 和 S^2 相互独立.

定理 6.3 设 $X_1,X_2,\cdots,X_n$ 是来自正态总体 $N(\mu,\sigma^2)$ 的样本,$\bar{X},S^2$ 分别为样本均值和样本方差,则

$$\frac{\bar{X}-\mu}{S/\sqrt{n}}\sim t(n-1) \tag{6.12}$$

证 由定理 6.1 得知:

$$\frac{\bar{X}-\mu}{\sigma/\sqrt{n}}\sim N(0,1)$$

$$\frac{(n-1)S^2}{\sigma^2}\sim\chi^2(n-1)$$

且两者相互独立,由 t 分布的定义知

$$\frac{\bar{X}-\mu}{\sigma/\sqrt{n}}\bigg/\sqrt{\frac{(n-1)S^2}{\sigma^2(n-1)}}\sim t(n-1) ,$$

即

$$\frac{\bar{X}-\mu}{S/\sqrt{n}}\sim t(n-1)$$

定理 6.4 设 $X_1,X_2,\cdots,X_{n1}$ 和 $Y_1,Y_2,\cdots,Y_{n2}$ 分别来自两个正态总体 X 和 Y 的样本,其中,$X\sim N(\mu_1,\sigma_1^2)$,$Y\sim N(\mu_2,\sigma_2^2)$,且 X 和 X 相互独立,$\bar{X}$、$\bar{Y}$ 分别是它们的样本均值,S_1^2,S_2^2 分别是它们的样本方差,则

(1) $\dfrac{S_1^2/S_2^2}{\sigma_1^2/\sigma_2^2} \sim F(n_1-1, n_2-1)$; $\hspace{4cm}$ (6.13)

(2)当 $\sigma_1^2 = \sigma_2^2$ 时，

$$t = \dfrac{(\bar{X}-\bar{Y})-(\mu_1-\mu_2)}{S_w\sqrt{\dfrac{1}{n_1}+\dfrac{1}{n_2}}} \sim t(n_1+n_2-2) \hspace{2cm} (6.14)$$

其中，$S_w^2 = \dfrac{(n_1-1)S_1^2 + (n_2-1)S_2^2}{(n_1+n_2-2)}$，$S_w = \sqrt{S_w^2}$．

我们再看一下引例中的例6.9，在这里进行具体的讨论，以下例6.10就是例6.9所要讨论的问题．

例 6.10 假设人群中成年男性的身高 X（单位：cm）服从正态分布 $N(170,100)$，任意选出20名成年男性作为样本，调查其身高．

(1)请问这20人身高的样本均值和样本方差服从什么分布？

(2)这20人的样本均值与 $\mu=170$ 的差距小于 0.5σ（即 $|\bar{X}-\mu|<0.5\sigma$）的概率是多大？

(3)这20人的样本方差比总体方差大1.6倍以上（即 $S^2>1.6\sigma^2$）的概率是多少？

解 (1)由于 $\bar{X} \sim N(\mu, \dfrac{\sigma^2}{n})$，$\dfrac{(n-1)S^2}{\sigma^2} \sim \chi^2(n-1)$，$\mu=170$，$\sigma^2=100$，$n=20$，因此

$$\bar{X} \sim N(170,5)$$
$$0.19S^2 \sim \chi^2(19)$$

(2)由 $\bar{X} \sim N(170,5)$，有 $\dfrac{\bar{X}-170}{\sqrt{5}} \sim N(0,1)$，因此

$$P\{|\bar{X}-\mu|<0.5\sigma\} = P\{|\bar{X}-170|<5\} = P\left\{\left|\dfrac{\bar{X}-170}{\sqrt{5}}\right|<\sqrt{5}\right\} = 2\Phi(\sqrt{5})-1 = 0.974.$$

即用20个人的平均身高估计成年男性的平均身高，误差在0.5个总体标准差（即5cm）以内的概率是97%，或者说，误差超过5cm的概率只有3%．

(3)根据题意，要计算 $S^2>1.6\sigma^2$ 的概率，由(1)得知，$0.19S^2 \sim \chi^2(19)$，因此

$$P\{S^2>1.6\sigma^2\} = P\{S^2>160\} = P\{0.19S^2>30.4\}$$

查 χ^2 分布表，得 $P\{\chi^2(19)>30.4\} \approx 0.05$．可见，样本方差比总体方差大1.6倍（即样本方差超过160）的概率仅有5%．

例 6.11 假设某校学生每月的生活费花销服从正态分布，但均值和方差未知．现在抽选16位学生调查他们的月生活费花销，计算得到样本均值为800元，样本方差为 100^2，请问总体均值在750至850之间的概率是多少？

解 由于总体均值和方差未知，定理6.1的 $\dfrac{\bar{X}-\mu}{\sigma/\sqrt{n}} \sim N(0,1)$ 中，$\dfrac{\bar{X}-\mu}{\sigma/\sqrt{n}}$ 是含有两个未知数的分布，不能计算总体均值的概率．

而定理6.2的 $\dfrac{\bar{X}-\mu}{S/\sqrt{n}} \sim t(n-1)$ 中，$\bar{X}$、S、n 都是已知的，只有 μ 一个未知数，可以通过 t 分布将 μ 在某一区间上的概率计算出来．

$$P\{750 < \mu < 850\} = P\left\{\frac{\bar{X} - 850}{\sigma/\sqrt{n}} < \frac{\bar{X} - \mu}{\sigma/\sqrt{n}} < \frac{\bar{X} - 750}{\sigma/\sqrt{n}}\right\}$$

$$= P\left\{\frac{800 - 850}{100/\sqrt{16}} < \frac{\bar{X} - \mu}{S/\sqrt{n}} < \frac{800 - 750}{100/\sqrt{16}}\right\} = P\left\{-2 < \frac{\bar{X} - \mu}{S/\sqrt{n}} < 2\right\}$$

由于在 t 分布表中,我们查到的概率是 $P\{t > t_\alpha(n)\} = \alpha$,需要通过 t 分布的对称性将上述概率转换一下,如图 6-8 所示,我们要求的是灰色部分,查表可得到斜线阴影部分,那么这两者之间的概率关系为

$$P\left\{-2 < \frac{\bar{X} - \mu}{S/\sqrt{n}} < 2\right\} = 1 - 2P\left\{\frac{\bar{X} - \mu}{S/\sqrt{n}} > 2\right\}$$

$\dfrac{\bar{X} - \mu}{S/\sqrt{n}} \sim t(15)$,查表可知 $P\{t(15) > 2\}$ 的概率在 0.025 到 0.05 之间,使用更精确的分布表可以得到 $P\{t(15) > 2\} = 0.032$,因此,$P\{750 < \mu < 850\} = 1 - 2 \times 0.032 = 0.936$.

即有 93.6% 的可能全体学生的月生活费平均值在 750~850 之间.

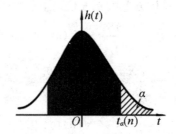

图 6-8 t 分布 $P\{|t| < t_\alpha(n)\} = 1 - 2\alpha$ 概率图

例 6.12 假设城市 A 和城市 B 的居民年收入分别服从方差相同的正态分布 $N(\mu_A, \sigma^2)$, $N(\mu_B, \sigma^2)$. 从 A 市抽取 20 人调查其收入,得到样本均值为 50000 元,样本方差 4000^2;从 B 市抽取 25 人调查其收入,得到样本均值为 55000 元,样本方差为 6000^2,请问两市居民平均年收入的差距 $\mu_B - \mu_A$ 在 3000 到 7000 元之间的概率为多少?

解 这个问题涉及到两个总体的样本,需要用到定理 6.3. 由定理 6.3 可知,当两个正态总体方差相等时,有

$$t = \frac{(\bar{X}_B - \bar{X}_A) - (\mu_B - \mu_A)}{S_w\sqrt{\dfrac{1}{n_B} + \dfrac{1}{n_A}}} \sim t(n_B + n_A - 2)$$

其中,$S_w^2 = \dfrac{(n_B - 1)S_B^2 + (n_A - 1)S_A^2}{(n_B + n_A - 2)}$,$S_w = \sqrt{S_w^2}$.

在 $t = \dfrac{(\bar{X}_B - \bar{X}_A) - (\mu_B - \mu_A)}{S_w\sqrt{\dfrac{1}{n_B} + \dfrac{1}{n_A}}}$ 分布中,如果将 $\mu_B - \mu_A$ 看成一个整体,则只有这个整体是未知的,其他都是已知的. 因此,可以计算出 $\mu_B - \mu_A$ 在某一区间的概率.

$$P\{3000 < \mu_B - \mu_A < 7000\} = P\left\{\frac{(55000-50000)-7000}{S_w\sqrt{\dfrac{1}{n_B}+\dfrac{1}{n_A}}} < \frac{(\bar{X}_B - \bar{X}_A)-(\mu_B - \mu_A)}{S_w\sqrt{\dfrac{1}{n_B}+\dfrac{1}{n_A}}}\right.$$

$$\left. < \frac{(55000-50000)-3000}{S_w\sqrt{\dfrac{1}{n_B}+\dfrac{1}{n_A}}}\right\}$$

将 $S_w = \sqrt{\dfrac{(n_B-1)S_B^2+(n_A-1)S_A^2}{(n_B+n_A-2)}} = \sqrt{\dfrac{24 \times 6000^2 + 19 \times 400^2}{43}} = 5212$ 代入,得

$$P\{3000 < \mu_B - \mu_A < 7000\} = P\left\{-1.250 < \frac{(\bar{X}_B - \bar{X}_A)-(\mu_B - \mu_A)}{S_w\sqrt{\dfrac{1}{n_B}+\dfrac{1}{n_A}}} < 1.250\right\}$$

$$= 1 - 2P\left\{\frac{(\bar{X}_B - \bar{X}_A)-(\mu_B - \mu_A)}{S_w\sqrt{\dfrac{1}{n_B}+\dfrac{1}{n_A}}} > 1.250\right\},$$

由 $\dfrac{(\bar{X}_B - \bar{X}_A)-(\mu_B - \mu_A)}{S_w\sqrt{\dfrac{1}{n_B}+\dfrac{1}{n_A}}} \sim t(43)$,查表得,$P\{t(43) > 1.25\}$ 的概率约为 0.1,在

更精确的分布表中,$P\{t(43) > 1.25\} = 0.109$,因此,

$$P\{3000 < \mu_B - \mu_A < 7000\} = 1 - 2P\left\{\frac{(\bar{X}_B - \bar{X}_A)-(\mu_B - \mu_A)}{S_w\sqrt{\dfrac{1}{n_B}+\dfrac{1}{n_A}}} > 1.250\right\}$$

$$= 1 - 2 \times 0.109 = 0.7818.$$

即在 78% 的概率下,B 市居民平均年收入比 A 市居民平均年收入高 3000 到 7000 元.

本节所介绍的三个分布以及三个定理,在后面各章中都起着重要的作用.应注意,它们都是在总体为正态总体这一基本假定下得到的.

1. 在 EXCEL 可以调用正态分布、χ^2 分布、t 分布、F 分布的分布概率以及某概率下的分位点,函数分别为:

正态分布:

(1)NORMDIST(x,mean,stdev,cum) 该函数根据分位数返回正态分布的分布函数或密度函数值,各参数含义:

x =分位数,mean=正态分布期望,stdev=正态分布标准差(注意不是方差),cum 为逻辑控制,cum=1 则返回分布函数值,cum=0 则返回密度函数值.

例如,若 $X \sim N(8,36)$,求 $P\{X < 10\}$. 则 $P\{X < 10\} = \text{NORMDIST}(10,8,6,1) = 0.63$.

(2)NORMINV(prob,mean,stdev) 该函数根据概率返回正态分布的分位数值(注意不是上分位数),各参数含义:

prob=概率,mean=正态分布期望,stdev=正态分布标准差.

例如:若 $X \sim N(8,6^2)$,计算概率为 90% 的分位数,即求 α,使得 $P\{X < \alpha\} = 90\%$,

145

$\alpha = \text{NORMINV}(0.9, 8, 6) = 15.69$.

χ^2 分布：

(1) CHIDIST (x, freedom) 该函数根据上分位数(注意不是分位数!)返回 χ^2 分布的概率值,各参数含义：

$x =$ 上分位数, freedom = 自由度

例如,若 $X \sim \chi^2(8)$,求 $P\{X > 5\}$. 则 $P\{X > 5\} = \text{CHIDIST}(5, 8) = 0.76$.

(2) CHINV (prob, freedom) 该函数根据概率返回 χ^2 分布的上分位数(注意不是分位数),各参数含义：

prob = 概率, freedom = 自由度.

例如,若 $X \sim \chi^2(8)$,求 α,使得 $P\{X > \alpha\} = 0.75$. 则 $\alpha = \text{CHIINV}(0.75, 8) = 5.07$.

t 分布：

(1) TDIST (x, freedom, tail) 该函数根据上分位数(注意不是分位数)返回 t 分布的概率值,各参数含义：

$x =$ 上分位数, freedom = 自由度, tail 为逻辑控制, tail = 1 则为单尾概率, tail = 2 则为双尾概率.

(2) TINV (prob, freedom) 该函数根据概率返回 t 分布的双尾概率分位数(注意不是分位数! 也不是上分位数),各参数含义：

prob = 概率, freedom = 自由度.

例如,若 $X \sim t(1)$,求 α,使得 $P\{X < -\alpha \text{ 或 } X > \alpha\} = 0.1$. 则 $\alpha = \text{TINV}(0.1, 1) = 6.3138$.

F 分布：

(1) FDIST (x, freedom1, freedom2) 该函数根据上分位数(注意不是分位数)返回 F 分布的概率值,各参数含义：

$x =$ 上分位数, freedom1 = F 分布的第一自由度, freedom2 = F 分布的第二自由度.

(2) FINV (prob, freedom1, freedom2) 该函数根据概率返回 F 分布的上分位数,各参数含义：

prob = 概率, freedom1 = F 分布的第一自由度, freedom2 = F 分布的第二自由度.

2. 数理统计三大分布的一些重要性质

χ^2 分布的性质：

(1) 如果 $\chi_1^2 \sim \chi^2(n_1)$, $\chi_2^2 \sim \chi^2(n_2)$,且它们相互独立,则有

$$\chi_1^2 + \chi_2^2 \sim \chi^2(n_1 + n_2).$$

这一性质称为 χ^2 分布的可加性.

(2) 如果 $\chi^2 \sim \chi^2(n)$,则有

$$E(\chi^2) = n, \quad D(\chi^2) = 2n.$$

t 分布的性质：

t 分布具有对称性,如果 $t \sim t(n)$,则 $P\{X < -\alpha\} = P\{X > \alpha\}$.

可以推出, $P\{-\alpha < X < \alpha\} = 1 - 2P\{X > \alpha\}$.

F 分布的性质：

(1)如果 $F \sim F(n_1, n_2)$,则 $\dfrac{1}{F} \sim F(n_2, n_1)$.

(2)F 分布的上 α 分位点有如下的性质:

$$F_{1-\alpha}(n_1, n_2) = \frac{1}{F_\alpha(n_2, n_1)}$$

这个性质常用来求 F 分布表中没有包括的数值.

例如,由附表查得 $F_{0.05}(9, 12) = 2.80$,则可利用上述性质计算得

$$F_{0.95}(9, 12) = \frac{1}{F_{0.05}(9, 12)} = \frac{1}{2.80} \approx 0.357.$$

本章应用案例

大学生是一支庞大的消费群体. 随着社会经济的不断增长,大学生消费数额的增加,结构的变化. 方式的多样化也成为发展的必然趋势. 那么这样一支群体每月花多少钱? 对每个年级的各 150 名学生每月的消费额进行了调查,得到有关统计数据如表 6-3 所示.

表 6-3　大学生月消费额统计数据　　　　　　　　单位:%

月消费额(元)	大一	大二	大三	大四
300~500	47.8	30.2	22.3	15.7
501~700	22.5	35.1	23.5	24.6
701~900	18.0	21.1	37.8	38.1
901 以上	11.7	13.6	16.4	21.6
合　计	100.0	100.0	100.0	100.0
每月消费均值	587.2	679.4	696.6	731.2

根据表 6-3 计算出各年级学生的每月平均消费额分别为:587.2 元,679.4 元,696.6 元,731.2 元. 显然,不同年级学生的每月消费额是不一样的,大一学生的月消费额一般在 300~500 元之间,大二学生的消费额集中在 501~700 元之间,到了大三、大四,这种增长仍在继续,700 元以上的消费已经较为普遍了.

请根据该数据做频率直方图,分析每个年级学生的消费额的分布情况,全校每个年级的学生每月平均消费额是多少? 每月花费在 900 元以上的学生比例是多少? 大二和大三学生每月消费额有多大的差别? 你做出估计的理论依据是什么? 通过此案例的分析,告诉大学生们要为自己每月开销编制合理预算,理解合理消费的重要性,在日常消费过程中做到量力而行,注重节约和理性消费,避免超前消费,不能让消费标准超过个人的经济承受能力,树立正确的良好消费价值观.

本章知识网络图

$$\text{随机样本}\begin{cases}\text{基本概念：总体、个体、样本容量、简单随机样本}\\[2mm]\text{样本联合分布函数：}F^*(x_1,x_2,\cdots,x_n)=\prod_{i=1}^{n}F(x_i)\\[2mm]\text{样本联合概率密度：}f^*(x_1,x_2,\cdots,x_n)=\prod_{i=1}^{n}f(x_i)\end{cases}$$

$$\text{抽样分布}\begin{cases}\text{统计量}\begin{cases}\text{样本均值：}\overline{X}=\dfrac{1}{n}\sum_{i=1}^{n}X_i\\[2mm]\text{样本方差：}S^2=\dfrac{1}{n-1}\sum_{i=1}^{n}(X_i-\overline{X})^2=\dfrac{1}{n-1}(\sum_{i=1}^{n}X_i^2-n\overline{X}^2)\\[2mm]\text{样本标准差：}S=\sqrt{S^2}=\sqrt{\dfrac{1}{n-1}\sum_{i=1}^{n}(X_i-\overline{X})^2}\\[2mm]\text{样本}k\text{阶(原点)矩：}A_k=\dfrac{1}{n}\sum_{i=1}^{n}X_i^k,\quad k=1,2,\cdots\\[2mm]\text{样本}k\text{阶中心矩：}\dfrac{1}{n}\sum_{i=1}^{n}(X_i-\overline{X})^k,\quad k=2,3,\cdots\end{cases}\\[2mm]\chi^2\text{分布}\begin{cases}\text{概率密度：}f(y)=\begin{cases}\dfrac{1}{2^{n/2}\Gamma(n/2)}y^{n/2-1}e^{-y/2},&y>0,\\0,&\text{其他.}\end{cases}\\[2mm]\text{可加性：}\chi^2(n_1)+\chi^2(n_2)=\chi^2(n_1+n_2)\\[2mm]\text{数学期望和方差：}E(\chi^2)=n,D(\chi^2)=2n\\[2mm]\text{上}\alpha\text{分位点：满足条件}P\{\chi^2>\chi_\alpha^2(n)\}=\int_{\chi_\alpha^2}^{+\infty}f(y)dy=\alpha\text{的点}\chi_\alpha^2(n)\end{cases}\\[2mm]t\text{分布}\begin{cases}\text{概率密度：}h(t)=\dfrac{\Gamma[(n+1)/2]}{\sqrt{n\pi}\Gamma(n/2)}(1+\dfrac{t^2}{n})^{-(n+1)/2}\quad(-\infty<t<+\infty)\\[2mm]\text{极限分布：}\lim_{n\to\infty}h(t)=\dfrac{1}{\sqrt{2\pi}}e^{-\frac{t^2}{2}}\quad(-\infty<t<+\infty)\\[2mm]\text{上}\alpha\text{分位点：满足条件}p\{t>t_\alpha(n)\}=\int_{t_\alpha(n)}^{+\infty}h(t)dt=\alpha\text{的点}t_\alpha(n)\end{cases}\\[2mm]F\text{分布}\begin{cases}\text{概率密度：}\psi(y)=\begin{cases}\dfrac{\Gamma[(n_1+n_2)/2](n_1/n_2)^{n_1/2}y^{(n_1/2)-1}}{\Gamma(n_1/2)\Gamma(n_2/2)[1+(n_1y/n_2)]^{(n_1+n_2)/2}},&y>0,\\0,&\text{其他.}\end{cases}\\[2mm]\text{性质：若}F\sim F(n_1,n_2),\text{则有}\dfrac{1}{F}\sim F(n_2,n_1)\\[2mm]\text{上}\alpha\text{分位点：满足条件}p\{F>F_\alpha(n_1,n_2)\}=\int_{F_\alpha(n_1,n_2)}^{+\infty}\psi(y)dy=\alpha\text{的点}F_\alpha(n_1,n_2)\end{cases}\\[2mm]\text{常见分布}\begin{cases}\overline{X}\sim N(\mu,\dfrac{\sigma^2}{n})\\[2mm]\dfrac{(n-1)S^2}{\sigma^2}\sim\chi^2(n-1)\\[2mm]\dfrac{\overline{X}-\mu}{S/\sqrt{n}}\sim t(n-1)\\[2mm]\dfrac{S_1^2/\sigma_1^2}{S_2^2/\sigma_2^2}\sim F(n_1-1,n_2-1)\end{cases}\end{cases}$$

习题六

1. 设随机变量 X 和 Y 都服从标准正态分布 $N(0,1)$，则（ ）

A. $X + Y$ 服从正态分布

B. $X^2 + Y^2$ 服从 χ^2 分布

C. X^2, Y^2 都服从 χ^2 分布

D. $\dfrac{X^2}{Y^2}$ 服从 F 分布

2. 设随机变量 $X_1, X_2, \cdots, X_n (n > 1)$ 独立同分布，且其方差为 σ^2，令 $Y = \dfrac{1}{n} \sum\limits_{i=1}^{n} X_i$，则（ ）

A. $Cov(X_1, Y) = \dfrac{\sigma^2}{n}$

B. $Cov(X_1, Y) = \sigma^2$

C. $D(X_1 + Y) = \dfrac{n+2}{n}\sigma^2$

D. $D(X_1 - Y) = \dfrac{n+1}{n}\sigma^2$

3. 设 X_1, X_2, X_3 为来自正态总体 $N(0,\sigma^2)$ 的简单随机样本，则统计量 $S = \dfrac{X_1 - X_2}{\sqrt{2}\ |X_3|}$ 服从（ ）

A. $F(1,1)$ B. $F(2,1)$ C. $t(1)$ D. $t(2)$

4. 设总体 $X \sim N(\mu, \sigma^2)$，$X_1, X_2, \cdots, X_{20}$ 为来自总体 X 的样本，则 $\sum\limits_{i=1}^{20} \dfrac{(X_i - \mu)^2}{\sigma^2}$ 服从 _____ .

5. 设 $X_1, X_2, \cdots, X_{n1}$ 和 $Y_1, Y_2, \cdots, Y_{n2}$ 分别来自总体 X 和 Y 的简单随机样本，$X \sim N(\mu_1, \sigma^2)$，$Y \sim N(\mu_2, \sigma^2)$，则 $E = \left[\dfrac{\sum\limits_{i=1}^{n_1}(X_i - \bar{X})^2 + \sum\limits_{j=1}^{n_2}(Y_i - \bar{Y})^2}{n_1 + n_2 - 2}\right] = $ _____ .

6. 设总体 $X \sim N(0, \sigma^2)$，$X_1, X_2, \cdots, X_{15}$ 为 X 的一个样本．则 $Y = \dfrac{X_1^2 + X_2^2 + \cdots + X_{10}^2}{2(X_{11}^2 + X_{12}^2 + \cdots + X_{15}^2)}$ 服从 _____ 分布，参数为 _____ .

7. 设总体 $X \sim N(52, 6.3^2)$，从中随机抽取容量为 36 的样本，求样本均值 $\bar{X}$ 落在 50.8 到 53.8 之间的概率．

8. 从正态总体 $N(4.2, 5^2)$ 中抽取容量为 n 的样本，若要求其样本均值位于区间 $(2.2, 6.2)$ 内的概率不小于 0.95，则样本容量 n 至少取多大？

9. 从总体 $N(20,3)$ 中抽取容量分别为 10、15 的两个独立样本，求样本均值差的绝对值大于 0.3 的概率．

10. 设 $X_1, X_2, \cdots, X_{10}$ 为总体 $N(0, 0.3^2)$ 的一个样本，求 $P\left\{\sum\limits_{i=1}^{10} X_i^2 > 1.44\right\}$.

11. 从正态总体 $N(\mu, \sigma^2)$ 中抽取容量为 10 的样本，假定样本均值与总体均值之差的绝对值在 4 以上的概率为 2%，求总体的标准差．

12. 设总体 $X \sim N(\mu, 4^2)$，$X_1, X_2, \cdots, X_{10}$ 是来自总体 X 的一个容量为 10 的简单随机样

本，S^2 为其样本方差，且 $P\{S^2 > \alpha\} = 0.1$，求 α 的值.

13. 设总体 $X \sim b(1,p)$，$X_1, X_2, \cdots, X_n$ 是来自 X 的样本. 求：(1) $(X_1, X_2, \cdots, X_n)$ 的分布律；(2) $\sum\limits_{i=1}^{n} X_i$ 的分布律；(3) $E(\bar{X}), D(\bar{X}), E(S^2)$.

14. 设总体 X 的概率密度为 $f(x) = \dfrac{1}{2} e^{-|x|}$ $(-\infty < x < +\infty)$，$X_1, X_2, \cdots, X_n$ 为总体 X 的简单随机样本，样本方差为 S^2，求 $E(S^2)$.

15. 设总体 $X \sim N(\mu, \sigma^2)$，$X_1, X_2, \cdots, X_{2n}(n \geqslant 2)$ 是总体 X 的一个样本，$\bar{X} = \dfrac{1}{2n} \sum\limits_{i=1}^{2n} X_i$，令 $Y = \sum\limits_{i=1}^{n} (X_i + X_{n+i} - 2\bar{X})^2$，求 $E(Y)$.

16. 设总体 X 的概率密度为 $f(X, \theta) = \begin{cases} \dfrac{3x^2}{\theta^3}, & 0 < x < \theta \\ 0, & 其他 \end{cases}$，其中 $\theta \in (0, +\infty)$ 为未知参数，X_1, X_2, X_3 为来自总体 X 的简单随机样本，令 $T = \max\{X_1, X_2, X_3\}$，求 T 的概率密度.

第七章　参数估计

本章导学

数理统计方法的基本特点是由样本推断总体,参数估计是数理统计研究的主要方法之一.通过本章的学习要达到:1.了解点估计的两种方法:矩法和极大似然估计法.2.了解评价估计量好坏的三个标准:无偏性、有效性、一致性.3.熟练掌握区间估计的概念和参数 μ 和 σ^2 的区间估计方法.

参数估计是数理统计研究的主要问题之一.在上一章,我们研究的对象的某项数量指标的全体称为总体,而总体的特征是通过总体的分布来刻画的,根据以往的经验以及对问题的认知程度,有时可认为总体分布的形式是已知的,但分布中含有未知参数,通过样本来估计这些参数就是参数估计的问题.例如,假设总体 $X \sim N(\mu,\sigma^2)$, μ,σ^2 是未知参数, $X_1,X_2,\cdots,X_n$ 是来自 X 的样本,样本值是 $x_1,x_2,\cdots,x_n$,我们要由样本值来确定 μ 和 σ^2 的估计值.参数估计是统计推断的一种基本形式,参数估计的关键是如何选取适当的统计量.

参数估计的形式有两种:点估计(Point estimation)和区间估计(Interval estimation).

第一节　点估计

所谓点估计是指把总体的未知参数估计为某个确定的值或在某个确定的点上,故点估计又称为定值估计.确切而言,点估计是依据样本估计总体分布中所含的未知参数或未知参数的函数,这些未知参数或未知参数的函数通常是总体的某个特征值,如数学期望、方差和相关系数等.

定义 7.1　设总体 X 的分布函数为 $F(x,\theta)$, θ 是未知参数, $X_1,X_2,\cdots,X_n$ 是 X 的样本,样本值为 $x_1,x_2,\cdots,x_n$.构造一个统计量 $\theta(X_1,X_2,\cdots,X_n)$,用它的观测值 $\hat{\theta}(X_1,X_2,\cdots,X_n)$ 作为 θ 的估计值,这种问题称为点估计问题.习惯上称随机变量 $\hat{\theta}(X_1,X_2,\cdots,X_n)$ 为 θ 的估计量,称 $\hat{\theta}(x_1,x_2,\cdots,x_n)$ 为 θ 的估计值.

构造估计量 $\hat{\theta}(X_1,X_2,\cdots,X_n)$ 的方法很多,下面仅介绍矩估计法和极大似然估计法.

一、矩估计法

例 7.1　已知某炸药制造厂,一天中发生着火现象的次数 X 是一个随机变量,假设它服从以 $\lambda > 0$ 为参数的泊松分布,参数 λ 为未知,设有如表 7-1 所示的样本值,试估计参数 λ .

表 7－1 某炸药厂着火次数统计表

着火次数	0	1	2	3	4	5	6	总计天数
着火次数的天数	75	90	54	22	6	2	1	250

解 因为 $X \sim P(\lambda)$，所以，$E(X) = \lambda$

用样本均值来估计总体的均值 $E(X)$

$$\bar{x} = \frac{1}{250}(0 \times 75 + 1 \times 90 + 2 \times 54 + 3 \times 22 + 4 \times 6 + 5 \times 2 + 6 \times 1) = 1.22$$

故参数 λ 的估计值约为 1.22.

矩估计法(Moment method of estimation)是一种古老的估计方法. 它是由英国统计学家皮尔逊于 1894 年首创的. 它虽然古老，但目前仍常用. 矩估计法的一般原则是：用样本矩作为总体矩的估计，若不够良好，再作适当调整.

矩估计法的一般步骤如下：

(1)设总体 $X \sim F(x; \theta_1, \theta_2, \cdots \theta_n)$ 其中 $\theta_1, \theta_2, \cdots \theta_n$ 均未知.

(2)如果总体 X 的 k 阶矩 $\mu_k = E(X^k)(1 \leqslant k \leqslant 1)$ 均存在，则

$$\mu_k = \mu_k(\theta_1, \theta_2, \cdots, \theta_n) , (1 \leqslant k \leqslant l).$$

$$(3)令 \begin{cases} \mu_1(\theta_1, \theta_2, \cdots, \theta_n) = A_1, \\ \mu_2(\theta_1, \theta_2, \cdots \theta_n) = A_2, \\ \cdots \\ \mu_l(\theta_1, \theta_2, \cdots, \theta_n) = A_l. \end{cases}$$

其中，$A_k(1 \leqslant k \leqslant l)$ 为样本 k 阶矩.

求出方程组的解 $\hat{\theta}_1, \hat{\theta}_2, \cdots, \hat{\theta}_l$ 我们称 $\hat{\theta}_k = \hat{\theta}_k(X_1, X_2, \cdots, X_n)$ 为参数 $\theta_k(1 \leqslant k \leqslant l)$ 的矩估计量，$\hat{\theta}_k = \hat{\theta}_k(x_1, x_2, \cdots, x_n)$ 为参数 θ_k 的矩估计值. 两者统称为矩估计.

☆**人物简介**

C. R. 劳(Calyampudi Radhakrishna Rao，1920—)，美国科学院院士，英国皇家统计学会会员，当今健在的国际上最伟大的统计学家之一，1920 年 9 月 10 日出生于印度的一个贵族家庭，1940 年获印度安德拉大学数学学士学位，1943 年在印度统计研究所取得统计学硕士学位，随后赴英国剑桥大学师从现代统计学的奠基人 R. A. 费希尔(Fisher)教授，并于 1948 年获得剑桥大学博士学位. C. R. 劳教授对统计学发展的杰出贡献主要表现在估计理论、渐进推断、多元分析、概率分布的设定、组合分析等等诸多方面. 为改进并推进费歇的一项工作，C. R. 劳教授 1945 年在他的一篇文章中提出了二阶效的概念，其奠定了 27 年后将微分几何学引入统计学中的这一重要分支的基础.

例 7.2 求事件发生概率 P 的矩估计量.

解 记事件 A 发生的概率为 $P(A) = P$，定义随机变量

$$X = \begin{cases} 0, \text{如果在一次试验中事件 } A \text{ 发生} \\ 1, \text{如果在一次试验中事件 } A \text{ 不发生} \end{cases}$$

则 $E(X) = P$. 对 X 做 n 次试验,观测到

$$X_i = \begin{cases} 0, \text{如果在第 } i \text{ 次试验中事件 } A \text{ 发生} \\ 1, \text{如果在第 } i \text{ 次试验中事件 } A \text{ 不发生} \end{cases} \quad i = 1, 2, \cdots, n$$

则 P 的矩估计量为

$$\hat{P} = \bar{X} = \frac{1}{n} \sum_{i=1}^{n} X_i$$

其中,$\dfrac{1}{n} \sum_{i=1}^{n} X_i$ 为 n 次试验中事件 A 发生的次数,因而 $\bar{X}$ 是 n 次试验中事件 A 发生的频率. 由此可见频率是概率的矩估计.

例 7.3 设总体 X 的概率分布如表 7-2 所示.

表 7-2　总体 X 的概率分布

X	0	1	2	3
P	θ^2	$2\theta(1-\theta)$	θ^2	$(1-2\theta)$

其中 $0 < \theta < 0.5$ 是未知参数,利用总体 X 的如下样本值:

$$3, 1, 3, 0, 3, 1, 2, 3$$

求 θ 的矩估计量与矩估计值.

解 令 $EX = \bar{X}$ 而 $EX = 0 \cdot \theta^2 + 1 \cdot 2\theta(1-\theta) + 2 \cdot \theta^2 + 3 \cdot (1-2\theta) = 3 - 4\theta$

即 $3 - 4\theta = \bar{X}$, $\quad \theta = \dfrac{3 - \bar{X}}{4}$.

所以,θ 的矩估计量为 $\hat{\theta} = \dfrac{3 - \bar{X}}{4}$,又 $\bar{X} = \dfrac{3+1+3+0+3+1+2+3}{8} = 2$

得 θ 的矩估计值为

$$\hat{\theta} = \frac{3 - \bar{X}}{4} = \frac{3 - 2}{4} = \frac{1}{4}$$

例 7.4 设总体 X 的密度函数为

$$f(x) = \begin{cases} (\alpha + 1) x^\alpha, & 0 < x < 1, \alpha > -1, \\ 0, & \text{其他}. \end{cases}$$

其中 α 未知,样本为 $X_1, X_2, \cdots, X_n$,求参数 α 的矩估计量.

解 $A_1 = \bar{X}$. 由 $\mu_1 = A_1$ 及

$$\mu_1 = E(X) = \int_{-\infty}^{+\infty} x f(x) dx = \int_0^1 x(\alpha+1) x^\alpha dx = \frac{\alpha+1}{\alpha+2}$$

有 $\bar{X} = \dfrac{\alpha+1}{\alpha+2}$,得 $\hat{\alpha} = \dfrac{1 - 2\bar{X}}{\bar{X} - 1}$.

例 7.5 设 $X \sim N(\mu, \sigma^2)$,μ, σ^2 未知,试用矩法对 μ, σ^2 进行估计.

解

$$\begin{cases} \mu_1 = E(X) = A_1 = \dfrac{1}{n}\sum_{i=1}^{n} X_i \\ \mu_2 = E(X^2) = A_2 = \dfrac{1}{n}\sum_{i=1}^{n} X_i^2 \end{cases}$$

又 $E(X) = \mu$，$E(X^2) = D(X) + [E(X)]^2 = \sigma^2 + \mu^2$，那么

$$\hat{\mu} = \bar{X}, \quad \hat{\sigma}^2 = A_2 - \hat{\mu}^2 = \frac{n-1}{n}S^2 = \frac{1}{n}\sum_{i=1}^{n}(X_i - \bar{X})^2$$

例 7.6　在某班期末数学考试成绩中随机抽取 9 人的成绩，结果如表 7−3 所示.

表 7−3　随机抽取某班的期末考试成绩结果

序号	1	2	3	4	5	6	7	8	9
分数	94	89	85	78	75	71	65	63	55

试求该班数学成绩的平均分数、标准差的矩估计值.

解　设 X 为该班数学成绩，$\mu = E(X)$，$\sigma^2 = D(X)$

$$\bar{x} = \frac{1}{9}\sum_{i=1}^{9} X_i = \frac{1}{9}(94 + 89 + \cdots + 55) = 75$$

$$\sqrt{\frac{8}{9}S^2} = \frac{8}{9} \cdot \frac{1}{8}\sum_{i=1}^{9}(x_i - \bar{x})^2$$

$$\sqrt{\frac{8}{9}S^2} = \left[\frac{8}{9} \cdot \frac{1}{8}\sum_{i=1}^{9}(x_i - \bar{x})^2\right] = 12.14.$$

$$\begin{cases} \mu_1 = E(X) = A_1 = \dfrac{1}{9}\sum_{i=1}^{9} X_i \\ \mu_2 = E(X^2) = A_2 = \dfrac{1}{9}\sum_{i=1}^{n} X_i^2 \end{cases}$$

又 $E(X) = \mu$，$E(X^2) = D(X) + [E(X)]^2 = \sigma^2 + \mu^2$，那么

$$\hat{\mu} = \bar{X}, \quad \hat{\sigma}^2 = A_2 - \hat{\mu}^2 = \frac{8}{9}S^2$$

所以，该班数学成绩的平均分数的矩估计值 $\hat{\mu} = \bar{x} = 75$ 分，标准差的矩估计值 $\hat{\sigma} = \sqrt{\dfrac{8}{9}S^2}$ $= 12.14$.

进行矩估计法估计时无需知道总体的概率分布，只要知道总体矩即可. 但矩法估计量有时不唯一，如总体 X 服从参数为 λ 的泊松分布时，$\bar{X}$ 和 $\dfrac{1}{n}\sum_{i=1}^{n}(X_i - \bar{X})^2$ 都是参数 λ 的矩估计法估计.

二、极大似然估计法

甲、乙、丙三士兵同时向目标射击一次，目标被命中一枪. 已知甲士兵兵龄 5 年、乙士兵兵龄 3 年、丙士兵为新兵. 请估计谁最有可能命中？

设甲、乙、丙三个士兵命中目标的概率分别为 $P(5)$，$P(3)$，$P(0)$. 可以认为，兵龄越长，命中的概率越大，因而 $P(5)>P(3)>P(0)$.

极大似然估计法（Maximum likelihood estimation）是点估计的重要方法，它只能在已知总体分布的前提下进行，为了对它的思想有所了解，我们先看一个例子.

例 7.7 设总体 X 的概率分布如表 $7-4$ 所示.

表 7—4 总体 X 的概率分布

X	0	1	2	3
P	θ^2	$2\theta(1-\theta)$	θ^2	$(1-2\theta)$

其中 $0<\theta<0.5$ 是未知参数，利用总体 X 的如下样本值：
$$3,1,3,0,3,1,2,3$$
求 θ 的估计值.

解 分析实际中，我们观察到数组：$3,1,3,0,3,1,2,3$ 而没有观察到其他的数组，说明数组 $3,1,3,0,3,1,2,3$ 在实际中出现的概率最大.

数组 $3,1,3,0,3,1,2,3$ 出现的概率为：
$$P\{X_1=3,X_2=1,X_3=3,\cdots,X_8=3\}$$
$$=P\{X=3\}P\{X=1\}P\{X=3\}\cdots P\{X=3\}（独立同分布）$$
$$=\theta^2 \cdot [2\theta(1-\theta)]^2 \cdot \theta^2 \cdot (1-2\theta)^4（代表性）$$
$$=4\theta^4(1-\theta)^2(1-2\theta)^4$$

记 $L(\theta)=4\theta^4(1-\theta)^2(1-2\theta)^4$，称为似然函数.

数组 $3,1,3,0,3,1,2,3$ 发生的概率最大，即讨论求
$$L(\theta)=4\theta^4(1-\theta)^2(1-2\theta)^4$$
的最大值问题.

求似然函数 $L(\theta)$ 的最大值点，就是极大似然估计.

由于 $L(\theta)$ 与 $\ln L(\theta)$ 取得最大值的条件相同，为了简化计算，有
$$\ln L(\theta)=\ln 4+6\ln\theta+2\ln(1-\theta)+4\ln(1-2\theta)$$
$$\frac{d}{d\theta}[\ln L(\theta)]=\frac{6}{\theta}-\frac{2}{1-\theta}-\frac{8}{1-2\theta}=0$$

解之得 $\theta=\dfrac{7\pm\sqrt{13}}{12}$.

由于 $0<\theta<0.5$，θ 的极大似然估计值
$$\theta=\frac{7-\sqrt{13}}{12}.$$

1. 似然函数

在极大似然估计法中，最关键的问题是如何求得似然函数，有了似然函数，问题就简单了，下面分两种情形来介绍似然函数.

(1)离散型总体。

设总体 X 为离散型，$P\{X=k\}=p(x,\theta)$，其中 θ 为待估计的未知参数，假定 $x_1,x_2,$

$\cdots,x_n$ 为样本 $X_1,X_2,\cdots,X_n$ 的一组观测值. 样本的联合分布律为

$$P\{X_1=x_1,X_2=x_2,X_3=x_3,\cdots,X_n=x_n\}$$
$$=P(X_1=x_1)P(X_2=x_2)P(X_3=x_3)\cdots P(X_n=x_n)$$
$$=p(x_1,\theta)p(x_2,\theta)\cdots p(x_n,\theta)$$
$$=\prod_{i=1}^{n}p(x_i,\theta)$$

将 $\prod\limits_{i=1}^{n}p(x_i,\theta)$ 看作是参数 θ 的函数,记为 $L(\theta)$,即

$$L(\theta)=\prod_{i=1}^{n}p(x_i,\theta) \tag{7.1}$$

(2) 连续型总体.

设总体 X 为连续型,已知其密度函数为 $f(x,\theta)$,θ 为待估计的未知参数,则样本 X_1,$X_2,\cdots,X_n$ 的联合密度函数为:

$$f(x_1,\theta)f(x_2,\theta)\cdots f(x_n,\theta)=\prod_{i=1}^{n}f(x_i,\theta)$$

将其看作是关于参数 θ 的函数,记为 $L(\theta)$,即

$$L(\theta)=\prod_{i=1}^{n}f(x_i,\theta) \tag{7.2}$$

由此可见:不管是离散型总体,还是连续型总体,只要知道它的分布律或密度函数,我们总可以得到一个关于参数 θ 的函数 $L(\theta)$,称 $L(\theta)$ 为似然函数.

2. 极大似然估计法

极大似然估计法的主要思想是:如果随机抽样得到的样本观测值为 $x_1,x_2,\cdots,x_n$,则我们应当这样来选取未知参数 θ 的值,使得出现该样本值的可能性最大,即使得似然函数 $L(\theta)$ 取最大值. 从而求参数 θ 的估计的问题,就转化为求似然函数 $L(\theta)$ 的最大值点的问题,一般来说,这个问题可以通过求解下面的方程来解决

$$\frac{dL(\theta)}{d\theta}=0 \tag{7.3}$$

然而,$L(\theta)$ 是 n 个函数的连乘积,求导数比较复杂,由于 $lnL(\theta)$ 是 $L(\theta)$ 的单调增函数,所以 $L(\theta)$ 与 $lnL(\theta)$ 在 θ 的同一点处取得极大值. 于是求解方程(7.3)可转化为求解方程

$$\frac{dlnL(\theta)}{d\theta}=0 \tag{7.4}$$

称 $lnL(\theta)$ 为对数似然函数,方程(7.4)为对数似然方程. 求解此方程一般就可得到参数 θ 的估计值. $\hat{\theta}(x_1,x_2,\cdots,x_n)$ 称为 θ 的极大似然估计值,相应地,称 $\hat{\theta}(X_1,X_2,\cdots,X_n)$ 为 θ 的极大似然估计量. 两者统称为 θ 的极大似然估计.

如果总体 X 的分布中含有 k 个未知参数:$\theta_1,\theta_2,\cdots,\theta_k$,则极大似然估计法也适用. 此时,所得的似然函数是关于 $\theta_1,\theta_2,\cdots,\theta_k$ 的多元函数 $L(\theta_1,\theta_2,\cdots,\theta_k)$,解下列方程组,就可得到 $\theta_1,\theta_2,\cdots,\theta_k$ 的极大似然估计值.

$$\begin{cases} \dfrac{\partial lnL(\theta_1,\theta_2,\cdots,\theta_k)}{\theta_1}=0 \\ \dfrac{\partial lnL(\theta_1,\theta_2,\cdots,\theta_k)}{\theta_2}=0 \\ \cdots \\ \dfrac{\partial lnL(\theta_1,\theta_2,\cdots,\theta_k)}{\theta_k}=0 \end{cases} \tag{7.5}$$

极大似然估计法是德国数学家高斯最先提出来的.

例 7.8 在泊松总体中抽取样本,其样本值为 $x_1,x_2,\cdots,x_n$,试对泊松分布的未知参数 λ 作极大似然估计.

解 因泊松总体是离散型的,其概率分布为

$$p\{X=x\}=\frac{\lambda^x e^{-\lambda}}{x!}, \quad k=0,1,2,\cdots$$

故似然函数为

$$L(\lambda)=\prod_{i=1}^{n}\frac{\lambda^{x_i}e^{-\lambda}}{x_i!}=e^{-n\lambda}\lambda^{\sum_{i=1}^{n}x_i}\prod_{i=1}^{n}\frac{1}{x_i!}.$$

$$lnL(\lambda)=-n\lambda+\sum_{i=1}^{n}x_i\cdot ln\lambda-ln\prod_{i=1}^{n}x_i!$$

$$\frac{dlnL(\lambda)}{d\lambda}=-n+\frac{1}{\lambda}\sum_{i=1}^{n}x_i$$

令 $\frac{dln\lambda}{d\lambda}=0$, 得 $-n+\frac{1}{\lambda}\sum_{i=1}^{n}x_i=0.$

所以 $\hat{\lambda}=\frac{1}{n}\sum_{i=1}^{n}x_i=\bar{x}$, λ 的极大似然估计量为 $\hat{\lambda}=\bar{X}$.

例 7.9 设 $X_1,X_2\cdots,X_n$ 是来自总体 X 的样本,已知总体 X 的密度函数为

$$f(x)=\begin{cases}\theta x^{\theta-1}, & 0<x<1,\\ 0, & \text{其他}.\end{cases}$$

求 θ 的极大似然估计.

解 当 $0<x_1,x_2,\cdots,x_n<1$ 时,似然函数为

$$\begin{aligned}L(\theta)&=f(x_1)f(x_2)\cdots f(x_n)\\&=\theta x_1^{\theta-1}\theta x_2^{\theta-1}\cdots\theta x_n^{\theta-1}\\&=\theta^n(x_1x_2\cdots x_n)^{\theta-1}\end{aligned}$$

两边取对数,得

$$\begin{aligned}lnL(\theta)&=ln\theta^n+ln(x_1x_2\cdots x_n)^{\theta-1}\\&=nln\theta+(\theta-1)ln(x_1x_2\cdots x_n)\end{aligned}$$

$$\frac{dlnL(\theta)}{d\theta}=n\frac{1}{\theta}+ln(x_1x_2\cdots x_n)=0$$

解方程,得 θ 的极大似然估计:

$$\theta^* = -\frac{n}{ln(x_1 x_2 \cdots x_n)} = -\frac{n}{\sum\limits_{i=1}^{n} ln x_i}$$

例 7.10 设 $x_1, x_2, \cdots, x_n$ 为来自正态总体 $X \sim N(\mu, \sigma^2)$ 的样本观测值,试求总体未知参数 μ, σ^2 的极大似然估计.

解 因正态总体为连续型,其密度函数为

$$f(x) = \frac{1}{\sqrt{2\pi}\sigma} e^{-\frac{(x-\mu)^2}{2\sigma^2}}, \quad -\infty < x < +\infty$$

所以似然函数为

$$L(\mu, \sigma^2) = \prod_{i=1}^{n} \frac{1}{\sqrt{2\pi}\sigma} e^{-\frac{(x_i-\mu)^2}{2\sigma^2}} = \left(\frac{1}{\sqrt{2\pi}\sigma}\right)^n exp\left[-\frac{1}{2\sigma^2}\sum_{i=1}^{n}(x_i-\mu)^2\right]$$

$$lnL(\mu, \sigma^2) = -\frac{n}{2}ln2\pi - \frac{n}{2}ln\sigma^2 - \frac{1}{2\sigma^2}\sum_{i=1}^{n}(x_i-\mu)^2$$

故似然方程组为

$$\begin{cases} \dfrac{\partial lnL(\mu, \sigma^2)}{\partial \mu} = \dfrac{1}{\sigma^2}\sum\limits_{i=1}^{n}(x_i-\mu) = 0 \\ \dfrac{\partial lnL(\mu, \sigma^2)}{\partial \sigma^2} = -\dfrac{n}{2\sigma^2} + \dfrac{1}{2\sigma^4}\sum\limits_{i=1}^{n}(x_i-\mu)^2 = 0 \end{cases}$$

解以上方程组得

$$\begin{cases} \mu = \dfrac{1}{n}\sum\limits_{i=1}^{n}x_i = \bar{x} \\ \sigma^2 = \dfrac{1}{n}\sum\limits_{i=1}^{n}(x_i-\bar{x})^2 \triangleq B_2 \end{cases}$$

所以

$$\begin{cases} \hat{\mu} = \dfrac{1}{n}\sum\limits_{i=1}^{n}X_i = \bar{X} \\ \hat{\sigma}^2 = \dfrac{1}{n}\sum\limits_{i=1}^{n}(X_i-\bar{X})^2 = B_2 \end{cases}$$

即正态总体均值 μ 的极大似然估计量为样本均值 $\bar{X} = \dfrac{1}{n}\sum\limits_{i=1}^{n}X_i$,总体方差 σ^2 的极大似然估计量为样本二阶中心矩 $B_2 = \dfrac{1}{n}\sum\limits_{i=1}^{n}(X_i-\bar{X})^2$(不是 $S^2 = \dfrac{1}{n-1}\sum\limits_{i=1}^{n}(X_i-\bar{X})^2$,因此需要修正).

例 7.11 设总体 X 服从 $[0, \theta]$ 上的均匀分布,$X_1, X_2, \cdots, X_n$ 是来自 X 的样本,求 θ 的矩法估计量和极大似然估计量.

解 因为 $E(X) = \dfrac{\theta}{2}$,令 $\bar{X} = E(X)$,得

$$\hat{\theta}_{矩} = 2\bar{X}$$

又 $f(x)=\begin{cases}\dfrac{1}{\theta}, & 0\leqslant x\leqslant\theta, \\ 0, & \text{其他}.\end{cases}$

所以当 $0\leqslant x_i\leqslant\theta, i=1,2,\cdots,n$ 时

$$L(\theta)=\begin{cases}\dfrac{1}{\theta^n}, & \theta\geqslant x_i, i=1,2,\cdots,n \\ 0, & \text{其他}.\end{cases}=\begin{cases}\dfrac{1}{\theta^n}\leqslant\dfrac{1}{\theta_0^n}, & \theta\geqslant\max\limits_{1\leqslant i\leqslant n}\{x_i\}=\theta_0, \\ 0, & \text{其他}.\end{cases}$$

显然,当 $\theta_0=\max\limits_{1\leqslant i\leqslant n}\{x_i\}$ 时,似然函数 $L(\theta)$ 达到最大值.

所以,θ 的极大似然估计量是:$\hat\theta=\max\limits_{1\leqslant i\leqslant n}\{X_i\}$.

第二节 估计量的评价标准

在现实生活中,假如当我们要评选出班级品学兼优的同学时,需要依据一定的评选标准——有爱国心、有团队精神、讲文明、懂礼貌、守纪律、学习成绩优异等指标来评定. 有了评定标准才能让每个同学从自身找差距,并能更好地约束自己的行为准则,自觉往品学兼优的同学靠拢. 同样,在上节点估计学习中,我们用矩估计法和极大似然估计法对未知参数进行估计时,发现对于同一个参数 θ,用不同的估计方法求出的估计量可能不相同. 比如,设总体 X 服从 $[0,\theta]$ 上的均匀分布,由例 7.11 可知 θ 矩估计量 $\hat\theta_\text{矩}=2\bar X$,$\theta$ 的极大似然估计量 $\hat\theta=\max\limits_{1\leqslant i\leqslant n}\{X_i\}$. 都是 θ 的估计量,这两个估计量哪一个好?而对于正态总体 $N(\mu,\sigma^2)$,用 $\bar X_1=\dfrac{1}{10}\sum\limits_{i=1}^{10}X_i$ 估计 μ 好还是用 $\bar X_2=\dfrac{1}{20}\sum\limits_{i=1}^{20}X_i$ 估计 μ 好?下面我们首先讨论评价估计量好坏的标准问题.

一、无偏性

定义 7.2 若估计量 $\hat\theta(X_1,X_2,\cdots,X_n)$ 的数学期望等于未知参数 θ,即

$$E(\hat\theta)=\theta \tag{7.6}$$

对一切可能的 θ 成立,则称 $\hat\theta$ 为 θ 的无偏估计量(Non-deviation estimator).

估计量 $\hat\theta$ 的值不一定就是 θ 的真值,因为它是一个随机变量,若 $\hat\theta$ 是 θ 的无偏估计,则尽管 $\hat\theta$ 的值随样本值的不同而变化,但平均来说它会等于 θ 的真值.

例 7.12 证明:设 $X_1,X_2,\cdots,X_n$ 为总体 X 的一个样本,$E(X)=\mu$,则样本均值 $\bar X=\dfrac{1}{n}\sum\limits_{i=1}^{n}X_i$ 是 μ 的无偏估计量.

证 因为 $E(X)=\mu$,所以 $E(X_i)=\mu_i, i=1,2,\cdots,n$,于是

$$E(\bar X)=E\left(\dfrac{1}{n}\sum\limits_{i=1}^{n}X_i\right)=\dfrac{1}{n}\sum\limits_{i=1}^{n}E(X_i)=\mu .$$

所以 $\bar X$ 是 μ 的无偏估计量.

例 7.13 设有总体 X,$E(X)=\mu$,$D(X)=\sigma^2$,$X_1,X_2,\cdots,X_n$ 为从该总体中抽得的样本,

样本方差 S^2 及二阶样本中心矩 $B_2 = \dfrac{1}{n}\sum\limits_{i=1}^{n}(X_i - \bar{X})^2$ 是否为总体方差 σ^2 的无偏估计量?

解 由于

$$E(\bar{X}) = E\left(\frac{1}{n}\sum_{i=1}^{n}X_i\right) = \frac{1}{n}\sum_{i=1}^{n}E(X_i) = \mu$$

$$D(\bar{X}) = D\left(\frac{1}{n}\sum_{i=1}^{n}X_i\right) = \frac{1}{n^2}\sum_{i=1}^{n}D(X_i) = \frac{n\sigma^2}{n^2} = \frac{\sigma^2}{n}$$

注意到

$$\sum_{i=1}^{n}(X_i - \bar{X})^2 = \sum_{i=1}^{n}X_i^2 - n\bar{X}^2$$

而

$$E(X_i^2) = [E(X_i)]^2 + D(X_i) = \mu^2 + \sigma^2$$

$$E(\bar{X}^2) = [E(\bar{X})]^2 + D(\bar{X}) = \mu^2 + \frac{\sigma^2}{n}$$

于是

$$
\begin{aligned}
E(S^2) &= E\left[\frac{1}{n-1}\sum_{i=1}^{n}(X_i - \bar{X})^2\right] = \frac{1}{n-1}E\left[\sum_{i=1}^{n}(X_i - \bar{X})^2\right]\\
&= \frac{1}{n-1}E\left[\sum_{i=1}^{n}X_i^2 - n\bar{X}^2\right]\\
&= \frac{1}{n-1}\left[\sum_{i=1}^{n}E(X_i^2) - nE(\bar{X}^2)\right]\\
&= \frac{1}{n-1}\left[n(\mu^2 + \sigma^2)\right] - n\left(\mu^2 + \frac{\sigma^2}{n}\right)\\
&= \sigma^2
\end{aligned}
$$

即 $E(S^2) = \sigma^2$,所以 S^2 是 σ^2 的一个无偏估计量,这也是我们用 S^2 作为样本方差的理由. 由于

$$B_2 = \frac{1}{n}\sum_{i=1}^{n}(X_i - \bar{X})^2 = \frac{n-1}{n}S^2,$$

那么 $E(B_2) = \dfrac{n-1}{n}E(S^2) = \dfrac{n-1}{n}\sigma^2$,所以 B_2 不是 σ^2 的一个无偏估计量.

还需指出:一般说来无偏估计量的函数并不是未知参数相应函数的无偏估计量. 例如:当 $X \sim N(\mu, \sigma^2)$ 时,$\bar{X}$ 是 μ 的无偏估计量,但 $\bar{X}^2$ 不是 μ^2 的无偏估计量,事实上,

$$E(\bar{X}^2) = [E(\bar{X})]^2 + D(\bar{X}) = \mu^2 + \frac{\sigma^2}{n} \neq \mu^2.$$

二、有效性

对于未知参数 θ,如果有两个无偏估计量 $\hat{\theta}_1$ 与 $\hat{\theta}_2$,即 $E(\hat{\theta}_1) = E(\hat{\theta}_2) = \theta$,那么在 $\hat{\theta}_1$ 与 $\hat{\theta}_2$ 中谁更好呢? 此时我们自然希望对 θ 的平均偏差 $E(\hat{\theta} - \theta)^2$ 越小越好,即一个好的估计量应该有尽可能小的方差,这就是有效性.

定义 7.3 设 $\hat{\theta}_1$ 和 $\hat{\theta}_2$ 都是未知参数 θ 的无偏估计量,若对任意的参数 θ,有

$$D(\hat{\theta}_1) \leqslant D(\hat{\theta}_2) \tag{7.7}$$

则称 $\hat{\theta}_1$ 比 $\hat{\theta}_2$ 有效.

如果 $\hat{\theta}_1$ 比 $\hat{\theta}_2$ 有效,则虽然 $\hat{\theta}_1$ 还不是 θ 的真值,但 $\hat{\theta}_1$ 在 θ 附近取值的密集程度较 $\hat{\theta}_2$ 高,即用 $\hat{\theta}_1$ 估计 θ 精度要高些.

例如,对正态总体 $X \sim N(\mu, \sigma^2)$, $\bar{X} = \dfrac{1}{n} \sum\limits_{i=1}^{n} X_i$, X_i 和 $\bar{X}$ 都是 $E(X) = \mu$ 的无偏估计量,但

$$D(\bar{X}) = \frac{\sigma^2}{n} \leqslant D(X_i) = \sigma^2$$

故 $\bar{X}$ 较个别观测值 X_i 有效. 实际当中也是如此,比如要估计某个班学生的平均成绩,可用两种方法进行估计,一种是在该班任意抽一个同学,就以该同学的成绩作为全班的平均成绩;另一种方法是在该班抽取 n 位同学,以这 n 个同学的平均成绩作为全班的平均成绩,显然第二种方法比第一种方法好.

三、一致性

无偏性、有效性都是在样本容量 n 一定的条件下进行讨论的,然而 $\hat{\theta}(X_1, X_2, \cdots, X_n)$ 不仅与样本值有关,而且与样本容量 n 有关,不妨记为 $\hat{\theta}_n$,很自然我们希望 n 越大时,$\hat{\theta}_n$ 对 θ 的估计应该越精确.

定义 7.4　如果 $\hat{\theta}_n$ 依概率收敛于 θ,即 $\forall \varepsilon > 0$,有

$$\lim_{n \to \infty} P\{|\hat{\theta}_n - \theta| < \varepsilon\} = 1 \tag{7.8}$$

则称 $\hat{\theta}_n$ 是 θ 的一致估计量(Uniform estimator).

利用辛钦大数定律可以证明:样本平均数 $\bar{X}$ 是总体均值 μ 的一致估计量,样本方差 S^2 及二阶样本中心矩 B_2 都是总体方差 σ^2 的一致估计量.

第三节　区间估计

一、区间估计的概念

对于一个未知参数,用一个区间去估计就叫做区间估计. 例如,甲、乙两人估计武大郎的身高 h,甲估计武大郎身高在 $170 \sim 175$cm,乙估计武大郎在 $100 \sim 400$cm. 显然,$P(170 < h < 175) \leqslant P(100 < h < 400)$.

甲的区间估计长度较短,精度较高,但由于区间短,包含武大郎身高真实值的概率较小,可信(靠)度较低;乙的区间估计长度较长精度较差,但包含武大郎身高真实值的概率较大,可靠度较高.

区间估计的原则是在保证可靠度的条件下,尽可能提高精度.

定义 7.5　设 $\hat{\theta}_1(X_1, X_2, \cdots, X_n)$ 及 $\hat{\theta}_2(X_1, X_2, \cdots, X_n)$ 是两个统计量,如果对于给定的概率 $1 - \alpha$ $(0 < \alpha < 1)$,有

$$P\{\hat{\theta}_1 < \theta < \hat{\theta}_2\} = 1 - \alpha \tag{7.9}$$

则称随机区间 $(\hat{\theta}_1, \hat{\theta}_2)$ 为参数 θ 的置信区间(Confidence interval),$\hat{\theta}_1$ 称为置信下限,$\hat{\theta}_2$ 称

为置信上限,$1-\alpha$ 叫置信概率或置信度(Confidence level).

定义 7.5 中的随机区间 $(\hat{\theta}_1,\hat{\theta}_2)$ 的大小依赖于随机抽取的样本观测值,它可能包含 θ,也可能不包含 θ,(7.9)式的意义是指 $(\hat{\theta}_1,\hat{\theta}_2)$ 以 $1-\alpha$ 的概率包含 θ. 例如,若取 $\alpha=0.05$,那么置信概率为 $1-\alpha=0.95$,这时,置信区间 $(\hat{\theta}_1,\hat{\theta}_2)$ 的意义是指:在 100 次重复抽样中所得到的 100 个置信区间中,大约有 95 个区间包含参数真值 θ,有 5 个区间不包含真值 θ,亦即随机区间 $(\hat{\theta}_1,\hat{\theta}_2)$ 包含参数 θ 真值的频率近似为 0.95.

求置信区间的一般步骤如下:

(1)寻求一个包含样本 $X_1,X_2,\cdots,X_n$ 和未知参数 θ 的函数 $g=g(X_1,X_2,\cdots,X_n;\theta)$,$g$ 的分布已知,且与 θ 无关.

(2)对给定的置信度 $1-\alpha$,根据 $g=g(X_1,X_2,\cdots,X_n;\theta)$ 的分布,确定 a,b,使 $P\{a<g(X_1,X_2,\cdots,X_n;\theta)<b\}=1-\alpha$.

(3)解不等式,得

$$P\{a<g(X_1,X_2,\cdots,X_n;\theta)<b\}=P\{\underline{\theta}<\theta<\overline{\theta}\}=1-\alpha$$

其中,$\underline{\theta}=\underline{\theta}(X_1,X_2,\cdots,X_n)$,$\overline{\theta}=\overline{\theta}(X_1,X_2,\cdots,X_n)$,$(\underline{\theta},\overline{\theta})$ 是 θ 的置信度为 $1-\alpha$ 的置信区间.

例 7.14 设 $X\sim N(\mu,\sigma^2)$,μ 未知,σ^2 已知,样本 $X_1,X_2,\cdots,X_n$ 来自总体 X,求 μ 的置信区间,置信概率为 $1-\alpha$.

解 因为 $X_1,X_2,\cdots,X_n$ 为来自 X 的样本,而 $X\sim N(\mu,\sigma^2)$,所以 $\overline{X}\sim N(\mu,\dfrac{\sigma^2}{n})$,即 $Z=\dfrac{\overline{X}-\mu}{\sigma/\sqrt{n}}\sim N(0,1)$,对于给定的 α,查附表 2 可得上分位点 $z_{\frac{\alpha}{2}}$,使得

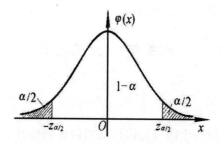

图 7—1 标准正态分布的分位点

$$P\left\{\left|\frac{\overline{X}-\mu}{\sigma/\sqrt{n}}\right|<z_{\frac{\alpha}{2}}\right\}=1-\alpha$$

即

$$P\left\{\overline{X}-z_{\frac{\alpha}{2}}\frac{\sigma}{\sqrt{n}}<\mu<\overline{X}+z_{\frac{\alpha}{2}}\frac{\sigma}{\sqrt{n}}\right\}=1-\alpha$$

所以 μ 的置信概率为 $1-\alpha$ 的置信区间为

$$\left(\overline{X}-z_{\frac{\alpha}{2}}\frac{\sigma}{\sqrt{n}},\overline{X}+z_{\frac{\alpha}{2}}\frac{\sigma}{\sqrt{n}}\right) \tag{7.10}$$

由(7.10)式可知置信区间的长度为 $2 \cdot z_{\frac{\alpha}{2}} \dfrac{\sigma}{\sqrt{n}}$，若 n 越大，置信区间就越短；若置信概率 $1-\alpha$ 越大，α 就越小，$z_{\frac{\alpha}{2}}$ 就越大，从而置信区间就越长.

二、单个正态总体参数的区间估计

由于在大多数情况下，我们所遇到的总体是服从正态分布的(有的是近似正态分布)，故我们现在来重点讨论正态总体参数的区间估计问题.

在下面的讨论中，假定总体 $X \sim N(\mu, \sigma^2)$，$X_1, X_2, \cdots, X_n$ 为其样本.

1. μ 的置信区间

分两种情况进行讨论：

(1) σ^2 已知

此时就是例 7.14 的情形，结论是：μ 的置信区间为

$$\left(\bar{X} - z_{\frac{\alpha}{2}} \frac{\sigma}{\sqrt{n}}, \bar{X} + z_{\frac{\alpha}{2}} \frac{\sigma}{\sqrt{n}} \right)$$

置信概率为 $1-\alpha$.

(2) σ^2 未知

当 σ^2 未知时，不能使用(7.10)式作为置信区间，因为(7.10)式中区间的端点与 σ 有关，考虑到 $S^2 = \dfrac{1}{n-1} \sum\limits_{i=1}^{n} (X_i - \bar{X})^2$ 是 σ^2 的无偏估计量，将 $\dfrac{\bar{X} - \mu}{\sigma / \sqrt{n}}$ 中的 σ 换成 S 得

$$T = \frac{\bar{X} - \mu}{S / \sqrt{n}} \sim t(n-1)$$

对于给定的 α，查附表 4 可得上分位点 $t_{\frac{\alpha}{2}}(n-1)$，使得

$$P \left\{ \left| \frac{\bar{X} - \mu}{S / \sqrt{n}} \right| < t_{\frac{\alpha}{2}}(n-1) \right\} = 1 - \alpha ,$$

即

$$P \left\{ \bar{X} - \frac{S}{\sqrt{n}} t_{\frac{\alpha}{2}}(n-1) < \mu < \bar{X} + \frac{S}{\sqrt{n}} t_{\frac{\alpha}{2}}(n-1) \right\} = 1 - \alpha$$

所以 μ 的置信概率为 $1-\alpha$ 的置信区间为

$$\left(\bar{X} - \frac{S}{\sqrt{n}} t_{\frac{\alpha}{2}}(n-1), \bar{X} + \frac{S}{\sqrt{n}} t_{\frac{\alpha}{2}}(n-1) \right) \tag{7.11}$$

由于 $\dfrac{S}{\sqrt{n}} = \dfrac{S_0}{\sqrt{n-1}}$，$S_0 = \sqrt{\dfrac{1}{n} \sum\limits_{i=1}^{n} (X_i - \bar{X})^2}$，所以 μ 的置信区间也可写成

$$\left(\bar{X} - \frac{S_0}{\sqrt{n-1}} t_{\frac{\alpha}{2}}(n-1), \bar{X} + \frac{S_0}{\sqrt{n-1}} t_{\frac{\alpha}{2}}(n-1) \right) \tag{7.12}$$

2. σ^2 的置信区间只考虑 μ 未知的情形

此时由于 $S^2 = \dfrac{1}{n-1} \sum\limits_{i=1}^{n} (X_i - \bar{X})^2$ 是 σ^2 的无偏估计量，我们考虑 $\dfrac{(n-1)S^2}{\sigma^2}$，由于

$$\chi^2 = \frac{(n-1)S^2}{\sigma^2} \sim \chi^2(n-1),$$

所以,对于给定的 α,

$$P\left\{\chi^2_{1-\frac{\alpha}{2}}(n-1) < \frac{(n-1)S^2}{\sigma^2} < \chi^2_{\frac{\alpha}{2}}(n-1)\right\} = 1-\alpha,$$

即

$$P\left\{\frac{(n-1)S^2}{\chi^2_{\frac{\alpha}{2}}(n-1)} < \sigma^2 < \frac{(n-1)S^2}{\chi^2_{1-\frac{\alpha}{2}}(n-1)}\right\} = 1-\alpha.$$

所以 σ^2 的置信概率为 $1-\alpha$ 的置信区间为

$$\left(\frac{(n-1)S^2}{\chi^2_{\frac{\alpha}{2}}(n-1)}, \frac{(n-1)S^2}{\chi^2_{1-\frac{\alpha}{2}}(n-1)}\right) \tag{7.13}$$

或

$$\left(\frac{nS_0^2}{\chi^2_{\frac{\alpha}{2}}(n-1)}, \frac{nS_0^2}{\chi^2_{1-\frac{\alpha}{2}}(n-1)}\right)$$

其中 $S_0{}^2 = \frac{1}{n}\sum_{i=1}^n (X_i - \bar{X})^2$.

例 7.15 某车间生产滚珠,已知其直径(单位:毫米)$X \sim N(\mu, \sigma^2)$,现从某一天生产的产品中随机地抽出 6 个,测得直径如下:

$$14.6 \quad 15.1 \quad 14.9 \quad 14.8 \quad 15.2 \quad 15.1$$

试求滚珠直径 X 的均值 μ 的置信概率为 0.95 的置信区间.

解 $\bar{x} = \frac{1}{n}\sum_{i=1}^n x_i = \frac{1}{6}(14.6+15.1+14.9+14.8+15.2+15.1) = 14.95,$

$$S_0 = \sqrt{\frac{1}{n}\sum_{i=1}^n (X_i - \bar{X})^2} = 0.2062,$$

$$t_{\alpha/2}(n-1) = t_{0.025}(5) = 2.5706,$$

所以

$$t_{\frac{\alpha}{2}}(n-1)\frac{S_0}{\sqrt{n-1}} = 2.5706 \times \frac{0.2062}{\sqrt{6-1}} = 0.24,$$

置信区间为 $(14.95-0.24, 14.95+0.24)$,即 $(14.71, 15.19)$,置信概率为 0.95.

例 7.16 某种钢丝的折断力(单位:N) X 服从正态分布,现从一批钢丝中任取 10 根,试验其折断力,得数据如下:

$$572 \quad\quad 570 \quad\quad 578 \quad\quad 568 \quad\quad 596$$
$$576 \quad\quad 584 \quad\quad 572 \quad\quad 580 \quad\quad 566$$

试求方差的置信概率为 0.9 的置信区间.

解 因为 $\bar{x} = \frac{1}{n}\sum_{i=1}^n x_i = \frac{1}{10}(572+570+\cdots+566) = 576.2,$

$$S_0{}^2 = \frac{1}{n}\sum_{i=1}^n x_i{}^2 - n\bar{x}^2 = 71.56,$$

$\alpha = 0.10$,$n-1 = 9$,查附表 5 得

$$\chi^2_{\frac{a}{2}}(n-1) = \chi^2_{0.05}(9) = 16.919,$$

$$\chi^2_{1-\frac{a}{2}}(n-1) = \chi^2_{0.95}(9) = 3.325,$$

$$\frac{nS_0^2}{\chi^2_{\frac{a}{2}}(n-1)} = \frac{10 \times 71.56}{16.919} = 42.30,$$

$$\frac{nS_0^2}{\chi^2_{1-\frac{a}{2}}(n-1)} = \frac{10 \times 71.56}{3.325} = 215.22.$$

所以，σ^2 的置信概率为 0.9 的置信区间为 $(42.30, 215.22)$.

以上仅介绍了正态总体的均值和方差两个参数的区间估计方法.

在有些问题中并不知道总体 X 服从什么分布，要对 $E(X) = \mu$ 作区间估计，在这种情况下只要 X 的方差 σ^2 已知，并且样本容量 n 很大，由中心极限定理，$\dfrac{\bar{X} - \mu}{\sigma/\sqrt{n}}$ 近似地服从标准正态分布 $N(0,1)$，因而 μ 的置信概率为 $1-\alpha$ 的近似置信区间为

$$\left(\bar{X} - z_{\frac{a}{2}} \frac{\sigma}{\sqrt{n}},\ \bar{X} + z_{\frac{a}{2}} \frac{\sigma}{\sqrt{n}} \right).$$

三、两个正态总体参数的区间估计

两个正态总体的区间估计通常用于两个总体的比较问题，包括均值和方差的比较.

设 $X_1, X_2, \cdots, X_m$ 是来自总体 $X \sim N(\mu_1, \sigma_1^2)$ 的样本，$Y_1, Y_2, \cdots, Y_n$ 是来总体 $Y \sim N(\mu_2, \sigma_2^2)$ 的样本，且两个样本独立. 记

$$\bar{X} = \frac{1}{m} \sum_{i=1}^{m} X_i, \quad \bar{Y} = \frac{1}{n} \sum_{j=1}^{n} Y_j,$$

$$S_X^2 = \frac{1}{m-1} \sum_{i=1}^{m} (X_i - \bar{X})^2, \quad S_Y^2 = \frac{1}{n-1} \sum_{j=1}^{n} (X_j - \bar{Y})^2$$

1. $\mu_1 - \mu_2$ 的置信区间

(1) 当 σ_1^2 和 σ_2^2 已知

由 $\bar{X} \sim N\left(\mu_1, \dfrac{\sigma_1^2}{m}\right)$，$\bar{Y} \sim N\left(\mu_2, \dfrac{\sigma_2^2}{n}\right)$ 且 $X_1, X_2, \cdots, X_m$ 和 $Y_1, Y_2, \cdots, Y_n$ 相互独立，所以

$$\bar{X} - \bar{Y} \sim N\left(\mu_1 - \mu_2,\ \frac{\sigma_1^2}{m} + \frac{\sigma_2^2}{n}\right)$$

标准化后得

$$Z = \frac{(\bar{X} - \bar{Y}) - (\mu_1 - \mu_2)}{\sqrt{\dfrac{\sigma_1^2}{m} + \dfrac{\sigma_2^2}{n}}} \sim N(0,1)$$

由此不难得到 $\mu_1 - \mu_2$ 的置信度为 $1-\alpha$ 的置信区间为

$$\left((\bar{X} - \bar{Y}) - z_{\frac{a}{2}} \sqrt{\frac{\sigma_1^2}{m} + \frac{\sigma_2^2}{n}},\ (\bar{X} - \bar{Y}) + z_{\frac{a}{2}} \sqrt{\frac{\sigma_1^2}{m} + \frac{\sigma_2^2}{n}} \right) \tag{7.14}$$

(2) 当 $\sigma_1^2 = \sigma_2^2 = \sigma^2$ 但 σ 未知

此时有

$$\bar{X} - \bar{Y} \sim N\left(\mu_1 - \mu_2, \left(\frac{1}{m} + \frac{1}{n}\right)\sigma^2\right)$$

$$\frac{(m-1)S_X^2 + (n-1)S_Y^2}{\sigma^2} \sim \chi^2(m+n-2)$$

从而有

$$T = \sqrt{\frac{mn(m+n-2)}{m+n}} \cdot \frac{(\bar{X} - \bar{Y}) - (\mu_1 - \mu_2)}{\sqrt{(m-1)S_X^2 + (n-1)S_Y^2}} \sim t(m+n-2)$$

记 $S_W^2 = \dfrac{(m-1)S_X^2 + (n-1)S_Y^2}{m+n-2}$，则 $\mu_1 - \mu_2$ 的置信度为 $1-\alpha$ 的置信区间为

$$\left((\bar{X} - \bar{Y}) - \sqrt{\frac{m+n}{mn}} S_w t_{\frac{\alpha}{2}}(m+n-2), (\bar{X} - \bar{Y}) + \sqrt{\frac{m+n}{mn}} S_w t_{\frac{\alpha}{2}}(m+n-2)\right)$$

$$(7.15)$$

2. $\dfrac{\sigma_1^2}{\sigma_2^2}$ 的置信区间

由于 $\dfrac{(m-1)S_X^2}{\sigma_1^2} \sim \chi^2(m-1)$，$\dfrac{(n-1)S_Y^2}{\sigma_2^2} \sim \chi^2(n-1)$，且 S_X^2 与 S_Y^2 相互独立，所以有

$$F = \frac{S_X^2/\sigma_1^2}{S_Y^2/\sigma_2^2} \sim F(m-1, n-1)$$

对于给定的 $\alpha (0 < \alpha < 1)$，由

$$P\left\{F_{1-\frac{\alpha}{2}}(m-1, n-1) \leqslant \frac{S_X^2}{S_Y^2} \cdot \frac{\sigma_2^2}{\sigma_1^2} \leqslant F_{\frac{\alpha}{2}}(m-1, n-1)\right\} = 1 - \alpha$$

可得 $\dfrac{\sigma_1^2}{\sigma_2^2}$ 的置信度为 $1-\alpha$ 的置信区间为

$$\left(\frac{S_X^2}{S_Y^2} \cdot \frac{1}{F_{\frac{\alpha}{2}}(m-1, n-1)}, \frac{S_X^2}{S_Y^2} \cdot \frac{1}{F_{1-\frac{\alpha}{2}}(m-1, n-1)}\right) \qquad (7.16)$$

例 7.17 为比较两个小麦品种的产量，选择 18 块条件相似的试验田，采用相同的耕作方法做试验，结果播种甲品种的 8 块试验田的单位面积产量和播种乙品种的 10 块试验田的单位面积产量（单位：kg）分别为：

甲品种　628　583　510　554　612　523　530　615

乙品种　535　433　398　470　567　480　498　560　503　426

假定每个品种的单位面积产量均服从正态分布，且两个品种单位面积产量的标准差相同，试求这两个品种平均单位面积产量差的置信区间（取 $\alpha = 0.05$）.

解　记 8 块甲品种试验田的单位面积产量分别为 $x_1, x_2, \cdots, x_8$，10 块乙品种试验田的单位面积产量分别为 $y_1, y_2, \cdots, y_{10}$，由样本数据可计算得

$$\bar{x} = 569.38, S_X^2 = 2140.55, m = 8$$

$$\bar{y} = 487.00, S_Y^2 = 3256.22, n = 10$$

由于两个品种单位面积产量的标准差相同，采用两样本 t 区间．这时

$$S_w = \sqrt{\frac{(m-1)S_X^2 + (n-1)S_Y^2}{m+n-2}} = \sqrt{\frac{7 \times 2140.55 + 9 \times 3256.22}{16}} = 52.6129$$

$$t_{\frac{\alpha}{2}}(m+n-2) = t_{0.025}(16) = 2.1199$$

$$\sqrt{\frac{m+n}{mn}}S_w t_{\frac{\alpha}{2}}(m+n-2) = \sqrt{\frac{1}{m} + \frac{1}{n}}S_w t_{\frac{\alpha}{2}}(m+n-2)$$

$$= \sqrt{\frac{1}{8} + \frac{1}{10}} \times 52.6129 \times 2.1199 = 52.91$$

得 $\mu_1 - \mu_2$ 的置信度为 0.95 的置信区间. 由公式(7.15)

$$\left((\bar{X} - \bar{Y}) - \sqrt{\frac{m+n}{mn}}S_w t_{\frac{\alpha}{2}}(m+n-2), (\bar{X} - \bar{Y}) + \sqrt{\frac{m+n}{mn}}S_w t_{\frac{\alpha}{2}}(m+n-2) \right)$$

得

$$(569.38 - 487 - 52.91, 569.38 - 487 + 52.91) = (29.47, 135.29)$$

例 7.18　某车间有两台自动机床加工一类套筒,假设套筒直径服从正态分布. 现从两个班次的产品中分别检查了 5 个和 6 个套筒,得其直径数据如下(单位:cm):

甲班　5.06　5.08　5.03　5.00　5.07

乙班　4.98　5.03　4.97　4.99　5.02　4.95

试求两班加工套筒直径的方差比 $\dfrac{\sigma_甲^2}{\sigma_乙^2}$ 的 0.95 的置信区间.

解　$m=5, n=6$ $1-\alpha = 0.95$ 查附表知

$$F_{0.975}(4,5) = \frac{1}{F_{0.025}(5,4)} = \frac{1}{9.36} = 0.1068$$

$$F_{0.025}(4,5) = 7.39$$

由数据计算得 $S_甲^2 = 0.00037, S_乙^2 = 0.00092$.

故置信区间的两端分别为

$$\frac{S_甲^2}{S_乙^2} \cdot \frac{1}{F_{0.025}(4,5)} = \frac{0.00037}{0.00092} \cdot \frac{1}{7.39} = 0.0544$$

$$\frac{S_甲^2}{S_乙^2} \cdot \frac{1}{F_{0.975}(4,5)} = \frac{0.00037}{0.00092} \cdot \frac{1}{0.1068} = 3.7657$$

从而公式(7.16)

$$\left(\frac{S_X^2}{S_Y^2} \cdot \frac{1}{F_{\frac{\alpha}{2}}(m-1,n-1)}, \frac{S_X^2}{S_Y^2} \cdot \frac{1}{F_{1-\frac{\alpha}{2}}(m-1,n-1)} \right)$$

得 $\dfrac{\sigma_甲^2}{\sigma_乙^2}$ 的 0.95 置信区间为 $[0.00544, 3.7657]$.

本章研究了数理统计研究中主要的问题之一——参数估计,分别从点估计和区间估计叙述了常见参数估计问题,并给出了点估计量的评价标准. 参数估计是统计分析的重要方法,经常需要用总体的样本来推断出总体的特征或部分特征,本章中的极大似然估计法在统计分析中有着广泛的应用,掌握好参数估计思想是进行应用统计的基础.

本章应用案例

一人去算命,算命先生摸骨相面掐算八字后说:"你二十岁恋爱,二十五岁结婚,三十岁生子,一生富贵平安家庭幸福晚年无忧."

此人先惊后怒,道:"我今年三十五岁,博士,光棍,没有恋爱."

先生闻言,略微沉思后说:"年轻人,知识改变命运啊."

根据估计量的评价标准,对于同一个未知对象进行估计时,用不同的估计方法得出的估计量可能不相同,为此,好的估计量必须是无偏的,且估计量在具有无偏性的基础上才能进一步判断估计量的有效性.如果得出的估计量是有偏的,那么可推断该估计量是无效的.特别的,有效估计一定是无偏的,而无偏估计不一定有效.

针对案例可知算命先生得出的估计是有偏的,那么可推断其算命结论是无效的,亦即可推断出让算命先生算命是不可靠的.

至于"知识改变命运"这个估计量是亘古不变公认的真理,对任何人未来估计都是较有效的估计量.

本章知识网络图

$$
\begin{cases}
\text{点估计}\begin{cases} \text{矩法} \\ \text{极大似然估计法} \end{cases} \\[3em]
\text{估计量的评价标准}\begin{cases} \text{无偏性} \\ \text{有效性} \\ \text{一致性} \end{cases} \\[3em]
\text{区间估计}\begin{cases} \text{寻求未知参数}\,\theta\,\text{的置信区间的具体做法} \\[1em] \text{单个正态总体}\begin{cases} \sigma^2\text{已知时求均值}\,\mu\,\text{的置信区间} \\ \sigma^2\text{未知时求均值}\,\mu\,\text{的置信区间} \\ \mu\text{未知时求方差}\,\sigma^2\,\text{的置信区间} \end{cases} \\[2em] \text{两个正态总体}\begin{cases} \sigma_1^2,\sigma_2^2\text{已知时,均值差}\,\mu_1-\mu_2\,\text{的置信区间} \\ \sigma_1^2=\sigma_2^2\text{但未知时,均值差}\,\mu_1-\mu_2\,\text{的置信区间} \\ \mu_1,\mu_2\text{未知时,方差比}\,\dfrac{\sigma_1^2}{\sigma_2^2}\,\text{的置信区间} \end{cases} \end{cases}
\end{cases}
$$

习题七

1. 随机地取 8 只活塞环,测得它们的直径为(单位:mm):

   74.001 74.005 74.003 74.001 74.000 73.998 74.006 74.002

试求总体均值 μ 及方差 σ^2 的矩估计值,并求样本方差 S^2.

2. 设总体 X 的密度函数

$$f(x,\theta)=\begin{cases}\dfrac{2}{\theta^2}(\theta-x), & 0<x<\theta, \\ 0, & \text{其他}.\end{cases}$$

$X_1,X_2,\cdots,X_n$ 为其样本,试求参数 θ 的矩法估计.

3. 设总体 X 服从二项分布 $b(n,p)$,n 已知 ,$X_1,X_2,\cdots,X_n$ 为来自 X 的样本,求参数 p 的矩法估计.

4. 设总体 X 服从 $[0,\theta]$ 上的均匀分布,求参数 ,θ 的矩估计和极大似然估计,假如所得估计量是有偏的,将其修正为无偏.

5. 设总体 X 服从指数分布,概率密度函数为

$$f(x)=\begin{cases}\lambda e^{-xx}, & x\geqslant 0, \\ 0, & x<0.\end{cases}$$

$X_1,X_2,\cdots,X_n$ 是来自 X 的样本,求未知参数 λ 的矩估计和极大似然估计.

6. 设 $X_1,X_2,\cdots,X_n$ 是取自总体 X 的样本,$E(X)=\mu$,$D(X)=\sigma^2$,$\hat{\sigma}^2=k\sum_{i=1}^{n-1}(X)_{i+1}-X_i)^2$,问 k 为何值时 $\hat{\sigma}^2$ 为 σ^2 的无偏估计.

7. 设 X_1,X_2,X_3,X_4 是来自均值为 θ 的指数分布总体的样本,其中 θ 未知. 设有估计量

$$T_1=\frac{1}{6}(X_1+X_2)+\frac{1}{3}(X_3+X_4)$$

$$T_2=\frac{1}{5}(X_1+2X_2+3X_3+4X_4)$$

$$T_3=\frac{1}{4}(X_1+X_2+X_3+X_4)$$

(1)指出 T_1,T_2,T_3 中哪些是 θ 的无偏估计量;

(2)在上述 θ 的无偏估计中指出哪一个较为有效.

8. 设 X_1,X_2 是从正态总体 $X\sim N(\mu,\sigma^2)$ 中抽取的样本

$$\hat{\mu}_1=\frac{2}{3}X_1+\frac{1}{3}X_2;\hat{\mu}_2=\frac{1}{4}X_1+\frac{3}{4}X_2;\hat{\mu}_3=\frac{21}{2}X_1+\frac{1}{2}X_2$$

试证:$\hat{\mu}_1,\hat{\mu}_2,\hat{\mu}_3$ 都是 μ 的无偏估计量,并求出每一估计量的方差.

9. 某车间生产的螺钉,其直径 $X\sim N(\mu,\sigma^2)$,由过去的经验知道 $\sigma^2=0.06$,今随机抽取 6 枚,测得其长度(单位:mm)如下:

$$14.7 \quad 15.0 \quad 14.8 \quad 14.9 \quad 15.1 \quad 15.2$$

试求 μ 的置信概率为 0.95 的置信区间.

10. 设某种清漆的 9 个样品,其干燥时间(单位:h)分别为:

$$6.0 \quad 5.7 \quad 5.8 \quad 6.5 \quad 7.0 \quad 6.3 \quad 5.6 \quad 6.1 \quad 5.0$$

设干燥时间总体服从正态分布 $N(\mu,\sigma^2)$. 求 μ 的置信水平为 0.95 的置信区间.

(1)若由以往经验知 $\sigma=0.6$(h);(2)若 σ 为未知.

11. 总体 $X\sim N(\mu,\sigma^2)$,σ^2 已知,问需抽取容量 n 多大的样本,才能使 μ 的置信概率为 $1-\alpha$,且置信区间的长度不大于 L?

12. 随机地取某种炮弹 9 发做试验,得炮口速度的样本标准差 s = 11(单位:m/s). 设炮口速度服从正态分布. 求这种炮弹的炮口速度的标准差 σ 的置信水平为 0.95 的置信区间.

13. 设某种砖头的抗压强度 $X \sim N(\mu, \sigma^2)$,今随机抽取 20 块砖头,测得数据如下(单位:kg · cm^{-2}):

$$
\begin{array}{llllllllll}
64 & 69 & 49 & 92 & 55 & 97 & 41 & 84 & 88 & 99 \\
84 & 66 & 100 & 98 & 72 & 74 & 87 & 84 & 48 & 81
\end{array}
$$

(1) 求 μ 的置信概率为 0.95 的置信区间;

(2) 求 σ^2 的置信概率为 0.95 的置信区间.

14. 设总体 X 的分布律为

X	1	2	3
P	θ^2	$2\theta(1-\theta)$	$(1-\theta)^2$

其中 $\theta(0 < \theta < 1)$ 为未知参数,已知取得了样本值 $x_1 = 1, x_2 = 2, x_3 = 1$,求 θ 的矩估计值和极大似然估计值.

15. 设总体 X 的概率密度为

$$
f(x, \theta) = \begin{cases} \dfrac{1}{1-\theta}, & \theta \leqslant x \leqslant 1, \\ 0, & \text{其他}. \end{cases}
$$

其中 θ 为未知参数, $X_1, X_2, \cdots, X_n$ 为随机样本.

(1) 求 θ 的矩估计量;

(2) 求 θ 的极大似然估计量.

16. 设 $X_1, X_2, \cdots, X_n$ 是取自总体 X 的一个样本, X 的概率密度函数为

$$
f(x, \theta) = \begin{cases} \sqrt{\theta} x^{\sqrt{\theta}-1}, & \theta < x < 1, (\theta > 0) \\ 0, & \text{其他}. \end{cases}
$$

求:(1) 未知参数 θ 的矩估计 $\hat{\theta}$;

(2) 未知参数 θ 的极大似然估计 θ^*.

17. 设总体 X 的概率密度为

$$
f(x, \theta) = \begin{cases} \dfrac{\theta^2}{x^3} e^{-\frac{\theta}{x}}, & x > 0, \\ 0, & \text{其他}. \end{cases}
$$

其中 θ 为未知参数且 $\theta > 0$, $X_1, X_2, \cdots, X_n$ 为来自总体 X 的简单随机样本.

(1) 求 θ 的矩估计量;

(2) 求 θ 的极大似然估计量.

18. (2004 研考)设总体 X 的分布函数为

$$
F(x, \beta) = \begin{cases} 1 - \dfrac{\alpha^{\beta}}{x^{\beta}}, & x > \alpha, \\ 0, & x < \alpha. \end{cases}
$$

其中未知参数 $\beta > 1, \alpha > 0$,设 $X_1, X_2, \cdots, X_n$ 为来自总体 X 的样本.

(1) 当 $\alpha = 1$ 时,求 β 的矩估计量;

(2) 当 $\alpha=1$ 时,求 β 的极大似然估计量;

(3) 当 $\beta=2$ 时,求 α 的极大似然估计量.

19. (2006 研考) 设总体 X 的概率密度为

$$f(x,\theta)=\begin{cases}\theta, & 0\leqslant x<1,\\ 1-\theta, & 1\leqslant x<2,\\ 0, & 其他.\end{cases}$$

其中 θ 是未知参数($0<\theta<1$),$X_1,X_2,\cdots,X_n$ 为来自总体 X 的简单随机样本,记 N 的样本值 $x_1,x_2,\cdots,x_n$ 中小于 1 的个数. 求:

(1) θ 的矩估计;

(2) θ 的极大似然估计.

20. (2016 年研考) 设 X 总体的概率密度为

$$f(x,\theta)=\begin{cases}\dfrac{3x^2}{\theta^3}, & 0<x<\theta,\\ 0, & 其他.\end{cases}$$

其中 $\theta\in(0,+\infty)$ 为未知参数,X_1,X_2,X_3 未来自总体 X 的简单随机样本,令 $T=(X_1,X_2,X_3)$.

(1) 求 T 的概率密度;

(2) 确定 a,使得 aT 为 θ 的无偏估计.

21. (2017 年研考) 某工程师为了了解一台天平精度,用该甜品对一物体质量了 n 次测量,高物体的质量 μ 是已知的,设 n 次测量结果 $X_1,X_2,\cdots,X_n$ 相互独立且均服从正态分布 $N(\mu,\sigma^2)$. 该工程师记录的是 n 次测量的绝对误差 $Z_i=|X_i-\mu|,(i=1,2,\cdots,n)$,利用 $Z_1,Z_2,\cdots,Z_n$ 估计参数 σ.

(1) 求 Z_i 的概率密度;

(2) 利用一阶矩求 σ 的矩估计量;

(3) 求参数 σ 极大似然估计量.

22. (2018 研考) 设总体 X 的概率密度 $f(x,\sigma)=\dfrac{1}{2\sigma}e^{-\frac{|x|}{\sigma}}$,　$-\infty<x<+\infty$,其中 $\sigma\in(0,+\infty)$ 为未知参数,$X_1,X_2,\cdots,X_n$ 为来自总体 X 的简单随机样本. 记 σ 的极大似然估计量为 $\hat\sigma$.

(1) 求 $\hat\sigma$;

(2) 求 $E(\hat\sigma)$ 和 $D(\hat\sigma)$.

23. (2019 研考) 设总体 X 的概率密度为

$$f(x,\sigma^2)=\begin{cases}\dfrac{A}{\sigma}e^{-\frac{(x-\mu)^2}{2\sigma^2}}, & x\geqslant\mu,\\ 0, & x<\mu.\end{cases}$$

其中,μ 是已知参数,$\sigma>0$ 是未知参数,,A 是常数,$X_1,X_2,\cdots,X_n$ 来自总体 X 的简单随机样本.

(1) 求 A;

(2) 求 σ^2 的极大似然估计量.

第八章　假设检验

本章导学

假设检验是数理统计的另一个主要方法,假设检验方法实际上是一种概率反证法.通过本章的学习要达到:

1. 理解统计假设检验的基本思想和一般步骤.

2. 熟练掌握对单个、两个正态总体数学期望和方差的假设检验的统计量、拒绝域和计算的步骤,熟练掌握使用正态分布、t 分布、χ^2 分布及 F 分布.

假设检验(Hypothesis testing)是统计推断的另一个基本问题.假设检验是根据样本提供的信息来检验总体分布的参数或分布的形式是否具有指定的特征与估计问题类似,如果总体分布的类型已知,检验问题仅涉及总体分布的未知参数,这种检验称为参数假设检验.若总体分布函数的类型未知,检验是对总体分布函数的类型或它的某些特征进行的,这种检验称为非参数假设检验.假设检验一般是这样进行的:首先提出某些关于总体参数或关于总体分布的假设,然后根据样本和抽样分布理论对所提出的假设作出判断:是接受还是拒绝.本章在介绍假设检验基本思想和基本概念的基础上,重点介绍正态总体的参数假设检验问题.

第一节　假设检验的基本思想

引例　机器罐装的牛奶每瓶标明为 355ml,设 X 为实际容量,由过去的经验知道,在正常生产情况下,$X \sim N(\mu,\sigma^2)$.根据长期的经验知,其标准差 $\sigma = 2$ml.为检验罐装生产线的生产是否正常,某日开工后抽查了 12 瓶,其容量为:

$$350,353,354,356,351,352,354,355,357,353,354,355$$

问:由这些样本我们能否认为该日的生产是否正常?

在这里,我们关心的是罐装生产线的生产是否正常,即罐装牛奶的平均容量是否为 355ml.为此,我们作出如下处理:先假设总体 X 的平均值为 $\mu = 355$,即生产是正常的,然后利用抽取的 12 个数据,来推断所作假设的正确性,从而作出是拒绝或接受这一假设的论断,称为统计假设检验.这种类型的假设检验一般称为参数假设检验.

一、统计假设

对于总体 X 的分布(包括分布类型或分布参数)的各种论断叫统计假设,简称假设,用"H"表示,例如:

(1) 对于检验某个总体 X 的分布,可以提出假设:

$$H_0 : X \text{ 服从正态分布}; H_1 : X \text{ 不服从正态分布}.$$

$$H_0 : X \text{ 服从泊松分布}; H_1 : X \text{ 不服从泊松分布}.$$

（2）对于总体 X 的分布的参数，若检验均值，可以提出如下假设：

$$H_0 : \mu = \mu_0 ; H_1 : \mu \neq \mu_0.$$

$$H_0 : \mu \leqslant \mu_0 ; H_1 : \mu > \mu_0.$$

若检验标准差，可提出如下假设：

$$H_0 : \sigma = \sigma_0 ; H_1 : \sigma \neq \sigma_0.$$

$$H_0 : \sigma \geqslant \sigma_0 ; H_1 : \sigma < \sigma_0.$$

这里 μ_0, σ_0 是已知数，而 $\mu = E(X), \sigma^2 = D(X)$ 是未知参数.

上面对于总体 X 的每个论断，我们都提出了两个互相对立的（统计）假设：H_0 和 H_1，显然，H_0 与 H_1 只有一个成立，或 H_0 真 H_1 假，或 H_0 假 H_1 真，其中假设 H_0 称为原假设（Original hypothesis，又叫零假设、基本假设），而 H_1 称为 H_0 的对立假设（又叫备择假设）.

在处理实际问题时，通常把希望得到的陈述视为备择假设，而把这一陈述的否定作为原假设. 例如在上例中，假设 $H_0 : \mu = \mu_0 = 355$ 为原假设，则它的对立假设是 $H_1 : \mu \neq \mu_0 = 355$.

统计假设提出之后，我们关心的是它的真伪. 所谓对假设 H_0 的检验，就是根据来自总体的样本，按照一定的规则对 H_0 作出判断：是接受还是拒绝，这个用来对假设作出判断的规则叫做检验准则，简称检验，如何对统计假设进行检验呢？下面结合引例来说明假设检验的基本思想和做法.

二、假设检验的基本思想

在引例中可以作如下假设：

$$H_0 : \mu = \mu_0 = 355 \quad （备择假设 H_1 : \mu \neq \mu_0）$$

由于要检验的假设涉及总体均值 μ，故首先想到是否可借助样本均值这一统计量来进行判断. 从抽样的结果不难算出样本均值 $\bar{x} = 353.67$ 与 $\mu_0 = 355$ 之间有差异. 对于 $\bar{x}$ 与 μ_0 之间的差异可以有两种不同的解释.

（1）统计假设 H_0 是正确的，即 $\mu = \mu_0 = 355$，只是由于抽样的随机性造成了 $\bar{x}$ 与 μ_0 之间的差异；

（2）统计假设 H_0 是不正确的，即 $\mu \neq \mu_0 = 355$，由于系统误差，也就是罐装生产线工作不正常，造成了 $\bar{x}$ 与 μ_0 之间的差异.

对于这两种解释到底哪一种比较合理呢？为了回答这个问题，我们适当选择一个小正数 α（$\alpha = 0.1, 0.05$ 等），叫做显著性水平（Level of significance）.

因为 $X \sim N(\mu, \sigma^2)$，当 $H_0 : \mu = \mu_0 = 355$ 为真时，有 $X \sim N(\mu_0, \sigma^2)$，于是样本均值

$$\bar{X} = \frac{1}{n} \sum_{i=1}^{n} X_i \sim N\left(\mu_0, \frac{\sigma^2}{n}\right),$$

$$Z = \frac{\bar{X} - \mu_0}{\sqrt{\sigma^2 / n}} = \frac{\bar{X} - \mu_0}{\sigma / \sqrt{n}} \sim N(0, 1),$$

对给定的 α，存在一个分位数 $z_{\alpha/2}$（见图 8−1），使得 $P\{|Z|>z_{\alpha/2}\}=\alpha$．

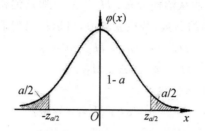

图 8−1　标准正态分布分位点 $Z_{\alpha/2}$ 分布图

若取 $\alpha=0.05$，则 $P\{|Z|>1.96\}=0.05$，（查附表 2 标准正态分布表可得 $Z_{0.025}=1.96$）．

将样本观测值代入 Z 得

$$|z|=\left|\frac{\bar{x}-\mu_0}{\sigma/\sqrt{n}}\right|=\left|\frac{353.67-355}{2/\sqrt{12}}\right|=2.3>1.96$$

因为 $\alpha=0.05$ 很小，根据实际推断原理，即"小概率事件在一次试验中几乎是不可能发生的"原理，当 H_0 为真时，事件 $\{|Z|>1.96\}$ 是概率为 0.05 的小概率事件，实际上是不可能发生的．现在抽样的结果是：$|z|=2.3>1.96$，也就是说，小概率事件 $\{|Z|>1.96\}$ 居然在一次抽样中发生了，这是一个几乎矛盾的结果，因而不能不使人怀疑假设 H_0 的正确性，所以在显著性水平 $\alpha=0.05$ 下，我们拒绝 H_0，接受 H_1，即认为这一天罐装生产线的生产是不正常的．

从上面的分析可以看到，假设检验所采用的是一种"概率反证法"的思想，即先假设结论 H_0 成立，然后在这一条件下进行推断或演算，如果得到了一个几乎矛盾的结果（小概率事件在一次实验中发生）则拒绝假设，否则接受原假设 H_0．

通过上例的分析，我们知道假设检验的基本思想是小概率事件原理（实际推断原理），检验的基本步骤是：

（1）根据实际问题的要求，提出原假设 H_0 及备择假设 H_1；

（2）选取适当的显著性水平 α（通常 $\alpha=0.1,0.05$ 等）以及样本容量 n；

（3）构造检验用的统计量 U，当 H_0 为真时，U 的分布要已知，找出临界值 λ_α 使 $P\{|U|>\lambda_\alpha\}=\alpha$．我们称 $|U|>\lambda_\alpha$ 所确定的区域为 H_0 的拒绝域（Rejection region）（见图 8−2），记作 W；

（4）取样，根据样本观测值，计算统计量 U 的观测值 u_0；

（5）作出判断，将 U 的观测值 u_0 与临界值 λ_α 比较，若 u_0 落入拒绝域 W 内，则拒绝 H_0 接受 H_1；否则就说 H_0 相容（接受 H_0）．

三、两类错误

由于我们是根据样本作出接受 H_0 或拒绝 H_0 的决定，而样本具有随机性，因此在进行判断时，我们可能会犯两类错误：一类错误是，当 H_0 为真时，而样本的观测值 u_0 落入拒绝域 W 中，按给定的法则，我们拒绝了 H_0，这种错误称为第一类错误．其发生的概率称为犯第一类错误的概率或称弃真概率，通常记为 α，即

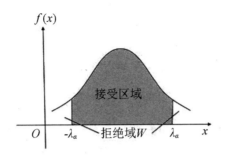

图 8—2 假设检验的接受区域和拒绝区域

$$P\{拒绝\ H_0\,|\,H_0\ 为真\}=\alpha$$

另一类错误是,当 H_0 不真时,而样本的观测值落入拒绝域 W 之外,按给定的检验法则,我们却接受了 H_0. 这种错误称为第二类错误,其发生的概率称为犯第二类错误的概率或取伪概率,通常记为 β,即

$$P\{接受\ H_0\,|\,H_0\ 不真\}=\beta$$

显然这里的 α 就是检验的显著性水平. 另外,犯错误还与假设检验的基本思想有关. 所有情况的搭配见表 8—1.

表 8—1 假设检验的情况

H_0	判断结论		犯错误的概率
真	接受	正确	0
	拒绝	犯第一类错误	α
假	接受	犯第二类错误	β
	拒绝	正确	0

对给定的一对 H_0 和 H_1,总可以找到许多拒绝域 W. 当然我们希望寻找这样的拒绝域 W,使得犯两类错误的概率 α 与 β 都很小. 但是在样本容量 n 固定时,要使 α 与 β 都很小是不可能的,一般情形下,减小犯其中一类错误的概率,会增加犯另一类错误的概率,它们之间的关系犹如区间估计问题中置信概率与置信区间的长度的关系那样. 通常的做法是控制犯第一类错误的概率不超过某个事先指定的显著性水平 $\alpha(0<\alpha<1)$,而使犯第二类错误的概率也尽可能地小. 具体实行这个原则会有许多困难,因而有时把这个原则简化成只要求犯第一类错误的概率等于 α,称这类假设检验问题为显著性检验问题,相应的检验为显著性检验. 在一般情况下,显著性检验法则是较容易找到的,我们将在以下各节中详细讨论.

在实际问题中,要确定一个检验问题的原假设,一方面要根据问题要求检验的是什么,另一方面要使原假设尽量简单,这是因为在下面将讲到的检验法中,必须要了解某统计量在原假设成立时的精确分布或渐近分布.

下文各节中,我们先介绍正态总体下参数的几种显著性检验,再介绍总体分布函数的假设检验. 假设检验在产品质量设计、质量检验等领域有重要的应用.

第二节 单个正态总体的假设检验

单个正态总体参数的假设检验的应用背景是对单个产品的质量指标、寿命指标是否达到设计要求等这样的问题进行检验分析,通过实验测试产品实际值与理论值是否一致. 中心极限定理说明,在实际问题中的许多量都可以近似地用正态分布去刻画,因此经常会遇到正态总体参数的检验问题. 下面先来讨论单个正态总体参数的假设检验,分几种情况分别加以讨论.

一、单个正态总体数学期望的假设检验

1. σ^2 已知,检验 μ (Z 检验法(Z-$test$))

设总体 $X \sim N(\mu,\sigma^2)$,方差 σ^2 已知,检验假设

$$H_0 : \mu = \mu_0 ; \quad H_1 : \mu \neq \mu_0 （ \mu_0 为已知常数）$$

由

$$\bar{X} \sim N\left(\mu,\frac{\sigma^2}{n}\right), \frac{\bar{X}-\mu}{\sigma/\sqrt{n}} \sim N(0,1),$$

记

$$Z = \frac{\bar{X}-\mu}{\sigma/\sqrt{n}} \tag{8.1}$$

显然当假设 H_0 为真(即 $\mu = \mu_0$ 正确)时,

$$Z = \frac{\bar{X}-\mu_0}{\sigma/\sqrt{n}} \sim N(0,1)$$

所以对于给定的显著性水平 α ,可求 $z_{\alpha/2}$ 使

$$P\{|Z| > z_{\alpha/2}\} = \alpha$$

见图 8-1,即

$$P\{Z < -z_{\alpha/2}\} + P\{Z > z_{\alpha/2}\} = \alpha .$$

从而有 $P\{Z > z_{\alpha/2}\} = \alpha/2, P\{Z < -z_{\alpha/2}\} = 1 - \alpha/2.$

利用概率 $1-\alpha/2$,反查标准正态分布函数表,得分位点(即临界值) $z_{\alpha/2}$.

另一方面,利用样本观测值 $X_1, X_2, \cdots, X_n$ 计算统计量 Z 的观测值

$$z_0 = \frac{\bar{x}-\mu_0}{\sigma/\sqrt{n}} . \tag{8.2}$$

如果:

(1) $|z_0| > z_{\alpha/2}$,则在显著性水平 α 下,拒绝原假设 H_0 (接受备择假设 H_1),所以 $|z_0| > z_{\alpha/2}$ 便是 H_0 的拒绝域.

(2) $|z_0| \leqslant z_{\alpha/2}$,则在显著性水平 α 下,接受原假设 H_0 ,认为 H_0 正确.

这里我们是利用 H_0 为真时服从 $N(0,1)$ 分布的统计量 Z 来确定拒绝域的,这种检验法称为 Z 检验法(或称 U 检验法). 引例中所用的方法就是 Z 检验法. 为了熟悉这类假设检验的具体做法,现在我们再举一例.

例 8.1 根据长期经验和资料的分析，某砖厂生产的砖的抗断强度 X（单位：kg·cm^{-2}）服从正态分布，方差 $\sigma^2 = 1.21$. 从该厂产品中随机抽取 6 块，测得抗断强度如下：

$$32.56 \quad 29.66 \quad 31.64 \quad 30.00 \quad 31.87 \quad 31.03$$

检验这批砖的平均抗断强度为 $32.50\,\text{kg·cm}^{-2}$ 是否成立（取 $\alpha = 0.05$，并假设砖的抗断强度的方差不会有什么变化）？

解 ① 提出假设 $H_0: \mu = \mu_0 = 32.50$；$H_1: \mu \neq \mu_0$.

② 选取统计量

$$Z = \frac{\bar{X} - \mu_0}{\sigma / \sqrt{n}},$$

若 H_0 为真，则 $Z \sim N(0,1)$.

③ 对给定的显著性水平 $\alpha = 0.05$，求 $z_{\alpha/2}$ 使 $P\{|Z| > z_{\alpha/2}\} = \alpha$，这里 $z_{\alpha/2} = z_{0.025} = 1.96$.

④ 计算统计量 Z 的观测值：

由数据可计算得 $\bar{x} = 31.13, \sigma = 1.1$，从而

$$|z_0| = \left| \frac{\bar{x} - \mu_0}{\sigma / \sqrt{n}} \right| = \left| \frac{31.13 - 32.50}{1.1 / \sqrt{6}} \right| \approx 3.05.$$

⑤ 判断：由于 $|z_0| = 3.05 > z_{0.025} = 1.96$，所以在显著性水平 $\alpha = 0.05$ 下否定 H_0，即不能认为这批产品的平均抗断强度是 $32.50\,\text{kg·cm}^{-2}$.

把上面的检验过程加以概括，得到了关于方差 σ^2 已知的正态总体期望值 μ 的检验步骤：

(a) 提出待检验的假设 $H_0: \mu = \mu_0$；$H_1: \mu \neq \mu_0$.

(b) 构造统计量 $Z = \dfrac{\bar{X} - \mu_0}{\sigma / \sqrt{n}}$，并计算其观测值 z_0：

$$z_0 = \frac{\bar{x} - \mu_0}{\sigma / \sqrt{n}}.$$

(c) 对给定的显著性水平 α，根据

$$P\{|Z| > z_{\alpha/2}\} = \alpha, \ P\{Z > z_{\alpha/2}\} = \alpha/2, \ P\{Z < -z_{\alpha/2}\} = 1 - \alpha/2$$

查标准正态分布表，得分位点 $z_{\alpha/2}$.

(d) 根据 H_0 的拒绝域作出判断：

若 $|z_0| > z_{\alpha/2}$，则拒绝 H_0，接受 H_1；若 $|z_0| \leqslant z_{\alpha/2}$，则接受 H_0.

2. σ^2 未知，检验 μ（t 检验法（t -test））

设总体 $X \sim N(\mu, \sigma^2)$，方差 σ^2 未知，检验

$$H_0: \mu = \mu_0; \quad H_1: \mu \neq \mu_0.$$

由于 σ^2 未知，$\dfrac{\bar{X} - \mu_0}{\sigma / \sqrt{n}}$ 便不是统计量，这时我们自然想到用 σ^2 的无偏估计量样本方差 S^2 代替 σ^2，由于

$$\frac{\bar{X} - \mu}{S / \sqrt{n}} \sim t(n-1),$$

故选取样本的函数

$$T = \frac{\bar{X} - \mu_0}{S/\sqrt{n}} \tag{8.3}$$

作为统计量,当 H_0 为真($\mu = \mu_0$)时 $T \sim t(n-1)$,对给定的检验显著性水平 α,由

$$P\{|T| > t_{\alpha/2}(n-1)\} = \alpha,$$

$$P\{T > t_{\alpha/2}(n-1)\} = \alpha/2,$$

如图 8—3,直接查 t 分布表,得分位点 $t_{\alpha/2}(n-1)$.

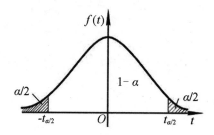

图 8—3 t 分布分位点 $t_{\alpha/2}(n-1)$ 分布图

利用样本观测值,计算统计量 T 的观测值

$$t_0 = \frac{\bar{x} - \mu_0}{s/\sqrt{n}},$$

因而原假设 H_0 的拒绝域为

$$|T| = \left| \frac{\bar{X} - \mu_0}{S/\sqrt{n}} \right| > t_{\alpha/2}(n-1), \tag{8.4}$$

所以,若 $|t_0| > t_{\alpha/2}(n-1)$,则拒绝 H_0,接受 H_1;若 $|t_0| \leqslant t_{\alpha/2}(n-1)$,则接受原假设 H_0.

上述利用服从 t 分布的统计量得出的检验法称为 t 检验法.

在实际中,正态总体的方差常为未知,所以我们常用 t 检验法来检验关于正态总体均值的问题.

例 8.2 用某仪器间接测量温度(单位:℃),重复 5 次,所得的数据是 1250,1265,1245,1260,1275,而用别的精确办法测得温度为 1277(可看作温度的真值),试问此仪器间接测量有无系统偏差?这里假设测量值 X 服从 $N(\mu, \sigma^2)$ 分布(取 $\alpha = 0.05$).

解 问题是要检验

$$H_0: \mu = \mu_0 = 1277; \quad H_1: \mu \neq \mu_0.$$

由于 σ^2 未知(即仪器的精度不知道),我们选取统计量

$$T = \frac{\bar{X} - \mu_0}{s/\sqrt{n}}.$$

这里 $\bar{x} = 1259, s^2 = 142.5$,当 H_0 为真时,$T \sim t(n-1)$,T 的观测值为

$$|t_0| = \left| \frac{\bar{x} - \mu_0}{s/\sqrt{n}} \right| = \left| \frac{1259 - 1277}{\sqrt{142.5/5}} \right| = \left| \frac{-18}{5.339} \right| = 3.371$$

对于给定的检验水平 $\alpha = 0.05$，由
$$P\{|T| > t_{\alpha/2}(n-1)\} = \alpha,$$
$$P\{T > t_{\alpha/2}(n-1)\} = \alpha/2,$$
$$P\{T > t_{0.025}(4)\} = 0.025,$$

查 t 分布表得分位点
$$t_{\alpha/2}(n-1) = t_{0.025}(4) = 2.7764.$$

因为 $|t_0| > t_{0.025}(4) = 2.7764$，故应拒绝 H_0，认为该仪器间接测量有系统偏差.

3. 双边检验与单边检验

上面讨论的假设检验中，H_0 为 $\mu = \mu_0$，而备择假设 $H_1: \mu \neq \mu_0$ 意思是 μ 可能大于 μ_0，也可能小于 μ_0，称为双边备择假设，而称形如 $H_0: \mu = \mu_0$，$H_1: \mu \neq \mu_0$，的假设检验为双边检验. 有时我们只关心总体均值是否增大，例如，试验新工艺以提高材料的强度，这时所考虑的总体的均值应该越大越好，如果我们能判断在新工艺下总体均值较以往正常生产的大，则可考虑采用新工艺. 此时，我们需要检验假设
$$H_0: \mu = \mu_0; \qquad H_1: \mu > \mu_0. \tag{8.5}$$

（这里作了假定，即新工艺不可能比旧的更差），形如(8.5)的假设检验，称为右边检验，类似地，有时我们需要检验假设
$$H_0: \mu = \mu_0; \qquad H_1: \mu < \mu_0. \tag{8.6}$$

形如(8.6)的假设检验，称为左边检验，右边检验与左边检验统称为单边检验.

下面来讨论单边检验的拒绝域.

设总体 $X \sim N(\mu, \sigma^2)$，σ^2 为已知，$X_1, X_2, \cdots, X_n$ 是来自 X 的样本. 给定显著性水平 α，我们先求检验问题
$$H_0: \mu = \mu_0; \qquad H_1: \mu > \mu_0$$
的拒绝域.

取检验统计量 $Z = \dfrac{\bar{X} - \mu_0}{\sigma/\sqrt{n}}$，当 H_0 为真时，Z 不应太大，而在 H_1 为真时，由于 $\bar{X}$ 是 μ 的无偏估计量，当 μ 偏大时，$\bar{X}$ 也偏大，从而 Z 往往偏大，因此拒绝域的形式为
$$Z = \frac{\bar{X} - \mu_0}{\sigma/\sqrt{n}} > k, k \text{ 待定.}$$

因为当 H_0 为真时，$\dfrac{\bar{X} - \mu_0}{\sigma/\sqrt{n}} \sim N(0,1)$，由 $P\{\text{拒绝 } H_0 \mid H_0 \text{ 为真}\} = P\left\{\dfrac{\bar{X} - \mu_0}{\sigma/\sqrt{n}} > k\right\} = \alpha$，得 $k = z_\alpha$，故拒绝域为
$$Z = \frac{\bar{X} - \mu_0}{\sigma/\sqrt{n}} > z_\alpha \tag{8.7}$$

如图 8-4.

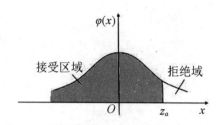

图 8-4 右边检验的接受区域和拒绝区域

类似地,左边检验问题

$$H_0 : \mu = \mu_0 ; \qquad H_1 : \mu < \mu_0 .$$

的拒绝域为

$$Z = \frac{\bar{X} - \mu_0}{\sigma / \sqrt{n}} \leqslant - z_\alpha . \tag{8.8}$$

如图 8-5.

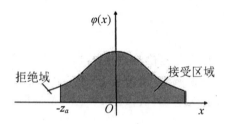

图 8-5 左边检验的接受区域和拒绝区域

例 8.3 从甲地发送一个信号到乙地,设发送的信号值为 μ,由于信号传送时有噪声叠加到信号上,这个噪声是随机的,它服从正态分布 $N(0, 2^2)$,从而乙地接到的信号值 X 是一个服从正态分布 $N(\mu, 2^2)$ 的随机变量. 设甲地发送某信号 5 次,乙地收到的信号值为:

$$8.4 \quad 10.5 \quad 9.1 \quad 9.6 \quad 9.9$$

由以往经验,信号值为 8,于是乙方猜测甲地发送的信号值为 8,能否接受这种猜测? 取 $\alpha = 0.05$.

解 按题意需检验假设

$$H_0 : \mu = 8 ; \qquad H_1 : \mu > 8 .$$

这是右边检验问题,其拒绝域如(8.7)式所示,即

$$Z = \frac{\bar{X} - \mu_0}{\sigma / \sqrt{n}} > z_{0.05} = 1.645$$

而现在

$$z_0 = \frac{\bar{x} - \mu_0}{\sigma / \sqrt{n}} = \frac{9.5 - 8}{2 / \sqrt{5}} = 1.68 > 1.645$$

所以拒绝 H_0,认为发出的信号值 $\mu > 8$.

二、单个正态总体方差的假设检验(χ^2 检验法(χ^2-test))

1. 双边检验

设总体 $X \sim N(\mu,\sigma^2)$，μ 未知，检验假设
$$H_0 : \sigma^2 = \sigma_0^2 ; \qquad H_1 : \sigma^2 \neq \sigma_0^2 .$$
其中 σ_0^2 为已知常数.

由于样本方差 S^2 是 σ^2 的无偏估计，当 H_0 为真时，比值 $\dfrac{S^2}{\sigma_0^2}$ 一般来说应在 1 附近摆动，而不应过分大于 1 或过分小于 1，由第六章知当 H_0 为真时
$$\chi^2 = \frac{(n-1)S^2}{\sigma_0^2} \sim \chi^2(n-1) \tag{8.9}$$
所以对于给定的显著性水平 α 有(见图 8−6)：

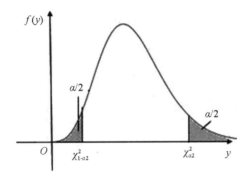

图 8−6　χ^2 检验的接受区域和拒绝区域

$$P\{\chi_{1-\alpha/2}^2(n-1) \leqslant \chi^2 \leqslant \chi_{\alpha/2}^2(n-1)\} = 1-\alpha . \tag{8.10}$$
对于给定的 α，查 χ^2 分布表可求得 χ^2 分布分位点 $\chi_{1-\alpha/2}^2(n-1)$ 与 $\chi_{\alpha/2}^2(n-1)$. 由式(8.10)知，H_0 的接受域是
$$\chi_{1-\alpha/2}^2(n-1) \leqslant \chi^2 \leqslant \chi_{\alpha/2}^2(n-1) \tag{8.11}$$
H_0 的拒绝域为
$$\chi^2 < \chi_{1-\alpha/2}^2(n-1) \text{ 或 } \chi^2 > \chi_{\alpha/2}^2(n-1) \tag{8.12}$$
这种用服从 χ^2 分布的统计量对个单正态总体方差进行假设检验的方法，称为 χ^2 检验法.

例 8.4　某厂生产的某种型号的电池，其寿命(单位:h)长期以来服从方差 $\sigma^2 = 5000$ 的正态分布，现有一批这种电池，从它的生产情况来看，寿命的波动性有所改变，现随机抽取 26 只电池，测得其寿命的样本方差 $s^2 = 9200$. 问根据这一数据能否推断这批电池的寿命的波动性较以往有显著的变化(取 $\alpha = 0.02$)?

解　本题要求在 $\alpha = 0.02$ 下检验假设
$$H_0 : \sigma^2 = 5000 ; \qquad H_1 : \sigma^2 \neq 5000 .$$
现在 $n = 26$，
$$\chi_{\alpha/2}^2(n-1) = \chi_{0.01}^2(25) = 44.314 .$$
$$\chi_{1-\alpha/2}^2(n-1) = \chi_{0.99}^2(25) = 11.524$$

$$\sigma_0^2 = 5000.$$

由(8.12)拒绝域为

$$\frac{(n-1)S^2}{\sigma_0^2} > 44.314$$

或

$$\frac{(n-1)S^2}{\sigma_0^2} < 11.524$$

由观测值 $s^2 = 9200$ 得 $\frac{(n-1)s^2}{\sigma_0^2} = 46 > 44.314$，所以拒绝 H_0，认为这批电池寿命的波动性较以往有显著的变化.

2. 单边检验(右边检验或左边检验)

设总体 $X \sim N(\mu, \sigma^2)$，μ 未知，检验假设

$$H_0: \sigma^2 \leqslant \sigma_0^2; \quad H_1: \sigma^2 > \sigma_0^2. \text{（右边检验）}$$

由于 $X \sim N(\mu, \sigma^2)$，故随机变量

$$\chi^{*2} = \frac{(n-1)S^2}{\sigma^2} \sim \chi^2(n-1).$$

当 H_0 为真时，统计量

$$\chi^2 = \frac{(n-1)S^2}{\sigma^2} \leqslant \chi^{*2}.$$

对于显著性水平 α，有

$$P\{\chi^{*2} > \chi_\alpha^2(n-1)\} = \alpha$$

如图 8-7 所示. 于是有

$$P\{\chi^2 > \chi_\alpha^2(n-1)\} \leqslant P\{\chi^{*2} > \chi_\alpha^2(n-1)\} = \alpha.$$

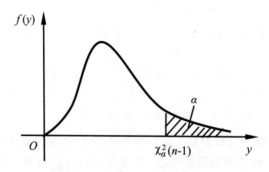

图 8-7 χ^2 右边检验的拒绝区域

可见，当 α 很小时，$\{\chi^2 > \chi_\alpha^2(n-1)\}$ 是小概率事件，在一次的抽样中认为不可能发生，所以 H_0 的拒绝域是：

$$\chi^2 = \frac{(n-1)S^2}{\sigma_0^2} > \chi_\alpha^2(n-1) \text{（右边检验）}. \tag{8.13}$$

类似地，可得左检验假设 $H_0: \sigma^2 \geqslant \sigma_0^2$；$H_1: \sigma^2 < \sigma_0^2$. 的拒绝域为

$$\chi^2 < \chi_{1-\alpha}^2(n-1) \text{（左边检验）}. \tag{8.14}$$

例 8.5 今进行某项工艺革新，从革新后的产品中抽取 25 个零件，测量其直径，计算

得样本方差为 $s^2=0.00066$,已知革新前零件直径的方差 $\sigma^2=0.0012$,设零件直径服从正态分布,问革新后生产的零件直径的方差是否显著减小($\alpha=0.05$)?

解　(1)提出假设 $H_0:\sigma^2\geqslant\sigma_0^2=0.0012$；$H_1:\sigma^2<\sigma_0^2$.

(2)选取统计量

$$\chi^2=\frac{(n-1)S^2}{\sigma_0^2}$$

$\chi^{*2}=\dfrac{(n-1)S^2}{\sigma^2}\chi^2(n-1)$,且当 H_0 为真时,$\chi^{*2}\leqslant\chi^2$.

(3)对于显著性水平 $\alpha=0.05$,查 χ^2 分布表得 $\chi_{1-\alpha}^2(n-1)=\chi_{0.95}^2(24)=13.848$,当 H_0 为真时,

$$P\{\chi^2<\chi_{1-\alpha}^2(n-1)\}\leqslant P\left\{\frac{(n-1)S^2}{\sigma^2}<\chi_{1-\alpha}^2(n-1)\right\}=\alpha$$

故拒绝域为

$$\chi^2<\chi_{1-\alpha}^2(n-1)=13.848.$$

(4)根据样本观测值计算 χ^2 的观测值

$$\chi^2=\frac{(n-1)S^2}{\sigma_0^2}=\frac{24\times0.00066}{0.0012}=13.2$$

(5)作判断:由于 $\chi^2=13.2<\chi_{1-\alpha}^2(n-1)=13.848$,即 χ^2 落入拒绝域中,所以拒绝 $H_0:\sigma^2\geqslant\sigma_0^2$,即认为革新后生产的零件直径的方差小于革新前生产的零件直径的方差.

最后我们指出,以上讨论的是在均值未知的情况下,对方差的假设检验,这种情况在实际问题中较多. 至于均值已知的情况下,对方差的假设检验,其方法类似,只是所选的统计量为

$$\chi^2=\frac{\sum\limits_{i=1}^{n}(X_i-\mu)^2}{\sigma_0^2}$$

当 $\sigma^2=\sigma_0^2$ 为真时,$\chi^2\sim\chi^2(n)$.

关于单个正态总体的假设检验可列表 $8-2$.

表 8-2　单个正态总体的假设检验

检验参数	条件	H_0	H_1	H_0 的拒绝域	检验用的统计量	自由度	分位点
数学期望	σ^2 已知	$\mu=\mu_0$	$\mu\neq\mu_0$	$\|Z\|>z_{\alpha/2}$	$Z=\dfrac{\bar{X}-\mu_0}{\sigma/\sqrt{n}}$		$\pm z_{\alpha/2}$
		$\mu\leqslant\mu_0$	$\mu>\mu_0$	$Z>z_\alpha$			z_α
		$\mu\geqslant\mu_0$	$\mu<\mu_0$	$Z<-z_\alpha$			$-z_\alpha$
	σ^2 未知	$\mu=\mu_0$	$\mu\neq\mu_0$	$\|T\|>t_{\alpha/2}(n-1)$	$T=\dfrac{\bar{X}-\mu_0}{S/\sqrt{n}}$	$n-1$	$\pm t_{\alpha/2}(n-1)$
		$\mu\leqslant\mu_0$	$\mu>\mu_0$	$T>t_\alpha(n-1)$			$t_\alpha(n-1)$
		$\mu\geqslant\mu_0$	$\mu<\mu_0$	$T<-t_\alpha(n-1)$			$-t_\alpha(n-1)$

续表

检验参数	条件	H_0	H_1	H_0 的拒绝域	检验用的统计量	自由度	分位点
方差	μ 未知	$\sigma^2 = \sigma_0^2$ $\sigma^2 \leqslant \sigma_0^2$ $\sigma^2 \geqslant \sigma_0^2$	$\sigma^2 \neq \sigma_0^2$ $\sigma^2 > \sigma_0^2$ $\sigma^2 < \sigma_0^2$	$\begin{cases} \chi^2 > \chi_{\alpha/2}^2(n-1) \text{ 或} \\ \chi^2 < \chi_{1-\alpha/2}^2(n-1) \end{cases}$ $\chi^2 > \chi_{\alpha}^2(n-1)$ $\chi^2 < \chi_{1-\alpha}^2(n-1)$	$\chi^2 = \dfrac{(n-1)S^2}{\sigma_0^2}$	$n-1$	$\begin{cases} \chi_{\alpha/2}^2(n-1) \\ \chi_{1-\alpha/2}^2(n-1) \end{cases}$ $\chi_{\alpha}^2(n-1)$ $\chi_{1-\alpha}^2(n-1)$
	μ 已知	$\sigma^2 = \sigma_0^2$ $\sigma^2 \leqslant \sigma_0^2$ $\sigma^2 \geqslant \sigma_0^2$	$\sigma^2 \neq \sigma_0^2$ $\sigma^2 > \sigma_0^2$ $\sigma^2 < \sigma_0^2$	$\begin{cases} \chi^2 > \chi_{\alpha/2}^2(n) \text{ 或} \\ \chi^2 < \chi_{1-\alpha/2}^2(n) \end{cases}$ $\chi^2 > \chi_{\alpha}^2(n)$ $\chi^2 < \chi_{1-\alpha}^2(n)$	$\chi^2 = \dfrac{\sum\limits_{i=1}^{n}(X_i - \mu)^2}{\sigma_0^2}$	n	$\begin{cases} \chi_{\alpha/2}^2(n) \\ \chi_{1-\alpha/2}^2(n) \end{cases}$ $\chi_{\alpha}^2(n)$ $\chi_{1-\alpha}^2(n)$

注：表中 H_0 中的不等号改成等号,所得的拒绝域不变.

　　单个正态总体的假设检验主要用于考察产品设计值与实际值是否相符,如不相符,可判断是高于设计值或低于设计值.

第三节　两个正态总体的假设检验

　　第二节介绍了单个正态总体的数学期望与方差的检验问题,在实际工作中还常碰到两个正态总体的比较问题,即均值的比较问题和方差的比较问题.例如,欲比较 A、B 两厂生产的某种产品的质量,将两厂生产的产品的质量指标看作两个正态总体,比较它们的产品质量指标,就变成比较两个正态总体的均值的问题,而比较它们的产品质量的稳定性就变为比较两个正态总体方差的问题.

一、两个正态总体数学期望的假设检验

　　1. 方差 σ_1^2、σ_2^2 已知,关于数学期望的假设检验(Z 检验法)

　　设 $X \sim N(\mu_1, \sigma_1^2)$, $Y \sim N(\mu_2, \sigma_2^2)$,且 X 和 Y 相互独立, σ_1^2 与 σ_2^2 已知,要检验的是 $H_0: \mu_1 = \mu_2$; $H_1: \mu_1 \neq \mu_2$.(双边检验).怎样寻找检验用的统计量呢?从总体 X 与 Y 中分别抽取容量为 n_1, n_2 的样本 $X_1, X_2, \cdots, X_{n_1}$ 及 $Y_1, Y_2, \cdots, Y_{n_2}$,由于

$$\bar{X} \sim N\left(\mu_1, \frac{\sigma_1^2}{n_1}\right), \ \bar{Y} \sim N\left(\mu_2, \frac{\sigma_2^2}{n_2}\right),$$

$$E(\bar{X} - \bar{Y}) = E(\bar{X}) - E(\bar{Y}) = \mu_1 - \mu_2,$$

$$D(\bar{X} - \bar{Y}) = D(\bar{X}) + D(\bar{Y}) = \frac{\sigma_1^2}{n_1} + \frac{\sigma_2^2}{n_2},$$

故随机变量 $\bar{X} - \bar{Y}$ 服从正态分布,即

$$\bar{X} - \bar{Y} \sim N\left(\mu_1 - \mu_2, \frac{\sigma_1^2}{n_1} + \frac{\sigma_2^2}{n_2}\right).$$

从而

$$\frac{(\bar{X}-\bar{Y})-(\mu_1-\mu_2)}{\sqrt{(\sigma_1^2/n_1)+(\sigma_2^2/n_2)}} \sim N(0,1).$$

于是我们按如下步骤判断:

(a) 选取统计量

$$Z=\frac{\bar{X}-\bar{Y}}{\sqrt{(\sigma_1^2/n_1)+(\sigma_2^2/n_2)}}, \qquad (8.15)$$

当 H_0 为真时, $Z \sim N(0,1)$.

(b) 对于给定的显著性水平 α, 查标准正态分布表求 $z_{\alpha/2}$ 使

$$P\{|Z|>z_{\alpha/2}\}=\alpha, \text{或} P\{Z \leqslant z_{\alpha/2}\}=1-\alpha/2. \qquad (8.16)$$

(c) 由两个样本观测值计算 Z 的观测值 z_0

$$z_0=\frac{\bar{x}-\bar{y}}{\sqrt{(\sigma_1^2/n_1)+(\sigma_2^2/n_2)}}.$$

(d) 作出判断:

若 $|z_0|>z_{\alpha/2}$, 则拒绝假设 H_0, 接受 H_1;若 $|z_0| \leqslant z_{\alpha/2}$, 则与 H_0 相容,不拒绝 H_0.

例 8.6 A、B 两台车床加工同一种轴,现在要测量轴的椭圆度(单位:mm). 设 A 车床加工的轴的椭圆度 $X \sim N(\mu_1,\sigma_1^2)$, B 车床加工的轴的椭圆度 $Y \sim N(\mu_2,\sigma_2^2)$, 且 $\sigma_1^2=0.0006$, $\sigma_2^2=0.0038$, 现从 A、B 两台车床加工的轴中分别测量了 $n_1=200$, $n_2=150$ 根轴的椭圆度,并计算得样本均值分别为 0.081, 0.060. 试问这两台车床加工的轴的椭圆度是否有显著性差异(给定 $\alpha=0.05$)?

解 ① 提出假设 $H_0:\mu_1=\mu_2$; $H_1:\mu_1 \neq \mu_2$.

② 选取统计量

$$Z=\frac{\bar{X}-\bar{Y}}{\sqrt{(\sigma_1^2/n_1)+(\sigma_2^2/n_2)}},$$

在 H_0 为真时, $Z \sim N(0,1)$.

③ 给定 $\alpha=0.05$, 因为是双边检验, $\alpha/2=0.025$.

$P\{|Z|>z_{\alpha/2}\}=0.05$, $P\{Z>z_{\alpha/2}\}=0.025$, $P\{Z<z_{\alpha/2}\}=1-0.025=0.975$.

查标准正态分布表,得

$$z_{\alpha/2}=z_{0.025}=1.96$$

④ 计算统计量 Z 的观测值 z_0

$$z_0=\frac{\bar{x}-\bar{y}}{\sqrt{(\sigma_1^2/n_1)+(\sigma_2^2/n_2)}}=\frac{0.081-0.060}{\sqrt{(0.0006/200)+(0.0038/150)}}=3.95.$$

⑤ 作判断:由于 $|z_0|=3.95>1.96=z_{0.025}$, 故拒绝 H_0, 即在显著性水平 $\alpha=0.05$ 下,认为两台车床加工的轴的椭圆度有显著差异.

用 Z 检验法对两正态总体的均值作假设检验时,必须知道总体的方差,但在许多实际问题中总体方差 σ_1^2 与 σ_2^2 往往是未知的,这时只能用如下的 t 检验法.

2. 方差 σ_1^2, σ_2^2 未知,关于数学期望的假设检验(t 检验法)

设两正态总体 X 与 Y 相互独立, $X \sim N(\mu_1,\sigma_1^2)$, $Y \sim N(\mu_2,\sigma_2^2)$, σ_1^2, σ_2^2 未知,但知

$\sigma_1^2 = \sigma_2^2$，检验假设

$$H_0 : \mu_1 = \mu_2 ; \qquad H_1 : \mu_1 \neq \mu_2 . （双边检验）$$

从总体 X，Y 中分别抽取样本 $X_1, X_2, \cdots, X_{n_1}$ 与 $Y_1, Y_2, \cdots, Y_{n_2}$，则随机变量 T 服从

$$T = \frac{(\bar{X} - \bar{Y}) - (\mu_1 - \mu_2)}{S_w \sqrt{(1/n_1) + (1/n_2)}} \sim t(n_1 + n_2 - 2) ,$$

式中 $S_w^2 = \dfrac{(n_1 - 1)S_1^2 + (n_2 - 1)S_2^2}{n_1 + n_2 - 2}$，$S_1^2, S_2^2$ 分别是 X 与 Y 的样本方差.

当假设 H_0 为真时，统计量

$$T = \frac{\bar{X} - \bar{Y}}{S_w \sqrt{(1/n_1) + (1/n_2)}} \sim t(n_1 + n_2 - 2) . \tag{8.17}$$

对给定的显著性水平 α，查 t 分布得 $t_{\alpha/2}(n_1 + n_2 - 2)$，使得

$$P\{|T| > t_{\alpha/2}(n_1 + n_2 - 2)\} = \alpha . \tag{8.18}$$

再由样本观测值计算 t 的观测值

$$t_0 = \frac{\bar{x} - \bar{y}}{s_w \sqrt{(1/n_1) + (1/n_2)}} , \tag{8.19}$$

最后作出判断：

若 $|t_0| > t_{\alpha/2}(n_1 + n_2 - 2)$，则拒绝 H_0；若 $|t_0| \leqslant t_{\alpha/2}(n_1 + n_2 - 2)$，则接受 H_0.

例 8.7 在一台自动车床上加工直径为 2.050（单位：mm）的轴，现在相隔两小时，各取容量都为 10 的样本，所得数据列表如表 8—3 所示.

表 8—3 零件加工样本数据

零件加工编号	1	2	3	4	5	6	7	8	9	10
第一个样本/mm	2.066	2.063	2.068	2.060	2.067	2.063	2.059	2.062	2.062	2.060
第二个样本/mm	2.063	2.060	2.057	2.056	2.059	2.058	2.062	2.059	2.059	2.057

假设直径服从正态分布，由于样本是取自同一台车床，可以认为 $\sigma_1^2 = \sigma_2^2 = \sigma^2$，而 σ^2 是未知常数. 问这台自动车床的工作是否稳定（取 $\alpha = 0.01$）？

解 这里实际上是已知 $\sigma_1^2 = \sigma_2^2 = \sigma^2$，但 σ^2 未知的情况下检验假设 $H_0 : \mu_1 = \mu_2$；$H_1 : \mu_1 \neq \mu_2$. 我们用 t 检验法，由样本观测值算得：

$$\bar{x} = 2.063, \bar{y} = 2.059,$$
$$s_1^2 = 0.00000956, s_2^2 = 0.00000489,$$
$$s_w^2 = \frac{9s_1^2 + 9s_2^2}{10 + 10 - 2} = \frac{0.000086 + 0.000044}{18} = 0.0000072 .$$

由（8.20）式计算得

$$t_0 = \frac{2.063 - 2.059}{\sqrt{0.0000072 \times (2/10)}} = 3.3 .$$

对于 $\alpha = 0.01$，查 t 分布表得 $t_{0.005}(18) = 2.878$. 由于 $|t_0| = 3.3 > t_{0.005}(18) = 2.878$，于是拒绝原假设 $H_0 : \mu_1 = \mu_2$. 这说明两个样本在生产上是有差异的，可能这台自动车床受时间的影响而生产不稳定.

二、两正态总体方差的假设检验(F 检验法(F-test))

1. 双边检验

设两正态总体 $X \sim N(\mu_1, \sigma_1^2)$，$Y \sim N(\mu_2, \sigma_2^2)$，$X$ 与 Y 独立，$X_1, X_2, \cdots, X_{n_1}$ 与 Y_1，$Y_2, \cdots, Y_{n_2}$ 分是来自这两个总体的样本，且 μ_1 与 μ_2 未知. 现在要检验假设 $H_0: \sigma_1^2 = \sigma_2^2$；$H_1: \sigma_1^2 \neq \sigma_2^2$.

在原假设 H_0 成立下，两个样本方差的比应该在 1 附近随机地摆动，所以这个比不能太大又不能太小. 于是我们选取统计量

$$F = \frac{S_1^2}{S_2^2} \tag{8.20}$$

显然，只有当 F 接近 1 时，才认为有 $\sigma_1^2 = \sigma_2^2$.

由于随机变量 $F = \dfrac{S_1^2/\sigma_1^2}{S_2^2/\sigma_2^2} \sim F(n_1 - 1, n_2 - 1)$，所以当假设 $H_0: \sigma_1^2 = \sigma_2^2$ 成立时，统计量

$$F = \frac{S_1^2}{S_2^2} \sim F(n_1 - 1, n_2 - 1).$$

对于给定的显著性水平 α，可以由 F 分布表求得临界值

$$F_{1-\alpha/2}(n_1 - 1, n_2 - 1) \text{ 与 } F_{\alpha/2}(n_1 - 1, n_2 - 1)$$

使得

$$P\{F_{1-\alpha/2}(n_1 - 1, n_2 - 1) \leqslant F \leqslant F_{\alpha/2}(n_1 - 1, n_2 - 1)\} = 1 - \alpha$$

如图 8-8，由此可知 H_0 的接受区域是

$$F_{1-\alpha/2}(n_1 - 1, n_2 - 1) \leqslant F \leqslant F_{\alpha/2}(n_1 - 1, n_2 - 1),$$

而 H_0 的拒绝域为

$$F < F_{1-\alpha/2}(n_1 - 1, n_2 - 1) \text{ 或 } F > F_{\alpha/2}(n_1 - 1, n_2 - 1).$$

然后，根据样本观测值计算统计量 F 的观测值，若 F 的观测值落在拒绝域中，则拒绝 H_0，接受 H_1；若 F 的观测值落在接受域中，则接受 H_0.

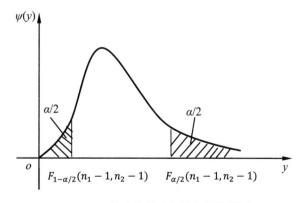

图 8-8 F 检验的接受区域和拒绝区域

例 8.8 在例 8.7 中我们认为两个总体的方差 $\sigma_1^2 = \sigma_2^2$，它们是否真的相等呢？为此我们来检验假设 $H_0: \sigma_1^2 = \sigma_2^2$（给定 $\alpha = 0.1$）.

解 这里 $n_1 = n_2 = 10$，$s_1^2 = 0.00000956$，$s_2^2 = 0.00000489$，于是统计量 F 的观测值为

$$F = 0.00000956/0.00000489 = 1.95$$

查 F 分布表得

$$F_{\alpha/2}(n_1 - 1, n_2 - 1) = F_{0.05}(9,9) = 3.18$$

$$F_{1-\alpha/2}(n_1 - 1, n_2 - 1) = F_{0.95}(9,9) = \frac{1}{F_{0.05}(9,9)} = \frac{1}{3.18}$$

由样本观测值算出的 F 满足

$$F_{0.95}(9,9) = \frac{1}{3.18} < F = 1.95 < 3.18 = F_{0.05}(9,9)$$

可见它没有落入拒绝域，因此不能拒绝原假设 $H_0: \sigma_1^2 = \sigma_2^2$，从而认为两个总体的方差无显著差异．

注意：在 μ_1 与 μ_2 已知时，要检验假设 $H_0: \sigma_1^2 = \sigma_2^2$，其检验方法类同均值未知的情况，此时所采用的检验统计量是

$$F = \frac{\dfrac{1}{n_1}\sum_{i=1}^{n_1}(X_i - \mu_1)^2}{\dfrac{1}{n_2}\sum_{i=1}^{n_2}(Y_i - \mu_2)^2} \sim F(n_1, n_2).$$

其拒绝域参见表 8-4.

表 8-4　检验统计量下的拒绝域

检验参数	条件	H_0	H_1	H_0 的拒绝域	检验用的统计量	自由度	分位点
数学期望	σ_1^2, σ_2^2 已知	$\mu_1 = \mu_2$ $\mu_1 \leq \mu_2$ $\mu_1 \geq \mu_2$	$\mu_1 \neq \mu_2$ $\mu_1 > \mu_2$ $\mu_1 < \mu_2$	$\lvert Z \rvert > z_{\alpha/2}$ $Z > z_\alpha$ $Z < -z_\alpha$	$Z = \dfrac{\bar{X} - \bar{Y}}{\sqrt{\dfrac{\sigma_1^2}{n_1} + \dfrac{\sigma_2^2}{n_2}}}$		$\pm z_{\alpha/2}$ z_α $-z_\alpha$
	σ_1^2, σ_2^2 未知 $\sigma_1^2 = \sigma_2^2$	$\mu_1 = \mu_2$ $\mu_1 \leq \mu_2$ $\mu_1 \geq \mu_2$	$\mu_1 \neq \mu_2$ $\mu_1 > \mu_2$ $\mu_1 < \mu_2$	$\lvert T \rvert > t_{\alpha/2}(n_1 + n_2 - 2)$ $T > t_\alpha(n_1 + n_2 - 2)$ $T < -t_\alpha(n_1 + n_2 - 2)$	$T = \dfrac{\bar{X} - \bar{Y}}{S_w\sqrt{\dfrac{1}{n_1} + \dfrac{1}{n_2}}}$	$n_1 + n_2 - 2$	$\pm t_{\alpha/2}(n_1 + n_2 - 2)$ $t_\alpha(n_1 + n_2 - 2)$ $-t_\alpha(n_1 + n_2 - 2)$
方差	μ_1, μ_2 未知	$\sigma_1^2 = \sigma_2^2$ $\sigma_1^2 \leq \sigma_2^2$ $\sigma_1^2 \geq \sigma_2^2$	$\sigma_1^2 \neq \sigma_2^2$ $\sigma_1^2 > \sigma_2^2$ $\sigma_1^2 < \sigma_2^2$	$\begin{cases} F > F_{\alpha/2}(n_1-1, n_2-1) \text{ 或} \\ F < F_{1-\alpha/2}(n_1-1, n_2-1) \end{cases}$ $F > F_\alpha(n_1-1, n_2-1)$ $F < F_{1-\alpha}(n_1-1, n_2-1)$	$F = \dfrac{S_1^2}{S_2^2}$	(n_1-1, n_2-1)	$\begin{cases} F_{\alpha/2}(n_1-1, n_2-1) \\ F_{1-\alpha/2}(n_1-1, n_2-1) \end{cases}$ $F_\alpha(n_1-1, n_2-1)$ $F_{1-\alpha}(n_1-1, n_2-1)$
	μ_1, μ_2 已知	$\sigma_1^2 = \sigma_2^2$ $\sigma_1^2 \leq \sigma_2^2$ $\sigma_1^2 \geq \sigma_2^2$	$\sigma_1^2 \neq \sigma_2^2$ $\sigma_1^2 > \sigma_2^2$ $\sigma_1^2 < \sigma_2^2$	$\begin{cases} F > F_{\alpha/2}(n_1, n_2) \text{ 或} \\ F < F_{1-\frac{\alpha}{2}}(n_1, n_2) \end{cases}$ $F > F_\alpha(n_1, n_2)$ $F < F_{1-\alpha}(n_1, n_2)$	$F = \dfrac{\dfrac{1}{n_1}\sum\limits_{i=1}^{n_1}(X_i - \mu_1)^2}{\dfrac{1}{n_2}\sum\limits_{i=1}^{n_2}(Y_i - \mu_2)^2}$	(n_1, n_2)	$\begin{cases} F_{\alpha/2}(n_1, n_2) \\ F_{1-\frac{\alpha}{2}}(n_1, n_2) \end{cases}$ $F_\alpha(n_1, n_2)$ $F_{1-\alpha}(n_1, n_2)$

2. 单边检验

可作类似的讨论. 两个正态总体的假设检验应用很广泛,比如对原有产品进行了改良升级,但不清楚是否达到效果,因此就需要对改进后的产品做检验分析,比较改进前后某项指标均值的前后变化情况.

第四节　总体分布函数的假设检验

前面我们讨论的检验问题都是在总体分布形式为已知的前提下,对分布参数的检验问题,它们都属于参数假设检验问题. 例如,我们总是假定 $(X_1, X_2, \cdots, X_n)$ 是来自正态总体 $X \sim N(\mu, \sigma^2)$ 的样本,然后对未知均 μ 或方差 σ^2 的假设进行检验. 然而在实际问题中,有时不能确知总体服从什么类型的分布,此时就要根据样本来检验关于总体分布的假设. 例如检验假设:"总体服从正态分布"等. 本节仅介绍 χ^2 检验法.

所谓 χ^2 检验法是在总体的分布为未知时,根据样本值 $X_1, X_2, \cdots, X_n$ 来检验关于总体分布的假设

H_0:总体 X 的分布函数为 $F(x)$;H_1:总体 X 的分布函数不是 $F(x)$　　(8.21)

的一种方法(这里的备择假设 H_1 可不必写出).

注意,若总体 X 为离散型,则假设(8.22)相当于

H_0:总体 X 的分布律为 $P\{X = x_i\} = p_i$, $i = 1, 2, \cdots$　　(8.22)

若总体 X 为连续型,则假设(8.22)相当于

H_0:总体 X 的概率密度为 $f(x)$.　　(8.23)

在用 χ^2 检验法检验假设 H_0 时,若在假设 H_0 下 $F(x)$ 的形式已知,而其参数值未知,此时需先用极大似然估计法估计参数,然后再作检验.

χ^2 检验法的基本思想与方法如下:

(1)将随机试验可能结果的全体 Ω 分为 k 个互不相容的事件 $A_1, A_2, \cdots, A_k$($\bigcup\limits_{i=1}^{k} A_i = \Omega$, $A_i A_j = \Phi$, $i \neq j$;$i, j = 1, 2, \cdots, k$),于是在 H_0 为真时,可以计算概率 $\hat{p}_i = P(A_i)$($i = 1, 2, \cdots, k$).

(2)寻找用于检验的统计量及相应的分布,在 n 次试验中,事件 A_i 出现的频率 $\dfrac{f_i}{n}$ 与概率 $\hat{p}_i$ 往往有差异,但由大数定律可以知道,如果样本容量 n 较大(一般要求 n 至少为50,最好在100以上),在 H_0 成立条件下 $\left| \dfrac{f_i}{n} - \hat{p}_i \right|$ 的值应该比较小,基于这种想法,皮尔逊使用

$$\chi^2 = \sum_{i=1}^{k} \frac{(f_i - n\hat{p}_i)^2}{n\hat{p}_i}　　(8.24)$$

作为检验 H_0 的统计量,并证明了如下的定理.

定理8.1　若 n 充分大($n \geqslant 50$),则当 H_0 为真时(不论 H_0 中的分布属什么分布),统计量(8.25)总是近似地服从自由度为 $k - r - 1$ 的 χ^2 分布,其中 r 是被估计的参数的个数.

(3)对于给定的检验水平 α,查表确定临界值 $\chi_\alpha^2(k - r - 1)$ 使得

$$P\{\chi^2 > \chi^2_\alpha(k-r-1)\} = \alpha$$

从而得到 H_0 的拒绝域为

$$\chi^2 > \chi^2_\alpha(k-r-1)$$

（4）由样本值 $x_1, x_2, \cdots, x_n$ 计算 χ^2 的值，并与 $\chi^2 > \chi^2_\alpha(k-r-1)$ 比较.

（5）作结论：若 $\chi^2 > \chi^2_\alpha(k-r-1)$，则拒绝 H_0，即不能认为总体分布函数为 $F(x)$；否则接受 H_0.

例 8.9 一本书的一页中印刷错误的个数 X 是一个随机变量，现检查了一本书的 100 页，记录每页中印刷错误的个数，其结果如表 8-5 所示. 其中 f_i 是观察到有 i 个错误的页数. 问能否认为一页书中的错误个数 X 服从泊松分布（取 $\alpha = 0.05$）？

表 8-5 印刷错误个数结果

错误个数 i	0	1	2	3	4	5	6	$\geqslant 7$
页数 f_i	36	40	19	2	0	2	1	0
A_i	A_0	A_1	A_2	A_3	A_4	A_5	A_6	A_7

解 由题意首先提出假设：

$$H_0:总体 X 服从泊松分布.$$

$$P\{X=i\} = \frac{e^{-\lambda}\lambda^i}{i!}, \quad i = 0, 1, \cdots$$

这里 H_0 中参数 λ 为未知，所以需先来估计参数. 由极大似然估计法得

$$\hat{\lambda} = \bar{x} = \frac{0 \times 36 + 1 \times 40 + \cdots + 6 \times 1 + 7 \times 0}{100} = 1$$

将试验结果的全体分为 $A_1, A_2, \cdots, A_7$ 两两不相容的事件. 若 H_0 为真，则 $P\{X=i\}$ 有估计

$$\hat{p} = \hat{P}\{X=i\} = \frac{e^{-1}1^i}{i!} = \frac{e^{-1}}{i!}, \quad i = 0, 1, \cdots$$

例如

$$\hat{p}_0 = \hat{P}\{X=0\} = e^{-1}$$

$$\hat{p}_1 = \hat{P}\{X=1\} = e^{-1}$$

$$\hat{p}_2 = \hat{P}\{X=2\} = \frac{e^{-1}}{2}$$

$$\cdots$$

$$\hat{p}_7 = \hat{P}\{X \geqslant 7\} = 1 - \sum_{i=0}^{6} \hat{p}_i = 1 - \sum_{i=0}^{6} \frac{e^{-1}}{i!}$$

计算结果如表 8-6 所示. 将其中有些 $n\hat{p}_i < 5$ 的组予以适当合并，使新的每一组内有 $n\hat{p}_i$ $\geqslant 5$，此处并组后 $k=4$，但因在计算概率时，估计了一个未知参数 λ，故

$$\chi^2 = \sum_{i=1}^{4} \frac{(f_i - n\hat{p}_i)^2}{n\hat{p}_i} \sim \chi^2(4-1-1)$$

计算结果为 $\chi^2 = 1.460$（见表 8-6）. 因为 $\chi^2_\alpha(4-1-1) = \chi^2_{0.05}(2) = 5.991 > 1.46$，所以在显著性水平为 0.05 下接受 H_0，即认为总体服从泊松分布.

表 8-6　泊松分布 χ^2 检验计算表

A_i	f_i	$\hat{p}_i$	$n\hat{p}_i$	$f_i - n\hat{p}_i$	$(f_i - n\hat{p}_i)^2 / n\hat{p}_i$
A_0	36	e^{-1}	36.788	-0.788	0.017
A_1	40	e^{-1}	36.788	3.212	0.280
A_2	19	$e^{-1}/2$	18.394	0.606	0.020
A_3	2	$e^{-1}/6$	6.131		
A_4	0	$e^{-1}/24$	1.533		
A_5	2	$e^{-1}/120$	0.307	-3.03	1.143
A_6	1	$e^{-1}/720$	0.051		
A_7	0	$1 - \sum\limits_{i=0}^{6} \hat{p}_i$	0.008		
Σ			1.460		

例 8.10　研究混凝土抗压强度的分布. 200 件混凝土制件的抗压强度以分组形式列出(表 8-7). $n = \sum\limits_{i=1}^{6} f_i = 200$. 要求在给定的检验水平 $\alpha = 0.05$ 下检验假设 H_0:抗压强度 $X \sim N(\mu, \sigma^2)$.

表 8-7　压强区间的频数分布表

压强区间/($\times 98$kPa)	频数 f_i
190~200	10
200~210	26
210~220	56
220~230	64
230~240	30
240~250	14

解　原假设所定的正态分布的参数是未知的,我们需先求 μ 与 σ^2 的极大似然估计值. 由第七章知,μ 与 σ^2 的极大似然估计值为

$$\hat{\mu} = \bar{x}, \quad \hat{\sigma}^2 = \frac{1}{n}\sum_{i=1}^{n}(x_i - \bar{x})^2.$$

设 x_i^* 为第 i 组的组中值,我们有

$$\bar{x} = \frac{1}{n}\sum_i x_i^* f_i = \frac{195 \times 10 + 205 \times 26 + \cdots + 245 \times 14}{200} = 221,$$

$$\hat{\sigma}^2 = \frac{1}{n}\sum_{i=1}^{n}(x_i^* - \bar{x})^2 f_i = \frac{1}{200}\left[(-26)^2 \times 10 + (-16)^2 \times 26 + \cdots + 24^2 \times 14\right] = 152$$

$$\hat{\sigma} = 12.33$$

原假设 H_0 改写成 X 是正态 $N(221,12.33^2)$ 分布,计算每个区间的理论概率值

$$\hat{p}_i = P\{a_{i-1} \leqslant X < a_i\} = \Phi(\mu_i) - \Phi(\mu_{i-1}), \quad i=1,2,\cdots,6$$

其中

$$\mu_i = \frac{a_i - \bar{x}}{\hat{\sigma}}$$

$$\Phi(\mu_i) = \frac{1}{\sqrt{2\pi}} \int_{-\infty}^{\mu_i} e^{-\frac{t^2}{2}} dt$$

为了计算出统计量 χ^2 之值,我们把需要进行的计算列表见表 8−8:

表 8−8　抗压强度正态分布 χ^2 检验计算表

压强区间 X	频数 f_i	标准化区间 $[\mu_i, \mu_{i+1}]$	$\hat{p} = \Phi(\mu_{i+1}) - \Phi(\mu_i)$	$n\hat{p}_i$	$f_i - n\hat{p}_i$	$(f_i - n\hat{p}_i)^2/n\hat{p}_i$
190～200	10	$(-\infty, -1.70)$	0.045	9	1	0.11
200～210	26	$[-1.70, -0.89)$	0.142	28.4	5.76	0.20
210～220	56	$[-0.89, -0.08)$	0.281	56.2	0.04	0.00
220～230	64	$[-0.08, 0.73)$	0.299	59.8	17.64	0.29
230～240	30	$[0.73, 1.54)$	0.171	34.2	17.64	0.52
240～250	14	$[1.54, +\infty)$	0.062	12.4	2.56	0.23
Σ			1.000	200		1.33

从上面计算得出 χ^2 的观测值为 1.33. 在检验水平 $\alpha=0.05$ 下,查自由度 $m=6-2-1=3$ 的 χ^2 分布表,得到临界值 $\chi^2_{0.05}(3)=7.815$. 由于 $\chi^2 = 1.35 < 7.815 = \chi^2_{0.05}(3)$,不能拒绝原假设,所以认为混凝土制件的抗压强度的分布是正态分布 $N(221,152)$.

本章应用案例

Quality Associates 是一家咨询公司,为委托人监控其制造过程提供抽样和统计程序方面的建议. 在某一应用中,一名委托人向 Quality Associates 提供了其生产过程正常运行时的 800 个观测值组成的一个样本,这些数据的样本标准差为 0.21. 我们假定总体正态,标准差为 0.21. Quality Associates 建议该委托人连续地定期选取样本容量为 30 的随机样本来对该生产过程进行监控. 通过对这些样本的分析,委托人可以迅速了解该生产过程的运行状况是否令人满意. 当生产过程运行不正常时,应采取纠正措施以避免出现问题. 设计规格要求该生产过程的均值为 12,Quality Associates 建议采用如下形式的假设检验:

$$H_0: \mu = 12; \quad H_1: \mu \neq 12.$$

只要 H_0 被拒绝,就应采取纠正措施.

以下的样本为新的统计监控程序运行的第一天,每间隔 1 小时所收集到的(见表 8−9).

表 8-9　统计监控程序运行样本数据

样本 1	样本 2	样本 3	样本 4
11.55	11.62	11.91	12.02
11.62	11.69	11.36	12.02
11.52	11.59	11.75	12.05
11.75	11.82	11.95	12.18
11.90	11.97	12.14	12.11
11.64	11.71	11.72	12.07
11.80	11.87	11.61	12.05
12.03	12.10	11.85	11.64
11.94	12.01	12.16	12.39
11.92	11.99	11.91	11.65
12.13	12.20	12.12	12.11
12.09	12.16	11.61	11.90
11.93	12.00	12.21	12.22
12.21	12.28	11.56	11.88
12.32	12.39	11.95	12.03
11.93	12.00	12.01	12.35
11.85	11.92	12.06	12.09
11.76	11.83	11.76	11.77
12.16	12.23	11.82	12.20
11.77	11.84	12.12	11.79
12.00	12.07	11.60	12.30
12.04	12.11	11.95	12.27
11.98	12.05	11.96	12.29
12.30	12.37	12.22	12.47

续表

样本 1	样本 2	样本 3	样本 4
12.18	12.25	11.75	12.03
11.97	12.04	11.96	12.17
12.17	12.24	11.95	11.94
11.85	11.92	11.89	11.97
12.30	12.37	11.88	12.23
12.15	12.22	11.93	12.25

分析结果:

1. 对每个样本在 0.01 的显著水平下进行假设检验,如果需要采取措施的话,确定应该采取何种措施? 给出每个检验的检验统计量和 p 值.

2. 计算每一样本的标准差. 假设总体标准差为 0.21 是否合理?

3. 当样本均值 $\bar{x}$ 在 $\mu = 12$ 附近的多大范围内,我们可以认为该生产过程的运行令人满意? 如果 x 超过上限或低于下限,则应对其采取纠止措施. 在质量监控中,这类上限或下限被称作上侧或下侧控制限.

4. 当显著水平变大时,暗示着什么? 这时,哪种错误或误差将增大?

解 1. 对每个样本在 0.01 的显著水平下进行假设检验,如果需要采取措施的话,确定应该采取何种措施? 给出每个检验的检验统计量和 p 值.

(1) 假设检验

(a) 提出假设.

(b) 统计量及分布: $Z = \dfrac{\sqrt{n}\,(\bar{X} - \mu)}{\sigma} \sim N(0, 1)$;

(c) 给出显著性水平 $\alpha = 0.01 \rightarrow z_{\alpha/2} = 2.576$.

置信区间为

$$I_\alpha = \left(\bar{X} - z_{\alpha/2}\,\frac{\sigma}{\sqrt{n}}, \bar{X} + z_{\alpha/2}\,\frac{\sigma}{\sqrt{n}} \right)$$

样本 1:

$$I_{\alpha_1} = \left(11.96 - 2.576\,\frac{0.21}{\sqrt{30}}, 11.96 + 2.576\,\frac{0.21}{\sqrt{30}} \right)$$

$$= (11.96 - 0.10, 11.96 + 0.10) = (11.86, 12.06)$$

样本 2:

$$I_{\alpha_2} = \left(12.03 - 2.576\,\frac{0.21}{\sqrt{30}}, 12.03 + 2.576\,\frac{0.21}{\sqrt{30}} \right)$$

$$= (12.03 - 0.10, 12.03 + 0.10) = (11.93, 12.13)$$

样本 3:

$$I_{a_3} = \left(11.89 - 2.576 \frac{0.21}{\sqrt{30}}, 11.89 + 2.576 \frac{0.21}{\sqrt{30}}\right)$$

$$= (11.89 - 0.10, 11.89 + 0.10) = (11.79, 11.99)$$

样本 4:

$$I_{a_3} = \left(11.89 - 2.576 \frac{0.21}{\sqrt{30}}, 11.89 + 2.576 \frac{0.21}{\sqrt{30}}\right)$$

$$= (12.08 - 0.10, 12.08 + 0.10) = (11.98, 12.18)$$

(d)统计决策:因为 $12 \in I_{a_1}$, $12 \in I_{a_2}$, $12 \notin I_{a_3}$, $12 \in I_{a_4}$,所以对样本1、样本2、样本4 来讲可做出接受原假设 $H_0: \mu = 12$ 的统计决策,而对于样本3来讲则拒绝原假设 $H_0:$ $\mu = 12$

可见,生产过程还不够稳定,有必要缩短监控时间,并收集更多的样本进行检验,以进一步做出比较准确的决策.

(2)每个检验的检验统计量和 p 值

各个样本的检验统计量和 p 值为:

样本	样本 1	样本 2	样本 3	样本 4
$\bar{X}$	11.96	12.03	11.89	12.08
Z	−1.04	0.78	−2.87	2.09
p 值	0.30	0.44	0.004	0.036

利用检验统计量及 p 值可以得到相同的统计决策结论.

2. 计算每一样本的标准差. 假设总体标准差为 0.21 是否合理?

样本	样本 1	样本 2	样本 3	样本 4
标准差	0.22	0.22	0.21	0.21

从每一个样本的标准差来看,假设总体标准差为 0.21 基本合理.

3. 当样本均值在 $\mu = 12$ 附近的多大范围内时,我们可以认为该生产过程的运行令人满意?如果超过上限或低于下限,则应对其采取纠正措施. 在质量监控中,这类上限或下限被称作上侧或下侧控制限.

对于置信概率 $\alpha = 0.01$ 时,当 $|z_0| > z_{a/2}$ 时,则拒绝原假设 $H_0: \mu = 12$,即认为生产过程是不正常的. 而当 $|z_0| = \frac{\bar{x} - \mu}{\sigma / \sqrt{n}} \leqslant z_{a/2}$ 时,被认为生产过程是正常运行的,从而有:

上侧控制限: $U_a = \mu + z_{a/2} \dfrac{\sigma}{\sqrt{n}} = 12.10$,下侧控制限: $L_a = \mu - z_{a/2} \dfrac{\sigma}{\sqrt{n}} = 11.90$.

4. 当显著水平变大时,暗示着什么?这时,哪种错误或误差将增大?

当显著水平 α 变大时,则增大了 $N(\mu, 400^2)$ 拒绝原假设 H_0 的可能性,即犯第一类错误的概率增大.

本章知识网络图

假设检验的基本思想：实际推断原理、小概率事件原理

参数假设检验
├ 单个正态总体 $N(\mu,\sigma^2)$
│ ├ 均值 μ 的检验
│ │ ├ σ^2 已知 μ 的检验（Z 检验）：检验统计量 $Z = \dfrac{\bar{X} - \mu_0}{\sigma/\sqrt{n}}$
│ │ └ σ^2 未知 μ 的检验（t 检验）：检验统计量 $t = \dfrac{\bar{X} - \mu_0}{S/\sqrt{n}}$
│ └ 方差 σ^2 的检验（χ^2 检验）：检验统计量 $\chi^2 = \dfrac{(n-1)S^2}{\sigma_0^2}$
└ 两个正态总体
   ├ 均值 $\mu_1 = \mu_2$ 的检验：检验统计量
   │ ├ $Z = \dfrac{\bar{X} - \bar{Y}}{\sqrt{\left(\dfrac{\sigma_1^2}{n_1}\right) + \left(\dfrac{\sigma_2^2}{n_2}\right)}}$ （σ_1^2、σ_2^2 已知）
   │ └ $T = \dfrac{\bar{X} - \bar{Y}}{S_w\sqrt{\dfrac{1}{n_1} + \dfrac{1}{n_2}}}$ （$\sigma_1^2 = \sigma_2^2$ 未知）
   └ 方差 $\sigma_1^2 = \sigma_2^2$ 的检验（F 检验）：检验统计量 $F = \dfrac{S_1^2}{S_2^2}$

分布假设检验（χ^2 检验）：检验统计量 $\chi^2 = \displaystyle\sum_{i=1}^{k} \dfrac{(f_i - n\hat{p}_i)^2}{n\hat{p}_i}$

习题八

1. 某厂生产的灯泡的耐用时数服从，现抽取 16 只灯泡测量其耐用时数，平均值 $\bar{x} = 1812$，问该厂所生产灯泡的耐用时数的数学期望 μ 与 2000（小时）是否有显著差异（$\alpha = 0.05$）.

2. 已知某炼铁厂的铁水含碳量（单位：%）在正常情况下服从正态分布 $N(4.55, 0.1082)$. 现在测了 5 炉铁水，其含碳量分别为：

       4.28   4.40   4.42   4.35   4.37

   问若标准差不改变，总体平均值有无显著性变化（$\alpha = 0.05$）？

3. 一种元件要求其使用寿命不得低于 1000h，现从这批元件中随机抽取 25 件，测得其寿命平均值为 950h，已知该种元件寿命服从 $N(\mu, 100^2)$，试在显著水平 $\alpha = 0.05$ 下确定这批元件是否合格？

4. 某种矿砂的 5 个样品中的含镍量（单位：%）经测定为：

       3.24   3.26   3.24   3.27   3.25

   设含镍量服从正态分布，问在 $\alpha = 0.01$ 下能否接收假设：这批矿砂的含镍量为 3.25.

5. 在正常状态下,某种牌子的香烟一支平均 1.1g,已知每支香烟的重量(单位:克)近似服从正态分布(取 $\alpha=0.05$). 若从这种香烟堆中任取 36 支作为样本;测得样本均值为 1.008(克),样本方差 $s^2=0.1$. 问这堆香烟是否处于正常状态?

6. 下面列出的是某工厂随机选取的 20 只部件的装配时间(单位:min):

9.8 10.4 11.2 10.6 9.8 10.5 10.1 10.6 9.6 9.7 9.9 10.9 11.1

9.6 10.2 10.3 9.6 9.9 10.5 9.7.

设装配时间的总体服从正态分布 $N(\mu,\sigma^2)$,μ,σ^2 均未知. 是否可以认为装配时间的均值显著地大于 10(取 $\alpha=0.05$)?

7. 测量某种溶液中的水分含量(%),从它的 10 个测定值得出 $\bar{x}=0.452,s=0.037$. 设测定值总体为正态,μ 为总体均值,σ 为总体标准差,试在水平 $\alpha=0.05$ 下检验.

   (1) $H_0:\mu=0.5$;$H_1:\mu<0.5$.

   (2) $H_0':\sigma=0.04$;$H_1':\sigma<0.04$.

8. 已知维尼纶纤度在正常条件下服从正态分布,且标准差为 0.048. 从某天产品中抽取 5 根纤维,测得其纤度为

$$1.32 \quad 1.55 \quad 1.36 \quad 1.40 \quad 1.44$$

问这一天纤度的总体标准差是否正常(取 $\alpha=0.05$)?

9. 有两批棉纱,为比较其断裂强度(单位:kg),从中各取一个样本,测试得到

第一批棉纱样本:$n_1=200$,$\bar{x}=0.532$,$s_1=0.218$;

第二批棉纱样本:$n_2=200$,$\bar{x}=0.57$,$s_2=0.176$.

设两强度总体服从正态分布,方差未知但相等,两批强度均值有无显著差异($\alpha=0.05$)?

10. 两位化验员 A,B 对一种矿砂的含铁量(单位:%)各自独立地用同一方法做了 5 次分析,得到样本方差分别为 0.4322 与 0.5006. 若 A,B 所得的测定值的总体都是正态分布,其方差分别为 σ_A^2,σ_B^2,试在水平 $\alpha=0.05$ 下检验方差齐性的假设

$$H_0:\sigma_A^2=\sigma_B^2;\qquad H_1:\sigma_A^2\neq\sigma_B^2.$$

11. 在一副扑克牌(52 张)中任意抽 3 张,记录 3 张牌中含红桃的张数,放回,然后再任抽 3 张,如此重复 64 次,得下列结果:

含红桃张数 Y	0	1	2	3
出现次数	21	31	12	0

试在水平 $\alpha=0.01$ 下检验:

$$H_0:Y\text{ 服从二项分布},$$

$$P\{Y=i\}=C_3^i\left(\frac{1}{4}\right)^i\left(\frac{3}{4}\right)^{3-i},\quad i=0,1,2,3.$$

12. 在 π 的前 800 位小数的数字中,$0,1,\cdots,9$ 相应的出现了 $74,92,83,79,80,73,77,75,$ $76,91$ 次. 试用 χ^2 检验法检验假设 $H_0:P(X=0)=P(X=1)=P(X=2)=\cdots=P(X=9)=\dfrac{1}{10}$,其中 X 为 π 的小数中所出现的数字,$\alpha=0.1$.

13. 在某公路上,50min 之间,观察每 15s 内过路的汽车的辆数,得到频数分布如下:

过路的车辆数 X	0	1	2	3	4	5
次数 f_i	92	68	28	11	1	0

问这个分布能否认为是泊松分布($\alpha = 0.10$)?

14. 测得 300 只电子管的寿命(单位:h)如下:

寿命(h)	只数(只)
$0 < t \leqslant 100$	121
$100 < t \leqslant 200$	78
$200 < t \leqslant 300$	43
$t > 300$	58

试取水平 $\alpha = 0.05$ 下的检验假设:

H_0:寿命 X 服从指数分布,其密度为

$$f(t) = \begin{cases} \dfrac{1}{200} \mathrm{e}^{-\frac{t}{200}}, & t > 0, \\ 0, & \text{其他}. \end{cases}$$

第九章　方差分析

本章导学

　　方差分析是多个特殊总体的假设检验方法. 通过本章的学习要达到:1. 理解方差分析的基本思想. 2.掌握方差分析的计算方法,并能对分析结果进行显著性检验.

　　前面几章我们讨论的都是一个总体或两个总体的统计分析问题,实际工作中还会经常碰到多个总体均值的比较问题,这是假设检验问题的延伸和拓展. 例如,在化工生产中,影响结果的因素有:配方、设备、温度、压力、催化剂、操作人员等. 我们需要通过观察或试验来判断哪些因素对产品的产量、质量有显著的影响,这类问题的处理通常采用所谓的方差分析方法. 形式上,方差分析是比较多个总体的均值是否相等,但本质上它所研究的是分类型自变量对数量型因变量的影响问题,它同后面介绍的回归分析关系密切,但又不完全相同. 一般来说,如果我们感兴趣的指标(因变量),其变化可能受到众多离散型因素(如性别、种族、职业等)而不是连续型因素(如年龄、收入、价格等)的影响,就可以考虑用方差分析. 为了了解哪些因素对感兴趣的指标(因变量)有影响,必须在众多因素中确定哪些因素影响大些,哪些因素影响小些,以便于进一步研究对因变量的预测和控制. 方差分析(Analysis of variance)是在 20 世纪 20 年代由英国统计学家罗纳德·费希尔首先使用到农业试验上去的,后来发现这种方法的应用范围十分广阔,可以成功地应用在试验工作的很多方面.

第一节　单因素试验的方差分析

　　在方差分析中,我们将要考察的指标(因变量)称为试验指标,影响试验指标的条件称为因素(或因子),常用 $A,B,C,\cdots$ 来表示. 因素可分为两类,一类是人们可以控制的;一类是人们不能控制的. 例如,原料成分、反应温度、溶液浓度等是可以控制的,而测量误差、气象条件等一般是难以控制. 以下我们所说的因素都是可控因素,因素所处的状态称为该因素的水平. 如果在一项试验中只有一个因素在改变,这样的试验称为单因素试验,如果多于一个因素在改变,就称为多因素试验.

一、单因素试验方差分析的统计模型

　　例 9.1　为适确定应某地区的高产水稻的品种(因素或因子),现选了五个不同品种(水平)的种子进行试验,每一品种在四块试验田上进行试种. 假设这 20 块土地的面积与其他条件基本相同,观测到各块土地上的产量(单位:千克)见表 9－1.

表 9－1　水稻品种在各试验田产量统计表

种子品种 A	田号				$\bar{x}_i$
	1	2	3	4	
A_1	67	67	55	42	57.75
A_2	98	96	90	66	87.50
A_3	60	69	50	35	53.50
A_4	79	64	81	70	73.50
A_5	90	70	79	88	81.57

在这个问题目中,要考察的指标是水稻的产量,影响产量的因素只考虑种子品种 A,五个不同品种分别记作 A_1,A_2,A_3,A_4,A_5. 同一品种在不同田地上产量不同,这是除品种之外的各种随机因素造成的. 把一个品种下的产量看作一个总体,假定这五个总体服从方差相同的正态分布. 这样第 i 个总体 $x_i \sim N(\mu_i,\sigma^2)$,并且从中获得了一个样本的观测值 $x_{i1},x_{i2},x_{i3},x_{i4}(i=1,2,\cdots,5)$. 这就是一个典型的单因素试验的方差分析问题.

例 9.2　考察一种人造纤维在不同温度的水中浸泡后的缩水率,在 40℃,50℃,⋯,90℃的水中分别进行 4 次试验,得到该种纤维在每次试验中的缩水率如表 9－2. 试问浸泡水的温度对缩水率有无显著的影响?

表 9－2　纤维在不同温度水中浸泡后的缩小率统计表　　　　单位:%

试验号	温度					
	40℃	50℃	60℃	70℃	80℃	90℃
1	4.3	6.1	10.0	6.5	9.3	9.5
2	7.8	7.3	4.8	8.3	8.7	8.8
3	3.2	4.2	5.4	8.6	7.2	11.4
4	6.5	4.1	9.6	8.2	10.1	7.8

这里试验指标是人造纤维的缩水率,温度是因素,这项试验为 6 水平单因素试验.

例 9.3　某试验室对钢锭模进行选材试验. 其方法是将试件加热到 700℃后,投入到 20℃的水中急速冷却,这样反复进行到试件断裂为止,试验次数越多,试件质量越好. 试验结果如表 9－3.

表 9－3　4 种钢锭模的热疲劳值试验统计表

试验号	材质分类			
	A_1	A_2	A_3	A_4
1	160	158	146	151
2	161	164	155	152
3	165	164	160	153

续表

试验号	材质分类			
	A_1	A_2	A_3	A_4
4	168	170	162	157
5	170	175	164	160
6	172		166	168
7	180		174	
8			182	

试验的目的是确定 4 种生铁试件的抗热疲劳性能是否有显著差异.

　　这里,试验的指标是钢锭模的热疲劳值,钢锭模的材质是因素,4 种不同的材质表示钢锭模的 4 个水平,这项试验叫做 4 水平单因素试验.

　　☆人物简介

　　费希尔(R. A. Fisher,1890－1962),英国统计学家和遗传学家,现代统计学的鼻祖. 1890 年 2 月 17 日生于伦敦,1962 年 7 月 29 日卒于澳大利亚阿德莱德. 1912 年毕业于剑桥大学数学系,后随英国数理统计学家 J. 琼斯进修了一年统计学. 他担任过中学数学教师,1918 年任洛桑试验站统计试验室主任. 1933 年,因为在生物统计和遗传学研究方面成绩卓著而被聘为伦敦大学优生学教授. 1943 年任剑桥大学遗传学教授. 在 20 世纪 20 和 30 年代,费希尔提出了许多重要的统计方法,他给出了方差分析的原理和方法,并应用于试验设计,阐明了最大似然方法和随机化、重复性和统计控制的理论,此外还阐明了各种相关系数的抽样分布,亦进行过显著性测验研究.

　　单因素试验方差分析的数学模型:因素 A 有 s 个水平 $A_1, A_2, \cdots, A_s$,在水平 $A_j (j = 1, 2, \cdots, s)$ 下进行 n_j ($n_j \geq 2$)次独立试验,得到如表 9－4 的结果:

表 9－4　单因素方差分析试验数据表

观测值	水平				
	A_1	A_2	$\cdots$	A_s	
	x_{11}	x_{12}	$\cdots$	x_{1s}	
水平样本总和 $T_{.j}$	x_{21}	x_{22}	$\cdots$	x_{2s}	T
	$\vdots$	$\vdots$	$\vdots$	$\vdots$	
水平样本均值 $\bar{x}_{.j}$	$x_{n_1 1}$	$x_{n_2 1}$	$\cdots$	$x_{n_s s}$	$\bar{x}$
	$T_{.1}$	$T_{.2}$	$\cdots$	$T_{.s}$	
水平总体均值 $\mu_{.j}$	$\bar{x}_{.1}$	$\bar{x}_{.2}$	$\cdots$	$\bar{x}_{.s}$	μ
	$\mu_{.1}$	$\mu_{.2}$	$\cdots$	$\mu_{.s}$	

其中

$$T_{.j} = \sum_{i=1}^{n_j} x_{ij}, \quad \bar{x}_{.j} = \frac{T_{.j}}{n_j} \sum_{j=1}^{s} T_{.j} \quad \bar{x} = \frac{T}{\sum\limits_{j=1}^{s} n_j} \quad (j=1,2,\cdots,s)$$

假定:各水平 $A_j(j=1,2,\cdots,s)$ 下的样本 $x_{ij} \sim N(\mu_j,\sigma^2)(i=1,2,\cdots,n_j, j=1,2,\cdots,$ $s)$ 且相互独立. 记 $x_{ij}-\mu_j = \varepsilon_{ij}$,则 $\varepsilon_{ij} \sim N(0,\sigma^2)$, $\varepsilon_{ij} \sim N(0,\sigma^2)$ 可看成随机误差,是试验中无法控制的各种因素所引起的. 这种对 ε_{ij} 的假定通常称为独立、正态、等方差假定. 则

$$\begin{cases} x_{ij} = \mu_j + \varepsilon_{ij}, \\ \varepsilon_{ij} \sim N(0,\sigma^2), \ (i=1,2,\cdots,n_j; j=1,2,\cdots,s) \\ \text{各 } \varepsilon_{ij} \text{ 相互独立}. \end{cases} \tag{9.1}$$

其中 μ_j 与 σ^2 均为未知参数. (9.1)式称为单因素试验方差分析的统计数学模型.

方差分析的任务是对于模型(9.1),检验 s 个总体 $N(\mu_j,\sigma^2)$, $j=1,2,\cdots,s$ 的均值是否相等,即检验假设

$$\begin{cases} H_0: \mu_1 = \mu_2 = \cdots \mu_s \\ H_1: \mu_1, \mu_2, \cdots, \mu_s \text{ 不全相等} \end{cases} \tag{9.2}$$

为将问题(9.2)写成便于讨论的形式,采用记号

$$\mu = \frac{1}{n} \sum_{j=1}^{s} n_j \mu_j$$

其中 $n = \sum\limits_{j=1}^{s} n_j$, μ 表示 $\mu_1, \mu_2, \cdots, \mu_s$ 的加权平均, μ 称为总平均. 记

$$\delta_j = \mu_j - \mu, \quad j = 12, \cdots, s$$

δ_j 表示水平 A_j 下的总体均值与总平均的差异,习惯上 δ_j 称为水平 A_j 的效应. 利用这些记号,模型(9.1)可改写成:

$$\begin{cases} x_{ij} = \mu + \delta_j + \varepsilon_{ij}, \\ \sum\limits_{j=1}^{s} n_j \delta_j = 0, \\ \varepsilon_{ij} \sim N(0,\sigma^2), \text{各 } \varepsilon_{ij} \text{ 相互独立}, i=1,2,\cdots,n_j, j=1,2,\cdots,s. \end{cases}$$

假设(9.2)等价于假设

$$\begin{cases} H_0: \delta_1 = \delta_2 = \cdots = \delta_s = 0; \\ H_1: \delta_1, \delta_2, \cdots, \delta_s \text{ 不全为零}. \end{cases} \tag{9.2}'$$

二、平方和分解

我们寻找适当的统计量对参数作假设检验,下面从平方和的分解着手,导出假设检验 $(9.2)'$ 的检验统计量. 记

$$S_T = \sum_{j=1}^{s} \sum_{i=1}^{n_j} (x_{ij} - \bar{x})^2 \tag{9.3}$$

这里 $\bar{x} = \sum\limits_{j=1}^{s} \sum\limits_{i=1}^{n_j} x_{ij}$. S_T 能反应全部试验数据之间的差异. 又称为总变差. A_j 下的样本

均值

$$\bar{x}_{.j} = \frac{1}{n_j} \sum_{i=1}^{n_j} x_{ij} \tag{9.4}$$

注意到

$$(x_{ij} - \bar{x})^2 = (x_{ij} - \bar{x}_{.j} + \bar{x}_{.j} - \bar{x})^2 = (x_{ij} - \bar{x}_{.j})^2 + (\bar{x}_{.j} - \bar{x})^2 + 2(x_{ij} - \bar{x}_{.j})(\bar{x}_{.j} - \bar{x}),$$

而

$$\sum_{j=1}^{s} \sum_{i=1}^{n_j} (x_{ij} - \bar{x}_{.j})(\bar{x}_{.j} - \bar{x}) = \sum_{j=1}^{s} (\bar{x}_{.j} - \bar{x}) \left[\sum_{i=1}^{n_j} (x)_{ij} - \bar{x}_{.j} \right]$$

$$= \sum_{j=1}^{s} (\bar{x}_{.j} - \bar{x}) \left[\sum_{i=1}^{n_j} x_{ij} - n_j \bar{x}_{.j} \right] = 0$$

记

$$S_E = \sum_{j=1}^{s} \sum_{i=1}^{n_j} (x_{ij} - \bar{x}_{.j})^2 \tag{9.5}$$

S_E 称为误差平方和；记

$$S_A = \sum_{j=1}^{s} \sum_{i=1}^{n_j} (\bar{x}_{.j} - \bar{x})^2 = \sum_{i=1}^{n_j} n_j (\bar{x}_{.j} - \bar{x})^2 \tag{9.6}$$

S_A 称为因素 A 的效应平方和. 于是

$$S_T = S_A + S_E \tag{9.7}$$

利用 ε_{ij} 可更清楚地看到 S_E, S_A 的含义, 记

$$\bar{\varepsilon} = \sum_{j=1}^{s} \sum_{i=1}^{n_j} \varepsilon_{ij}$$

为随机误差的总平均,

$$\bar{\varepsilon}_{.j} = \frac{1}{n_j} \sum_{i=1}^{n_j} \varepsilon_{ij}, \quad j = 1, 2, \cdots, s.$$

于是

$$S_E = \sum_{j=1}^{s} \sum_{i=1}^{n_j} (x_{ij} - \bar{x}_{.j})^2 = \sum_{j=1}^{s} \sum_{i=1}^{n_j} (\varepsilon_{ij} - \bar{\varepsilon}_{.j})^2 \tag{9.8}$$

$$S_A = \sum_{j=1}^{s} \sum_{i=1}^{n_j} (\bar{x}_{.j} - \bar{x})^2 = \sum_{i=1}^{n_j} n_j (\delta_j + \bar{\varepsilon}_{.j} - \bar{\varepsilon})^2 \tag{9.9}$$

平方和的分解公式(9.7)说明, 总平方和分解成误差平方和与因素 A 的效应平方和. (9.8)式说明 S_E 完全是由随机波动引起的. 而(9.9)式说明 S_A 除随机误差外还含有各水平的效应 δ_j, 当 δ_j 不全为零时, S_A 主要反映了这些效应的差异. 若 H_0 成立, 各水平的效应为零, S_A 中也只含随机误差, 因而 S_A 与 S_E 相比较相对于某一显著性水平来说不应太大. 方差分析的目的是研究 S_A 相对于 S_E 有多大, 若 S_A 比 S_E 显著地大, 这表明各水平对指标的影响有显著差异. 故需研究与 $\dfrac{S_A}{S_E}$ 有关的统计量.

三、假设检验问题

当 H_0 成立时, 设 $x_{ij} \sim N(\mu, \sigma^2)(i = 1, 2, \cdots, n_j, j = 1, 2, \cdots, s)$ 且相互独立, 利用抽样分布的有关定理, 可以得到

$$\frac{S_A}{\sigma^2} \sim x^2(s-1) \tag{9.10}$$

$$\frac{S_E}{\sigma^2} \sim x^2(n-s) \tag{9.11}$$

$$F = \frac{(n-s)S_A}{(s-1)S_E} \sim F(s-1, n-s) \tag{9.12}$$

于是,对于给定的显著性水平 $\alpha(0 < \alpha < 1)$ 由于

$$p\{F \geqslant F_\alpha(s-1, n-s)\} = \alpha \tag{9.13}$$

由此得检验问题 $(9.2)'$ 的拒绝域为

$$F > F_\alpha(s-1, n-s) \tag{9.14}$$

由样本观测值计算 F 的值,若 $F > F_\alpha$,则拒绝 H_0,即认为因素水平的改变对试验指标有显著影响;若 $F < F_\alpha$,则接受原假设 H_0,即认为因素水平的改变对试验指标无显著影响.

上面的分析结果可排成表 9—5 的形式,称为方差分析表.

表 9—5　方差分析表

方差来源	平方和	自由度	均方和	F 比
因素 A	S_A	$s-1$	$\bar{S}_A = \dfrac{S_A}{s-1}$	$F = \dfrac{\bar{S}_A}{\bar{S}_E}$
误差	S_E	$n-s$	$\bar{S}_E = \dfrac{S_E}{n-s}$	
总和	S_T	$n-1$		

当 $F > F_{0.05}(s-1, n-s)$ 时,称为影响显著,当 $F \geqslant F_{0.1}(s-1, n-s)$ 时,称为影响高度显著.

在实际中,我们可以按以下较简便的公式来计算 S_T,S_A 和 S_E. 记

$$T_{.j} = \sum_{i=1}^{n_j} x_{ij}, \quad j = 1, 2, \cdots, s$$

$$T.. = \sum_{j=1}^{s} \sum_{i=1}^{n_j} x_{ij}$$

即有

$$\begin{cases} S_T = \displaystyle\sum_{j=1}^{s} \sum_{i=1}^{n_j} x_{ij}^2 - n\bar{x} = \sum_{j=1}^{s} \sum_{i=1}^{n_j} x_{ij}^2 - \frac{T..^2}{n} \\ S_A = \displaystyle\sum_{j=1}^{s} n_j \bar{x}_{.j}^2 - n\bar{x}^2 = \sum_{j=1}^{s} \frac{T_{.j}^2}{n_j} - \frac{T..^2}{n} \\ S_E = S_T - S_A \end{cases} \tag{9.15}$$

例 9.4　如上所述,在例 9.3 中需检验假设

$$H_0: \mu_1 = \mu_2 = \mu_3 = \mu_4; \quad H_1: \mu_1, \mu_2, \mu_3, \mu_4 \text{ 不全相等}.$$

给定 $\alpha = 0.05$,完成这一假设检验.

解　$s = 4, n_1 = 7, n_2 = 5, n_3 = 8, n_4 = 6, n = 26$

$$S_T = \sum_{j=1}^{s} \sum_{i=1}^{n_j} x_{ij}{}^2 - \frac{T..^2}{n} = 698959 - \frac{(4257)^2}{26} = 1957.12$$

$$S_A = \sum_{j=1}^{s} \frac{T_{.j}{}^2}{n_j} - \frac{T..^2}{n} = 697445.49 - \frac{(4257)^2}{26} = 443.61$$

$$S_E = S_T - S_A = 1513.51$$

得方差分析表 9－6.

表 9－6　方差分析表

方差来源	平方和	自由度	均方和	F 比
因素 A	443.61	3	147.87	2.15
误差	1513.51	22	68.80	
总和	1957.12	25		

由
$$F = 2.15 < F_{0.05}(3,22) = 3.05$$

则接受 H_0，即认为 4 种生铁试样的热疲劳性无显著差异.

例 9.5　如上所述,在例 9.2 中需检验假设

$$H_0 : \mu_1 = \mu_2 = \cdots = \mu_6 ; \quad H_1 : \mu_1, \mu_2, \cdots, \mu_6 \text{ 不全相等}$$

试取 $\alpha = 0.05, \alpha = 0.1$,完成这一假设检验.

解　$s = 6, n_1 = n_2 = \cdots n_6 = 4, n = 24$

$$S_T = \sum_{j=1}^{s} \sum_{i=1}^{n_j} x_{ij}{}^2 - \frac{T..^2}{n} = 112.27$$

$$S_A = \sum_{j=1}^{s} \frac{T_{.j}{}^2}{n_j} - \frac{T..^2}{n} = 56$$

$$S_E = S_T - S_A = 56.27$$

得方差分析表 9－7.

表 9－7　方差分析表

方差来源	平方和	自由度	均方和	F 比
因素	56	5	11.2	3.583
误差	56.27	18	3.126	
总和	112.27	23		

$$F_{0.05}(5,18) = 2.77, F_{0.01}(5,18) = 4.25$$

由于 $4.25 = F_{0.01}(5,18) > F = 3.583 > F_{0.05}(5,18) = 2.77$,故浸泡水的温度对缩水率有显著影响,但不能说有高度显著的影响.

本节的方差分析是在这两项假设下,检验各个正态总体均值是否相等.一是正态性假设,假定数据服从正态分布;二是等方差性假设,假定各正态总体方差相等.由大数定律及中心极限定理,以及多年来的方差分析应用,可知正态性和等方差性这两项假设是合理的.方差分析用于比较三个或多个总体的均值是否相等问题的,可以广泛应用在各种

试验工作的很多方面.

第二节 双因素试验的方差分析

进行某一项试验,当影响试验指标的因素不是一个而是多个时,要分析各因素的作用是否显著,就要用到多因素试验的方差分析. 本节就两个因素试验的方差分析作一简介. 当有两个因素时,除每个因素的影响之外,还有这两个因素的搭配问题. 如表 9—8 中的两组试验结果,都有两个因素 A 和 B,每个因素取两个水平.

<table>
<tr><td colspan="3" align="center">表 9—8(a)</td><td colspan="3" align="center">表 9—8(b)</td></tr>
<tr><td rowspan="2">B</td><td colspan="2" align="center">A</td><td rowspan="2">B</td><td colspan="2" align="center">A</td></tr>
<tr><td>A_1</td><td>A_2</td><td>A_1</td><td>A_2</td></tr>
<tr><td>B_1</td><td>30</td><td>50</td><td>B_1</td><td>30</td><td>50</td></tr>
<tr><td>B_2</td><td>70</td><td>90</td><td>B_2</td><td>100</td><td>80</td></tr>
</table>

表 9—8(a) 中,无论 B 在什么水平(B_1 还是 B_2),水平 A_2 下的结果总比 A_1 下的高 20;同样地,无论 A 是什么水平, B_2 下的结果总比 B_1 下的高 40,这说明 A 和 B 单独地各自影响结果,互相之间没有作用.

表 9—8(b) 中,当 B 为 B_1 时, A_2 下的结果比 A_1 的高,而且当 B 为 B_2 时, A_1 下的结果比 A_2 的高;类似地,当 A 为 A_1 时, B_2 下的结果比 B_1 的高 70,而 A 为 A_2 时, B_2 下的结果比 B_1 的高 30. 这表明 A 的作用与 B 所取的水平有关,而 B 的作用也与 A 所取的水平有关. 即 A 和 B 不仅各自对结果有影响,而且它们的搭配方式也有影响. 我们把这种影响称作因素 A 和 B 的交互作用,记作 $A \times B$. 在双因素试验的方差分析中,我们不仅要检验水平 A 和 B 的作用是否显著,还要检验它们的交互作用.

一、双因素等重复试验的方差分析

设有两个因素 A, B 作用于试验的指标,因素 A 有 r 个水平 $A_1, A_2, \cdots, A_r$,因素 B 有 s 个水平 $B_1, B_2, \cdots, B_s$,现对因素 A, B 的水平的每对组合(A_i, B_j), $i = 1, 2, \cdots, r, j = 1, 2, \cdots, s$. 都作 $t(t \geqslant 2)$ 次试验(称为等重复试验),得到如表 9—9 的结果:

表 9—9 双因素方差分析试验数据表

<table>
<tr><td rowspan="2">因素 A</td><td colspan="4" align="center">因素 B</td></tr>
<tr><td>B_1</td><td>B_2</td><td>$\cdots$</td><td>B_s</td></tr>
<tr><td>A_1</td><td>$x_{111}, x_{112}, \cdots, x_{11t}$</td><td>$x_{121}, x_{122}, \cdots, x_{12t}$</td><td>$\cdots$</td><td>$x_{1s1}, x_{1s2}, \cdots, x_{1st}$</td></tr>
<tr><td>A_2</td><td>$x_{211}, x_{212}, \cdots, x_{21t}$</td><td>$x_{221}, x_{222}, \cdots, x_{22t}$</td><td>$\cdots$</td><td>$x_{2s1}, x_{2s2}, \cdots, x_{2st}$</td></tr>
<tr><td>$\vdots$</td><td>$\vdots$</td><td>$\vdots$</td><td></td><td>$\vdots$</td></tr>
<tr><td>A_r</td><td>$x_{r11}, x_{r12}, \cdots, x_{r1t}$</td><td>$x_{r21}, x_{r22}, \cdots, x_{r2t}$</td><td>$\cdots$</td><td>$x_{rs1}, x_{rs2}, \cdots, x_{rst}$</td></tr>
</table>

设 $x_{ijk} \sim N(\mu_{ij}, \sigma^2)$, ($i = 1, 2, \cdots, r; j = 1, 2, \cdots, s; k = 1, 2 \cdots, t$),各 x_{ijk} 相互独立,这

里 μ_{ij}, σ^2 均为未知参数. 或写为

$$\begin{cases} x_{ijk} = \mu_{ij} + \varepsilon_{ijk}, \\ \varepsilon_{ijk} \sim N(0,\sigma^2), (i=1,2,\cdots,r; j=1,2,\cdots,s; k=1,2,\cdots,t) \\ \text{各 } \varepsilon_{ijk} \text{ 相互独立}. \end{cases} \tag{9.16}$$

记 $\quad \mu = \dfrac{1}{rs} \displaystyle\sum_{i=1}^{r} \sum_{j=1}^{s} \mu_{ij}$, $\mu_{i\cdot} = \dfrac{1}{s} \displaystyle\sum_{j=1}^{s} \mu_{ij}$, $\mu_{\cdot j} = \dfrac{1}{r} \displaystyle\sum_{i=1}^{r} \mu_{ij}$ $\quad (i=1,2,\cdots,r; j=1,2,\cdots,s)$

$\alpha_i = \mu_{i\cdot} - \mu$, $\beta_j = \mu_{\cdot j} - \mu$, $\gamma_{ij} = \mu_{ij} - \mu_{i\cdot} - \mu_{\cdot j} + \mu$, $\quad (i=1,2,\cdots,r; j=1,2,\cdots,s)$

于是 $\qquad\qquad\qquad\qquad \mu_{ij} = \mu + \alpha_i + \beta_j + \gamma_{ij} \tag{9.17}$

称 μ 为总平均, α_i 为水平 A_i 的效应, β_j 为水平 B_j 的效应, γ_{ij} 为水平 A_i 和水平 B_j 的交互效应, 这是由 A_i, B_j 搭配起来联合作用而引起的.

易知

$$\sum_{i=1}^{r} \alpha_i = 0, \qquad \sum_{j=1}^{s} \beta_j = 0,$$

$$\sum_{i=1}^{r} \gamma_{ij} = 0, \qquad \sum_{j=1}^{s} \gamma_{ij} = 0, \qquad (i=1,2,\cdots,r; j=1,2,\cdots,s)$$

这样(9.16)式可写成

$$\begin{cases} x_{ijk} = \mu + \alpha_i + \beta_j + \gamma_{ij} + \varepsilon_{ijk}, \\ \displaystyle\sum_{i=1}^{r} \alpha_i = 0, \sum_{j=1}^{s} \beta_j = 0, \sum_{i=1}^{r} \gamma_{ij} = 0, \sum_{j=1}^{s} \gamma_{ij} = 0, \quad (i=1,2,\cdots,r; j=1,2,\cdots,s; k=1,2,\cdots,t) \\ \varepsilon_{ijk} \sim N(0,\sigma^2), \text{各 } \varepsilon_{ijk} \text{ 相互独立}. \end{cases}$$

$$\tag{9.18}$$

其中 $\mu, \alpha_i, \beta_j, \gamma_{ij}, \sigma^2$ 都为未知参数.

(9.18)式就是我们所要研究的双因素试验方差分析的统计模型. 我们要检验因素 A, B 及交互作用 $A \times B$ 是否显著, 要检验以下 3 个假设:

$$\begin{cases} H_{01}: \alpha_1 = \alpha_2 = \cdots = \alpha_r = 0; \\ H_{11}: \alpha_1 = \alpha_2 = \cdots = \alpha_r \text{ 不全为零}. \end{cases}$$

$$\begin{cases} H_{02}: \beta_1 = \beta_2 = \cdots = \beta_s = 0; \\ H_{12}: \beta_1 = \beta_2 = \cdots = \beta_s \text{ 不全为零}. \end{cases}$$

$$\begin{cases} H_{03}: \gamma_{11} = \gamma_{12} = \cdots = \gamma_{rs} = 0; \\ H_{13}: \gamma_{11} = \gamma_{12} = \cdots = \gamma_{rs} \text{ 不全为零}. \end{cases}$$

类似于单因素试验情况, 对这些问题的检验方法也是建立在平方和分解上的. 记

$$\bar{x} = \frac{1}{rst} \sum_{i=1}^{r} \sum_{j=1}^{s} \sum_{k=1}^{t} x_{ijk}$$

$$\bar{x}_{ij\cdot} = \frac{1}{t} \sum_{k=1}^{t} x_{ijk}, \qquad (i=1,2,\cdots,r; j=1,2,\cdots,s)$$

$$\bar{x}_{i\cdot\cdot} = \frac{1}{st} \sum_{j=1}^{s} \sum_{k=1}^{t} x_{ijk}, \quad i=1,2,\cdots,r$$

$$\bar{x}_{\cdot j\cdot} = \frac{1}{rt} \sum_{i=1}^{r} \sum_{k=1}^{t} x_{ijk}, \quad j=1,2,\cdots,s$$

$$S_T = \sum_{i=1}^{r} \sum_{j=1}^{s} \sum_{k=1}^{t} (x_{ijk} - \bar{x})^2$$

不难验证 $\bar{x}$，$\bar{x}_{i..}$，$\bar{x}_{.j.}$，$\bar{x}_{ij.}$ 分别是 $\mu, \mu_{i.}, \mu_{.j}, \mu_{ij}$ 的无偏估计量．

由 $x_{ijk} - \bar{x} = (x_{ijk} - \bar{x}_{ij.}) + (\bar{x}_{i..} - \bar{x}) + (\bar{x}_{.j.} - \bar{x}) + (\bar{x}_{ij.} - \bar{x}_{i..} - \bar{x}_{.j.} + \bar{x})$，$i = 1, 2, \cdots, r; j = 1, 2, \cdots, s; k = 1, 2, \cdots, t$，得平方和的分解式：

$$S_T = S_E + S_A + S_B + S_{A \times B} \tag{9.19}$$

其中

$$S_E = \sum_{i=1}^{r} \sum_{j=1}^{s} \sum_{k=1}^{t} (x_{ijk} - \bar{x}_{ij.})^2$$

$$S_A = st \sum_{i=1}^{s} (\bar{x}_{i..} - \bar{x})^2$$

$$S_B = rt \sum_{j=1}^{s} (\bar{x}_{.j.} - \bar{x})^2$$

$$S_{A \times B} = t \sum_{i=1}^{r} \sum_{j=1}^{s} (\bar{x}_{ij.} - \bar{x}_{i..} - \bar{x}_{.j.} + \bar{x})^2$$

S_E 称为误差平方和，S_A，S_B 分别称为因素 A, B 的效应平方和，$S_{A \times B}$ 称为 A, B 交互效应平方和．

可以证明：当 $H_{01}: \alpha_1 = \alpha_2 = \cdots = \alpha_r = 0$ 为真时，

$$F_A = \frac{\dfrac{S_A}{r-1}}{\dfrac{S_E}{rs(t-1)}} \sim F(r-1, rs(t-1));$$

当假设 H_{02} 为真时，

$$F_B = \frac{\dfrac{S_B}{s-1}}{\dfrac{S_E}{rs(t-1)}} \sim F(s-1, rs(t-1));$$

当假设 H_{03} 为真时，

$$F_{A \times B} = \frac{\dfrac{S_{A \times B}}{(r-1)(s-1)}}{\dfrac{S_E}{rs(t-1)}} \sim F((r-1)(s-1), rs(t-1)).$$

当给定显著性水平 α 后，假设 H_{01}, H_{02}, H_{03} 的拒绝域分别为

$$\begin{cases} F_A > F_\alpha(r-1, rs(t-1)); \\ F_B > F_\alpha(s-1, rs(t-1)); \\ F_{A \times B} > F_\alpha((r-1)(s-1), rs(t-1)). \end{cases} \tag{9.20}$$

经过上面的分析和计算，可得出双因素试验的方差分析表 9—10．

表 9−10　双因素试验方差分析表

方差来源	平方和	自由度	均方和	F 比
因素 A	S_A	$r-1$	$\bar{S}_A = \dfrac{S_A}{r-1}$	$F_A = \dfrac{\bar{S}_A}{\bar{S}_E}$
因素 B	S_B	$s-1$	$\bar{S}_B = \dfrac{S_B}{s-1}$	$F_B = \dfrac{\bar{S}_B}{\bar{S}_E}$
交互作用	$S_{A\times B}$	$(r-1)(s-1)$	$\bar{S}_{A\times B} = \dfrac{S_{A\times B}}{(r-1)(s-1)}$	$F_{A\times B} = \dfrac{\bar{S}_{A\times B}}{\bar{S}_E}$
误差	S_E	$rs(t-1)$	$\bar{S}_E = \dfrac{S_E}{rs(t-1)}$	
总和	S_T	$rst-1$		

在实际中,与单因素试验方差分析类似可按以下较简便的公式来计算 S_T , S_A , S_B , $S_{A\times B}$, S_E .

记

$$T_{\cdots} = \sum_{i=1}^{r}\sum_{j=1}^{s}\sum_{k=1}^{t} x_{ijk},$$

$$T_{ij\cdot} = \sum_{k=1}^{t} x_{ijk}\,,\,(i=1,2,\cdots,r;j=1,2,\cdots,s)$$

$$T_{i\cdot\cdot} = \sum_{j=1}^{s}\sum_{k=1}^{t} x_{ijk},\quad i=1,2,\cdots,r\,,$$

$$T_{\cdot j\cdot} = \sum_{i=1}^{r}\sum_{k=1}^{t} x_{ijk},\quad j=1,2,\cdots,s\,,$$

即有

$$\begin{cases} S_T = \sum_{i=1}^{r}\sum_{j=1}^{s}\sum_{k=1}^{t} x_{ijk}^{2} - \dfrac{T_{\cdots}^{2}}{rst} \\[2mm] S_A = \dfrac{1}{st}\sum_{i=1}^{r} T_{i\cdot\cdot}^{2} - \dfrac{T_{\cdots}^{2}}{rst} \\[2mm] S_B = \dfrac{1}{rt}\sum_{j=1}^{s} T_{\cdot j\cdot}^{2} - \dfrac{T_{\cdots}^{2}}{rst}, \\[2mm] S_{A\times B} = \dfrac{1}{t}\sum_{i=1}^{r}\sum_{j=1}^{s} T_{ij\cdot}^{2} - \dfrac{T_{\cdots}^{2}}{rst} - S_A - S_B \\[2mm] S_E = S_T - S_A - S_B - S_{A\times B} \end{cases} \tag{9.21}$$

例 9.6　用不同的生产方法(不同的硫化时间和不同的加速剂)制造的硬橡胶的抗牵拉强度(单位:$\text{kg} \cdot \text{cm}^{-2}$)的观测数据如表 9−11 所示. 试在显著水平 0.10 下分析不同的硫化时间(A),加速剂(B)以及它们的交互作用($A \times B$)对抗牵拉强度有无显著影响.

表 9-11　硬橡胶抗牵拉强度试验数据表

140℃下硫化	加速剂		
时间（秒）	甲	乙	丙
40	39,36	41,35	40,30
60	43,37	42,39	43,36
80	37,41	39,40	36,38

解　按题意,需检验假设 H_{01},H_{02},H_{03}. $r = s = 3$,$t = 2$,$T_{...}$,$T_{ij.}$,$T_{i..}$,$T_{.j.}$ 的计算如表 9-12.

表 9-12　硬橡胶抗牵拉强度试验数据计算表

硫化时间	加速剂			$T_{i..}$
	甲	乙	丙	
40	75	76	70	221
60	80	81	79	240
80	78	79	74	231
$T_{.j.}$	233	236	223	692

$$S_T = \sum_{i=1}^{r} \sum_{j=1}^{s} \sum_{k=1}^{t} x_{ijk}^2 - \frac{T_{...}^2}{rst} = 178.44$$

$$S_A = \frac{1}{st} \sum_{i=1}^{r} T_{i..}^2 - \frac{T_{...}^2}{rst} = 30.11$$

$$S_B = \frac{1}{rt} \sum_{j=1}^{s} T_{.j.}^2 - \frac{T_{...}^2}{rst} = 15.44$$

$$S_{A \times B} = \frac{1}{t} \sum_{i=1}^{r} \sum_{j=1}^{s} T_{ij.}^2 - \frac{T_{...}^2}{rst} - S_A - S_B = 2.89$$

$$S_E = S_T - S_A - S_B - S_{A \times B} = 130$$

得方差分析表见表 9-13.

表 9-13　方差分析表

方差来源	平方和	自由度	均方和	F 比
因素 A（硫化时间）	30.11	2	15.06	
因素 B（加速剂）	15.44	2	7.72	$F_A = 1.04$
交互作用 $A \times B$	2.89	4	0.7225	$F_B = 0.53$
误差	130.00	9	14.44	$F_{A \times B} = 0.05$
总和	178.44	17		

由于 $F_{0.10}(2,9) = 3.10 > F_A$,$F_{0.10}(2,9) = 3.10 > F_B$,$F_{0.10}(4,9) = 2.69 >$

$F_{A \times B}$,因而接受假设 H_{01}, H_{02}, H_{03},即硫化时间、加速剂以及它们的交互作用对硬橡胶的抗牵拉强度的影响不显著.

二、双因素无重复试验的方差分析

在双因素试验中,如果对每一对水平的组合(A_i, B_j)只做一次试验,即不重复试验,所得结果如表 9-14.

表 9-14　双因素无重复方差分析试验数据表

因素 A	因素 B			
	B_1	B_2	$\cdots$	B_s
A_1	x_{11}	x_{12}	$\cdots$	x_{1s}
A_2	x_{21}	x_{22}	$\cdots$	x_{2s}
$\vdots$	$\vdots$	$\vdots$		$\vdots$
A_r	x_{r1}	x_{r2}	$\cdots$	x_{rs}

这时 $\bar{x}_{ij.} = x_{ijk}$,$S_E = 0$,S_E 的自由度为 0,故不能利用双因素等重复试验中的公式进行方差分析. 但是,如果我们认为 A,B 两因素无交互作用,或已知交互作用对试验指标影响很小,则可将 $S_{A \times B}$ 取作 S_E,仍可利用等重复的双因素试验对因素 A,B 进行方差分析. 对这种情况下的数学模型及统计分析表示如下:

由(9.18)式,

$$\begin{cases} x_{ij} = \mu + \alpha_i + \beta_j + \varepsilon_{ij}, \\ \sum_{i=1}^{r} \alpha_i = 0, \sum_{j=1}^{s} \beta_j = 0, \\ \varepsilon_{ij} \sim N(0, \sigma^2), (i = 1, 2, \cdots, r; j = 1, 2, \cdots, s) \\ \text{各 } \varepsilon_{ijk} \text{ 相互独立}. \end{cases} \qquad (9.22)$$

要检验的假设有以下两个:

$$\begin{cases} H_{01}: \alpha_1 = \alpha_2 = \cdots = \alpha_r = 0; \\ H_{11}: \alpha_1 = \alpha_2 = \cdots = \alpha_r \text{ 不全为零}. \end{cases}$$

$$\begin{cases} H_{02}: \beta_1 = \beta_2 = \cdots = \beta_s = 0; \\ H_{12}: \beta_1 = \beta_2 = \cdots = \beta_s \text{ 不全为零}. \end{cases}$$

记　$\bar{x} = \dfrac{1}{rs} \sum_{i=1}^{r} \sum_{j=1}^{s} x_{ij}$,$\bar{x}_{i.} = \dfrac{1}{s} \sum_{j=1}^{s} x_{ij}$,$(i = 1, 2, \cdots, r)$,　$\bar{x}_{.j} = \dfrac{1}{r} \sum_{i=1}^{r} x_{ij}$ $(j = 1, 2, \cdots, s)$

平方和分解公式为

$$S_T = S_A + S_B + S_E \qquad (9.23)$$

其中　　　　$S_T = \sum_{i=1}^{r} \sum_{j=1}^{s} (x_{ij} - \bar{x})^2$,　$S_A = s \sum_{i=1}^{r} (\bar{x}_{i.} - \bar{x})^2$

$$S_B = r \sum_{j=1}^{s} (\bar{x}_{.j} - \bar{x})^2, \quad S_E = \sum_{i=1}^{r} \sum_{j=1}^{s} (x_{ij} - \bar{x}_{i.} - \bar{x}_{.j} + \bar{x})^2$$

分别称为总平方和、因素 A,B 的效应平方和和误差平方和.

取显著性水平为 α,可以证明当 H_{01} 成立时,

$$F_A = \frac{(s-1)S_A}{S_E} \sim F(r-1,(r-1)(s-1)),$$

从而可得 H_{01} 拒绝域为

$$F_A \geqslant F_\alpha(r-1),(r-1)(s-1)) \tag{9.24}$$

当 H_{02} 成立时,

$$F_B = \frac{(r-1)S_B}{S_E} \sim F(s-1),(r-1)(s-1))$$

H_{02} 拒绝域为

$$F_B \geqslant F_\alpha((s-1),(r-1)(s-1)) \tag{9.25}$$

得方差分析表 9-15.

表 9-15　方差分析表

方差来源	平方和	自由度	均方和	F 比
因素 A	S_A	$r-1$	$\bar{S}_A = \dfrac{S_A}{r-1}$	$F_A = \dfrac{\bar{S}_A}{\bar{S}_E}$
因素 B	S_B	$s-1$	$\bar{S}_B = \dfrac{S_B}{s-1}$	$F_B = \dfrac{\bar{S}_B}{\bar{S}_E}$
误差	S_E	$(r-1)(s-1)$	$\bar{S}_E = \dfrac{S_E}{(r-1)(s-1)}$	
总和	S_T	$rs-1$		

例 9.7　测试某种钢不同含铜量在各种温度下的冲击值(单位:kg·m·cm^{-1}),表 9-16 列出了试验的数据(冲击值),问试验温度、含铜量对钢的冲击值的影响是否显著($\alpha = 0.01$)?

表 9-16　钢在不同含铜量各种温度下冲击值试验数据表

试验温度	铜含量		
	0.2%	0.4%	0.8%
20℃	10.6	11.6	14.5
0℃	7.0	11.1	13.3
-20℃	4.2	6.8	11.5
-40℃	4.2	6.3	8.7

解　由已知,$r=4,s=3$,需检验假设 H_{01},H_{02},经计算得方差分析表 9-17.

表 9—17 方差分析表

方差来源	平方和	自由度	均方和	F 比
温度作用	64.58	3	21.53	23.79
含铜量作用	60.74	2	30.37	33.56
试验误差	5.43	6	0.905	
总和	130.75	11		

由于 $F_{0.01}(3,6)=9.78<F_A$,拒绝 H_{01}. $F_{0.01}(2,6)=10.92<F_B$,拒绝 H_{02}. 检验结果表明,试验温度、含铜量对钢冲击值的影响是显著的.

本章应用案例

在一个真正的全球化市场中,微小的差异就能够区分相似产业中不同国家公司的盈利性. 原因是在真正的全球化经济中,相似产业中的公司面临着相同的障碍、市场经济和机会. 因此,同类产业中的公司建立的组织结构和战略往往趋同. 这样,从逻辑上来讲,如果公司能够生存下来,而且参与竞争,那么它们应当获得差不多的收益率.

但是现实中,全世界相似产业中的所有公司并没有取得一致的收益率. 这种状况是否意味着并不存在真正的全球化经济? 有人认为,世界的公司状况与其说是全球化的,不如说是多国化的. 通过贸易协定,有些国家将贸易壁垒降至最低. 结果是贸易协定区域内的不同的公司具有相似的公司特征. 但是,建立一个完全开放的全球化经济仍然面临壁垒和障碍.

有人进行了研究,以确定美国、日本和德国的大公司的盈利性之间的差异是否具有统计显著性. 研究者从这 3 个国家分别选择了 100 家公司. 利用从这些公司收集的数据,分别计算了 6 年内大公司的年均盈利性指标. 反映盈利性指标有三个:(1)资产收益率;(2)股本收益率;(3)营业利润率. 该研究中收集的部分数据如表 9—18、表 9—19、表 9—20 所示.

表 9—18 资产收益率 单位:%

年度	美国	日本	德国
1	7.89	4.06	3.65
2	6.40	4.35	3.68
3	5.63	3.29	3.62
4	7.69	3.22	4.13
5	4.10	3.69	3.81
6	6.34	3.89	4.29

表 9－19　股本收益率　　　　　　　　　　　　　　　　　　单位:%

年度	美国	日本	德国
1	15.24	8.48	8.86
2	12.05	10.40	10.56
3	6.89	6.73	10.58
4	15.20	6.12	9.77
5	6.02	7.90	10.33
6	9.17	9.65	13.02

表 9－20　营业利润　　　　　　　　　　　　　　　　　　　单位:%

年度	美国	日本	德国
1	8.99	7.05	5.99
2	8.76	6.74	5.90
3	6.37	5.32	5.52
4	7.08	5.20	1.80
5	4.75	6.03	0.83
6	6.40	7.70	0.44

1. 一般而言,能够判断出美国、日本和德国的大公司的资产收益率之间存在差异吗?股本收益率和营业利润率呢?

2. 从统计角度看,能否用下面的方法检验上述问题:将每两个国家作为一对,采用一系列的 t 检验? 假定研究者在研究中选取了 7 个国家. 如果对每对国家的差异进行检验,需要进行 21 次独立样本均值的 t 检验. 有没有更好的办法? 错误率如何?

3. 是否能够研究国家以外的因素? 本研究中只包括了大公司,如何在分析中包括小公司和中等规模的公司? 年份的选择重要吗? 有没有可能通过检验来确定不同年份之间资产收益率、股本收益率或营业利润率存在具有统计显著性的差异?

4. 如果我们设计一项研究,3 个国家都包括小公司、中等规模公司和大公司,有没有可能通过检验来确定公司规模与国家之间存在交互效应? 换句话说,假定大公司在美国的表现更好,而小公司在日本的表现更好. 如果分析公司与国家之间的交互效应,可以采用何种统计分析技术? 结果是如何影响研究的其他部分的?

本章知识网络图

$$
\begin{cases}
\text{单因素试验的方差分析}
\begin{cases}
\text{单因素试验} \\
\text{平方和的分解} \\
S_E, S_A \text{的统计分析} \\
\text{假设检验问题的拒绝区域}
\end{cases} \\
\text{双因素试验的方差分析}
\begin{cases}
\text{双因素重复试验的方差分析} \\
\text{双因素无重复试验的方差分析}
\end{cases}
\end{cases}
$$

习 题 九

1. 在单因素方差分析中,因素 A 有三个水平,每个水平各做 4 次重复试验,请完成下列方差分析表,并在显著水平 $\alpha = 0.05$ 下对因素 A 是否显著作出检验.

$\alpha = 0.05$ 方差分析表

方差来源	平方和	自由度	均方和	F 比
因素 A	4.2			
误差 e	2.5			
总和	6.7			

2. 灯泡厂用 4 种不同的材料制成灯丝,检验灯线材料这一因素对灯泡寿命的影响. 若灯泡寿命服从正态分布,不同材料的灯丝制成的灯泡寿命的方差相同,试根据表中试验结果记录,在显著性水平 0.05 下检验灯泡寿命是否因灯丝材料不同而有显著差异?

		试验批号							
		1	2	3	4	5	6	7	8
灯丝	A_1	1600	1610	1650	1680	1700	1720	1800	
材料	A_2	1580	1640	1640	1700	1750			
水平	A_3	1460	1550	1600	1620	1640	1660	1740	1820
	A_4	1510	1520	1530	1570	1600	1680		

3. 某粮食加工厂试验用三种储藏方法对粮食含水率有无显著影响,现取一批粮食分成若干份,分别用三种不同的方法储藏,过一段时间后测得的含水率如下表:

储藏方法	含水率数据				
A_1	7.3	8.3	7.6	8.4	8.3
A_2	5.4	7.4	7.1	6.8	5.3
A_3	7.9	9.5	10.0	9.8	8.4

(1)假定各种方法储藏的粮食的含水率服从正态分布,且方差相等,试在 $\alpha = 0.05$ 水平下检验这三种方法对含水率有无显著影响;

(2)对每种方法的平均含水率给出置信水平为 0.95 的置信区间.

4. 一个年级有三个小班,他们进行了一次数学考试,现从各个班级随机地抽取了一些学生,记录其成绩如下:

I		II		III	
73	66	88	77	68	41
89	60	78	31	79	59
82	45	48	78	56	68
43	93	91	62	91	53
80	36	51	76	71	79
73	77	85	96	71	15
		74	80	87	
		56			

试在显著性水平 0.05 下检验各班级的平均分数有无显著差异. 设各个总体服从正态分布, 且方差相等.

5. 有 7 种人造纤维, 每种抽 4 根测其强度, 得每种纤维的平均强度及标准差如下:

i	1	2	3	4	5	6	7
$\bar{y}_i$	6.3	6.2	6.7	6.8	6.5	7.0	7.1
S_i	0.81	0.92	1.22	0.74	0.88	0.58	1.05

假定各种纤维的强度服从等方差的正态分布.

(1) 试问七种纤维强度间有无显著差异(取 $\alpha = 0.05$);

(2) 若各种纤维的强度间无显著差异, 则给出平均强度的置信水平为 0.95 的置信区间.

6. 为了解 3 种不同配比的饲料对仔猪生长影响的差异, 对 3 种不同品种的猪各选 3 头进行试验, 分别测得其 3 个月间体重增加量如下表所示, 取显著性水平 $\alpha = 0.05$, 试分析不同饲料与不同品种对猪的生长有无显著影响? 假定其体重增长量服从正态分布, 且各种配比的方差相等.

体重增长量		因素 B(品种)		
		B_1	B_2	B_3
因素	A_1	51	56	45
A(饲料)	A_2	53	57	49
	A_3	52	58	47

7. 研究氯乙醇胶在各种硫化系统下的性能(油体膨胀绝对值越小越好)需要考察补强剂 (A)、防老剂(B)、硫化系统(C)3 个因素(各取 3 个水平), 根据专业理论经验, 交互作用全忽略, 根据选用 $L_9(3^4)$ 表作 9 次试验及试验结果见下表:

试验号	列号				试验结果
	1	2	3	4	
1	1	1	1	1	7.25
2	1	2	2	2	5.48
3	1	3	3	3	5.35
4	2	1	2	3	5.4
5	2	2	3	1	4.42
6	2	3	1	2	5.9
7	3	1	3	2	4.68
8	3	2	1	3	5.9
9	3	3	2	1	5.63

(1) 试作最优生产条件的直观分析,并对 3 因素排出主次关系.

(2) 给定 $\alpha = 0.05$,作方差分析与(1)比较.

第十章　回归分析

本章导学

> 回归分析方法,是处理变量之间相关关系的重要统计方法.通过本章的学习要达到:1.理解线性回归分析的基本思想.2.熟练掌握一元回归分析的计算步骤,并能对回归分析结果作统计分析,利用回归分析进行预测、控制.3.了解非线性回归的线性化处理方法.

在实际问题中,经常会遇到这样一类问题:考察若干因素对我们所关心的某个指标的影响.例如,研究成年男性的身高与他们父母身高之间的关系.又如,研究农作物的产量与施肥量、浇水量、气温等的关系.回归分析方法是处理这种多个变量之间相关关系的一种数学方法,是数理统计中的常用方法之一.

回归分析研究的是变量与变量之间的关系.变量之间的关系可分为两类,一类是确定性关系,这类关系可以用函数 $y=f(x)$ 来表示,x 给定后,y 的值就唯一确定了.例如正方体的体积 V 与边长 a 之间的关系:$V=a^3$,边长 a 确定了,体积 V 就唯一确定.电路中的欧姆定律:$U=IR$,如果已知这三个变量中的任意两个,则另一个就可精确地求出.另一类是非确定性关系即所谓相关关系.例如,人的身高与体重的关系,一般来说人长得越高体重也相对重一些,但是身高与体重之间的关系不能用一个确定的函数关系表达出来,相同身高的两个人体重不一定相等.又如树的高度与胸径之间的关系,农作物产量与施肥量之间的关系,也是这样.另一方面,即便是具有确定关系的变量,由于试验误差的影响,其表现形式也具有某种程度的不确定性.

具有相关关系的变量之间虽然具有某种不确定性,不能用完全确定的函数形式表示,但通过对它们之间关系的大量观察,可以探索出它们之间的统计规律,如在平均意义下往往有一定的定量关系,研究这种定量关系表达式就是回归分析的主要任务,主要解决以下几方面问题:

(1)从一组观察数据出发,确定这些变量之间的回归方程(有时称为经验公式);

(2)对回归方程进行假设检验;

(3)利用回归方程进行预测和控制.

第一节　一元线性回归

回归分析的基本思想和方法以及"回归"名词的由来,要归功于英国科学家高尔顿.他在研究家庭成员之间的遗传规律时发现,虽然高个子的父亲确有生高个子儿子的倾向,但一群高个子父亲的儿子的平均身高却低于父亲们的平均身高;反之,一群矮个子父亲的儿子的平均身高却高于父亲们的平均身高. 高尔顿称这一现象为"向平均高度的回归",也即回归到"平均祖先型". 今天人们对回归这一概念的理解与高尔顿的原意已有很大的不同,但这一名称一直沿用下来,成为统计学中最常用的概念之一.

回归方程最简单最常见的一种情况,就是线性回归方程. 许多实际问题,当自变量局限于一定范围时,可以满意地取这种模型作为真实模型的近似,其误差从实用的观点看无关紧要. 因此,本章重点讨论有关线性回归的问题. 现在有许多数学软件如 Matlab,SAS 等都有非常有效的线性回归方面的计算程序,使用者只要把数据按程序要求输入到计算机,就可很快得到所要的各种计算结果和相应的图形,用起来十分方便.

先考虑两个变量的情形. 设随机变量 y 与 x 之间存在着某种相关关系. 这里 x 一般是可以控制或可精确观察的变量,看作是非随机变量,如在产量与施肥量的关系中,施肥量是能控制的,可以随意指定几个值 $x_1, x_2, \cdots, x_n$,故可将它看成普通变量,称为自变量,而产量 y 是随机变量,无法预先作出产量是多少的准确判断,称为因变量. 本章只讨论这种情况.

由 x 可以在一定程度上决定 y,但由 x 的值不能准确地确定 y 的值. 为了研究它们的这种关系,我们对 (x,y) 进行一系列观测,得到一个容量为 y 的样本(x 取一组不完全相同的值):$(x_1, y_1), (x_2, y_2), \cdots, (x_n, y_n)$,其 y_i 是 $x = x_i$ 处对随机变量 y 观察的结果. 每对 (x_i, y_i) 在直角坐标系中对应一个点,把它们都标在平面直角坐标系中,称所得到的图为散点图. 如图 $10-1$.

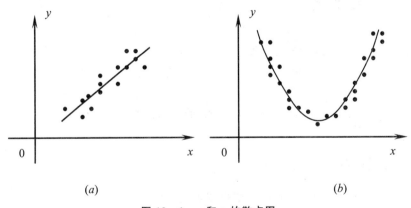

(a) $\qquad\qquad\qquad\qquad\qquad\qquad$ (b)

图 10－1 x 和 y 的散点图

由图 $10-1(a)$ 可看出散点大致地围绕一条直线散布,而图 $10-1(b)$ 中的散点大致围绕一条抛物线散布,这就是变量间统计规律性的一种表现.

如果图中的点像图 $10-1(a)$ 中那样呈直线状,则表明 y 与 x 之间有线性相关关系,我们可建立数学模型

$$y = a + bx + \varepsilon \qquad\qquad\qquad (10.1)$$

来描述它们之间的关系. 因为 x 不能严格地确定 y,故带有一随机误差项 ε,一般假设 $\varepsilon \sim N(0, \sigma^2)$,因而 y 也是随机变量,对于 x 的每一个值有 $y \sim N(a + bx, \sigma^2)$,其中未知数 a, b, σ^2 不依赖于 x,式(10.1)称为一元线性回归模型(Univariable linear regression model). 特别地,由于 y 是随机变量,a, b 为未知数,x 一般是非随机变量,对(10.1)两边求数学期望,则有

$$E(y) = E(a + bx + \varepsilon) = a + bx + E(\varepsilon) = a + bx$$

即

$$E(y) = a + bx$$

这就是我们要说的回归方程(已经是确定性关系).

在实际问题中,a,b 是待估计参数. 估计它们的最基本方法是最小二乘法,这将在下节讨论. 设 $\hat{a}$ 和 $\hat{b}$ 是用最小二乘法获得的估计,则在实际问题中,对于给定的 x,方程

$$\hat{y} = \hat{a} + \hat{b}x \tag{10.2}$$

称为 y 关于 x 的线性回归方程或回归方程,其图形称为回归直线. 从这里可以看出,回归方程的因变量其实是 y 的数学期望(均值).(10.2)式是否真正描述了变量 y 与 x 客观存在的关系,还需进一步检验.

实际问题中,随机变量 y 有时与多个普通变量 $x_1, x_2, \cdots, x_p (p > 1)$ 有关,可类似地建立数学模型

$$y = b_0 + b_1 x_1 + \cdots + b_p x_p + \varepsilon, \quad \varepsilon \sim N(0, \sigma^2) \tag{10.3}$$

其中 $b_0, b_1, \cdots, b_p, \sigma^2$ 都是与 $x_1, x_2, \cdots, x_p$ 无关的未知参数.(10.3)式称为多元线性回归模型,和前面一个自变量的情形一样,进行 n 次独立观测,得样本:

$$(x_{11}, x_{12}, \cdots, x_{1p}, y_1), \cdots, (x_{n1}, x_{n2}, \cdots, x_{np}, y_n)$$

有了这些数据之后,我们可用最小二乘法获得未知参数的最小二乘估计,记为 $\hat{b}_0, \hat{b}_1, \cdots, \hat{b}_p$ 得多元线性回归方程

$$\hat{y} = \hat{b}_0 + \hat{b}_1 x_1 + \cdots + \hat{b}_p x_p \tag{10.4}$$

同理,(10.4)式是否真正描述了变量 y 与 $x_1, x_2, \cdots, x_p$ 客观存在的关系,还需进一步检验.

第二节　回归系数的最小二乘估计

一、一元线性回归

给定一元线性模型(10.1),我们希望根据观测到的

$$(x_1, y_1), (x_2, y_2), \cdots, (x_n, y_n)$$

对未知参数 a, b 进行统计推断,然后对回归方程

$$\hat{y} = \hat{a} + \hat{b}x$$

作出推断.

例 10.1　测得某种物质在不同温度 x 下吸附另一种物质的重量 y,如表 10-1 所示.

表 10-1　某物质吸附量与温度关系试验数据表

x_i (℃)	1.5	1.8	2.4	3.0	3.5	3.9	4.4	4.8	5.0
y_i (mg)	4.8	5.7	7.0	8.3	10.9	12.4	13.1	13.6	15.3

将这 9 对数据画出散点图 10-2,可以看出这 9 个点近似在一条直线上. 因此,可以

假设(严格来说应该先检验这个假设)吸附量 y 与温度 x 间有线性相关关系,因而可以通过建立线性回归模型 $y = a + bx + \varepsilon$ 来进行推断.

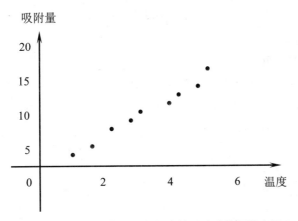

图 10－2　某物质吸附量与温度关系试验数据散点图

最小二乘法是估计未知参数的一种重要方法,现用它来求一元线性回归模型(10.1)式中系数 a 和 b 的估计.

最小二乘法的基本思想是:对一组观察值 $(x_1, y_1), (x_2, y_2), \cdots, (x_n, y_n)$,使误差
$$\varepsilon_i = y_i - (a + bx_i)$$ 的平方和

$$Q(a, b) = \sum_{i=1}^{n} \varepsilon_i^2 = \sum_{i=1}^{n} [y_i - (a + bx_i)]^2 \tag{10.5}$$

达到最小的 $\hat{a}$ 和 $\hat{b}$ 作为 a 和 b 的估计,称其为最小二乘估计(Least squares estimates).

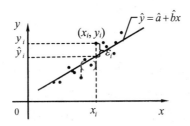

图 10－3　散点图与回归直线

直观地说,平面上直线很多,选取哪一条最佳呢? 很自然的一个想法是,当点 (x_i, y_i), $i = 1, 2, \cdots, n$,与某条直线的偏差平方和比它们与任何其他直线的偏差平方和都要小时,这条直线便能最佳地反映这些点的分布状况,并且可以证明,在某些假设下,$\hat{a}$ 和 $\hat{b}$ 是所有线性无偏估计中最好的. 根据微分学的极值原理,可将 $Q(a, b)$ 分别对 a, b 求偏导数,并令它们等于零,得到方程组:

$$\begin{cases} \dfrac{\partial Q}{\partial a} = -2 \sum_{i=1}^{n} (y_i - a - bx_i) = 0 \\ \dfrac{\partial Q}{\partial b} = -2 \sum_{i=1}^{n} (y_i - a - bx_i) x_i = 0 \end{cases} \tag{10.6}$$

即

$$\begin{cases} na + (\sum_{i=1}^{n} x_i)b = \sum_{i=1}^{n} y_i \\ (\sum_{i=1}^{n} x_i)a + (\sum_{i=1}^{n} x_i^2)b = \sum_{i=1}^{n} x_i y_i \end{cases} \tag{10.7}$$

(10.7)式称为正规方程组.

由于 x_i 不全相同,正规方程组的参数行列式

$$\begin{vmatrix} n & \sum_{i=1}^{n} x_i \\ \sum_{i=1}^{n} x_i & \sum_{i=1}^{n} x_i^2 \end{vmatrix} = n \sum_{i=1}^{n} x_i^2 - (\sum_{i=1}^{n} x_i)^2 = n \sum_{i=1}^{n} (x_i - \bar{x})^2 \neq 0.$$

故(10.7)式有唯一解

$$\begin{cases} \hat{b} = \dfrac{\sum_{i=1}^{n} (x_i - \bar{x})(y_i - \bar{y})}{\sum_{i=1}^{n} (x_i - \bar{x})^2} \\ \hat{a} = \bar{y} - \hat{b}\bar{x} \end{cases} \tag{10.8}$$

于是,所求的线性回归方程为

$$\hat{y} = \hat{a} + \hat{b}x \tag{10.9}$$

若将 $\hat{a} = \bar{y} - \hat{b}\bar{x}$ 代入上式,则线性回归方程亦可表为

$$\hat{y} = \bar{y} + \hat{b}(x - \bar{x}) \tag{10.10}$$

(10.10)式表明,对于样本观察值 (x_1, y_1), (x_2, y_2), $\cdots$, (x_n, y_n),回归直线通过散点图的几何中心 $(\bar{x}, \bar{y})$. 回归直线是一条过点 $(\bar{x}, \bar{y})$,斜率为 $\hat{b}$ 的直线(图 10-3).

上述确定回归直线所依据的原则是使所有观测数据的偏差平方和达到最小值. 按照这个原理确定回归直线的方法称为最小二乘法."二乘"是指 Q 是二乘方(平方)的和. 如果 y 是正态变量,也可用极大似然估计法得出相同的结果.

为了计算上的方便,引入下述记号:

$$\begin{cases} S_{xx} = \sum_{i=1}^{n} (x_i - \bar{x})^2 = \sum_{i=1}^{n} x_i^2 - \dfrac{1}{n}(\sum_{i=1}^{n} x_i)^2 \\ S_{yy} = \sum_{i=1}^{n} (y_i - \bar{y})^2 = \sum_{i=1}^{n} y_i^2 - \dfrac{1}{n}(\sum_{i=1}^{n} y_i)^2 \\ S_{xy} = \sum_{i=1}^{n} (x)_i - \bar{x})(y_i - \bar{y}) = \sum_{i=1}^{n} x_i y_i - \dfrac{1}{n}(\sum_{i=1}^{n} x_i)(\sum_{i=1}^{n} y_i) \end{cases} \tag{10.11}$$

这样,a,b 的估计可写成:

$$\begin{cases} \hat{b} = \dfrac{S_{xy}}{S_{xx}} \\ \hat{a} = \dfrac{1}{n}\sum_{i=1}^{n} y_i - \left(\dfrac{1}{n}\sum_{i=1}^{n} x_i\right)\hat{b} \end{cases} \tag{10.12}$$

例 10.2 由例 10.1 的数据算得

$$\bar{x} = 3.3667, \bar{y} = 10.1222$$

$$S_{xx} = 13.0980, S_{yy} = 114.5196, S_{xy} = 38.3843$$

$$\hat{b} = \frac{S_{xy}}{S_{xx}} = \frac{38.3843}{13.0980} = 2.9305$$

$$\hat{a} = \bar{y} - \hat{b}\bar{x} = 10.1222 - 2.9305 \times 3.3667 = 0.2561$$

得线性回归方程为

$$\hat{y} = 0.2561 + 2.9305x.$$

例 10.3 某企业生产一种毛毯, 1—10 月的产量 x 与生产费用支出 y 的统计资料如表 10—2. 求 y 关于 x 的线性回归方程.

表 10—2 产量与生产费用支出资料

月份	1	2	3	4	5	6	7	8	9	10
x（千条）	12.0	8.0	11.5	13.0	15.0	14.0	8.5	10.5	11.5	13.3
y（万元）	11.6	8.5	11.4	12.2	13.0	13.2	8.9	10.5	11.3	12.0

解 为求线性回归方程, 将有关计算结果列表如表 10—3 所示.

表 10—3 线性回归计算结果列表

产量 x	费用支出 y	x^2	xy	y^2
12.0	11.6	114	139.2	134.56
8.0	8.5	64	68	72.25
11.5	11.4	132.25	131.1	129.96
13.0	12.2	169	158.6	148.84
15.0	13.0	225	195	169
14.0	13.2	196	184.8	174.24
8.5	8.9	72.25	75.65	79.21
10.5	10.5	110.25	110.25	110.25
11.5	11.3	132.25	129.95	127.69
13.3	12.0	176.89	159.6	144
Σ 117.3	112.6	1421.89	1352.15	1290

$$S_{xx} = 1421.89 - \frac{1}{10}(117.3)^2 = 45.961$$

$$S_{xy} = 1352.15 - \frac{1}{10} \times 117.3 \times 112.6 = 31.352$$

$$\hat{b} = \frac{S_{xy}}{S_{xx}} = 0.6821, \hat{a} = \frac{112.6}{10} - 0.6821 \times \frac{117.3}{10} = 3.2590$$

得线性回归方程为

$$\hat{y} = 3.2590 + 0.6821x$$

二、多元线性回归

多元线性回归(Multiple linear regression)分析原理与一元线性回归分析相同,但在计算上要复杂些.

若 $(x_{11}, x_{12}, \cdots, x_{1p}, y_1)$, $\cdots$, $(x_{n1}, x_{n2}, \cdots, x_{np}, y_n)$ 为一样本,根据最小二乘法原理,多元线性回归中未知参数 $b_0, b_1, \cdots, b_p$ 应满足

$$Q = \sum_{i=1}^{n} (y_i - b_0 - b_1 x_{i1} - \cdots - b_p x_{ip})^2$$

达到最小.

对 Q 分别关于 $b_0, b_1, \cdots, b_p$ 求偏导数,并令它们等于零,得

$$\begin{cases} \dfrac{\partial Q}{\partial b_0} = -2 \sum_{i=1}^{n} (y_i - b_0 - b_1 x_{i1} - \cdots - b_p x_{ip}) = 0, \\ \dfrac{\partial Q}{\partial b_j} = -2 \sum_{i=1}^{n} (y_i - b_0 - b_1 x_{i1} - \cdots - b_p x_{ip}) x_i = 0, \quad j = 1, 2, \cdots, p. \end{cases}$$

即

$$\begin{cases} b_0 n + b_1 \sum_{i=1}^{n} x_{i1} + b_2 \sum_{i=1}^{n} x_{i2} + \cdots + b_p \sum_{i=1}^{n} x_{ip} = \sum_{i=1}^{n} y_i \\ b_0 \sum_{i=1}^{n} x_{i1} + b_1 \sum_{i=1}^{n} x_{i1}^2 + b_2 \sum_{i=1}^{n} x_{i1} x_{i2} + \cdots + b_p \sum_{i=1}^{n} x_{i1} x_{ip} = \sum_{i=1}^{n} x_{i1} y_i \\ \cdots \\ b_0 \sum_{i=1}^{n} x_{ip} + b_1 \sum_{i=1}^{n} x_{i1} x_{ip} + b_2 \sum_{i=1}^{n} x_{i2} x_{ip} + \cdots + b_p \sum_{i=1}^{n} x_{ip}^2 = \sum_{i=1}^{n} x_{ip} y_i \end{cases} \tag{10.13}$$

(10.13)式称为正规方程组,引入矩阵

$$\boldsymbol{X} = \begin{pmatrix} 1 & x_{11} & x_{12} & \cdots & x_{1p} \\ 1 & x_{21} & x_{22} & \cdots & x_{2p} \\ \vdots & \vdots & \vdots & \ddots & \vdots \\ 1 & x_{n1} & x_{n2} & \cdots & x_{np} \end{pmatrix}, \boldsymbol{Y} = \begin{pmatrix} y_1 \\ y_2 \\ \vdots \\ y_n \end{pmatrix}, \boldsymbol{B} = \begin{pmatrix} b_0 \\ b_1 \\ \vdots \\ b_p \end{pmatrix},$$

于是(10.13)式可写成

$$\boldsymbol{X}'\boldsymbol{X}\boldsymbol{B} = \boldsymbol{X}'\boldsymbol{Y} \tag{10.13$'$}$$

(10.13)$'$式为正规方程组的矩阵形式. 若 $(\boldsymbol{X}'\boldsymbol{X})^{-1}$ 存在,则

$$\hat{\boldsymbol{B}} = \begin{pmatrix} \hat{b}_0 \\ \hat{b}_1 \\ \vdots \\ \hat{b}_p \end{pmatrix} = (\boldsymbol{X}'\boldsymbol{X})^{-1} \boldsymbol{X}'\boldsymbol{Y}. \tag{10.14}$$

方程 $\hat{y} = \hat{b}_0 + \hat{b}_1 x_1 + \cdots + \hat{b}_p x_p$ 为 p 元线性回归方程.

例 10.4 见表 $10-4$,某一种特定的合金铸品,x 和 z 表示合金中所含的 A 及 B 两种元素的百分数,现 x 及 z 各选 4 种,共有 $4\times4=16$ 种不同组合,y 表示各种不同成分的铸品数,根据表中资料求二元线性回归方程.

表 $10-4$ 合金铸品数 y 与所含 A 及 B 元素百分数资料表

所含 Ax	5	5	5	5	10	10	10	10	15	15	15	15	20	20	20	20
所含 Bz	1	2	3	4	1	2	3	4	1	2	3	4	1	2	3	4
铸品数 y	28	30	48	74	29	50	57	42	20	24	31	47	9	18	22	31

解 由 (10.13) 式,根据表中数据,得正规方程组

$$\begin{cases}16b_0+200b_1+40b_2=560,\\200b_0+3000b_1+500b_2=6110,\\40b_0+500b_1+120b_2=1580.\end{cases}$$

解之得:$b_0=34.75,b_1=-1.78,b_2=9$. 于是所求回归方程为:$y=34.75-1.78x+9z$.

第三节 回归效果的显著性检验

从回归系数的最小二乘法可以看出,对任意给出的 n 对数 $(x_i,y_i)(i=1,2,\cdots,n)$ 都可用最小二乘法形式地求出一条 y 关于 x 的回归直线,并不需要 y 与 x 一定具有线性相关关系. 我们知道,建立回归方程的目的是寻找 y 的均值随 x 变化的规律,即找出回归直线 $E(y)=a+bx$. 若 y 与 x 间不存在某种线性相关关系,那么这种直线是没有意义的. 这就需要对 y 与 x 的线性回归方程进行假设检验,即检验 x 变化对变量 y 的影响是否显著. 如果 $b=0$,那么不管 x 何变化,$E(y)$ 都不会随 x 的变化作线性变化(如图 $10-4$ (a)),那么这时求出的回归直线就是没有意义的,称回归方程不显著. 如果 $b\neq0$,那么当 x 变化时,$E(y)$ 随 x 的变化作线性变化(如图 $10-4(b)$),那么这时求出的回归直线就有一定的意义,称回归方程是显著的.

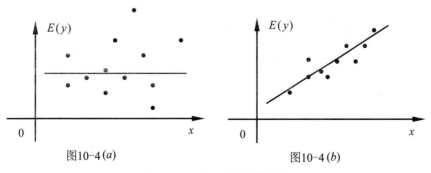

图10-4(a) 图10-4(b)

图 $10-4$ 回归直线的显著性

综上所述,当且仅当 $b\neq0$ 时,变量 y 与 x 之间存在线性相关关系. 因此我们需要检验假设:

$$H_0 : b = 0; \quad H_1 : b \neq 0. \tag{10.15}$$

若拒绝 H_0,则认为 y 与 x 之间存在线性关系,所求得的线性回归方程有意义;若接受 H_0,则认为 y 与 x 的关系不能用一元线性回归模型来表示,所求得的线性回归方程无意义.

关于上述假设的检验,我们介绍三种常用的检验法.

一、方差分析法(F 检验法)

当 x 取值 $x_1, x_2, \cdots, x_n$ 时,得 y 的一组观测值 $y_1, y_2, \cdots, y_n$,有

$$Q_{总} = S_{yy} = \sum_{i=1}^{n} (y_i - \bar{y})^2$$

称为 $y_1, y_2, \cdots, y_n$ 的总偏差平方和(Total sum of squares),它的大小反映了观测值 y_1, $y_2, \cdots, y_n$ 的分散程度. 对 $Q_{总}$ 进行分析:

$$
\begin{aligned}
Q_{总} &= \sum_{i=1}^{n} (y_i - \bar{y})^2 = \sum_{i=1}^{n} \left[(y_i - \hat{y}_i) + (\hat{y}_i - \bar{y}) \right]^2 \\
&= \sum_{i=1}^{n} (y_i - \hat{y}_i)^2 + \sum_{i=1}^{n} (\hat{y}_i - \bar{y})^2 \\
&= Q_{剩} + Q_{回}
\end{aligned}
\tag{10.16}
$$

其中

$$Q_{剩} = \sum_{i=1}^{n} (y_i - \hat{y}_i)^2$$

$$Q_{回} = \sum_{i=1}^{n} (\hat{y}_i - \bar{y})^2 = \sum_{i=1}^{n} \left[(\hat{a} + \hat{b} x_i) - (\hat{a} + \hat{b} \bar{x}) \right]^2 = \hat{b}^2 \sum_{i=1}^{n} (x_i - \bar{x})^2$$

$Q_{剩}$ 称为剩余平方和(Residual sum of squares),它反映了观测值 y_i 偏离回归直线的程度,这种偏离是由试验误差及其他未加控制的因素引起的. 可证明 $\hat{\sigma}^2 = \dfrac{Q_{剩}}{n-2}$ 是 σ^2 的无偏估计.

$Q_{回}$ 为回归平方和(Regression sum of squares),它反映了回归值 $\hat{y}_i (i = 1, 2, \cdots, n)$ 的分散程度,它的分散性是因 x 的变化而引起的. 并通过 x 对 y 的线性影响反映出来. 因此 $\hat{y}_i (i = 1, 2, \cdots, n)$ 的分散性来源于 $x_1, x_2, \cdots, x_n$ 的分散性.

通过对 $Q_{剩}$ 和 $Q_{回}$ 的分析,$y_1, y_2, \cdots, y_n$ 的分散程度 $Q_{总}$ 的两种影响可以从数量上区分开来. 因而 $Q_{回}$ 与 $Q_{剩}$ 的比值反映了这种线性相关关系与随机因素对 y 的影响的大小;比值越大,线性相关性越强.

可证明统计量

$$F = \frac{\dfrac{Q_{回}}{1}}{\dfrac{Q_{剩}}{n-2}} \underset{H_0 真}{\sim} F(1, n-2) \tag{10.17}$$

给定显著性水平 α,若 $F \geqslant F_\alpha$,则拒绝假设 H_0,即认为在显著性水平 α 下,y 对 x 的线性相关关系是显著的. 反之,则认为 y 对 x 没有线性相关关系,即所求线性回归方程无实际意义.

检验时,可使用方差分析表 10-5.

表 10-5

方差来源	平方和	自由度	均方	F 比
回归	$Q_回$	1	$Q_回/1$	$F = \dfrac{Q_回}{Q_剩/n-2}$
剩余	$Q_剩$	$n-2$	$Q_剩/n-2$	
总计	$Q_总$	$n-1$		

其中:

$$\begin{cases} Q_回 = \sum_{i=1}^{n} (\hat{y}_i - \bar{y})^2 = \hat{b}^2 S_{xx} = S_{xy}^2/S_{xx} \\ Q_剩 = Q_总 - Q_回 = S_{yy} - S_{xy}^2/S_{xx} \end{cases} \tag{10.18}$$

例 10.5 在显著性水平 $\alpha = 0.05$,检验例 10.3 中的回归效果是否显著?

解 由例 10.3 知

$$S_{xx} = 45.961 , \quad S_{xy} = 31.352 ,$$

$$S_{yy} = 22.124 , \quad Q_回 = S_{xy}^2/S_{xx} = 21.3866 ,$$

$$Q_剩 = Q_总 - Q_回 = 22.124 - 21.3866 = 0.7374 ,$$

$$F = Q_回 \Big/ \frac{Q_剩}{n-2} = 232.0217 \geqslant F_{0.05}(1,8) = 5.32 .$$

故拒绝 H_0,即两变量的线性相关关系是显著的.

二、相关系数法(t 检验法)

为了检验线性回归直线是否显著,还可用 x 与 y 之间的相关系数来检验. 相关系数的定义是

$$r = \frac{S_{xy}}{\sqrt{S_{xx} \cdot S_{yy}}} \tag{10.19}$$

由于

$$\frac{Q_回}{Q_总} = \frac{S_{xy}^2}{S_{xx} S_{yy}} = r^2 \,(|r| \leqslant 1) , \hat{b} = \frac{S_{xy}}{S_{xx}}$$

则

$$r = \frac{\hat{b} S_{xx}}{\sqrt{S_{xx} \cdot S_{yy}}}$$

显然 r 和 $\hat{b}$ 的符号是一致的,它的值反映了 x 和 y 的内在联系.

提出检验假设: $\qquad H_0: r = 0; \quad H_1: r \neq 0 \tag{10.20}$

可以证明,当 H_0 为真时,

$$t = \frac{r}{\sqrt{1-r^2}} \cdot \sqrt{n-2} \sim t(n-2) . \tag{10.21}$$

故 H_0 的拒绝域为

$$t \geqslant t_{\frac{a}{2}}(n-2) \tag{10.22}$$

由上例的数据可算出

$$r = \frac{S_{xy}}{\sqrt{S_{xx} \cdot S_{yy}}} = 0.9832$$

$$t = \frac{r}{\sqrt{1-r^2}} \sqrt{n-2} = 15.2319 > t_{0.025}(8) = 2.3060$$

故拒绝 H_0，即两变量的线性相关性显著.

在一元线性回归预测中，相关系数检验，F 检验法等价，在实际中只需作其中一种检验即可.

与一元线性回归显著性检验原理相同，为考察多元线性回归这一假定是否符合实际观察结果，还需进行以下假设检验：

$$H_0 : b_1 = b_2 = \cdots = b_p = 0; \quad H_1 : b_i \text{ 不全为零}.$$

可以证明统计量

$$F = \frac{U}{p} \bigg/ \frac{Q}{n-p-1} \xrightarrow{H_0 \text{ 真}} F(p, n-p-1).$$

其中 $U = Y'X(X'X)^{-1}X'Y - n\bar{y}^2$，$Q = Y'Y - Y'X(X'X)^{-1}X'Y$.

给定水平 α，若 $F \geqslant F_a$，则拒绝 H_0. 即认为回归效果是显著的.

第四节　预测与控制

一、预测

由 x 与 y 并非确定性关系，因此对于任意给定的 $x = x_0$，无法精确知道相应的 y_0 值，但可由回归方程计算出一个回归值 $\hat{y}_0 = \hat{a} + \hat{b}x_0$，可以以一定的置信度预测对应的 y 的观察值的取值范围，也即对 y_0 作区间估计，即对于给定的置信度 $1 - \alpha$，求出 y_0 的置信区间（称为预测区间（Prediction interval）），这就是所谓的预测问题.

对于给定的置信度 $1 - \alpha$，可证明 y_0 的 $1 - \alpha$ 预测区间为

$$\left(\hat{y}_0 \pm t_{\frac{a}{2}}(n-2)\hat{\sigma} \sqrt{1 + \frac{1}{n} + \frac{(x_0 - \bar{x})^2}{S_{xx}}} \right) \tag{10.23}$$

给定样本观察值，作出曲线

$$\begin{cases} y_1(x) = \hat{y}(x) - t_{\frac{a}{2}}(n-2)\hat{\sigma} \sqrt{1 + \frac{1}{n} + \frac{(x_0 - \bar{x})^2}{S_{xx}}} \\ y_2(x) = \hat{y}(x) + t_{\frac{a}{2}}(n-2)\hat{\sigma} \sqrt{1 + \frac{1}{n} + \frac{(x_0 - \bar{x})^2}{S_{xx}}} \end{cases} \tag{10.24}$$

这两条曲线形成包含回归直线 $\hat{y} = \hat{a} + \hat{b}x$ 的带形域，如图 10-5 所示，这一带形域在 $x = \bar{x}$ 处最窄，说明越靠近，预测就越精确. 而当 x_0 远离 $\bar{x}$ 时，置信区域逐渐加宽，此时精度逐渐下降.

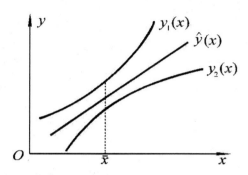

图 10-5 回归直线与两曲线 $y_1(x)$ 和 $y_2(x)$ 所夹的带形区域

在实际的回归问题中,若样本容量 n 很大,在附近的 n 可得到较短的预测区间,又可简化计算

$$\sqrt{1+\frac{1}{n}+\frac{(x_0-\bar{x})^2}{S_{xx}}}\approx 1,$$

$$t_{\frac{\alpha}{2}}(n-2)\approx z_{\frac{\alpha}{2}},$$

故 y_0 的置信度为 $1-\alpha$ 的预测区间近似地等于

$$(\hat{y}-\hat{\sigma}z_{\frac{\alpha}{2}},\hat{y}+\hat{\sigma}z_{\frac{\alpha}{2}}) \tag{10.25}$$

特别地,取 $1-\alpha=0.95$,y_0 的置信度为 0.95 的预测区间为

$$(\hat{y}_0-1.96\hat{\sigma},\hat{y}_0+1.96\hat{\sigma})$$

取 $1-\alpha=0.997$,y_0 的置信度为 0.997 的预测区间为

$$(\hat{y}_0-2.97\hat{\sigma},\hat{y}_0+2.97\hat{\sigma})$$

可以预料,在全部可能出现的 y 值中,大约有 99.7% 的观测点落在直线 $L_1:y=\hat{a}-2.97\hat{\sigma}+\hat{b}x$ 与直线 $L_2:y=\hat{a}+2.97\hat{\sigma}+\hat{b}x$ 所夹的带形区域内. 如图 10-6 所示.

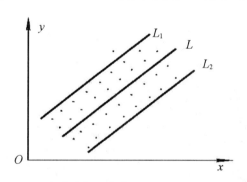

图 10-6 回归直线与两直线 L_1 和 L_2 所夹的带形区域

可见,预测区间意义与置信区间的意义相似,只是后者对未知参数而言,前者是对随机变量而言.

例 10.6 给定 $\alpha=0.05$,$x_0=13.5$,问例 10.3 中生产费用将会在什么范围.

解 当 $x_0=13.5$,y_0 的预测值为

$$\hat{y}_0=3.2590+0.6821\times13.5=12.4674.$$

给定 $\alpha = 0.05$，$t_{0.025}(8) = 2.306$，

$$\hat{\sigma} = \sqrt{\frac{\sum\limits_{i=1}^{n}(y_i - \hat{y}_i)^2}{n-2}} = \sqrt{\frac{0.7374}{8}} = 0.3036,$$

$$\sqrt{1 + \frac{1}{n} + \frac{(x_0 - \bar{x})^2}{S_{xx}}} = \sqrt{1 + \frac{1}{10} + \frac{(13.5 - 11.73)^2}{45.961}} = 1.0808,$$

故

$$t_{\frac{\alpha}{2}}(n-2)\hat{\sigma}\sqrt{1 + \frac{1}{n} + \frac{(x_0 - \bar{x})^2}{S_{xx}}} = 2.306 \times 0.3036 \times 1.0808 = 0.7567.$$

即 y_0 将以 95% 的概率落在 (12.4674 ± 0.7567) 区间，即预报生产费用在 $(11.7107, 13.2241)$ 万元之间.

二、控制

控制实际上是预测的反问题，即要求观察值 y 在一定范围内 $y_1 < y < y_2$ 取值，应考虑把自变量 x 控制在什么范围，即对于给定的置信度 $1 - \alpha$，求出相应的 x_1, x_2，使 $x_1 < x < x_2$ 时，x 所对应的观察值 y 落在 (y_1, y_2) 之内的概率不小于 $1 - \alpha$.

当 n 很大时，从方程

$$\begin{cases} y_1 = \hat{y} - \hat{\sigma}z_{\frac{\alpha}{2}} = \hat{a} + \hat{b}x - \hat{\sigma}z_{\frac{\alpha}{2}} \\ y_2 = \hat{y} + \hat{\sigma}z_{\frac{\alpha}{2}} = \hat{a} + \hat{b}x + \hat{\sigma}z_{\frac{\alpha}{2}} \end{cases} \tag{10.26}$$

分别解出 x 来作为控制 x 的上、下限：

$$\begin{cases} x_1 = \dfrac{(y_1 - \hat{a} + \hat{\sigma}z_{\frac{\alpha}{2}})}{\hat{b}} \\ x_2 = \dfrac{(y_1 - \hat{a} - \hat{\sigma}z_{\frac{\alpha}{2}})}{\hat{b}} \end{cases} \tag{10.27}$$

当 $\hat{b} > 0$ 时，控制区间为 (x_1, x_2)；当 $\hat{b} < 0$ 时，控制区间为 (x_2, x_1). 如图 10-7 所示.

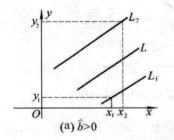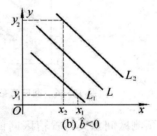

图 10-7　预测与控制关系

注意，为了实现控制，我们必须使区间 (y_1, y_2) 的长度不小于 $2\hat{\sigma}z_{\frac{\alpha}{2}}$，即

$$y_2 - y_1 > 2\hat{\sigma}z_{\frac{\alpha}{2}}.$$

第五节　非线性回归的线性化处理

前面讨论了线性回归问题,对线性情形我们有了一整套的理论与方法.在实际中常会遇见更为复杂的非线性回归问题,此时一般是采用变量代换法将非线性模型线性化,再按照线性回归方法进行处理.举例如下:

模型
$$y = a + b\sin t + \varepsilon, \varepsilon \sim N(0, \sigma^2), \tag{10.28}$$

其中 a, b, σ^2 为与 t 无关的未知参数,只要令 $x = \sin t$,即可将(10.29)化为(10.1).

模型
$$y = a + bt + ct^2 + \varepsilon, \varepsilon \sim N(0, \sigma^2), \tag{10.29}$$

其中 a, b, c, σ^2 为与 t 无关的未知参数.令 $x_1 = t, x_2 = t^2$,得

$$y = a + bx_1 + cx_2 + \varepsilon, \varepsilon \sim N(0, \sigma^2), \tag{10.30}$$

它为多元线性回归的情形.

模型
$$\frac{1}{y} = a + \frac{b}{x} + \varepsilon, \varepsilon \sim N(0, \sigma^2)$$

令 $y' = \dfrac{1}{y}, x' = \dfrac{1}{x}$ 则有

$$y' = a + bx' + \varepsilon, \varepsilon \sim N(0, \sigma^2)$$

化为(10.1)式.

模型
$$y = a + b\ln x + \varepsilon, \varepsilon \sim N(0, \sigma^2)$$
令 $x' = \ln x$ 则有

$$y = a + bx' + \varepsilon, \varepsilon \sim N(0, \sigma^2)$$

又可化为(10.1)式.

另外,还有下述模型

$$Q(y) = a + bx + \varepsilon, \varepsilon \sim N(0, \sigma^2)$$

其中 Q 为已知函数,且设 $Q(y)$ 存在单值的反函数, a, b, σ^2 为与 x 无关的未知参数.这时,令 $z = Q(y)$,得

$$z = a + bx + \varepsilon, \varepsilon \sim N(0, \sigma^2).$$

在求得 z 的回归方程和预测区间后,再按 $z = Q(y)$ 的逆变换,变回原变量 y 我们就分别称它们为关于 y 的回归方程和预测区间.此时 y 的回归方程的图形是曲线,故又称为曲线回归方程.

例 10.7 某钢厂出钢时所用的盛钢水的钢包,由于钢水对耐火材料的侵蚀,容积不断扩大.通过试验,得到了使用次数 x 和钢包增大的容积 y 之间的 17 组数据如表 10-6,求使用次数 x 与增大容积 y 的回归方程.

表 10-6　钢包使用次数与容积增大试验数据表

x	y	x	y
2	6.42	7	10.00
3	8.20	8	9.93
4	9.58	9	9.99
5	9.50	10	10.49
6	9.70	11	10.59

续表

x	y	x	y
12	10.60	16	10.76
13	10.80	18	11.00
14	10.60	19	11.20
15	10.90		

解 散点图如图 10−8. 看起来 y 与 x 呈倒指数关系 $lny = a + b\frac{1}{x} + \varepsilon$，记 $y' = lny$，$x' = \frac{1}{x}$，求出 x', y' 的值（表 10−7）.

表 10−7 钢包使用次数 x' 和增大容积 y' 回归计算表

x'	y'	x'	y'
0.5000	1.8594	0.0909	2.3599
0.3333	2.1041	0.0833	2.3609
0.2500	2.2597	0.0769	2.3795
0.2000	2.2513	0.0714	2.3609
0.1667	2.2721	0.0667	2.3888
0.1429	2.3026	0.0625	2.3758
0.1250	2.2956	0.0556	2.3979
0.1111	2.3016	0.0526	2.4159
0.1000	2.3504		

作（x', y'）的散点图，如图 10−9.

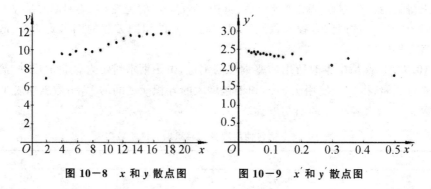

图 10−8 x 和 y 散点图　　图 10−9 x' 和 y' 散点图

可见各点基本上在一直线上，故可设
$$y' = a + bx' + \varepsilon, \quad \varepsilon \sim N(0, \sigma^2)$$
经计算，得

$$\bar{x}' = 0.1464, \bar{y}' = 2.2963$$

$$\sum_{i=1}^{n}(x_i')^2 = 0.5902$$

$$\sum_{i=1}^{n}(y_i')^2 = 89.9311$$

$$\sum_{i=1}^{n}x_i'y_i' = 5.4627$$

$$\hat{b} = -1.1183, \quad \hat{a} = 2.4600$$

于是 y' 关于 x' 的线性回归方程为

$$y' = -1.1183x' + 2.4600$$

换回原变量得

$$\hat{y} = 11.7046e^{-\frac{1.1183}{x}}$$

现对 x' 与 y' 的线性相关关系的显著性用 F 检验法进行检验,得

$$F = 379.3115 > F_{0.01}(1,15) = 8.68$$

检验结论表明,此线性回归方程的效果是显著的.

本章应用案例

案例 1　考虑火灾事故的损失额 y 和火灾发生地与最近的消防站的距离 x 的一元线性回归模型. 收集数据,根据收集到的数据,作散点图,建立一元线性回归模型,用普通最小二乘法得到模型中参数的估计,从而得到回归方程. 虽然从散点图看解释变量 x 与被解释变量 y 有很强的线性关系,但此时得到的回归方程还不能直接用于分析和预测,必须要对回归方程进行检验. 除了做统计检验,还要结合实际情况进行分析. 通过该案例说明,同学们在学习生活中,做事情要讲究科学严谨性,要有理有据,不能凭主观想法下结论.

案例 2　如何分析我国城镇居民家庭平均每人全年的消费性支出. 要求考虑其影响因素,并收集我国 31 个省、自治区、直辖市某年的数据,通过多元线性回归进行分析. 通过该案例,同学们可以参与到实际问题的应用中,体现学生学习的主体地位,增加学习兴趣,提高收集数据、分析问题和解决实际问题的能力,可使同学们充分理解回归分析方法的统计意义及其应用价值,培养学科价值认同、职业精神与素养. 同时使同学们认识到,在学习生活中,做事情要实事求是,谨慎认真,不弄虚作假,通过严格的分析过程培养自己的责任担当和求真务实的精神.

本章知识网络图

$$
\left\{
\begin{array}{l}
\text{一元线性回归}
\left\{
\begin{array}{l}
\text{变量间的两类关系:确定性关系和相关关系}\\
\text{一元线性回归模型:} y = a + bx + \varepsilon, \varepsilon \sim N(0, \sigma^2)\\
\text{一元线性回归方程:} E(y) = a + bx \text{或} \hat{y} = \hat{a} + \hat{b}x\\
\text{最小二乘法估计参数} a, b\\
\text{回归方程的显著性检验}
\left\{
\begin{array}{l}
F \text{检验}\\
t \text{检验}
\end{array}
\right.\\
\text{回归函数值的点估计和置信区间}\\
Y \text{的观察值的点预测和预测区间}\\
\text{自变量} x \text{的控制}\\
\text{非线性回归的线性化处理}
\end{array}
\right.\\
\text{多元线性回归}
\end{array}
\right.
$$

习题十

1. 已知一元线性模型中回归函数的图象经过原点,试建立线性模型,并用最小二乘法求出未知参数的点估.

2. 为考察某种维尼纶纤维的耐水性能,安排了一组试验,测得其甲醇浓度 x 及相应的"缩醇化度" y 的数据如下:

x	18	20	22	24	26	28	30
y	26.86	28.35	28.75	28.87	29.75	30.00	30.36

(1)作散点图;

(2)求样本相关系数;

(3)建立一元线性回归方程;

(4)对建立的回归方程作显著性检验($\alpha = 0.01$).

3. 测量了 9 对父子的身高,所得数据如下(单位:英寸):

父亲身高 x_i	60	62	64	66	67	68	70	72	74
儿子身高 y_i	63.6	65.2	66	66.9	67.1	67.4	68.3	70.1	70

(1)作散点图;

(2)儿子身高 y 关于父亲身高 x 的回归方程;

(3)取 $\alpha = 0.05$,检验儿子的身高 y 与父亲身高 x 之间的线性相关关系是否显著;

(4)若父亲身高 70 英寸,求其儿子的身高的置信度为 95% 的预测区间.

4. 测得一组弹簧形变 x (单位:cm)和相应的外力 y (单位:N)数据如下:

x	1	1.2	1.4	1.6	1.8	2.0	2.2	2.4	2.8	3.0
y	3.08	3.76	4.31	5.02	5.51	6.25	6.74	7.40	8.54	9.24

由胡克定律知 $y=kx$，试估计 k，并在 $x=2.6$cm 时给出相应的外力 y 的 0.95 预测区间.

5. 设 y 为树干的体积，x_1 为离地面一定高度的树干直径，x_2 为树干高度，一共测量了 31 棵树，数据列于下表，作出 y 对 x_1，x_2 的二元线性回归方程，以便能用简单分法从 x_1 和 x_2 估计一棵树的体积，进而估计一片森林的木材储量.

x_1（直径）	x_2（高）	y（体积）	x_1（直径）	x_2（高）	y（体积）
8.3	70	10.3	12.9	85	33.8
8.6	65	10.3	13.3	86	27.4
8.8	63	10.2	13.7	71	25.7
10.5	72	10.4	13.8	64	24.9
10.7	81	16.8	14.0	78	34.5
10.8	83	18.8	14.2	80	31.7
11.0	66	19.7	15.5	74	36.3
11.0	75	15.6	16.0	72	38.3
11.1	80	18.2	16.3	77	42.6
11.2	75	22.6	17.3	81	55.4
11.3	79	19.9	17.5	82	55.7
11.4	76	24.2	17.9	80	58.3
11.4	76	21.0	18.0	80	51.5
11.7	69	21.4	18.0	80	51.0
12.0	75	21.3	20.6	87	77.0
12.9	74	19.1			

6. 一种合金在某种添加剂的不同浓度之下，各做 3 次试验，得数据如下：

浓度 x	10.0	15.0	20.0	25.0	30.0
	25.2	29.8	31.2	31.7	29.4
抗压强度 y	27.3	31.1	32.6	30.1	30.8
	28.7	27.8	29.7	32.3	32.8

(1) 作散点图；

(2) 以模型 $y=b_0+b_1x_1+b_2x_2+\varepsilon$，$\varepsilon \sim N(0,\sigma^2)$ 拟合数据，其中 b_0，b_1，b_2，σ^2 与 x 无关，求回归方程 $\hat{y}=\hat{b}_0+\hat{b}_1x+\hat{b}_2x^2$.

附 表

附表 1 几种常用的概率分布

分　布	参　数	分布律或概率密度	数学期望	方　差
0—1 分布	$0 < p < 1$	$P\{X = k\} = P^k(1-p)1-k$ $k = 0,1$	p	$p(1-p)$
二项 分布	$n \geq 1,$ $0 < p < 1$	$P\{X = k\} = C_n^k p^k(1-p)^{n-k}$ $k = 0,1,\cdots,n$	np	$np(1-p)$
负二项 分布	$r \geq 1,$ $0 < p < 1$	$P\{X = k\} = C_{k-1}^{r-1}(1-p)^{k-r}$ $k = r,r+1,\cdots$	$\dfrac{r}{p}$	$\dfrac{r(1-p)}{p^2}$
几何 分布	$0 < p < 1$	$P\{X = k\} = P^{(1-p)k-1}$ $k = 1,2,\cdots$	$\dfrac{1}{p}$	$\dfrac{1-p}{p^2}$
超几何 分布	N,M,n $(M \leq N, n \leq M)$	$P\{X = k\} = \dfrac{C_M^k C_N^{n-k} - M}{C_N^n}$ $k = 0,1,\cdots,n$	$\dfrac{nM}{N}$	$\dfrac{NM}{N}\left(1-\dfrac{M}{N}\right)\left(\dfrac{N-n}{N-1}\right)$
泊松 分布	$\lambda > 0$	$P\{X = k\} = \dfrac{\lambda^k e^{-\lambda}}{K!}$ $k = 0,1,\cdots$	λ	λ
均匀 分布	$a < b$	$f(x) = \begin{cases} \dfrac{1}{b-a} & a < x < b, \\ 0 & \text{其他.} \end{cases}$	$\dfrac{a+b}{2}$	$\dfrac{(b-2)^2}{12}$

附表 1（续 1）

分布	参数	分布律或概率密度	数学期望	方差
正态分布	μ 为实数，$\sigma > 0$	$f(x) = \dfrac{1}{\sqrt{2\pi}\,\sigma} e^{-\frac{(x-\mu)^2}{2\sigma^2}}$	μ	σ^2
Γ 分布	$\alpha > 0$，$\beta > 0$	$f(x) = \begin{cases} \dfrac{1}{\beta^\alpha \Gamma(\alpha)} x^{\alpha-1} e^{-\frac{x}{\beta}}, & x > 0 \\ 0, & 其他 \end{cases}$	$\alpha\beta$	$\alpha\beta^2$
指数分布	$\theta > 0$	$f(x) = \begin{cases} \dfrac{1}{\theta} e^{-x/\theta}, & x > 0 \\ 0, & 其他 \end{cases}$	θ	θ^2
χ^2 分布	$n \geq 1$	$f(x) = \begin{cases} \dfrac{1}{2^{n/2}\Gamma(n/2)} x^{n/2-1} e^{-x/2}, & x > 0 \\ 0, & 其他 \end{cases}$	n	$2n$
威尔尔分布	$\eta > 0$，$\beta > 0$	$f(x) = \begin{cases} \dfrac{\beta}{\eta}\left(\dfrac{x}{\eta}\right)^{\beta-1} e^{-\left(\frac{x}{\eta}\right)^{\beta}}, & x > 0 \\ 0, & 其他 \end{cases}$	$\eta\Gamma\left(\dfrac{1}{\beta} + 1\right)$	$\eta^2\left\{\Gamma\left(\dfrac{2}{\beta} + 1\right) - \left[\Gamma\left(\dfrac{1}{\beta} + 1\right)\right]^2\right\}$
瑞利分布	$\sigma > 0$	$f(x) = \begin{cases} \dfrac{1}{\sigma^2} x\, e^{-x^2/(2\sigma^2)}, & x > 0 \\ 0, & 其他 \end{cases}$	$\sqrt{\dfrac{\pi}{2}}\,\sigma$	$\dfrac{4-\pi}{2}\sigma^2$

附表 1（续 2）

分 布	参 数	分布律或概率密度	数学期望	方 差
β 分布	$\alpha>0$, $\beta>0$	$f(x)=\begin{cases}\dfrac{\Gamma(\alpha+\beta)}{\Gamma(\alpha)\Gamma(\beta)}x^{\alpha-1}(1-x)^{\beta-1}, & 0<x<1,\\ 0, & \text{其他}\end{cases}$	$\dfrac{\alpha}{\alpha+\beta}$	$\dfrac{\alpha\beta}{(\alpha+\beta)^2(\alpha+\beta+1)}$
对数正态分布	μ 为实数, $\sigma>0$	$f(x)=\begin{cases}\dfrac{1}{\sqrt{2\pi}\sigma x}e^{-\frac{(\ln x-\mu)^2}{2\sigma^2}}, & x>0,\\ 0, & \text{其他}\end{cases}$	$e^{\mu+\frac{\sigma^2}{2}}$	$e^{2\mu+\sigma^2}(e^{\sigma^2}-1)$
柯西分布	α 为实数, $\lambda>0$	$f(x)=\dfrac{1}{\pi}\dfrac{\lambda}{\lambda^2+(x-\alpha)^2}$	不存在	不存在
t 分布	$n\geq1$	$f(x)=\dfrac{\Gamma\left(\dfrac{n+1}{2}\right)}{\sqrt{n\pi}\,\Gamma(n/2)}\left(1+\dfrac{x^2}{n}\right)^{-(n+1)/2}$	0	$\dfrac{n}{n-2}$, $n>2$
F 分布	n_1,n_2	$f(x)=\begin{cases}\dfrac{\Gamma[(n_1+n_2)/2]}{\Gamma(n_1/2)\Gamma(n_2/2)}\left(\dfrac{n_1}{n_2}\right)^{\frac{n_1}{2}}x^{\frac{n_1}{2}-1}\left(1+\dfrac{n_1}{n_2}x\right)^{-(n_1+n_2)/2}, & x>0\\ 0, & \text{其他}\end{cases}$	$\dfrac{n_2}{n_2-2}$, $n_2\geq2$	$\dfrac{2n_2^2(n_1+n_2-2)}{n_1(n_2-2)^2(n_2-4)}$, $n_2>4$

附表 2 标准正态分布表

$$\Phi(z) = \int_{-\infty}^{z} \frac{1}{\sqrt{2\pi}} e^{-u^2/2} du = P(Z \leqslant z)$$

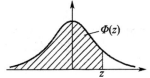

z	0	1	2	3	4	5	6	7	8	9
0.0	0.5000	0.5040	0.5080	0.5120	0.5160	0.5199	0.5239	0.5279	0.5319	0.5359
0.1	0.5398	0.5438	0.5478	0.5517	0.5557	0.5596	0.5636	0.5675	0.5714	0.5753
0.2	0.5793	0.5832	0.5871	0.5910	0.5948	0.5987	0.6026	0.6064	0.6103	0.6141
0.3	0.6179	0.6217	0.6255	0.6293	0.6331	0.6368	0.6406	0.6443	0.6480	0.6517
0.4	0.6554	0.6591	0.6628	0.6664	0.6700	0.6736	0.6772	0.6808	0.6844	0.6879
0.5	0.6915	0.6950	0.6985	0.7019	0.7054	0.708.8	0.7123	0.7157	0.7190	0.7224
0.6	0.7257	0.7291	0.7324	0.7357	0.7389	0.7422	0.7454	0.7486	0.7517	0.7549
0.7	0.7580	0.7611	0.7642	0.7673	0.7703	0.7734	0.7764	0.7794	0.7823	0.7852
0.8	0.7881	0.7910	0.7939	0.7967	0.7995	0.8023	0.8051	0.8078	0.8106	0.8133
0.9	0.8159	0.8186	0.8212	0.8238	0.8264	0.8289	0.8315	0.8340	0.8365	0.8389
1.0	0.8413	0.8438	0.8461	0.8485	0.8508	0.8531	0.8554	0.8577	0.8599	0.8621
1.1	0.8643	0.8665	0.8686	0.8708	0.8729	0.8749	0.8770	0.8790	0.8810	0.8830
1.2	0.8849	0.8869	0.8888	0.8907	0.8925	0.8944	0.8962	0.8980	0.8997	0.9015
1.3	0.9032	0.9049	0.9066	0.9082	0.9099	0.9115	0.9131	0.9147	0.9162	0.9177
1.4	0.9192	0.9207	0.9222	0.9236	0.9251	0.926.5	0.9278	0.9292	0.9306	0.9319
1.5	0.9332	0.9345	0.9357	0.9370	0.9382	0.9394	0.9406	0.9418	0.9430	0.9441
1.6	0.9452	0.9463	0.9474	0.9484	0.9495	0.9505	0.9515	0.9525	0.9535	0.9545
1.7	0.9554	0.9564	0.9573	0.9582	0.9591	0.9599	0.9608	0.9616	0.9625	0.9633
1.8	0.9641	0.9648	0.9656	0.9664	0.9671	0.9678	0.9686	0.9693	0.9700	0.9706
1.9	0.9713	0.9719	0.9726	0.9732	0.9738	0.9744	0.9750	0.9756	0.9762	0.9767
2.0	0.9772	0.9778	0.9783	0.9788	0.9793	0.9798	0.9803	0.9808	0.9812	0.9817
2.1	0.9821	0.9826	0.9830	0.9834	0.9838	0.9842	0.9846	0.9850	0.9854	0.9857
2.2	0.9861	0.9864	0.9868	0.9871	0.9874	0.9878	0.9881	0.9884	0.9887	0.9890
2.3	0.9893	0.9896	0.9898	0.9901	0.9904	0.9906	0.9909	0.9911	0.9913	0.9916
2.4	0.9918	0.9920	0.9922	0.9925	0.9927	0.9929	0.9931	0.9932	0.9934	0.9936
2.5	0.9938	0.9940	0.9941	0.9943	0.9945	0.9946	0.9948	0.9949	0.9951	0.9952
2.6	0.9953	0.9955	0.9956	0.9957	0.9959	0.9960	0.9961	0.9962	0.9963	0.9964
2.7	0.9965	0.9966	0.9967	0.9968	0.9969	0.9970	0.9971	0.9972	0.9973	0,9974
2.8	0.9974	0.9975	0.9976	0.9977	0.9977	0.9978	0.9979	0.9979	0.9980	0.9981
2.9	0.9981	0.9982	0.9982	0.9983	0.9984	0.9984	0.9985	0.9985	0.9986	0.9986
3.0	0.9987	0.9990	0.9993	0.9995	0.9997	0.9998	0.9998	0.9999	0.9999	1.0000

注:表中末行系函数值 $\Phi(3.0)$,$\Phi(3.,1)$,$\cdots$,$\Phi(3.9)$

附表3 泊松分布表

$$1-F(x-1)=\sum_{r=x}^{+\infty}\frac{\lambda^r e^{-\lambda}}{r!}$$

x	$\lambda=0.2$	$\lambda=0.3$	$\lambda=0.4$	$\lambda=0.5$	$\lambda=0.6$
0	1.000000.0	1.000000.0	1.0000000	1.0000000	1.000000.0
1	0.1812692	0.2591818	0.3296800	0.323469	0.451188
2	0.0175231	0.0369363	0.0615519	0.090204	0.121901
3	0.0011485	0.0035995	0.0079263	0.014388	0.023115
4	0.0000568	0.0002658	0.0007763	0.001752	0.003358
5	0.0000023	0.0000158	0.0000612	0.000172	0.000394
6	0.0000001	0.000.0008	0.0000040	0.000.014	0.000039
7			0.0000002	0.000001	0.000003

x	$\lambda=0.7$	$\lambda=0.8$	$\lambda=0.9$	$\lambda=1.0$	$\lambda=1.2$
0	1.0000000	1.0000000	1.0000000	1.0000000	1.0000000
1	0.503415	0.550671	0.593430	0.632121	0.698806
2	0.155805	0.191208	0.227518	0.264241	0.337373
3	0.034142	0.047423	0.062857	0.080301	0.120513
4	0.005753	0.009080	0.013459	0.018988	0.033769
5	0.000786	0.001411	0.002344	0.003660	0.007746
6	0.000090	0.000184	0.000343	0.000594	0.001500
7	0.000009	0.000021	0.000043	0.000083	0.000251
8	0.000001	0.000002	0.000005	0.000010	0.000.032
9				0.000001	0.000005
10					0.000001

x	$\lambda=1.4$	$\lambda=1.6$	$\lambda=1.8$		
0	1.000.000	1.000000	1.000000		
1	0.753403	0.798103	0.834701		
2	0.408167	0.475069	0.537163		
3	0.166502	0.216642	0.269379		
4	0.053725	0.078813	0.108708		
5	0.014253	0.023682	0.036407		
6	0.003201	0.006040	0.010378		
7	0.000622	0.001336	0.002569		
8	0.000107	0.000260	0.000562		
9	0.000016	0.000045	0.000110		
10	0.000.002	0.000007	0.000019		
11		0.000001	0.000003		

附表 3（续）

x	$\lambda=2.5$	$\lambda=3.0$	$\lambda=3.5$	$\lambda=4.0$	$\lambda=4.5$	$\lambda=5.0$
0	1.000000	1.000000	1.000000	1.000000	1.000000	1.000000
1	0.917915	0.950213	0.969803	0.981684	0.988891	0.993262
2	0.712703	0.800852	0.864112	0.908422	0.938901	0.959572
3	0.456187	0.576810	0.679153	0.761897	0.826422	0.875348
4	0.242424	0.352768	0.463367	0.566530	0.657704	0.734974
5	0.108822	0.184737	0.274555	0.371163	0.467896	0.559507
6	0.042021	0.083918	0.142386	0.214870	0.297070	0.384039
7	0.014187	0.033509	0.065288	0.110674	0.168949	0.237817
8	0.004247	0.011905	0.026739	0.051134	0.086586	0.133372
9	0.001140	0.003803	0.009874	0.021363	0.040257	0.068094
10	0.000277	0.001102	0.003315	0.008132	0.017093	0.031828
11	0.000062	0.000292	0.001019	0.002840	0.006669	0.013695
12	0.000013	0.000071	0.000289	0.000915	0.002404	0.005453
13	0.00002	0.000016	0.000076	0.000274	0.000805	0.002019
14		0.000003	0.000019	0.000076	0.000252	0.000698
15		0.000001	0.000004	0.000020	0.000074	0.00226
16			0.000001	0.000005	0.000020	0.000069
17				0.000001	0.000005	0.000020
18					0.000001	0.00005
19						0.000001

附表4 t 分布表

$$P\{t(n) > t_\alpha(n)\} = \alpha$$

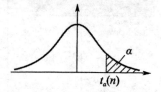

n	$\alpha = 0.25$	0.10	0.05	0.025	0.01	0.005
1	1.0000	3.077.7	6.3138	12.7062	31.8207	63.6574
2	0.816.5	1.8856	2.9200	4.3027	6.9646	9.9248
3	0.7349	1.6377	2.3534	3.1824	4.5407	5.8409
4	0.7407	1.5332	2.1318	2.7764	3.7469	4.6041
5	0.7267	1.4759	2.0150	2.5706	3.3649	4.0322
6	0.7176	1.439.8	1.9432	2.4469	3.1427	3.7074
7	0.7111	1.4149	1.8946	2.3646	2.998.0	3.4995
8	0.7064	1.3968	1.8595	2.3060	2.8965	3.3554
9	0.7027	1.3830	1.8331	2.2622	2.8214	3.2498
10	0.6998	1.3722	1.8125	2.2281	2.7638	3.1693
11	0.6974	1.3634	1.7959	2.2010	2.7181	3.1058
12	0.6955	1.3562	1.7823	2.1788	2.6810	3.0545
13	0.6938	1.3502	1.7709	2.1604	2.6503	3.0123
14	0.6924	1.3450	1.7613	2.1448	2.6245	2.9768
15	0.6912	1.3406	1.7531	2.1315	2.6025	2.9467
16	0.6901	1.3368	1.7459	2.1199	2.5835	2.9208
17	0.6892	1.3334	1.7396	2.1098	2.5669	2.8982
18	0.6884	1.3304	1.7341	2.1009	2.5524	2.8784
19	0.6876	1.3277	1.7291	2.0930	2.5395	2.8609
20	0.6870	1.3253	1.7247	2.0860	2.5280	2.8453
21	0.6864	1.3232	1.7207	2.0796	2.5177	2.8314
22	0.6858	1.3212	1.7171	2.0739	2.5083	2.8188
23	0.6853	1.3195	1.7139	2.0687	2.4999	2.8073
24	0.6848	1.3178	1.7109	2.6039	3.4922	2.7969
25	0.6844	1.3163	1.7081	2.0595	2.4851	2.7874

附表 4　（续）

n	$\alpha = 0.25$	0.10	0.05	0.025	0.01	0.005
26	0.6840	1.3150	1.7056	2.0555	2.4786	2.7787
27	0.6837	1.1317	1.7033	2.0518	2.4727	2.7707
28	0.6834	1.3125	1.7011	2.0484	2.4671	2.7633
29	0.6830	1.3114	1.699	2.0452	2.4620	2.7564
30	0.6828	1.3104	1.6973	2.0423	2.4573	2.7500
31	0.6825	1.3095	1.6955	2.0395	2.4528	2.7440
32	0.6822	1.3086	1.6939	2.0369	2.4487	2.7385
33	0.6820	1.3077	1.6924	2.0345	2.4448	2.7333
34	0.6818	1.3070	1.6909	2.0322	2.4411	2.7284
35	0.6816	1.3062	1.6896	2.0301	2.4377	2.7238
36	0.6814	1.3055	1.6883	2.2081	0.4345	2.7195
37	0.6812	1.3049	1.6871	2.0262	2.4314	2.7154
38	0.6810	1.3042	1.6860	2.0244	2.4286	2.7116
39	0.6808	1.3036	1.6849	2.0227	2.4258	2.7079
40	0.6807	1.3031	1.6839	2.0211	0.4233	2.7045
41	0.6805	1.3025	1.6829	2.0195	2.4208	2.7012
42	0.6804	1.3020	1.6820	2.0181	2.4185	2.6981
43	0.6802	1.3016	1.6811	2.0167	2.4163	2.6951
44	0.6801	1.3011	1.6802	2.0154	2.4141	2.6923
45	0.6800	1.3006	1.6794	2.0141	2.4121	2.6896

附表 5　χ^2 分布表

$$P\{\chi^2(n) > \chi_\alpha^2(n)\} = \alpha$$

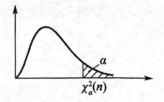

n	$\alpha = 0.995$	0.99	0.975	0.95	0.90	0.75
1	—	—	0.001	0.004	0.016	0.102
2	0.010	0.020	0.051	0.103	0.211	0.575
3	0.072	0.115	0.216	0.352	0.584	1.213
4	0.207	0.297	0.484	0.711	1.064	1.923
5	0.412	0.554	0.831	1.145	1.610	2.675
6	0.676	0.872	1.237	1.635	2.204	3.455
7	0.989	1.239	1.690	2.167	2.833	4.255
8	1.344	1.646	2.180	2.733	3.490	5.071
9	1.735	2.088	2.700	3.325	4.168	5.899
10	2.156	2.558	3.247	3.940	4.865	6.737
11	2.603	3.053	3.816	4.575	5.578	7.584
12	3.074	3.571	4.404	5.226	6.034	8.438
13	3.565	4.107	5.009	5.892	7.042	9.299
14	4.075	4.660	5.629	6.571	7.790	10.165
15	4.601	5.229	6.262	7.261	8.547	11.037
16	5.142	5.812	6.908	7.962	9.312	11.912
17	5.697	6.408	7.564	8.672	10.085	12.792
18	6.265	7.015	8.231	9.390	10.865	13.675
19	6.844	7.633	8.907	10.117	11.651	14.562
20	7.434	8.260	9.591	10.851	12.443	15.452
21	8.034	8.897	10.283	11.591	13.240	16.344
22	8.643	9.542	10.982	12.338	14.042	17.240
23	9.260	10.196	11.689	13.091	14.848	18.137
24	9.886	10.856	12.401	13.848	15.659	19.037
25	10.520	11.524	13.120	14.611	16.473	19.939
26	11.160	12.198	13.844	15.379	17.292	20.843
27	11.808	12.879	14.573	16.151	18.114	21.749
28	12.461	13.565	15.308	16.928	18.939	22.657

附表 5（续 1）

n	$\alpha = 0.995$	0.99	0.975	0.95	0.90	0.75
29	13.121	14.257	16.047	17.708	19.768	23.567
30	13.787	14.954	16.791	18.493	20.599	24.478
31	14.458	15.655	17.539	19.281	21.434	25.390
32	15.134	16.362	18.291	20.072	22.271	26.304
33	15.518	17.074	19.047	20.867	23.110	27.219
34	16.501	17.789	19.806	21.664	23.952	28.136
35	17.192	18.509	20.569	22.465	24.797	29.054
36	17.887	19.233	21.336	23.269	25.643	29.973
37	18.586	19.960	22.106	24.075	26.492	30.893
38	19.289	20.691	22.878	24.884	27.343	31.815
39	19.996	21.426	23.654	25.695	28.196	32.737
40	20.707	22.164	24.433	26.509	29.051	33.660
41	21.421	22.906	25.215	27.326	29.907	34.585
42	22.138	23.650	25.999	28.144	30.765	35.510
43	22.859	34.398	26.785	28.965	31.625	36.436
44	23.584	25.148	27.575	29.787	32.487	37.363
45	24.311	25.901	28.366	30.612	33.350	38.291

附表 5(续 2) $P\{\chi^2(n) > \chi_\alpha^2(n)\} = \alpha$

n	$\alpha = 0.25$	0.10	0.05	0.025	0.01	0.005
2	1.323	2.706	3.841	5.024	6.635	7.879
	2.773	4.605	5.991	7.378	9.210	10.597
3	4.108	6.251	7.815	9.348	11.345	12.838
4	5.385	7.779	9.488	11.143	13.277	14.860
5	6.626	9.236	11.071	12.833	15.086	16.750
6	7.841	10.645	12.592	14.449	16.812	18.548
7	9.037	12.017	14.067	16.013	18.475	20.278
8	10.219	13.362	15.507	17.535	20.090	21.955
9	11.389	14.684	16.919	19.023	21.666	23.589
10	12.549	15.987	18.307	20.483	23.209	25.188
11	13.701	17.275	19.675	21.920	34.725	26.757
12	14.845	18.549	21.026	23.337	26.217	28.299
13	15.984	19.812	22.362	24.736	27.688	29.819
14	17.117	21.064	23.685	26.119	29.141	31.319
15	18.245	22.307	24.996	27.488	30.578	32.801

附表5（续3）

$$P\{\chi^2(n) > \chi_\alpha^2(n)\} = \alpha$$

n	$\alpha = 0.25$	0.10	0.05	0.025	0.01	0.005
16	19.369	23.542	26.296	28.845	32.000	34.267
17	20.489	24.769	27.587	30.191	33.409	35.718
18	21.605	25.989	28.869	31.526	34.805	37.156
19	22.718	27.204	30.144	32.852	36.191	38.582
20	23.828	28.412	31.410	34.170	37.566	39.997
21	24.935	29.615	32.671	35.479	38.932	41.40
22	26.039	30.813	33.924	36.781	40.289	42.796
23	27.141	32.007	35.172	38.076	41.638	44.181
24	28.241	33.196	36.415	39.36	42.980	45.559
25	29.339	34.382	37.652	40.646	44.314	46.928
26	30.435	35.563	38.885	41.923	45.642	48.290
27	31.528	36.741	40.113	43.194	46.963	49.645
28	32.620	37.916	41.337	44.461	48.278	50.993
29	33.711	39.087	42.557	45.722	49.588	52.336
30	34.800	40.256	43.773	46.979	50.892	53.672
31	35.887	41.422	44.985	48.232	52.191	55.003
32	36.973	42.585	46.194	49.480	53.486	56.328
33	38.058	43.745	47.400	50.725	54.776	57.648
34	39.141	44.903	48.602	51.966	56.061	58.964
35	40.223	46.059	49.802	53.203	57.342	60.275
36	41.034	47.212	50.998	54.437	58.619	61.581
37	43.383	48.363	52.192	55.668	59.892	62.883
38	43.462	49.513	53.384	56.896	61.162	64.181
39	44.539	50.660	54.572	58.120	62.428	65.476
40	45.616	51.805	55.758	59.342	63.691	66.766
41	46.692	52.949	56.942	60.561	64.950	68.053
42	47.766	54.090	58.124	61.777	66.206	69.336
43	48.840	55.230	59.304	62.990	67.459	70.616
44	49.913	56.369	60.481	64.201	68.710	71.893
45	50.985	57.505	61.656	65.410	69.957	73.166

附表 6　F 分布表

$$P\{F(n_1,n_2)>F(n_1,n_2)\}=\alpha$$

$$\alpha=0.10$$

n_2 \ n_1	1	2	3	4	5	6	7	8	9	10	12	15	20	24	30	40	60	120	$+\infty$
1	39.86	49.50	53.59	55.83	57.24	58.20	58.91	59.44	59.86	60.19	60.71	61.22	61.74	62.00	62.26	62.53	62.79	63.06	63.33
2	8.53	9.00	9.16	9.24	9.29	9.33	9.35	9.37	9.38	9.39	9.41	9.42	9.44	9.45	9.46	9.47	9.47	9.48	9.49
3	5.54	5.46	5.39	5.34	5.31	5.28	5.27	5.25	5.24	5.23	5.22	5.20	5.18	5.18	5.17	5.16	5.15	5.14	5.13
4	4.54	4.32	4.19	4.11	4.05	4.01	3.98	3.95	3.94	3.92	3.90	3.87	3.84	3.83	3.82	3.80	3.79	3.78	4.76
5	4.06	3.78	3.62	3.52	3.45	3.40	3.37	3.34	3.32	3.30	3.27	3.24	3.21	3.19	3.17	3.16	3.14	3.12	3.10
6	3.78	3.46	3.29	3.18	3.11	3.05	3.01	2.98	2.96	2.94	2.90	2.87	2.84	2.82	2.80	2.78	2.76	2.74	2.72
7	3.59	3.26	3.07	2.96	2.88	2.83	2.78	2.75	2.72	2.70	2.67	2.63	2.59	2.58	2.56	2.54	2.51	2.49	2.47
8	3.46	3.11	2.92	2.81	2.73	2.67	2.62	2.59	2.56	2.54	2.50	2.46	2.42	2.40	2.38	2.36	2.34	2.32	2.29
9	3.36	3.01	2.81	2.69	2.61	2.55	2.51	2.47	2.44	2.42	2.38	2.31	2.30	2.28	2.25	2.23	2.21	2.18	2.16
10	3.29	2.92	2.73	2.61	2.52	2.46	2.41	2.38	2.35	2.32	2.28	2.24	2.20	2.18	2.16	2.13	2.11	2.08	2.06
11	3.23	2.86	2.66	2.54	2.45	2.39	2.34	2.30	2.27	2.25	2.21	2.17	2.12	2.10	2.08	2.05	2.03	2.00	1.97
12	3.18	2.81	2.61	2.48	2.39	2.33	2.28	2.24	2.21	2.19	2.15	2.10	2.06	2.04	2.01	1.99	1.96	1.93	1.90
13	3.14	2.76	2.56	2.43	2.35	2.28	2.23	2.20	2.16	2.14	2.10	2.05	2.01	1.98	1.96	1.93	1.90	1.88	1.85
14	3.10	2.73	2.52	2.39	2.31	2.24	2.19	2.15	2.12	2.10	2.05	2.01	1.96	1.94	1.91	1.89	1.86	1.83	1.80
15	3.07	2.70	2.49	2.36	2.27	2.21	2.16	2.12	2.09	2.06	2.02	1.97	1.92	1.90	1.87	1.85	1.82	1.79	1.76
16	3.05	2.67	2.46	2.33	2.24	2.18	2.13	2.09	2.06	2.03	1.99	1.94	1.89	1.87	1.84	1.81	1.78	1.75	1.72
17	3.03	2.64	2.44	2.31	2.22	2.15	2.10	2.06	2.03	2.00	1.96	1.91	1.86	1.84	1.81	1.78	1.75	1.72	1.69
18	3.01	2.62	2.42	2.29	2.20	2.13	2.08	2.04	2.00	1.98	1.93	1.89	1.84	1.81	1.78	1.75	1.72	1.69	1.66
19	2.99	2.61	2.40	2.27	2.18	2.11	2.06	2.02	1.98	1.96	1.91	1.86	1.81	1.79	1.76	1.73	1.70	1.67	1.63

附表 6（续 1）

$\alpha = 0.10$

n_2	1	2	3	4	5	6	7	8	9	10	12	15	20	24	30	40	60	120	$+\infty$
20	2.97	2.59	2.38	2.25	2.16	2.09	2.04	2.00	1.96	1.94	1.89	1.84	1.79	1.77	1.74	1.71	1.68	1.64	1.61
21	2.96	2.57	2.36	2.23	2.14	2.08	2.02	1.98	1.95	1.92	1.87	1.83	1.78	1.75	1.72	1.69	1.66	1.62	1.59
22	2.95	2.56	2.35	2.22	2.13	2.06	2.01	1.97	1.93	1.90	1.86	1.81	1.76	1.73	1.70	1.67	1.64	1.60	1.57
23	2.94	2.55	2.34	2.21	2.11	2.05	1.99	1.95	1.92	1.89	1.84	1.80	1.74	1.72	1.69	1.66	1.62	1.59	1.55
24	2.93	2.54	2.33	2.19	2.10	2.04	1.98	1.94	1.91	1.88	1.83	1.78	1.73	1.70	1.67	1.64	1.61	1.57	1.53
25	2.92	2.53	2.32	2.18	2.09	2.02	1.97	1.93	1.89	1.87	1.82	1.77	1.72	1.69	1.66	1.63	1.59	1.56	1.52
26	2.91	2.52	2.31	2.17	2.08	2.01	1.96	1.92	1.88	1.86	1.81	1.76	1.71	1.68	1.65	1.61	1.58	1.54	1.50
27	2.90	2.51	2.30	2.17	2.07	2.00	1.95	1.91	1.87	1.85	1.80	1.75	1.70	1.67	1.64	1.60	1.57	1.53	1.49
28	2.89	2.50	2.29	2.16	2.06	2.00	1.94	1.90	1.87	1.84	1.79	1.74	1.69	1.66	1.63	1.59	1.56	1.52	1.48
29	2.89	2.50	2.28	2.15	2.06	1.99	1.93	1.89	1.86	1.83	1.78	1.73	1.68	1.65	1.62	1.58	1.55	1.51	1.47
30	2.88	2.49	2.28	2.14	2.05	1.98	1.93	1.88	1.85	1.82	1.77	1.72	1.67	1.64	1.61	1.57	1.54	1.50	1.46
40	2.84	2.44	2.23	2.09	2.00	1.93	1.87	1.83	1.79	1.76	1.71	1.66	1.61	1.57	1.54	1.51	1.47	1.42	1.38
60	2.79	2.39	2.18	2.04	1.95	1.87	1.82	1.77	1.74	1.71	1.66	1.60	1.54	1.51	1.48	1.44	1.40	1.35	1.29
120	2.75	2.35	2.13	1.99	1.90	1.82	1.77	1.72	1.68	1.65	1.60	1.55	1.48	1.45	1.41	1.37	1.32	1.26	1.19
$+\infty$	2.71	2.30	2.08	1.94	1.85	1.77	1.72	1.67	1.63	1.60	1.55	1.49	1.42	1.38	1.34	1.30	1.24	1.17	1.00

$a = 0.05$

n_2	1	2	3	4	5	6	7	8	9	10	12	15	20	24	30	40	60	120	$+\infty$
1	161.4	199.5	215.7	224.6	230.2	234.0	236.8	238.9	240.5	241.9	243.9	245.9	248.0	249.4	250.1	251.1	252.2	253.3	254.3
2	18.51	19.00	19.16	19.25	19.30	19.33	19.35	19.37	19.38	19.40	19.41	19.43	19.45	19.45	19.46	19.47	19.48	19.49	19.50
3	10.13	9.55	9.28	9.12	9.01	8.94	8.89	8.85	8.81	8.79	8.74	8.70	8.66	8.64	8.62	8.59	8.57	8.55	8.53
4	7.71	6.94	6.59	6.39	6.26	6.16	6.09	6.04	6.00	5.96	5.91	5.86	5.80	5.77	5.75	5.72	5.69	5.66	5.63
5	6.61	5.79	5.41	5.19	5.05	4.95	4.88	4.82	4.77	4.74	4.68	4.62	4.56	4.53	4.50	4.46	4.43	4.40	4.36
6	5.99	5.14	4.76	4.53	4.39	4.28	4.21	4.15	4.10	4.06	4.00	3.94	3.87	3.84	3.81	3.77	3.74	3.70	3.67
7	5.59	4.74	4.35	4.12	3.97	3.87	3.79	3.73	3.68	3.64	3.57	3.51	3.44	3.41	3.38	3.34	3.30	3.27	3.23
8	5.32	1.46	4.07	3.84	3.69	3.58	3.50	3.44	3.39	3.35	3.28	3.22	3.15	3.12	3.08	3.04	3.01	2.97	2.93
9	5.12	4.26	3.86	3.63	3.48	3.37	3.29	3.23	3.18	3.14	3.07	3.01	2.94	2.90	2.86	2.83	2.79	2.75	2.71

附表 6（续 2）

$\alpha = 0.05$

n_2 \ n_1	1	2	3	4	5	6	7	8	9	10	12	15	20	24	30	40	60	120	$+\infty$
10	4.96	4.10	3.71	3.48	3.33	3.22	3.14	3.07	3.02	2.98	2.91	2.85	2.77	2.74	2.70	2.66	2.62	2.58	2.54
11	4.84	3.98	3.59	3.36	3.20	3.09	3.01	2.95	2.90	2.85	2.79	2.72	2.65	2.61	2.57	2.53	2.49	2.45	2.40
12	4.75	3.89	3.49	3.26	3.11	3.00	2.91	2.85	2.80	2.75	2.69	2.62	2.54	2.51	2.47	2.43	2.38	2.34	2.30
13	4.67	3.81	3.41	3.18	3.03	2.92	2.83	2.77	2.71	2.67	2.60	2.53	2.46	2.42	2.38	2.34	2.30	2.25	2.21
14	4.60	3.74	3.34	3.11	2.96	2.85	2.76	2.70	2.65	2.60	2.53	2.46	2.39	2.35	2.31	2.27	2.22	2.18	2.13
15	4.54	3.68	3.29	3.06	2.90	2.79	2.71	2.64	2.59	2.54	2.48	2.40	2.33	2.29	2.25	2.20	2.16	2.11	2.07
16	4.49	3.63	3.24	3.01	2.85	2.74	2.66	2.659	2.54	2.49	2.42	2.35	2.28	2.24	2.19	2.15	2.11	2.06	2.01
17	4.45	3.59	3.20	2.96	2.81	2.70	2.61	2.55	2.49	2.45	2.38	2.31	2.23	2.19	2.15	2.10	2.06	2.01	1.96
18	4.41	3.55	3.16	2.93	2.77	2.66	2.58	2.51	2.46	2.41	2.34	2.27	2.19	2.15	2.11	2.06	2.02	1.97	1.92
19	4.38	3.52	3.13	2.90	2.74	2.63	2.54	2.48	2.42	2.38	2.31	2.23	2.16	2.11	2.07	2.03	1.98	1.93	1.88
20	4.35	3.49	3.10	2.87	2.71	2.60	2.51	2.45	2.39	2.35	2.28	2.20	2.12	2.08	2.04	1.99	1.95	1.90	1.84
21	4.32	3.47	3.07	2.84	2.68	2.57	2.49	2.42	2.37	2.32	2.25	2.18	2.10	2.05	2.01	1.96	1.92	1.87	1.81
22	4.30	3.44	3.05	2.82	2.66	2.55	2.46	2.40	2.34	2.30	2.23	2.15	2.07	2.03	1.98	1.94	1.89	1.84	1.78
23	4.28	3.42	3.03	2.80	2.64	2.53	2.44	2.37	2.32	2.27	2.20	2.13	2.05	2.01	1.96	1.91	1.86	1.81	1.76
24	4.26	3.40	3.01	2.78	2.62	2.51	2.42	2.36	2.30	2.25	2.18	2.11	2.03	1.98	1.94	1.89	1.84	1.79	1.73
25	4.24	3.39	2.99	2.76	2.60	2.49	2.40	2.34	2.28	2.24	2.16	2.09	2.01	1.96	1.92	1.87	1.82	1.77	1.71
26	4.23	3.37	2.98	2.74	2.59	2.47	2.39	2.32	2.27	2.22	2.15	2.07	1.99	1.95	1.90	1.85	1.80	1.75	1.69
27	4.21	3.35	2.96	2.73	2.57	2.46	2.37	2.31	2.25	2.20	2.13	2.06	1.97	1.93	1.88	1.84	1.79	1.73	1.67
28	4.20	3.34	2.95	2.71	2.56	2.45	2.36	2.29	2.24	2.19	2.12	2.04	1.96	1.91	1.87	1.82	1.77	1.71	1.65
29	4.18	3.33	2.93	2.70	2.55	2.43	2.35	2.28	2.22	2.18	2.10	2.03	1.94	1.90	1.85	1.81	1.75	1.70	1.64
30	4.17	3.32	2.92	2.69	2.53	2.42	2.33	2.27	2.21	2.16	2.09	2.01	1.93	1.89	1.84	1.79	1.74	1.68	1.62
40	4.08	3.23	2.84	2.61	2.45	2.34	2.25	2.18	2.12	2.08	2.00	1.92	1.84	1.79	1.74	1.69	1.64	1.58	1.51
60	4.00	3.15	2.76	2.53	2.37	2.25	2.17	2.10	2.04	1.99	1.92	1.84	1.75	1.70	1.65	1.59	1.53	1.47	1.39
120	3.92	3.07	2.68	2.45	2.29	2.17	2.09	2.02	1.96	1.91	1.83	1.75	1.66	1.61	1.55	1.50	1.43	1.35	1.25
$+\infty$	3.84	3.00	2.60	2.37	2.21	2.10	2.01	1.94	1.88	1.83	1.75	1.67	1.57	1.52	1.46	1.39	1.32	1.22	1.00

附表 6（续 3）

$$\alpha = 0.025$$

n_2	\ n_1 1	2	3	4	5	6	7	8	9	10	12	15	20	24	30	40	60	120	$+\infty$
1	647.8	799.5	864.2	899.6	921.8	937.1	948.2	956.7	963.3	968.6	976.7	984.9	993.1	997.2	1001	1006	1010	1014	1018
2	38.51	39.00	39.17	39.25	39.30	39.33	39.36	39.37	39.39	39.40	39.41	39.43	39.45	39.46	39.46	39.47	39.48	39.49	39.50
3	17.44	16.04	15.44	15.10	14.88	14.73	14.62	14.54	14.47	14.42	14.34	14.25	14.17	14.12	14.08	14.04	13.99	13.95	13.90
4	12.22	10.65	9.98	9.60	9.36	9.20	9.07	8.98	8.90	8.84	8.75	8.66	8.56	8.51	8.46	8.41	8.36	8.31	8.26
5	10.01	8.43	7.76	7.39	7.15	6.98	6.85	6.76	6.68	6.62	6.52	6.43	6.33	6.28	6.23	6.18	6.12	6.07	6.02
6	8.81	7.26	6.60	6.23	5.99	5.82	5.70	5.60	5.52	5.46	5.37	5.27	5.17	5.12	5.07	5.01	4.96	4.90	4.85
7	8.07	6.54	5.89	5.52	5.29	5.12	4.99	4.90	4.82	4.76	4.67	4.57	4.47	4.42	4.36	4.31	4.25	4.20	4.14
8	7.57	6.06	5.42	5.05	4.82	4.65	4.53	4.43	4.36	4.30	4.20	4.10	4.00	3.95	3.89	3.84	3.78	3.73	3.67
9	7.21	5.71	5.08	4.72	4.48	4.23	4.20	4.10	4.03	3.96	3.87	3.77	3.67	3.61	3.56	3.51	3.45	3.39	3.33
10	6.94	5.46	4.83	4.47	4.24	4.07	3.95	3.85	3.78	3.72	3.62	3.52	3.42	3.37	3.31	3.26	3.20	3.14	3.08
11	6.72	5.26	4.63	4.28	4.04	3.88	3.76	3.66	3.59	3.53	3.43	3.33	3.23	3.17	3.12	3.06	3.00	2.94	2.88
12	6.55	5.10	4.47	4.12	3.89	3.73	3.61	3.51	3.44	3.37	3.28	3.18	3.07	3.02	2.96	2.91	2.85	2.79	2.72
13	6.41	4.97	4.35	4.00	3.77	3.60	3.48	3.39	3.31	3.25	3.15	3.05	2.95	2.89	2.84	2.78	2.72	2.66	2.60
14	6.30	4.86	4.24	3.89	3.66	3.50	3.38	3.29	3.21	3.15	3.05	2.95	2.84	2.79	2.73	2.67	2.61	2.55	2.49
15	6.20	4.77	4.15	3.80	3.58	3.41	3.29	3.20	3.12	3.06	2.96	2.86	2.76	2.70	2.64	2.59	2.52	2.46	2.40
16	6.12	4.69	4.08	3.73	3.50	3.34	3.22	3.12	3.05	2.99	2.89	2.79	2.68	2.63	2.57	2.51	2.45	2.38	2.32
17	6.04	4.62	4.01	3.66	3.44	3.28	3.16	3.06	2.98	2.92	2.82	2.72	2.62	2.56	2.50	2.44	2.38	2.32	2.25
18	5.98	4.56	3.95	3.61	3.38	3.22	3.10	3.01	2.93	2.87	2.77	2.67	2.56	2.50	2.44	2.38	2.32	2.26	2.19
19	5.92	4.51	3.90	3.56	3.33	3.17	3.05	2.96	2.88	2.82	2.72	2.62	2.51	2.45	2.39	2.33	2.27	2.20	2.13
20	5.87	4.46	3.86	3.51	3.29	3.13	3.01	2.91	2.84	2.77	2.68	2.57	2.46	2.41	2.35	2.29	2.22	2.16	2.09
21	5.83	4.42	3.82	3.48	3.25	3.09	2.97	2.87	2.80	2.73	2.64	2.53	2.42	2.37	2.31	2.25	2.18	2.11	2.04
22	5.79	4.38	3.78	3.44	3.22	3.05	2.93	2.84	2.76	2.70	2.60	2.50	2.39	2.33	2.27	2.21	2.14	2.08	2.00
23	5.75	4.35	3.75	3.41	3.18	3.02	2.90	2.81	2.73	2.67	2.57	2.47	2.36	2.30	2.24	2.18	2.11	2.04	1.97
24	5.72	4.32	3.72	3.38	3.15	2.99	2.87	2.78	2.70	2.64	2.54	2.44	2.33	2.27	2.21	2.15	2.08	2.01	1.94

附表 6（续 4）

$\alpha = 0.025$

n_2 \ n_1	1	2	3	4	5	6	7	8	9	10	12	15	20	24	30	40	60	120	$+\infty$
25	5.69	4.29	3.69	3.35	3.13	2.97	2.85	2.75	2.68	2.61	2.51	2.41	2.30	2.24	2.18	2.12	2.05	1.98	1.91
26	5.66	4.27	3.67	3.33	3.10	2.94	2.82	2.73	2.65	2.59	2.49	2.39	2.28	2.22	2.16	2.09	2.03	1.95	1.88
27	5.63	4.24	3.65	3.31	3.08	2.92	2.80	2.71	2.63	2.57	2.47	2.36	2.25	2.19	2.13	2.07	2.00	1.93	1.85
28	5.61	4.22	3.63	3.29	3.06	2.90	2.78	2.69	2.61	2.55	2.45	2.34	2.23	2.17	2.11	2.05	1.98	1.91	1.83
29	5.59	4.20	3.61	3.27	3.04	2.88	2.76	2.67	2.59	2.53	2.43	2.32	2.21	2.15	2.09	2.03	1.96	1.89	1.81
30	5.57	4.18	3.59	3.25	3.03	2.87	2.75	2.65	2.57	2.51	2.41	2.31	2.20	2.14	2.07	2.01	1.94	1.87	1.79
40	5.42	4.05	3.46	3.13	2.90	2.74	2.62	2.53	2.45	2.39	2.29	2.18	2.07	2.01	1.94	1.88	1.80	1.72	1.64
60	5.29	3.93	3.34	3.01	2.79	2.63	2.51	2.41	2.33	2.27	2.17	2.06	1.94	1.88	1.82	1.74	1.67	1.58	1.48
120	5.15	3.80	3.23	2.89	2.67	2.52	2.39	2.30	2.22	2.16	2.05	1.94	1.82	1.76	1.69	1.61	1.53	1.43	1.31
$+\infty$	5.02	3.69	3.12	2.79	2.57	2.41	2.29	2.19	2.11	2.05	1.94	1.83	1.71	1.64	1.57	1.48	1.39	1.27	1.00

$\alpha = 0.01$

n_2 \ n_1	1	2	3	4	5	6	7	8	9	10	12	15	20	24	30	40	60	120	$+\infty$
1	4052	4999.5	5403	5625	5764	5859	5928	5982	6022	6056	6106	6157	6209	6235	6261	6287	6313	6339	6366
2	98.50	99.00	99.17	99.25	99.30	99.33	99.36	99.37	99.39	99.40	99.42	99.43	99.45	99.46	99.47	99.47	99.48	99.49	99.50
3	34.12	30.82	29.46	28.71	28.24	27.91	27.67	27.49	27.35	27.23	27.05	26.87	26.69	26.60	26.50	26.41	26.32	26.22	26.13
4	21.20	18.00	16.69	15.98	15.52	15.21	14.98	14.80	14.66	14.55	14.37	14.20	14.02	13.93	13.84	13.75	13.65	13.56	13.46
5	16.26	13.27	12.06	11.39	10.97	10.67	10.46	10.29	10.16	10.05	9.89	9.72	9.55	9.47	9.38	9.29	9.20	9.11	9.02
6	13.75	10.92	9.78	9.15	8.75	8.47	8.26	8.10	7.98	7.87	7.72	7.56	7.40	7.31	7.23	7.14	7.06	6.97	6.88
7	12.25	9.55	8.45	7.85	7.46	7.19	6.99	6.84	6.72	6.62	6.47	6.31	6.16	6.07	5.99	5.91	5.82	5.74	5.65
8	11.26	8.65	7.59	7.01	6.63	6.37	6.18	6.03	5.91	5.81	5.67	5.52	5.36	5.28	5.20	5.12	5.03	4.95	4.86
9	10.56	8.02	6.99	6.42	6.06	5.80	5.61	5.47	5.35	5.26	5.11	4.96	4.81	4.73	4.65	4.57	4.48	4.40	4.31

附表6（续5）

$\alpha = 0.01$

n_1

n_2	1	2	3	4	5	6	7	8	9	10	12	15	20	24	30	40	60	120	$+\infty$
10	10.04	7.56	6.55	5.99	5.64	5.39	5.20	5.06	4.94	4.85	4.71	4.56	4.41	4.33	4.25	4.17	4.08	4.00	3.91
11	9.65	7.21	6.22	5.67	5.32	5.07	4.89	4.74	4.63	4.54	4.40	4.25	4.10	4.02	3.94	3.86	4.78	3.69	3.60
12	9.33	6.93	5.95	5.41	5.06	4.82	4.64	4.50	4.39	4.30	4.16	4.01	3.86	3.78	3.70	3.62	3.54	3.45	3.36
13	9.07	6.70	5.74	5.21	4.86	4.62	4.44	4.30	1.19	4.10	3.96	3.82	3.66	3.59	3.51	3.43	3.34	3.25	3.17
14	8.86	6.51	5.56	5.04	4.69	4.46	4.28	4.14	4.03	3.94	3.80	3.66	3.51	3.43	3.35	3.27	3.18	3.09	3.00
15	8.68	6.36	5.42	4.89	4.56	4.32	4.14	4.00	3.89	3.80	3.67	3.52	3.37	3.29	3.21	3.13	3.05	2.96	2.87
16	8.53	6.23	5.29	4.77	4.44	4.20	4.03	3.89	3.78	3.69	3.55	3.41	3.26	3.18	3.10	3.02	2.93	2.84	2.75
17	8.40	6.11	5.18	4.67	4.34	4.10	3.93	3.79	3.68	3.59	3.46	3.31	3.16	3.08	3.00	2.92	2.83	2.75	2.65
18	8.29	6.01	5.09	4.58	4.25	4.01	3.84	3.71	3.60	3.51	3.37	3.23	3.08	3.00	2.92	2.84	2.75	2.66	2.57
19	8.18	5.93	5.01	4.50	4.17	3.94	3.77	3.63	3.52	3.43	3.30	3.15	3.00	2.92	2.84	2.76	2.67	2.58	2.49
20	8.10	5.85	4.94	4.43	4.10	3.87	3.70	3.56	3.46	3.37	3.23	3.09	2.94	2.86	2.78	2.69	2.61	2.52	2.42
21	8.02	5.78	4.87	4.37	4.04	3.81	3.64	3.51	3.40	3.31	3.17	3.03	2.88	2.80	2.72	2.64	2.55	2.46	2.36
22	7.95	5.72	4.82	4.31	3.99	3.76	3.59	3.45	3.35	3.26	3.12	2.98	2.83	2.75	2.67	2.58	2.50	2.40	2.31
23	7.88	5.66	4.76	4.26	3.94	3.71	3.54	3.41	3.30	3.21	3.07	2.93	2.78	2.70	2.62	2.54	2.45	2.35	2.26
24	7.82	5.61	4.72	4.22	3.90	3.67	3.50	3.36	3.26	3.17	3.03	2.89	2.74	2.66	2.58	2.49	2.40	2.31	2.21
25	7.77	5.57	4.68	4.18	3.85	3.63	3.46	3.32	3.22	3.13	2.99	2.85	2.70	2.62	2.54	2.45	2.36	2.27	2.17
26	7.72	5.53	4.64	4.14	3.82	3.59	3.42	3.29	3.18	3.09	2.96	2.81	2.66	2.58	2.50	2.42	2.33	2.23	2.13
27	7.68	5.49	4.60	4.11	3.78	3.56	3.39	3.26	3.15	3.06	2.93	2.78	2.63	2.55	2.47	2.38	2.29	2.20	2.10
28	7.64	5.45	4.57	4.07	3.75	3.53	3.36	3.23	3.12	3.03	2.90	2.75	2.60	2.52	2.44	2.35	2.26	2.17	2.06
29	7.60	5.42	4.54	4.04	3.73	3.50	3.33	3.20	3.09	3.00	2.87	2.73	2.57	2.49	2.41	2.33	2.23	2.14	2.03
30	7.56	5.39	4.51	4.02	3.70	3.47	3.30	3.17	3.07	2.98	2.84	2.70	2.55	2.47	2.39	2.30	2.21	2.11	2.01
40	7.31	5.18	4.31	3.83	3.51	3.29	3.12	2.99	2.89	2.80	2.66	2.52	2.37	2.29	3.20	2.11	2.02	1.92	1.80
60	7.08	4.98	4.13	3.65	3.34	3.12	2.95	2.82	2.72	2.63	2.50	2.35	2.20	2.12	2.03	1.94	1.84	1.73	1.60
120	6.85	4.79	3.95	3.48	3.17	2.96	3.79	2.66	2.56	2.47	2.34	2.19	2.03	1.95	1.86	1.76	1.66	1.53	1.38
$+\infty$	6.63	4.61	3.78	3.32	3.02	2.80	2.64	2.51	2.41	2.32	2.18	2.04	1.88	1.79	1.70	1.59	1.47	1.32	1.00

附表6（续6）

$\alpha = 0.005$

n_2 \ n_1	1	2	3	4	5	6	7	8	9	10	12	15	20	24	30	40	60	120	$+\infty$
1	16211	20000	21615	22500	23056	23437	23715	23925	24091	24224	24426	24630	24836	24940	25044	25148	25253	25359	25465
2	198.5	199.0	199.2	199.2	199.3	199.3	199.4	199.4	199.4	199.4	199.4	199.4	199.4	199.5	199.5	199.5	199.5	199.5	199.5
3	55.55	49.80	47.47	46.19	45.39	44.84	44.43	44.13	43.88	43.69	43.39	43.08	42.78	42.62	42.47	42.31	42.15	41.99	41.83
4	31.33	26.28	24.26	23.15	22.46	21.97	21.62	21.35	21.14	20.97	20.70	20.44	20.17	20.03	19.89	19.75	19.61	19.47	19.32
5	22.78	18.31	16.53	15.56	14.94	14.51	14.20	13.96	13.77	13.62	13.38	13.15	12.90	12.78	12.66	12.53	12.40	12.27	12.14
6	18.63	14.54	12.92	12.03	11.46	11.07	10.79	10.57	10.39	10.25	10.03	9.81	9.59	9.47	9.36	9.24	9.12	9.00	8.88
7	16.24	12.40	10.88	10.05	9.52	9.16	8.89	8.68	8.51	8.38	8.18	7.97	7.75	7.56	7.53	7.42	7.31	7.19	7.08
8	14.69	11.04	9.60	8.81	8.30	7.95	7.69	7.50	7.34	7.21	7.01	6.81	6.61	6.50	6.40	6.29	6.18	6.06	5.95
9	13.61	10.11	8.72	7.96	7.47	7.13	6.88	6.69	6.54	6.42	6.23	6.03	5.83	5.73	5.62	5.52	5.41	5.30	5.19
10	12.83	9.43	8.08	7.34	6.87	6.54	6.30	6.12	5.97	5.85	5.66	5.47	5.27	5.17	5.07	4.97	4.86	4.75	4.64
11	12.23	8.91	7.60	6.88	6.42	6.10	5.86	5.68	5.54	5.42	5.24	5.05	4.86	4.76	4.65	4.55	4.44	4.34	4.23
12	11.75	8.51	7.23	6.52	6.07	5.76	5.52	5.35	5.20	5.09	4.91	4.72	4.53	4.43	4.33	4.23	4.12	4.01	3.90
13	11.37	8.19	6.93	6.23	5.79	5.48	5.25	5.08	4.94	4.82	4.64	4.46	4.27	4.17	4.07	3.97	3.87	3.76	3.65
14	11.06	7.92	6.68	6.00	5.56	5.26	5.03	4.86	4.72	4.60	4.43	4.25	4.06	3.96	3.86	3.76	3.66	3.55	3.44
15	10.80	7.70	6.48	5.80	5.37	5.07	4.85	4.67	4.54	4.42	4.25	4.07	3.88	3.79	3.69	3.58	3.48	3.37	3.26
16	10.58	7.51	6.30	5.64	5.21	4.91	4.69	4.52	4.38	4.27	4.10	3.92	3.73	3.64	3.54	3.44	3.33	3.22	3.11
17	10.38	7.35	6.16	5.50	5.07	4.78	4.56	4.39	4.25	4.14	3.97	3.79	3.61	3.51	3.41	3.31	3.21	3.10	2.98
18	10.22	7.21	6.03	5.37	4.96	4.66	4.44	4.28	4.14	4.03	3.86	3.68	3.50	3.40	3.30	3.20	3.10	2.99	2.87
19	10.07	7.09	5.92	5.27	4.85	4.56	4.34	4.18	4.04	3.93	3.76	3.59	3.40	3.31	3.21	3.11	3.00	2.89	2.78
20	9.94	6.99	5.82	5.17	4.76	4.47	4.26	4.09	3.96	3.85	3.68	3.50	3.32	3.22	3.12	3.02	2.92	2.81	2.69
21	9.83	6.89	5.73	5.09	4.68	4.39	4.18	4.01	3.88	3.77	3.60	3.43	3.24	3.15	3.05	2.95	2.84	2.73	2.61
22	9.73	6.81	5.65	5.02	4.61	4.32	4.11	3.94	3.81	3.70	3.54	3.36	3.18	3.08	2.98	2.88	2.77	2.66	2.55
23	9.63	6.73	5.58	4.95	4.54	4.26	4.05	3.88	3.75	3.64	3.47	3.30	3.12	3.02	2.92	2.82	2.71	2.60	2.48
24	9.55	6.66	5.52	4.89	4.49	4.20	3.99	3.83	3.69	3.59	3.42	3.25	3.06	2.97	2.87	2.77	2.66	2.55	2.43

附表 6（续 7）

$\alpha=0.005$

n_2 \\ n_1	1	2	3	4	5	6	7	8	9	10	12	15	20	24	30	40	60	120	$+\infty$
25	9.48	6.60	5.46	4.84	4.43	4.15	3.94	3.78	3.64	3.54	3.37	3.20	3.01	2.92	2.82	2.72	2.61	2.50	2.38
26	9.41	6.54	5.41	4.79	4.38	4.10	3.89	3.73	3.60	3.49	3.33	3.15	2.97	2.87	2.77	2.67	2.56	2.45	2.33
27	9.34	6.49	5.36	4.74	4.34	4.06	3.85	3.69	3.56	3.45	3.28	3.11	2.93	2.83	2.73	2.63	2.52	2.41	2.29
28	9.28	6.44	5.32	4.70	4.30	4.02	3.81	3.65	3.52	3.41	3.25	3.07	2.89	2.79	2.69	2.59	2.48	2.37	2.25
29	9.23	6.40	5.28	4.66	4.26	3.98	3.77	3.61	3.48	3.38	3.21	3.04	2.86	2.76	2.66	2.56	2.45	2.33	2.21
30	9.18	6.35	5.24	4.62	4.23	3.95	3.74	3.58	3.45	3.34	3.18	3.01	2.82	2.73	2.63	2.52	2.42	2.30	2.18
40	8.83	6.07	4.98	4.37	3.99	3.71	3.51	3.35	3.22	3.12	2.95	2.78	2.60	2.50	2.40	2.30	2.18	2.06	1.93
60	8.49	5.79	4.73	4.14	3.76	3.49	3.29	3.13	3.01	2.90	2.74	2.57	2.39	2.29	2.19	2.08	1.96	1.83	1.69
120	8.18	5.54	4.50	3.92	3.55	3.28	3.09	2.93	2.81	2.71	2.54	2.37	2.19	2.09	1.98	1.87	1.75	1.61	1.43
$+\infty$	7.88	5.30	4.28	3.72	3.35	3.09	2.90	2.74	2.62	2.52	2.36	2.19	2.00	1.90	1.79	1.67	1.53	1.36	1.00

$\alpha=0.001$

n_2 \\ n_1	1	2	3	4	5	6	7	8	9	10	12	15	20	24	30	40	60	120	$+\infty$
1	4053T	5000+	5404T	5625+	5764+	5859+	5929T	5981T	6023+	6056+	6107+	6158+	6209+	6235+	6261+	6287+	6313+	6340+	6366+
2	998.5	999.0	999.2	999.2	999.3	999.3	999.4	999.4	999.4	999.4	999.4	999.4	999.4	999.4	999.5	999.5	999.5	999.5	999.5
3	167.0	148.5	141.1	137.1	134.6	132.8	131.6	130.6	129.9	129.2	128.3	127.4	126.4	125.9	125.4	125.0	124.5	124.0	123.5
4	74.14	61.25	56.18	53.44	51.71	50.53	49.66	49.00	48.47	48.05	47.41	46.76	46.10	45.77	45.43	45.09	44.75	44.40	44.05
5	47.18	37.12	33.20	31.09	29.75	28.84	28.16	27.64	27.24	26.92	26.42	25.91	25.39	25.14	24.87	24.60	24.33	24.06	23.79
6	35.51	27.00	23.70	21.92	20.81	20.03	19.46	19.03	18.69	18.41	17.99	17.56	17.12	16.89	16.67	16.44	16.21	15.99	15.75
7	29.25	21.69	18.77	17.19	16.21	15.52	15.02	14.63	14.33	14.08	13.71	13.32	12.93	12.73	12.53	12.33	12.12	11.91	11.70
8	25.42	18.49	15.83	14.39	13.49	12.86	12.40	12.04	11.77	11.54	11.19	10.84	10.48	10.30	10.11	9.92	9.73	9.53	9.33
9	22.86	16.39	13.90	12.56	11.7	11.13	10.70	10.37	10.11	9.89	9.57	9.24	8.90	8.72	8.55	8.37	8.19	8.00	7.81

+表示要将所列数乘以 100

附表 6（续 8）

$\alpha = 0.001$

n_2 \ n_1	1	2	3	4	5	6	7	8	9	10	12	15	20	24	30	40	60	120	$+\infty$
10	21.04	14.91	12.55	11.28	10.48	9.92	9.52	9.20	8.96	8.75	8.45	8.13	7.80	7.64	7.47	7.30	7.12	6.94	6.76
11	19.69	13.81	11.56	10.35	9.58	9.05	8.66	8.35	8.12	7.92	7.63	7.32	7.01	6.85	6.68	6.52	6.35	6.17	6.00
12	18.64	12.97	10.80	9.63	8.89	8.38	8.00	7.71	7.48	7.29	7.00	6.71	6.40	6.25	6.09	5.93	5.76	5.99	5.42
13	17.81	12.31	10.21	9.07	8.35	7.86	7.49	7.21	6.98	6.80	6.52	6.23	5.93	5.78	5.63	5.47	5.30	5.14	4.97
14	17.14	11.78	9.73	8.62	7.92	7.43	7.08	6.80	6.58	6.40	6.13	5.85	5.56	5.41	5.25	5.10	4.94	4.77	4.60
15	16.59	11.34	9.34	8.25	7.57	7.09	6.74	6.47	6.26	6.08	5.81	5.54	5.25	5.10	4.95	4.80	4.64	4.47	4.31
16	16.12	10.97	9.00	7.94	7.27	6.81	6.46	6.19	5.98	5.81	5.55	5.27	4.99	4.85	4.70	4.54	4.39	4.23	4.06
17	15.72	10.66	8.73	7.68	7.02	6.56	6.22	5.96	5.75	5.58	5.32	5.05	4.78	4.63	4.48	4.33	4.18	4.02	3.85
18	15.38	10.39	8.49	7.46	6.81	6.35	6.02	5.76	5.56	5.39	5.13	4.87	4.59	4.45	4.30	4.15	4.00	3.84	3.67
19	15.08	10.16	8.28	7.26	6.62	6.18	5.85	5.59	5.39	5.22	4.97	4.40	4.43	4.29	4.14	3.99	3.84	3.68	3.51
20	14.82	9.95	8.10	7.10	6.46	6.02	5.69	5.44	5.24	5.08	4.82	4.56	4.29	4.15	4.00	3.86	3.70	3.54	3.38
21	14.59	9.77	7.94	6.95	6.32	5.88	5.56	5.31	5.11	4.95	4.70	4.44	4.17	4.03	3.88	3.74	3.58	3.42	3.26
22	14.38	9.61	7.80	6.81	6.19	5.76	5.44	5.19	4.99	4.83	4.58	4.33	4.06	3.92	3.78	3.63	3.48	3.32	3.15
23	14.19	9.47	7.67	6.69	6.08	5.65	5.33	5.09	4.89	4.73	4.48	4.23	3.96	3.82	3.68	3.53	3.38	3.22	3.05
24	14.03	9.34	7.55	6.59	5.98	5.55	5.23	4.99	4.80	4.64	4.39	4.14	3.87	3.74	3.59	3.45	3.29	3.14	2.97
25	13.88	9.22	7.45	6.49	5.88	5.46	5.15	4.91	4.71	4.56	4.31	4.06	3.79	3.66	3.52	3.37	3.22	3.06	2.89
26	13.74	9.12	7.36	6.41	5.80	5.38	5.07	4.83	4.64	4.48	4.24	3.99	3.72	3.59	3.44	3.30	3.15	2.99	2.82
27	13.61	9.02	7.27	6.33	5.73	5.31	5.00	4.76	4.57	4.41	4.17	3.92	3.66	3.52	3.38	3.23	3.08	2.92	2.75
28	13.50	8.93	7.19	6.25	5.66	5.24	4.93	4.69	4.50	4.35	4.11	3.86	3.60	3.46	3.32	3.18	3.02	2.86	2.69
29	13.39	8.85	7.12	6.19	5.59	5.18	4.87	4.64	4.45	4.29	4.05	3.80	3.54	3.41	3.27	3.12	2.97	2.81	2.64
30	13.29	8.77	7.05	6.12	5.53	5.12	4.82	4.58	4.39	4.24	4.00	3.75	3.49	3.36	3.22	3.07	2.92	2.76	2.59
40	12.61	8.25	6.60	5.70	5.13	4.73	4.44	4.21	4.02	3.87	3.64	3.40	3.15	3.01	2.87	2.73	2.57	2.41	2.23
60	11.97	7.76	6.17	5.31	4.76	4.37	4.09	3.87	3.69	3.54	3.31	3.08	2.83	2.69	2.55	2.41	2.25	2.08	1.89
120	11.38	7.32	5.79	4.95	4.42	4.04	3.77	3.55	3.38	3.24	3.02	2.78	2.53	2.40	2.26	2.11	1.95	1.76	1.54
$+\infty$	10.83	6.91	5.42	4.62	4.10	3.74	3.47	3.27	3.10	2.96	2.74	2.51	2.27	2.13	1.99	1.84	1.66	1.45	1.00

附表7 正 交 表

$L_4(2^3)$

试验号	列号		
	1	2	3
1	1	1	1
2	1	2	2
3	2	1	2
4	2	2	1

$L_9(3^4)$

试验号	列号			
	1	2	3	4
1	1	1	1	1
2	1	2	2	2
3	1	3	3	3
4	2	1	2	3
5	2	2	3	1
6	2	3	1	2
7	3	1	3	2
8	3	2	1	3
9	3	3	2	1

$L_8(2^7)$

试验号	列号						
	1	2	3	4	5	6	7
1	1	1	1	1	1	1	1
2	1	1	1	2	2	2	2
3	1	2	2	1	1	2	2
4	1	2	2	2	2	1	1
5	2	1	2	1	2	1	2
6	2	1	2	2	1	2	1
7	2	2	1	1	2	2	1
8	2	2	1	2	1	1	2

$L_8(2^7)$ 两列间的交互作用

试验号	列号						
	1	2	3	4	5	6	7
	(1)	3	2	5	4	7	6
		(2)	1	6	7	4	5
			(3)	7	6	5	4
				(4)	1	3	2
					(5)	2	3
						(6)	1
							(7)

$L_{16}(4^5)$

列号	试验号															
	1	2	3	4	5	6	7	8	9	10	11	12	13	14	15	16
1	1	1	1	1	2	2	2	2	3	3	3	3	4	4	4	4
2	1	2	3	4	1	2	3	4	1	2	3	4	1	2	3	4
3	1	2	3	4	2	1	4	3	3	4	1	2	4	3	2	1
4	1	2	3	4	3	4	1	2	4	3	2	1	2	1	4	3
5	1	2	3	4	4	3	2	1	2	1	4	3	3	4	1	2

$L_{16}(4^3 \times 2^6)$

列号	试验号															
	1	2	3	4	5	6	7	8	9	10	11	12	13	14	15	16
1	1	1	1	1	2	2	2	2	3	3	3	3	4	4	4	4
2	1	2	3	4	1	2	3	4	1	2	3	4	1	2	3	4
3	1	2	3	4	2	1	4	3	3	4	1	2	4	3	2	1
4	1	2	3	4	3	4	1	2	4	3	2	1	2	1	4	3
5	1	1	2	2	2	2	1	1	2	2	1	1	1	1	2	2
6	1	2	1	2	1	2	1	2	2	1	2	1	2	1	2	1
7	1	2	1	2	2	1	2	1	1	2	1	2	2	1	2	1
8	1	2	2	1	1	2	2	1	1	2	2	1	1	2	2	1
9	1	2	2	1	2	1	1	2	1	2	2	1	2	1	1	2

附表 8　相关系数检验表

$n-2$	$\alpha=0.05$	$\alpha=0.01$	$n-2$	$\alpha=0.05$	$\alpha=0.01$
1	0.997	1.000	21	0.413	0.526
2	0.950	0.990	22	0.404	0.515
3	0.878	0.959	23	0.396	0.505
4	0.811	0.917	24	0.388	0.496
5	0.754	0.874	25	0.381	0.487
6	0.707	0.834	26	0.374	0.478
7	0.666	0.798	27	0.367	0.470
8	0.632	0.765	28	0.361	0.463
9	0.602	0.735	29	0.355	0.456
10	0.576	0.708	30	0.349	0.449
11	0.553	0.684	35	0.325	0.418
12	0.532	0.661	40	0.304	0.393
13	0.514	0.641	45	0.288	0.372
14	0.497	0.623	50	0.273	0.354
15	0.482	0.606	60	0.250	0.325
16	0.468	0.590	70	0.232	0.302
17	0.456	0.575	80	0.217	0.283
18	0.444	0.561	90	0.205	0.267
19	0.433	0.549	100	0.195	0.254
20	0.423	0.537			

参考文献

[1]茆诗松,程依明,濮晓龙. 概率论与数理统计教程 [M].2 版. 北京:高等教育出版社,2011.

[2]袁荫棠. 概率论与数理统计[M]. 北京:中国人民大学出版社,1985.

[3]韩旭里,谢永钦. 概率论与数理统计[M]. 上海:复旦大学出版社,2009.

[4]上海财经大学应用数学系. 概率论与数理统计[M]. 上海:上海财经大学出版社,2004.

[5]魏宗舒等. 概率论与数理统计教程[M].2 版. 北京:高等教育出版社,2008.

[6]孙荣恒. 应用数理统计[M].2 版. 北京:科学出版社,2003.

[7]汪仁官. 概率论引论[M]. 北京:北京大学出版社,1994.

[8]李贤平. 概率论基础[M].2 版. 北京:高等教育出版社,1997.

[9]赵选民,徐伟,师义民等. 数理统计[M].2 版. 北京:科学出版社,2002.

[10]曾秋成. 技术数理统计方法[M]. 合肥:安徽科学技术出版社,1983.

[11]曾凡平,黎协锐,秦斌. 概率论与数理统计[M]. 北京:高等教育出版社,2016.

[12]杨振明. 概率论[M]. 北京:科学出版社,1999.

习题参考答案

习题一

1. B.

2. C.

3. C.

4. D.

5. A.

6. C.

7. $\dfrac{3}{4}$.

8. $\dfrac{1}{4}$.

9. $\dfrac{2}{9}$.

10. $\dfrac{1}{3}$.

11. (1) $\Omega = \{(0,0,0),(0,0,1),(0,1,0),(1,0,0),(0,1,1),(1,0,1),(1,1,0),(1,1,1)\}$, 其中, 0 表示反面, 1 表示正面.

    (2) $\Omega = \{(x,y,z) \mid x,y,z = 1,2,3,4,5,6\}$.

    (3) $\Omega = \{(1),(0,1),(0,0,1),(0,0,0,1),\cdots\}$.

    (4) $\Omega = \{0,1,2,\cdots\}$.

    (5) $\Omega = \{t \mid t \geqslant 0\}$.

12. (1) $ABC \bigcup \bar{A}\bar{B}\bar{C}$; (2) $\bar{A}BC \bigcup A\bar{B}C \bigcup AB\bar{C} \bigcup \bar{A}\bar{B}\bar{C}$; (3) $\overline{ABC}$(或 $\bar{A} \bigcup \bar{B} \bigcup \bar{C}$); (4) $AB \bigcup AC \bigcup BC$.

13. (1) $A \supset B$; (2) $A \supset B$.

14. $\dfrac{3}{4}$.

15. (1)$\dfrac{1}{6}$; (2)$\dfrac{5}{18}$; (3)$\dfrac{1}{6}$.

16. $\dfrac{19}{40}$.

17. (1)$\dfrac{1}{12}$; (2)$\dfrac{1}{20}$.

18. $\dfrac{3}{8}$, $\dfrac{9}{16}$, $\dfrac{1}{16}$.

19. $(1)0.68;(2)\dfrac{1}{4}+\dfrac{1}{2}ln2.$

20. $0.879.$

21. $\dfrac{5}{9}.$

22. $\dfrac{3}{4}.$

23. $C_{13}^5 C_{13}^3 C_{13}^3 C_{13}^2 / C_{52}^{13}.$

24. $07772.$

25. $(1)\left(\dfrac{1}{7}\right)^5;(2)\left(\dfrac{6}{7}\right)^5;(3)1-\left(\dfrac{1}{7}\right)^5.$

26. $C_{45}^2 C_5^1 / C_{50}^3.$

27. $A_{10}^4 / 10^4.$

28. $\dfrac{2}{7}.$

29. $\dfrac{1}{1960}.$

30. $\dfrac{22}{35}.$

31. $1-\dfrac{C_7^3}{C_{11}^3}.$

32. $(1)\dfrac{5}{32};(2)\dfrac{2}{5}.$

33. $0.32076.$

34. $\dfrac{13}{21}.$

35. $(1)0.2;(2)0.7.$

36. $0.5.$

37. $\dfrac{20}{21}.$

38. $\dfrac{7}{12}.$

39. $0.089.$

40. $(1)0.02702;(2)0.3077.$

41. $(1)0.8;(2)0.5.$

42. $0.99492.$

43. $\dfrac{1}{3}.$

44. $0.998.$

45. $0.057.$

46. $0.124.$

47. 11.

48. (1)0.56;(2)0.94;(3)0.38.

49. 略.

50. 0.6.

51. (1)0.552;(2)0.012;(3)0.328.

52. 0.458.

53. (1)0.5138;(2)0.2241.

54. (1) $\dfrac{C_6^2 9^4}{10^6}$;(2) $\dfrac{A_{10}^6}{10^6}$;(3) $C_{10}^1 C_6^2 (C_9^1 C_4^3 C_8^1 + C_9^1 + A_9^4)10^6$;(4) $\dfrac{1-A_{10}^6}{10^6}$

55. (1) $\dfrac{1}{n-1}$;(2) $\dfrac{3!\ (n-3)!}{(n-1)!},n > 3$;(3) $\dfrac{1}{n}$, $\dfrac{3!\ (n-2)!}{n!},n > 3$.

56. $\dfrac{1}{4}$.

57. $\dfrac{1}{n}$, $k = 1,2,\cdots,n$.

58. $\dfrac{3}{8}$, $\dfrac{9}{16}$, $\dfrac{1}{16}$.

59. 略.

60. $\dfrac{m}{m+n\cdot 2^r}$.

61. $C_{2n-r}^n \dfrac{1}{2^{2n-r}}$, $C_{2n-r-1}^{n-1} \left(\dfrac{1}{2}\right)^{2n-r-1}$.

62. $\dfrac{1}{2}\left[1-(1-2p)^n\right]$.

63. 0.

64. $\dfrac{1}{4}$.

65. $\dfrac{2}{3}$.

66. $\dfrac{1}{2} + \dfrac{1}{\pi}$

67. $\dfrac{1}{5}$.

68. (1)29/90;(2)20/61.

习题二

1. (1)

X	3	4	5
P	0.1	0.3	0.6

(2) $F(x) = \begin{cases} 0, & x < 3, \\ 0.1, & 3 \leqslant x < 4, \\ 0.4, & 4 \leqslant x < 5, \\ 1, & 5 \leqslant x. \end{cases}$ 图略.

2. (1)

X	1	2	3	4	5	6
P	$\dfrac{11}{36}$	$\dfrac{9}{36}$	$\dfrac{7}{36}$	$\dfrac{5}{36}$	$\dfrac{3}{36}$	$\dfrac{1}{36}$

(2) $F(x) = \begin{cases} 0, & x < 1, \\ 11/36, & 1 \leqslant x < 2, \\ 20/36, & 2 \leqslant x < 3, \\ 27/36, & 3 \leqslant x < 4, \\ 32/36, & 4 \leqslant x < 5, \\ 35/36, & 5 \leqslant x < 6, \\ 1, & 6 \leqslant x. \end{cases}$

3. (1)

X	1	2	3
P	$\dfrac{22}{35}$	$\dfrac{12}{35}$	$\dfrac{1}{35}$

(2) $F(x) = \begin{cases} 0, & x < 0, \\ 22/35, & 0 \leqslant x < 1, \\ 34/35, & 1 \leqslant x < 2, \\ 1, & 2 \leqslant x. \end{cases}$ 图略； (3) $1, \dfrac{1}{35}, \dfrac{13}{35}, 0.$

4.

X	0	1	3	6
P	$\dfrac{1}{4}$	$\dfrac{1}{12}$	$\dfrac{1}{6}$	$\dfrac{1}{2}$

$\dfrac{1}{3}, \dfrac{1}{2}, \dfrac{2}{3}, \dfrac{3}{4}.$

5.

X	0	1	2	3
P	0.008	0.096	0.384	0.512

$$F(x) = \begin{cases} 0, & x < 0, \\ 0.008, & 0 \leqslant x < 1, \\ 0.104, & 1 \leqslant x < 2, \\ 0.488, & 2 \leqslant x < 3, \\ 1, & x \geqslant 3. \end{cases} \qquad 0.896$$

6. $\ln 2$, 1, $\ln 1.25$.

7. (1) $e^{-\lambda}$; (2) 1.

8. (1) 0.32076; (2) 0.243.

9. (1) 0.1905; (2) 0.1912.

10. 9.

11. $1 - e^{-0.1} - 0.1 \times e^{-0.1}$.

12. 略.

13. $\dfrac{10}{243}$.

14. (1) 0.16308; (2) 0.35293.

15. $\dfrac{9}{64}$.

16. (1) $e^{\frac{3}{2}}$; (2) $1 - e^{-\frac{5}{2}}$.

17. $\dfrac{e^{-2} \cdot 2^5}{5!} = 0.036$.

18. 0.6322.

19. (1) $1 - \displaystyle\sum_{k=0}^{14} \dfrac{e^{-5} \cdot 5^k}{k!}$; (2) $\displaystyle\sum_{k=0}^{10} \dfrac{e^{-5} \cdot 5^k}{k!}$, $\displaystyle\sum_{k=0}^{5} \dfrac{e^{-5} \cdot 5^k}{k!}$

20. (1) 1; (2) 0.4; (3) $f(x) = 2x, 0 < x < 1$.

21. (1) $\dfrac{1}{2}$; (2) $\dfrac{1}{2}(1 - e^{-1})$; (3) $F(x) = \begin{cases} \dfrac{1}{2}e^x, & x < 0, \\ 1 - \dfrac{1}{2}e^{-x}, & x \geqslant 0. \end{cases}$

22. $\dfrac{20}{27}$.

23. $F(x) = \begin{cases} 0, & x < 0, \\ \dfrac{x}{a}, & 0 \leqslant x \leqslant a, \\ 1, & x > a. \end{cases}$

24. $P\{Y = k\} = C_5^k (e^{-2})^k (1 - e^{-2})^{5-k} (k = 0, 1, 2, 3, 4, 5)$, $1 - (1 - e^{-2})^5$.

25. 0.1523.

26. (1) 0.5328, 0.9996, 0.6977, 0.5; (2) 3.

27. 0.595.

28. 0.0456.

29. 31.25.

30. (1) $A = 1, B = -1$; (2) $1 - e^{-2\lambda}, e^{-3\lambda}$; (3) $f(x) = \begin{cases} \lambda e^{-\lambda x}, & x \geqslant 0; \\ 0, & x < 0. \end{cases}$

31. $F(x) = \begin{cases} 0, & x < 0, \\ \dfrac{x^2}{2}, & 0 \leqslant x < 1, \\ -\dfrac{x^2}{2} + 2x - 1, & 1 \leqslant x < 2, \\ 1, & x \geqslant 2. \end{cases}$ 图略.

32. (1) 2.33; (2) $z_a = 2.75, z_{\frac{a}{2}} = 2.96$.

33.

$2X+1$	-1	1	3	5
P	0.1	0.2	0.3	0.4

X^2	0	1	4
P	0.2	0.4	0.4

34. $P(Y=1) = \dfrac{1}{3}$, $P(Y=-1) = \dfrac{2}{3}$.

35. (1) $f(y) = \dfrac{y^2}{18}$, $-3 < y < 3$; (2) $f(y) = \dfrac{3(3-y)^2}{2}$, $2 < y < 4$;

(3) $f(y) = \dfrac{3\sqrt{y}}{2}$, $0 < y < 1$.

36. (1) $f_Y(y) = \dfrac{1}{y} \dfrac{1}{\sqrt{2\pi}} e^{\frac{\ln^2 y}{2}}, y > 0$; (2) $f_Y(y) = \dfrac{1}{2}\sqrt{\dfrac{2}{y-1}} \cdot \dfrac{1}{\sqrt{2\pi}} e^{-\frac{y-1}{4}}, y > 1$;

(3) $f_Y(y) = \dfrac{2}{\sqrt{2\pi}} e^{\frac{y^2}{2}}, y > 0$.

37. $f_y(y) = \begin{cases} \dfrac{2}{\pi} \cdot \dfrac{1}{\sqrt{1-y^2}}, & 0 < y < 1, \\ 0, & \text{其他}. \end{cases}$

38. $\dfrac{2}{\sqrt{\ln 3}}$.

39. $P(Y=k) = \dfrac{(\lambda p)^k}{k!} e^{-\lambda p}, k = 0, 1, 2, \cdots$.

40. 略.

41. $1 \leqslant k \leqslant 3$.

42.

X	-1	1	3
P	0.4	0.4	0.2

43. $\dfrac{1}{3}$.

44. $\dfrac{4}{5}$.

45. 0.2.

46. (1) 0.064 2;　(2) 0.009.

47. 0.682.

48. (1) $(0.94)^n$；(2) $C_n^2 (0.94)^{n-2}(0.06)^2$；(3) $1-n(0.94)^{n-1} \cdot 0.06-(0.94)^n$.

49. $f_Y(y) = \dfrac{3}{\pi} \cdot \dfrac{(1-y)^2}{1+(1-y)^6}$.

50. $\sigma_1 < \sigma_2$.

51. A.

52. D.

解析 $\displaystyle\int_{-\infty}^{+\infty}[f_1(x)F_2(x)+f_2(x)F_1(x)]dx = \int_{-\infty}^{+\infty}[F_2(x)dF_1(x)+F_1(x)dF_2(x)]$

$$= \int_{-\infty}^{+\infty}d[F_1(x)F_2(x)] = [F_1(x)F_2(x)]_{-\infty}^{+\infty}$$

$$=1.$$

所以 $f_1(x)F_2(x)+f_2(x)F_1(x)$ 必为概率密度,选 D.

53. A.

解析 $P_1 = P\{-2<X_1<2\} = \Phi(2)-\Phi(-2) = 2\Phi(2)-1$,

$\quad P_2 = P\{-1<\dfrac{X_2-0}{2}<1\} = 2\Phi(1)-1$,

所以 $\quad P_1 > P_2$

$$P_3 = P\{-\dfrac{7}{3}<\dfrac{X_3-5}{3}<-1\} = \Phi(\dfrac{7}{3})-\Phi(1).$$

所以 $P_2 > P_3$ 综上所述,$P_1 > P_2 > P_3$ 故选 A.

54. A.

解析 因为 X 与 Y 相互独立,都服从正态分布 $N(\mu,\sigma^2)$, 故 $X-Y \sim N(0,2\sigma^2)$,

$$P\{|X-Y|<1\} = P\{\dfrac{|X-Y|}{\sqrt{2}\sigma}<\dfrac{1}{\sqrt{2}\sigma}\} = 2\Phi(\dfrac{1}{\sqrt{2}\sigma})-1$$

所以,与 μ 无关,而与 σ^2 有关,故选 A.

习题三

1. $P(X=i,Y=j)=\begin{cases}\dfrac{1}{4i}, & i\geqslant j \\ 0, & i<j\end{cases}$ $i,j=1,2,3,4$

2.

X	Y			$P_{i\cdot}$
	1	2	3	
3	$\dfrac{1}{10}$	0	0	$\dfrac{1}{10}$
4	$\dfrac{2}{10}$	$\dfrac{1}{10}$	0	$\dfrac{3}{10}$
5	$\dfrac{3}{10}$	$\dfrac{2}{10}$	$\dfrac{1}{10}$	$\dfrac{6}{10}$
$P_{\cdot j}$	$\dfrac{6}{10}$	$\dfrac{3}{10}$	$\dfrac{1}{10}$	1

3.

Y	X			
	0	1	2	3
0	0	0	$\dfrac{3}{35}$	$\dfrac{2}{35}$
1	0	$\dfrac{6}{35}$	$\dfrac{12}{35}$	$\dfrac{2}{35}$
2	$\dfrac{1}{35}$	$\dfrac{6}{35}$	$\dfrac{3}{35}$	0

4. (1) 6; (2) $(1-e^{-2})(1-e^{-6})$

(3) $F(x,y)=\begin{cases}(1-e^{-2x})(1-e^{-3y})x>0, & y>0, \\ 0, & \text{其他}.\end{cases}$

5. (1) $f(x,y)=\begin{cases}25e^{-5y}, & 0<x<0.2,y<0, \\ 0, & \text{其他}.\end{cases}$ (2) e^{-1}

6. $f(x,y)=\begin{cases}8e^{-(4x+2y)}, & x>0,y>0, \\ 0, & \text{其他}.\end{cases}$

7. $f_X(x)=\begin{cases}3x^2, & 0<x<1, \\ 0, & \text{其他}.\end{cases}$

$f_Y(y)=\begin{cases}\dfrac{3}{4}(1-y^2), & -1<y<1, \\ 0, & \text{其他}.\end{cases}$

8. (1) 0.1548 (2) 0

(3) $f_X(x) = \begin{cases} e^{-x} & x > 0 \\ 0 & x \leqslant 0 \end{cases}$, $f_Y(y) = \begin{cases} ye^{-y} & y > 0 \\ 0 & y \leqslant 0 \end{cases}$ (4) 0.0885

9. (1) $c = \dfrac{21}{4}$

(2) $f_X(x) = \begin{cases} \dfrac{21}{8} x^2 (1-x^4), & -1 \leqslant x \leqslant 1, \\ 0, & 其他. \end{cases}$

$f_Y(y) = \begin{cases} \dfrac{7}{2} y^{\frac{5}{2}}, & 0 \leqslant y \leqslant 1, \\ 0, & 其他. \end{cases}$

10. $f_{Y|X}(y \mid x) = \begin{cases} \dfrac{1}{2x}, & |y| < x < 1, \\ 0, & 其他. \end{cases}$ $\qquad f_{X|Y}(x \mid y) = \begin{cases} \dfrac{1}{1-y}, & y < x < 1, \\ \dfrac{1}{1+y}, & -y < x < 1, \\ 0, & 其他. \end{cases}$

11.

(1)

X	2	5	8
P	0.2	0.42	0.38

Y	0.4	0.8
P	0.8	0.2

(2) X 与 Y 不相互独立.

12. (1)、(2)

X	Y			$P_{i\cdot}$
	1	2	3	
1	0	$\dfrac{1}{6}$	$\dfrac{1}{12}$	$\dfrac{1}{4}$
2	$\dfrac{1}{6}$	$\dfrac{1}{6}$	$\dfrac{1}{6}$	$\dfrac{1}{2}$
3	$\dfrac{1}{12}$	$\dfrac{1}{6}$	0	$\dfrac{1}{4}$
$P_{\cdot j}$	$\dfrac{1}{4}$	$\dfrac{1}{2}$	$\dfrac{1}{4}$	1

(3) X 与 Y 不相互独立.

13. (1) $f(x,y) = \begin{cases} \dfrac{1}{2} e^{-\frac{y}{2}} & 0 < x < 1, \ 0 < y, \\ 0, & 其他. \end{cases}$ (2) 0.1445

14. 0.00063

15. 略

16. （1）

U	1	2	3
P	$\dfrac{1}{6}$	$\dfrac{2}{3}$	$\dfrac{1}{6}$

（2）

V	1	2
P	$\dfrac{2}{3}$	$\dfrac{1}{3}$

（3）

Z	2	3	4	5
P	$\dfrac{1}{6}$	$\dfrac{4}{9}$	$\dfrac{5}{18}$	$\dfrac{1}{9}$

17.

X	Y			$P_{i.}$
	y_1	y_2	y_3	
x_1	$\dfrac{1}{24}$	$\dfrac{1}{8}$	$\dfrac{1}{12}$	$\dfrac{1}{4}$
x_2	$\dfrac{1}{8}$	$\dfrac{3}{8}$	$\dfrac{1}{4}$	$\dfrac{3}{4}$
$P_{.j}$	$\dfrac{1}{6}$	$\dfrac{1}{2}$	$\dfrac{1}{3}$	1

18. （1）$P\{Y=m \mid X=n\}=C_n^m p^m (1-p)^{n-m},0 \leqslant m \leqslant n, n=0,1,2,\cdots$

   （2）$P\{X=n,Y=m\}=C_n^m p^m (2-p)^{n-m} \dfrac{e^{-\lambda}}{n!}\lambda^n (0 \leqslant m \leqslant n, n=0,1,2,\cdots)$

19. $\alpha=\dfrac{2}{9},\beta=\dfrac{1}{9}$

20. 0.1

21. $\dfrac{4}{5}$

22. $\dfrac{1}{\sqrt{\pi}}e^{-(x-y)^2}$

23. （1）$f_X(x)=\begin{cases} x, & 0<x<1, \\ 2-x, & 1 \leqslant x<2, \\ 0, & \text{其他.} \end{cases}$

(2) $f_{X|Y}(x \mid y) = \begin{cases} \dfrac{1}{2-2y}, & y < x < 2-y, \\ 0, & \text{其它}. \end{cases}$

24. (1) $f(x,y) = \begin{cases} 3, & (x,y) \in D, \\ 0, & \text{其它}. \end{cases}$

(2) 不独立;

(3) $F_Z(z) = \begin{cases} 0, & z < 0 \\ \dfrac{1}{2}(3z^2 - 2z^3), & 0 \leqslant z < 1 \\ \dfrac{1}{2} + \dfrac{1}{2}\left[(4z-1)^{\frac{3}{2}} - 3(z-1)^2\right], & 1 \leqslant z < 2 \\ 1, & z \geqslant 2 \end{cases}$

习题四

1. $E(X) = -0.2, E(3X+5) = 4.4$

2. 1.201

3. 乙厂生产的灯泡质量好.

4. $E(X) = 0.501, D(X) = 0.432$

5. $P_1 = 0.4, P_2 = 0.1, P_3 = 0.5$

6. $\dfrac{n}{N}$

7. 0.2173

8. $E(X) = 1, D(X) = \dfrac{1}{6}$

9. (1)44; (2)68.

10. $E(X) = 0.5, D(X) = 1.05$

11. $E(X) = 0, D(X) = \dfrac{\pi^2}{12} - \dfrac{1}{2}$.

12. $E(3X - 2Y) = 3, D(2X - 3Y) = 192$.

13. $k = 2, E(XY) = 0.25$.

14. (1) $\dfrac{3}{4}$; (2) $\dfrac{5}{8}$

15. 8.784, 1.068.

16. 33.64

17. -28

18. 0, 不独立, 不相关.

19. （1）

X	Y		
	0	1	2
0	$\dfrac{1}{5}$	$\dfrac{2}{5}$	$\dfrac{1}{15}$
1	$\dfrac{1}{5}$	$\dfrac{2}{15}$	0

（2）不独立，因为 $P\{X=1,Y=1\} \neq P\{X=1\} \cdot P\{Y=1\}$.

（3）$-\dfrac{1}{9}$.

（4）$-\dfrac{1}{2}$.

20. 略

21. $Cov(X,Y)=-\dfrac{1}{36}, \rho_{XY}=-\dfrac{1}{2}$

22. 10.9. $1-$

23. $f_T(t)=\begin{cases} 25te^{-5t}, & t \geqslant 0, \\ 0, & t<0. \end{cases}$ $E(T)=\dfrac{2}{5}, D(T)=\dfrac{2}{25}$

24. $1-\dfrac{2}{\pi}$.

25. $E(X)=\dfrac{1}{P}, D(X)=\dfrac{1-P}{P^2}$.

26. $\dfrac{1}{18}$.

27. $F_Y(y)=\begin{cases} 1-e^{-\frac{y}{5}}, & y \geqslant 0 \\ 0, & y<0 \end{cases}$

28. （1）$\dfrac{3}{2}$；　（2）$\dfrac{1}{4}$

29. 5

30. 略.

31. （1）$f_y(y)=\begin{cases} \dfrac{3}{8\sqrt{y}}, & 0<y<1, \\ \dfrac{1}{8\sqrt{y}}, & 1 \leqslant y<4, \\ 0, & 其他. \end{cases}$ （2）$\dfrac{2}{3}$ （3）$\dfrac{1}{4}$

32. （1）

X	Y		
	0	1	2
0	$\dfrac{1}{5}$	$\dfrac{2}{5}$	$\dfrac{1}{15}$
1	$\dfrac{1}{5}$	$\dfrac{2}{15}$	0

(2) $Cov(X,Y) = E(XY) - E(X)E(Y) = -\dfrac{4}{45}$.

33. (1)

X	Y		
	-1	0	1
0	0	$\dfrac{1}{3}$	0
1	$\dfrac{1}{3}$	0	$\dfrac{1}{3}$

(2)

Z	-1	0	1
P	$\dfrac{1}{3}$	$\dfrac{1}{3}$	$\dfrac{1}{3}$

(3) 0.

34. (1) $\dfrac{1}{4}$; (2) $Cov(X-Y,Y) = -\dfrac{2}{3}$, $\rho_{XY} = 0$.

35. (1) $f_V(v) = \begin{cases} 2e^{-2v}, & v > 0, \\ 0, & 其他. \end{cases}$ (2) 2.

36. (1) $F_Y(y) = \begin{cases} 0, & y < 0, \\ \dfrac{3}{4}y, & 0 \leqslant y < 1, \\ \dfrac{1}{2} + \dfrac{y}{4}, & 1 \leqslant y < 2, \\ 1, & y \geqslant 2. \end{cases}$ (2) $\dfrac{3}{4}$.

37. λ.

38. (1) $f(z) = \begin{cases} pe^z, & z < 0, \\ (1-p)e^{-z}, & z \geqslant 0. \end{cases}$ (2) $\dfrac{1}{2}$.

习题五

1. 0.9168.

2. 1.

3. $P\{10 < X < 18\} \geqslant 0.271$.

4. 0.0008.

5. 269.

6. 2265.

7. 0.9977.

8. (1)0.8944； (2)0.1379.

9. 0.927.

10. 0.1814.

11. (1)0.1357； (2)0.9938.

12. (1)0； (2)0.5.

13. $P\{|X-Y| \geqslant 6\} \leqslant \dfrac{1}{12}$.

14. 98.

15. (1) $X \sim B(100, 0.2)$； (2)0.972.

16. 16.

习题六

1. C.

2. A.

3. C.

4. $\chi^2(20)$.

5. σ^2.

6. F，$(10,5)$.

7. 0.8293.

8. 25.

9. 0.6744.

10. 0.1.

11. 5.43.

12. 26.105.

13. (1) $p^{\sum\limits_{i=1}^{n} x_i}(1-p)^{n-\sum\limits_{i=1}^{n} x_i}$； (2) $C_n^k p^k (1-p)^{n-k}$，$k=0,1,2,\cdots,n$； (3) $E(\bar{X})=p$，$D(\bar{X})=\dfrac{p(1-p)}{n}$，$E(S^2)=p(1-p)$.

14. 2.

15. $2(n-1)\sigma^2$.

16. $f_T(x)=\begin{cases} \dfrac{9x^8}{\theta^9}, & 0 < x < \theta, \\ 0, & 其他. \end{cases}$

习题七

1. $\hat{\mu} = 74.002, \hat{\sigma}^2 = 6 \times 10^{-6}, S^2 = 6.86 \times 10^{-6}$.

2. $3\bar{X}$.

3. $\dfrac{\bar{X}}{n}$.

4. 矩估计 $\hat{\theta}_1 = 2\bar{X}$, 极大似然估计 $\hat{\theta}_2 = \max\{(X_1, X_2, \cdots, X_n\}$; $\hat{\theta}$ 无偏, $\hat{\theta}_2$ 修正为 $\dfrac{n+1}{n}$ $\hat{\theta}_2$.

5. 均为 $\dfrac{1}{\bar{X}}$.

6. $\dfrac{1}{2(n-1)}$.

7. (1) T_1, T_3 是无偏的   (2) T_3 较 T_1 为有效.

8. 证明略, $\dfrac{5}{9}\sigma^2, \dfrac{5}{8}\sigma^2, \dfrac{1}{2}\sigma^2$.

9. $(14.754, 15.146)$

10. (1) $(5.608, 6.392)$ (2) $(5.558, 6.442)$

11. $n \geqslant \dfrac{4Z_{\alpha/2}^2 \sigma^2}{L^2}$.

12. $(7.4, 21.1)$

13. (1) $(68.11, 85.09)$ (2) $(190.33, 702.01)$

14. θ 的矩估计值为 $\hat{\theta} = \dfrac{5}{6}$, θ 的极大似然估计值为 $\hat{\theta} = \dfrac{5}{6}$.

15. (1) $\hat{\theta} = 2\bar{X} - 1$;   (2) $\hat{\theta} = \min\limits_{1 \leqslant i \leqslant n}\{X_i\}$.

16. (1) θ 的矩估计 $\hat{\theta} = \left(\dfrac{\bar{X}}{1 - \bar{X}}\right)^2$;   (2) $\theta^* = \left(\dfrac{n}{\sum\limits_{i=1}^{n} \ln X_i}\right)^2$.

17. (1) $\hat{\theta} = \bar{X}$;   (2) $\hat{\theta} = \dfrac{2n}{\sum\limits_{i=1}^{n} \dfrac{1}{X_i}}$.

18. (1) $\dfrac{\bar{X}}{\bar{X} - 1}$;   (2) $\dfrac{n}{\sum\limits_{i=1}^{n} \ln X_i}$;   (3) $\min\limits_{1 \leqslant i \leqslant n}\{X_i\}$.

19. (1) $\dfrac{3}{2} - \bar{X}$;   (2) $\dfrac{N}{n}$.

20. (1) $f_{T(t)} = \begin{cases} \dfrac{9t^8}{\theta^9}, & 0 < t < \theta, \\ 0, & \text{其他}. \end{cases}$ (2) $\alpha = \dfrac{10}{9}$.

21.

(1) $f_Z(z) = F_Z'(z) = \begin{cases} \dfrac{2}{\sqrt{2\pi}\sigma} e^{\frac{z^2}{2\sigma^2}}, & z \geqslant 0, \\ 0, & z < 0. \end{cases}$ (2) $\dfrac{\sqrt{2\pi}}{2n} \sum\limits_{i=1}^{n} Z_i$; (3) $\sqrt{\dfrac{1}{n} \sum\limits_{i=1}^{n} Z_i^2}$.

22. (1) $\hat{\sigma} = \dfrac{1}{n} \sum\limits_{i=1}^{n} |X_i|$; (2) $E(\hat{\sigma}) = 2\sigma^2, D(\hat{\sigma}) = \dfrac{\sigma^2}{n}$.

23. (1) $A = \sqrt{\dfrac{2}{\pi}}$; (2) $\hat{\sigma}^2 = \dfrac{1}{n} \sum\limits_{i=1}^{n} (x_i - \mu)^2$.

习题八

1. $|-1.88| < 1.96$,无显著差异.

2. 有显著性变化.

3. 不合格.

4. 能.

5. 这对香烟处于正常状态.

6. 可以.

7. (1)拒绝 H_0,接受 H_1;(2)接受 H_0,拒绝 H_1.

8. 正常.

9. 没有显著差异.

10. 接受 H_0,拒绝 H_1.

11. 接受 H_0,即认为 Y 服从二项分布.

12. 接受 H_0.

13. 可以认为是泊松分布.

14. 接受 H_0.

习题九

1.

方差来源	平方和	自由度	均方和	F 比
因素 A	4.2	2	2.1	7.5
误差 e	2.5	9	0.28	
总和	6.7	11		

2. 无显著差异.

3. (1)有显著差异;(2) (7.16,8.81),(5.57,7.23),(8.29,9.95).

4. 差异不显著.

5. (1)不显著;(2)(6.63,6.96).

6. 不同饲料对猪体重增长无显著影响,猪的品种的差异对猪体重增长有显著影响.

7. (1)有主到次为 B, A, C,最优生产条件为 A_2, B_2, C_3;(2)有主到次为 B, A, C 与(1)中 结果一致.

习题十

1. 一元线性模型为

$$\begin{cases} y_i = bx_i + \varepsilon_i, \\ E(\varepsilon_i) = 0, D(\varepsilon_i) = \sigma^2, i = 1,2,\cdots,n \\ \varepsilon_1, \varepsilon_2, \cdots, \varepsilon_n \text{ 两两不相关}. \end{cases}$$

$$\hat{b} = \frac{\sum\limits_{i=1}^{n} x_i y_i}{\sum\limits_{i=1}^{n} x_i^2}, \quad \hat{\sigma}^2 = \frac{1}{n}\sum_{i=1}^{n}(y_i - \hat{b}x_i)^2.$$

2. (1)图略;(2)0.9597;(3) $\hat{y} = 22.6486 + 0.2643x$;(4)显著.

3. (1)图略;(2) $\hat{y} = 36.5891 + 0.4565x$;(3)线性关系显著;(4)(67.5934,69.5015).

4. 3.0811,(7.8695,8.1520).

5. $\hat{y} = -54.5041 + 4.8424x_1 + 0.2631x_2$.

6. (1)图略;(2) $\hat{y} = 19.0333 + 1.0086x - 0.0204x^2$.